高等职业教育本科教材

环境影响评价

HUANJING YINGXIANG PINGJIA

丁淑杰　渠开跃　马 丽　主编

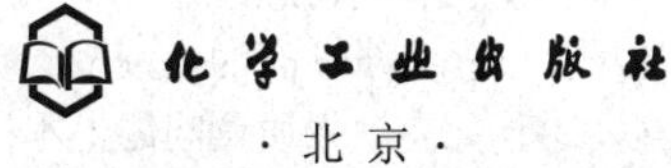

化学工业出版社

·北京·

内容简介

本书共十三章。前三章分别介绍了环境影响评价基础知识、工程分析、环境现状调查，第四章到第九章分别介绍大气、地表水、地下水、声环境、土壤、固体废物等单要素环境影响评价，后四章分别介绍生态环境影响评价、环境风险评价、环境影响评价公众参与、环境影响评价文件编写。本书设计了导读导学、学习目标、复习及案例思考题等模块，做到教师教学有标准、学生学习有目标。同时设计了思政小课堂，旨在培养学生的专业使命感和认真、严谨的工作作风。本书结合现代信息技术手段，读者可以使用手机扫二维码学习相关案例、现行规范与标准等内容，以学习更多的知识。

本书贯彻生态文明思想，践行绿水青山就是金山银山的理念。推动绿色发展，促进人与自然和谐共生，充分体现了党的二十大精神进教材。

本书为高等职业教育本科、专科环境保护类专业教材，也可为环境影响评价工作人员、环境管理人员及其他相关人员提供技术参考。

图书在版编目（CIP）数据

环境影响评价 / 丁淑杰，渠开跃，马丽主编．北京 ：化学工业出版社，2024．10．--（高等职业教育本科教材）．-- ISBN 978-7-122-46376-0

Ⅰ．X820．3

中国国家版本馆CIP数据核字第20242B17Z5号

责任编辑：王文峡　　文字编辑：周家羽
责任校对：李雨函　　装帧设计：王晓宇

出版发行：化学工业出版社
（北京市东城区青年湖南街13号　邮政编码100011）
印　　刷：北京云浩印刷有限责任公司
装　　订：三河市振勇印装有限公司
787mm×1092mm　1/16　印张20　字数474千字
2025年1月北京第1版第1次印刷

购书咨询：010-64518888　　售后服务：010-64518899
网　　址：http://www.cip.com.cn
凡购买本书，如有缺损质量问题，本社销售中心负责调换。

定　　价：59.00元

编 写 人 员 名 单

主 编

丁淑杰 河北科技工程职业技术大学

渠开跃 河北工业职业技术大学

马　丽 河北石油职业技术大学

副主编

黄志津 浙江冶金环境保护设计研究有限公司

雷旭阳 河北科技工程职业技术大学

杨铮铮 河北科技工程职业技术大学

参 编

田　明 河北科技工程职业技术大学

高玉秀 河北工业职业技术大学

张素青 河北工业职业技术大学

前　言

1979 年 9 月颁布的《中华人民共和国环境保护法》（试行）确立了我国环境影响评价制度，在之后四十余年的发展历程中，经过了规范建设、强化、完善、提高、拓展、全面改革优化等一系列过程，在这个过程中，环境影响评价工作为中国的环境保护事业做出了巨大的贡献，环境影响评价制度也成为重要的环境管理制度。自党的十八大以来，党中央高度重视生态文明建设，生态文明思想与环境影响评价的结合，为环境保护及可持续发展开辟新路径。

本书编写目的有两方面：一是随着环境影响评价制度的不断更新和发展，急需适合现行制度要求的教材；二是随着职业本科教育的发展，填补适合高等职业教育本科教学的、具有职业教育特色的《环境影响评价》教材的空白。

本书严格按照《中华人民共和国环境保护法》《中华人民共和国环境影响评价法》等相关法律法规的要求，参照现行法律规范、技术导则进行编写。全书由三所职教本科院校教师担任主编，融合企业人才，做到校企联合开发，是专门针对高等职业教育本科教学进行编写的，具有职业教育特色，适合作为高等职业教育本科环境保护类专业的教材，也可供高职高专环境保护类专业师生或相关社会学习者使用。

本书设计了导读导学、学习目标，做到教师教学有标准、学生学习有目标。利用信息技术手段，学习者可以使用手机扫二维码拓展学习相关内容。通过现代信息技术的应用，可拓展学习更多的内容。本书还设计了思政小课堂，培养使命感和认真、严谨的工作作风。

本书内容全面，做到环境影响评价理论与实践有机结合，既包括基础理论知识的讲解和分析，又涵盖大量的案例和复习思考题。通过理论与实践相结合的方式，读者既能够理解理论知识，又能够提高解决实际问题的能力。

本书贯彻生态文明思想，践行绿水青山就是金山银山的理念。推动绿色发展，促进人与自然和谐共生，充分体现了党的二十大精神进教材。

本书由河北科技工程职业技术大学丁淑杰、河北工业职业技术大学渠开跃、河北石油职业技术大学马丽担任主编。编写分工为：第一章丁淑杰，第二章丁淑杰、田明，第三章渠开跃、高玉乔、张素青，第四章黄志津、丁淑杰，第五章马丽，第六章杨铮铮、丁淑杰，第七章渠开跃、张素青、高玉乔，第八章马丽，第九章雷旭阳、丁淑杰，第十章渠开跃、张素青、高玉乔，第十一章雷旭阳、田明，第十二章黄志津、丁淑杰，第十三章渠开跃、高玉乔、张素青。

本书在编写过程中，参考了部分教材、专著、论文和现行的技术导则、标准等文献资料，在此对于本书所引用成果机构与作者表示衷心的感谢！由于编者水平有限，若有不妥之处，希望各位读者能提出宝贵的建议和意见，衷心感谢！

编者

2024 年 6 月

目录

第七章　声环境影响评价　148

第八章　土壤环境影响评价　189

第九章　固体废物环境影响评价　212

第十章 生态环境影响评价 240

第十一章 环境风险评价 261

二维码一览表

第一章

绪 论

导读导学

什么是环境？什么是环境影响？什么是环境影响评价？带着三连问，来了解环境影响评价工作如何开展，其工作程序是什么样的，环境影响评价工作的依据是什么，环境影响评价和环境影响评价制度之间又有什么区别呢？

学习目标

知识目标	能力目标	素质目标
1. 掌握环境、环境影响及环境影响评价的定义和分类； 2. 熟悉环境保护法律法规体系、生态环境标准、环境政策及产业政策及其在环境影响评价中的应用； 3. 熟悉建设项目环境影响评价工作程序； 4. 了解中国环境影响评价工作历程	1. 能够正确分析建设项目建设的合法性、产业政策及相关环境政策的符合性； 2. 能够正确选择并使用环境标准	1. 准确认识环境保护对中国经济社会发展的长远影响； 2. 准确把握环境影响评价工作的特殊使命，预防环境污染的发生； 3. 树立正确的思维方式，加强团队协作，提高分析和处理问题的能力； 4. 树立依法、依规开展环境影响评价工作的理念

思政小课堂

扫描二维码可查看“周总理与中国环境保护事业”。

在漫长的历史长河中，人类为了生存而对生态环境进行的各种各样的开发行为，势必会对环境造成一定的影响。随着经济社会的发展、人类对生态环境破坏力度的加大，出现了生态环境对人类社会的“反报复”，在20世纪以震惊世界的“八大公害”事件为代表的一系列环境问题产生之后，人们的环境保护意识逐渐觉醒。在研究人类开发行为对环境造成影响的过程中，环境影响评价工作应运而生。环境影响评价于20世纪60年代被提出，而中国的环境影响评价制度于1979年正式建立。

第一节　环境影响评价基本概念

一、环境

（一）环境的概念

环境是一个相对的概念，中心事物不同，概念有所不同。《中华人民共和国环境保护法》（2014年修订）中第二条对环境的定义：本法所称环境，是指影响人类生存和发展的各种天然的和经过人工改造的自然因素的总体，包括大气、水、海洋、土地、矿藏、森林、草原、湿地、野生生物、自然遗迹、人文遗迹、自然保护区、风景名胜区、城市和乡村等。

这一定义将环境中应当保护的对象进行了法律界定。

（二）环境特征

环境影响评价工作，归根结底是为了保护环境而进行的一项工作。深入分析环境的特征，对环境影响评价工作顺利开展至关重要。环境的特征主要包括以下几个方面。

1. 整体性和区域性

环境本身是一个整体，是由若干环境要素构成的复杂系统。各要素之间存在着物质、能量和信息的传递。各要素之间互相联系、互为制约。

区域性主要表现在不同地理环境下环境的差异，如纬度地带性、经度地带性及垂直高度地带性均会导致地理环境差异。地理环境有差异，环境特征也会有所不同。再比如局地环流导致的环境差异也是环境区域性特征的表现。环境影响评价工作要认真研究人类开发活动涉及环境的区域性差异，因地制宜地进行调查、分析、预测及评价。

2. 变动性和稳定性

变动性是绝对的，环境始终处在不断的变化之中，正因为环境在不断变化，导致环境问题具有随机性特点，为环境影响评价工作增加了难度。

稳定性是相对的。环境本身具有一定的自我恢复能力，人类开发活动对环境的干扰若不超过环境的自我恢复能力，环境即会保持相对稳定。

3. 资源性和价值性

环境本身可为人类提供必要的物质和能量，环境的资源性包括物质性资源和非物质性资源两个方面。环境为人类生存和发展提供的生物资源、土地资源、水资源、矿产资源等属于物质性资源，非物质性资源即环境的形态和其生态服务功能。

环境的价值性主要体现在环境对人类具有不可估量的价值。如环境为人类提供的资源、能量及服务等。

二、环境影响

（一）环境影响的概念

环境影响是指人类各种活动（包括政治活动、经济活动、社会活动）对环境的直接（或间接）作用和导致的环境变化及由此所引起的后果。

（二）环境影响的分类

根据不同分类依据，环境影响有不同的类型划分。识别环境影响是环境影响评价工作初期阶段的一项重要工作。将环境影响识别得全面、准确，才能做好后期的影响分析、预测和评价工作。环境影响分类如表 1-1 所示。

表 1–1　环境影响分类

分类依据	类型划分	定义	示例
环境影响来源	直接影响	人类行为直接产生的结果	人类排放的污、废水直接污染环境
	间接影响	由直接影响诱发的结果	由水环境污染导致的生物种类或数量变化
	累积影响	一项活动随时间累积或多项活动的累积影响	多家工厂同时向河流排污导致影响加重
环境影响效果	有利影响	对人体健康、社会经济发展、生态环境保护等有积极促进作用的影响	企业的环境保护工程建设有利于保护生态环境，维护稳定的社会经济发展，保障人体健康
	有害影响	对人体健康、社会经济发展、生态环境保护等有消极作用的影响	人类排放的废水污染环境并因此导致危害人体健康、阻碍社会经济发展、破坏生态环境
环境影响性质	可恢复影响	人类开发活动导致的环境变化是可以恢复的	在环境承载力范围之内对环境造成的影响
	不可恢复影响	人类开发活动导致的环境变化是不可以恢复的	超出环境承载力范围的影响

【案例 1-1】为了解项目可能对自然环境、生态环境产生的影响，根据厂址周围环境质量状况，结合项目排污特点，识别项目环境影响，并将项目主要环境影响因素列表直观表达，如表 1-2 是某建设项目的环境影响因素识别一览表。

表 1–2　某建设项目环境影响因素识别一览表

影响因素		自然环境				生态环境	
		环境空气	水环境	声环境	土壤	植被	景观
施工期	土方施工	−1D		−1D	−1D	−1D	−1D
	建筑施工	−1D	−1D	−1D	−1D		
	设备安装			−1D			
营运期	生产过程	−2C	−1C	−1C	−1C		
	物料运输	−1C		−1C			

注：1. 表中“+”表示正效益（有利影响），“−”表示负效益（有害影响）；

2. 表中数字表示影响的相对程度：“1”表示影响较小，“2”表示影响中等，“3”表示影响较大；

3. 表中“D”表示短期影响，“C”表示长期影响。

笔记

由表 1-2 可以看出，项目建设对环境的影响是多方面的，既存在短期、局部及可恢复的影响，也存在长期的影响。施工期主要表现在对自然环境要素产生一定程度的负面影响，主要为环境空气、声环境、水环境、土壤等方面，随着施工期的结束而消失。营运期对环境的不利影响是长期存在的，在生产过程中，主要影响因素表现在环境空气、水环境等方面，而对当地的经济发展和劳动就业均会起到一定的积极作用，有利于当地经济的发展。

三、环境影响评价

（一）定义

环境影响评价，简称环评。《中华人民共和国环境影响评价法》第二条中对环境影响评价定义为：本法所称环境影响评价，是指对规划和建设项目实施后可能造成的环境影响进行分析、预测和评估，提出预防或者减轻不良环境影响的对策和措施，进行跟踪监测的方法与制度。

该定义体现出环境影响评价的两层含义，一层含义是环境影响评价是一种技术方法；另一层含义是环境影响评价是一项管理制度，它以法律法规的形式约束人们必须执行。环境影响评价制度是环境管理的重要制度之一。

（二）分类

1. 按照评价对象分类

根据《中华人民共和国环境影响评价法》（以下简称《环评法》）的规定，环境影响评价的评价对象为规划和建设项目，因此按评价对象，环境影响评价可以分为建设项目环境影响评价和规划环境影响评价。《环评法》第七条进一步规定："国务院有关部门、设区的市级以上地方人民政府及其有关部门，对其组织编制的土地利用的有关规划，区域、流域、海域的建设、开发利用规划，应当在规划编制过程中组织进行环境影响评价，编写该规划有关环境影响的篇章或者说明。规划有关环境影响的篇章或者说明，应当对规划实施后可能造成的环境影响作出分析、预测和评估，提出预防或者减轻不良环境影响的对策和措施，作为规划草案的组成部分一并报送规划审批机关。未编写有关环境影响的篇章或者说明的规划草案，审批机关不予审批。"

《环评法》第八条规定："国务院有关部门、设区的市级以上地方人民政府及其有关部门，对其组织编制的工业、农业、畜牧业、林业、能源、水利、交通、城市建设、旅游、自然资源开发的有关专项规划（以下简称专项规划），应当在该专项规划草案上报审批前，组织进行环境影响评价，并向审批该专项规划的机关提出环境影响报告书。"

《规划环境影响评价条例》第二条规定："国务院有关部门、设区的市级以上地方人民政府及其有关部门，对其组织编制的土地利用的有关规划和区域、流域、海域的建设、开发利用规划（以下称综合性规划），以及工业、农业、畜牧业、林业、能源、水利、交通、城市建设、旅游、自然资源开发的有关专项规划（以下称专项规划），应当进行环境影响评价。"该规定指定了应当进行环境影响评价的规划的具体范围，由国务院环境保护主管部门会同国务院有关部门拟订，报国务院批准后执行。

【例题 1-1】根据《中华人民共和国环境影响评价法》，下列由国务院有关部门设区的市级以上地方人民政府及其有关部门组织编制的规划中，属于应当组织进行环境影响评价，并向规划审批机关提出环境影响报告书的是（　）。

A. 土地利用的有关规划　　B. 工业、农业、畜牧业专项规划

C. 文化、旅游、城市建设有关的专项规划　　D. 区域、流域、海域的建设、开发利用规划

【解析】“十个专项”的有关专项规划，应当在该专项规划草案上报审批前，组织进行环境影响评价，并向审批该专项规划的机关提出环境影响报告书。因此B选项正确。

2. 按照环境要素分类

环境要素是指构成环境整体的各个独立的、性质各异而又服从总体演化规律的基本物质组成，包括大气、水、声、土壤等。环境影响评价按环境要素分类，可分为大气环境影响评价、地表水环境影响评价、地下水环境影响评价、声环境影响评价、土壤环境影响评价等。

四、环境影响评价制度及其特点

（一）环境影响评价制度的确立

环境影响评价是环境保护的技术手段、技术方法，当环境影响评价被写入法律法规文件时，即成为一种环境保护的法律制度。1969 年美国制定的《国家环境政策法》在世界上率先确立了环境影响评价制度。中国于 1979 年 9 月颁布的《中华人民共和国环境保护法（试行）》确立了环境影响评价制度。

（二）环境影响评价制度的意义

1. 实行环境影响评价制度可以协调人类开发活动与环境保护之间的关系

完全用道德去约束人们的环境保护行为显然是不可取的，环境管理的有效手段之一即是法律手段。而只有将环境影响评价用制度的形式确立下来，才能约束人们必须遵照执行。这样既保证了人类合理高效的开发活动，也保护了生态环境。

2. 有利于实现经济效益、环境效益及社会效益的统一

环境是经济、社会发展的基础，只有保护好生态环境，才能推动社会良性发展，才能保障经济高质量发展。而环境影响评价是采取预防性的方针政策，是将环境问题消灭在萌芽之中的重要环境保护对策。

3. 有利于实现公众参与环境管理的活动

环境管理需要公众的加入，环境保护工作只有在群众的大力支持和主动参与下才能顺利有效地开展。《中华人民共和国环境保护法》《中华人民共和国环境影响评价法》均从法律角度对公众参与环境影响评价工作进行了规定。为规范环境影响评价公众参与，保障公众环境保护的知情权、参与权、表达权和监督权，生态环境部于 2018 年 4 月 16 日审议通过了《环境影响评价公众参与办法》。

（三）中国环境影响评价制度特点

中国环境影响评价制度是根据本国国情建立和发展起来的，具有自己独特的特点，具体如下。

笔记

1. 具有法律强制性

中国的环境影响评价制度是国家环境保护法明令规定的一项法律制度，以法律形式约束人们必须遵照执行。如《中华人民共和国环境保护法》第十九条规定："编制有关开发利用规划，建设对环境有影响的项目，应当依法进行环境影响评价。未依法进行环境影响评价的开发利用规划，不得组织实施；未依法进行环境影响评价的建设项目，不得开工建设。"另外《中华人民共和国环境影响评价法》《中华人民共和国水污染防治法》《中华人民共和国大气污染防治法》等相关法律均对环境影响评价作出了明确规定。

2. 纳入基本建设程序

环境影响评价工作是一项在人类活动尚未开始之前进行的预防性的环境保护工作，因此必须纳入基本建设程序，并纳入法制范畴，实现规范化管理。

2017 年对《建设项目环境保护管理条例》进行了重新修订，修订后的《建设项目环境保护管理条例》第九条规定："依法应当编制环境影响报告书、环境影响报告表的建设项目，建设单位应当在开工建设前将环境影响报告书、环境影响报告表报有审批权的环境保护行政主管部门审批；建设项目的环境影响评价文件未依法经审批部门审查或者审查后未予批准的，建设单位不得开工建设。"

3. 实行分类管理

根据建设项目特征和所在区域的环境敏感程度，综合考虑建设项目可能对环境产生的影响，对建设项目的环境影响评价实行分类管理。

根据《中华人民共和国环境影响评价法》《建设项目环境保护管理条例》的规定，对环境有重大影响的项目必须编写环境影响报告书，对环境影响较小的项目可以编写环境影响报告表，而对环境影响很小的项目，可只填报环境影响登记表。

建设单位应当严格按照《建设项目环境影响评价分类管理名录》确定建设项目环境影响评价类别，不得擅自改变环境影响评价类别。建设内容涉及该名录中两个及以上项目类别的建设项目，其环境影响评价类别按照其中单项等级最高的确定。建设内容不涉及主体工程的改建、扩建项目，其环境影响评价类别按照改建、扩建的工程内容确定。

【案例 1-2】如表 1-3 是《建设项目环境影响评价分类管理名录（2021 版）》部分内容，根据建设项目基本情况，参照名录规定即可确定环境影响评价文件类型。

表 1-3 《建设项目环境影响评价分类管理名录（2021 版）》（部分）

项目类别＼环评类别		报告书	报告表	登记表	本项目环境敏感区含义
一、农业 01、林业 02					
1	农产品基地项目（含药材基地）	/	涉及环境敏感区的	其他	第三条（一）中的全部区域；第三条（二）中的除（一）外的生态保护红线管控范围，基本草原、重要湿地、水土流失重点预防区和重点治理区
2	经济林基地项目	/	原料林基地	其他	

续表

项目类别 \ 环评类别		报告书	报告表	登记表	本项目环境敏感区含义
二、畜牧业 03					
3	牲畜饲养 031；家禽饲养 032；其他畜牧业 039	年出栏生猪 5000 头（其他畜禽种类折合猪的养殖量）及以上的规模化畜禽养殖；存栏生猪 2500 头（其他畜禽种类折合猪的养殖规模）及以上无出栏量的规模化畜禽养殖；涉及环境敏感区的规模化畜禽养殖	/	其他（规模化以下的除外）（具体规模化的标准按《畜禽规模化养殖污染防治条例》执行）	第三条（一）中的全部区域；第三条（三）中的全部区域
三、渔业 04					
4	海水养殖 0411	用海面积 1000 亩及以上的海水养殖（不含底播、藻类养殖）；围海养殖	用海面积 1000 亩以下 300 亩及以上的网箱养殖、海洋牧场（不含海洋人工鱼礁）、苗茂养殖等；用海面积 1000 亩以下 100 亩及以上的水产养殖基地、工厂化养殖、高位池（提水）养殖；用海面积 1500 亩及以上的底播养殖、藻类养殖；涉及环境敏感区的	其他	第三条（一）中的自然保护区、海洋特别保护区；第三条（二）中的除（一）外的生态保护红线管控范围，海洋公园，重点保护野生植物生长繁殖地，重点保护野生动物栖息地，重要水生生物的自然产卵场、索饵场、天然渔场、封闭及半封闭海域
5	内陆养殖 0412	/	网箱、围网投饵养殖；涉及环境敏感区的	其他	第三条（一）中的全部区域；第三条（二）中的除（一）外的生态保护红线管控范围，重要湿地，重要水生生物的自然产卵场、索饵场、越冬场和洄游通道

注：15 亩 =1 公顷

4. 对评价人员实行环境影响评价工程师职业资格认定制度

为加强环境影响评价管理，提高环境影响评价专业技术人员素质，确保环境影响评价质量，人事部、国家环境保护总局于 2004 年 2 月发布了《环境影响评价工程师职业资格制度暂行规定》《环境影响评价工程师职业资格考试实施办法》《环境影响评价工程师职业资格考核认定办法》等配套文件。环境影响评价工程师职业资格制度的建立对于贯彻实施《中华人民共和国环境影响评价法》，加强新形势下环境影响评价技术服务机构和技术人员的管理，完善环境影响评价责任追究制具有重要的意义。环境影响评价工程师职业资格制度的出台，进一步强化了环境影响评价人员岗位管理，对环境影响评价人员提出了更高的技术要求，这将有力地促进环境影响评价工作质量的提高。

生态环境部于 2019 年 9 月颁布的《建设项目环境影响报告书（表）编制监督管理办法》第十条规定："编制单位应当具备环境影响评价技术能力。环境影响报告书（表）的编制主持人和主要编制人员应当为编制单位中的全职人员，环境影响报告书（表）的编制主持人还应当为取得环境影响评价工程师职业资格证书的人员。"

5. 对环境影响报告书（表）编制单位和编制人员实施信用管理

在激发市场活力、调动市场主体积极性的同时，为防范环评市场放开后环评技术领域可能出现的工作质量下降和市场秩序混乱等风险，生态环境部于 2019 年 9 月颁布《建设项目环境影响报告书（表）编制监督管理办法》。该办法第三十一条规定："市级以上生态环境主管部门应当将编制单位和编制人员作为环境影响评价信用管理对象（以下简称信用管理对象）纳入信用管理；在环境影响报告书（表）编制行为监督检查过程中，发现信用管理对象存在失信行为的，应当实施失信记分。生态环境部另行制定信用管理对象失信行为记分办法，对信用管理对象失信行为的记分规则、记分周期、警示分数和限制分数等作出规定。"通过监管过程中的信息公开和智能化手段，进一步优化环评管理服务，营造便利环境，促进公平竞争。信用管理对象的失信行为，如表 1-4 所示。

表 1-4　信用管理对象的失信行为情形

序号	信用管理对象的失信行为情形
1	编制单位不符合以下规定的： 编制单位应当是能够依法独立承担法律责任的单位。前款规定的单位中，下列单位不得作为技术单位编制环境影响报告书（表）： ①生态环境主管部门或者其他负责审批环境影响报告书（表）的审批部门设立的事业单位； ②由生态环境主管部门作为业务主管单位或者挂靠单位的社会组织，或者由其他负责审批环境影响报告书（表）的审批部门作为业务主管单位或者挂靠单位的社会组织； ③由本款前两项中的事业单位、社会组织出资的单位及其再出资的单位； ④受生态环境主管部门或者其他负责审批环境影响报告书（表）的审批部门委托，开展环境影响报告书（表）技术评估的单位； ⑤本款第四项中的技术评估单位出资的单位及其再出资的单位； ⑥本款第四项中的技术评估单位的出资单位，或者由本款第四项中的技术评估单位出资人出资的其他单位，或者由本款第四项中的技术评估单位法定代表人出资的单位 个体工商户、农村承包经营户以及本条第一款规定单位的内设机构、分支机构或者临时机构，不得主持编制环境影响报告书（表）
2	编制人员不符合以下规定的：编制单位应当具备环境影响评价技术能力。环境影响报告书（表）的编制主持人和主要编制人员应当为编制单位中的全职人员，环境影响报告书（表）的编制主持人还应当为取得环境影响评价工程师职业资格证书的人员
3	未按照本办法及生态环境部相关规定在信用平台提交相关情况信息或者及时变更相关情况信息，或者提交的相关情况信息不真实、不准确、不完整的
4	违反本办法规定，由两家以上单位主持编制环境影响报告书（表）或者由两名以上编制人员作为环境影响报告书（表）编制主持人的
5	技术单位未按照本办法规定与建设单位签订主持编制环境影响报告书（表）委托合同的
6	未按照本办法规定进行环境影响评价质量控制的
7	未按照本办法规定在环境影响报告书（表）中附具编制单位和编制人员情况表并盖章或者签字的
8	未按照本办法规定将相关资料存档的
9	未按照本办法规定接受生态环境主管部门监督检查或者在接受监督检查时弄虚作假的
10	因环境影响报告书（表）存在"评价因子中遗漏建设项目相关行业污染源源强核算或者污染物排放标准规定的相关污染物的"的问题受到通报批评的
11	因环境影响报告书（表）存在以下问题受到处罚的： ①降低环境影响评价工作等级，降低环境影响评价标准，或者缩小环境影响评价范围的 ②在监督检查过程中发现环境影响报告书（表）存在下列严重质量问题之一的，由市级以上生态环境主管部门依照《中华人民共和国环境影响评价法》第三十二条的规定，对建设单位及其相关人员、技术单位、编制人员予以处罚： a. 建设项目概况中的建设地点、主体工程及其生产工艺，或者改扩建和技术改造项目的现有工程基本情况、污染物排放及达标情况等描述不全或者错误的；

续表

序号	信用管理对象的失信行为情形
11	b. 遗漏自然保护区、饮用水水源保护区或者以居住、医疗卫生、文化教育为主要功能的区域等环境保护目标的； c. 未开展环境影响评价范围内的相关环境要素现状调查与评价，或者编造相关内容、结果的； d. 未开展相关环境要素或者环境风险预测与评价，或者编造相关内容、结果的； e. 所提环境保护措施无法确保污染物排放达到国家和地方排放标准或者有效预防和控制生态破坏，未针对建设项目可能产生的或者原有环境污染和生态破坏提出有效防治措施的； f. 建设项目所在区域环境质量未达到国家或者地方环境质量标准，所提环境保护措施不能满足区域环境质量改善目标管理相关要求的； g. 建设项目类型及其选址、布局、规模等不符合环境保护法律法规和相关法定规划，但给出环境影响可行结论的； h. 其他基础资料明显不实，内容有重大缺陷、遗漏、虚假，或者环境影响评价结论不正确、不合理的

注：表中的“本办法”指《建设项目环境影响报告书（表）编制监督管理办法》。

【案例 1-3】生态环境部在某年度环评文件复核中发现的问题及处理意见，如表 1-5 所示。

表 1-5　环评文件复核发现问题及处理意见

环评文件名称	建设单位	存在的主要问题	编制单位（含统一社会信用代码）	编制人员（含职业资格证书管理号）	审批部门	技术评估单位	编制单位处理意见	编制人员处理意见	审批部门和生态环境部门相关要求
年产 3000 吨铸件技术升级改造项目环境影响报告表	* 县 ** 机械制造有限公司	遗漏环境保护目标；遗漏项目东南一处环境保护目标	* 市 ** 环保科技有限公司（统一社会信用代码此处略）	编制主持人，**（职业资格证书管理号此处略）	* 市生态环境局 * 县分局	/	通报批评并失信记分五分	通报批评并失信记分五分	审批部门应督促建设单位加强厂区环境监管，确保满足环境管理要求

从复核发现问题及处理意见中不难发现，此案例存在的主要问题在于遗漏了环境保护目标。根据表 1-4 的规定，属于失信行为情形之一，需要接受处罚。

第二节　环境影响评价发展历程

一、国外环境影响评价发展历程

20 世纪 50 年代前后，在全球工业经济快速发展的大背景之下，世界范围的环境污染和生态破坏问题频繁发生，随着环境问题的增多，人们的环境保护意识也逐渐觉醒，如美国海洋生物学家蕾切尔·卡逊所著写的《寂静的春天》给人们敲响了环境保护的警钟。

人们逐渐开始意识到，不能毫无节制地去利用环境、破坏环境，而应该去保护环境。在保护环境的过程中，光靠原有的末端治理已经起不到明显的效果，人们逐渐将预防性的环境保护方针应用到环境保护过程之中。环境影响评价就是在这个过程中所形成的一种非常好的预防性的环境保护的方法和手段。

“环境影响评价”这个概念最早是 1964 年在加拿大召开的国际环境质量评价学术会

议上提出来的。1969 年，美国制定了《国家环境政策法》，在世界范围内率先确立了环境影响评价制度。1972 年联合国人类环境会议的召开，推动了全球环境保护事业的发展，也对环境影响评价工作的全球展开和环境影响评价制度的全球确立起到了积极的推动作用。如瑞典、澳大利亚、法国分别在 1969 年、1974 年、1976 年建立了环境影响评价制度，日本、加拿大、英国、新西兰等国也建立了相应的环境影响评价制度。经过几十年的发展，目前已有 100 多个国家建立了环境影响评价制度。环境影响评价的内涵得到不断的提高，其技术方法也得到了不断的完善。

二、国内环境影响评价发展历程

中国环境影响评价工作的开展及环境影响评价制度的确立起步于 20 世纪 70 年代。起到关键性推动作用的，一个是国内产生的环境污染事件，另一个是在 1972 年联合国人类环境会议召开背景之下召开的全国性的环境保护会议。从 20 世纪 70 年代开始，环境影响评价经历了 50 余年的发展和建设，已经形成了具有中国特色的、服务于中国生态文明理念的环境影响评价体系和制度。

（一）引入和制度确立阶段

中国于 1973 年 8 月召开了第一次全国环境保护会议，揭开了中国环境保护事业的序幕。这次会议后，环境影响评价的概念引入中国。高等院校和科研单位的一些专家、学者开始进行环境影响评价的宣传和倡导工作，并参与到了环境质量评价及其方法的研究工作之中。

1974—1976 年开展的北京西郊环境调查及质量评价研究和官厅水系水源保护研究工作，是中国在开展环境质量评价工作方面的初步尝试。

1978 年 12 月 31 日，中发〔1978〕79 号文件批转的国务院环境保护领导小组《环境保护工作汇报要点》中，首次提出了环境影响评价的意向。

1979 年 5 月，国家计委、国家建委（79）建发设字 280 号文《关于做好基本建设前期工作的通知》中，明确要求建设项目要进行环境影响预评价。

1979 年 9 月颁布的《中华人民共和国环境保护法（试行）》明确规定："一切企业、事业单位的选址、设计、建设和生产，都必须充分注意防止对环境的污染和破坏。在进行新建、改建和扩建工程时，必须提出对环境影响的报告书，经环境保护部门和其他有关部门审查批准后才能进行设计"。《中华人民共和国环境保护法（试行）》的规定，标志着中国的环境影响评价制度正式确立。

（二）规范建设阶段

为保障环境影响评价制度具有可操作性，中国陆续颁布了各项环境保护法律、法规和部门行政规章，对环境影响评价制度进行规范。

1981 年 5 月，由国家计划委员会、国家基本建设委员会、国家经济委员会、国务院环境保护领导小组发布的《基本建设项目环境保护管理办法》明确将环境影响评价纳入基本建设项目审批程序。

1986 年 3 月，由国务院环境保护委员会、国家计划委员会、国家经济委员会联合发布的《建设项目环境保护管理办法》，规定建设项目必须实行环境影响评价制度，并对建设项目环境影响评价的范围、内容、审批及环境影响报告书编排格式作了明确规定。

1986 年颁布的《建设项目环境影响评价证书管理办法（试行）》明确规定："凡从事环境影响评价工作的单位都应执行本办法，申请领取'评价证书'，凭证开展评价工作。未领取'评价证书'的单位即被认为不具备承接建设项目环境影响评价任务的资格"。这标志着中国开始实行环境影响评价单位的资质管理。

1989 年 12 月 26 日颁布的《中华人民共和国环境保护法》第十三条明确规定："建设污染环境的项目，必须遵守国家有关建设项目环境保护管理的规定。建设项目的环境影响报告书，必须对建设项目产生的污染和对环境的影响作出评价，规定防治措施，经项目主管部门预审并依照规定的程序报环境保护行政主管部门批准。环境影响报告书经批准后，计划部门方可批准建设项目设计任务书。"

（三）强化和完善阶段

进入 20 世纪 90 年代，中国经济开始快速增长。经济快速增长的代价是给环境保护带来了巨大的压力和挑战，强化和完善环境影响评价方法和制度势在必行。

在此阶段，亚洲开发银行和世界银行对中国环境影响评价培训的技术援助项目，为中国的环境影响评价与国际社会接轨打下了基础。建设项目的环境保护管理制度，特别是环境影响评价制度得到了强化。

从 1993 年起，国家陆续颁布了一系列的环境影响评价技术导则与规范，如《环境影响评价技术导则 总纲》《环境影响评价技术导则 地面水环境》《环境影响评价技术导则 大气环境》《辐射环境保护管理导则 电磁辐射环境影响评价方法与标准》《火电厂建设项目环境影响报告书编制规范》《环境影响评价技术导则 非污染生态影响》等技术规范，不断完善了环境影响评价的技术方法。

1998 年 11 月，国务院第十次常务会议通过了《建设项目环境保护管理条例》，并予发布实施，这是建设项目环境管理的第一个行政法规，该条例对环境影响评价的分类、适用范围、程序、环境影响报告书的内容等都做了明确规定。

这一切，都使中国的环境影响评价制度和技术方法进一步走向成熟和完善。

（四）提高和拓展阶段

1999 年 3 月，国家环境保护总局公布《建设项目环境影响评价资格证书管理办法》，对评价单位的资质进行了规定。1999 年 4 月，国家环境保护总局关于公布《建设项目环境保护分类管理名录（试行）》的通知公布了分类管理名录。1999 年 4 月，国家环境保护总局《关于执行建设项目环境影响评价制度有关问题的通知》（环发〔1999〕107 号文件），对《建设项目环境保护管理条例》中涉及的环境影响评价程序、审批及评价资格等问题进一步明确。

2002 年 10 月，第九届全国人大常委会通过了《中华人民共和国环境影响评价法》，该法首次将环境影响评价的范围由建设项目扩展到各类发展规划。对评价单位的资质、评价的审批及法律责任等相关内容做了详细的规定，是环境影响评价工作的纲领性文件。《中华人民共和国环境影响评价法》第六条规定："国家加强环境影响评价的基础数据库和评价指标体系建设，鼓励和支持对环境影响评价的方法、技术规范进行科学研究，建立必要的环境影响评价信息共享制度，提高环境影响评价的科学性。国务院生态环境主管部门应当会同国务院有关部门，组织建立和完善环境影响评价的基础数据库和评价指标体系。"国家环境保护总局依照法律的规定，初步建立了环境影响评价基础数据库。

2003 年颁布了《规划环境影响评价技术导则（试行）》，明确了规划环境影响评价的基本内容、工作程序、指标体系及评价方法等。

为加强对环境影响评价专业技术人员的管理，规范环境影响评价行为，提高环境影响评价专业技术人员素质和业务水平，维护国家环境安全和公众利益，2004 年 2 月，人事部、国家环境保护总局出台了《环境影响评价工程师职业资格制度暂行规定》，决定在全国环境影响评价行业建立环境影响评价工程师职业资格制度，对环境影响评价这门学科和技术以及从业者提出了更高的要求。

在这个阶段，《开发区区域环境影响评价技术导则》《建设项目环境风险评价技术导则》《规划环境影响评价条例》《规划环境影响评价技术导则 总纲》等也相继颁布。

（五）全面改革优化阶段

在这一阶段，增强了环境影响评价机构的服务意识，在“放管服”改革方针的指引下，加强对环境影响评价工作的监督监管。

2014 年修订的《中华人民共和国环境保护法》，在政策环评、未批先建查处、环评机构责任追究等方面提出了新的要求。

2015 年，为认真贯彻十八届中央纪委五次全会和国务院第三次廉政工作会议精神，严格落实中央第二巡视组专项巡视反馈意见要求，深入推进环评审批制度改革，推动建设项目环评技术服务市场健康发展，环境保护部制定了《全国环保系统环评机构脱钩工作方案》。方案中明确规定：“消除环评机构的环保部门背景，彻底解决环评技术服务市场‘红顶中介’问题，防止产生利益冲突和不当利益输送。全国环保系统环评机构脱钩工作完成后，环保系统直属单位以及直属单位全资、控股、参股企业，不得以任何形式在任何环评机构参股。”环评机构开始成为真正独立的中介服务机构与独立的市场主体。

为充分发挥环境影响评价从源头预防环境污染和生态破坏的作用，推动实现“十三五”绿色发展和改善生态环境质量总体目标，2016 年 7 月 15 日出台了《“十三五”环境影响评价改革实施方案》，从放权、监管、服务三个方面作出了对中国环境影响评价制度的改革部署。

2017 年 6 月，发布《国务院关于修改〈建设项目环境保护管理条例〉的决定》，将环评审批与企业投资项目审批脱钩，取消行业预审，并将环境影响登记表由审批制改为备案制，加大了对“未批先建”的处罚。另一方面，要求简化投资审批程序，将环评等行政审批事项，由前置“串联”审批改为“并联”审批，强化环境影响评价的信息公开和公众参与。这一系列举措将使环评管理重点聚焦到环境影响较大的项目上，有助于更好地发挥环评的源头预防作用，使环境管理从粗放式走向精细化，进一步提升环评有效性。

2018 年，环境影响评价作为“放管服”深化改革的重要内容，环评法通过第二次修订正式取消了建设项目环境影响评价资质行政许可事项。环评领域“放管服”改革在简政放权、提高审批效率、提升环评质量、优化营商环境、激发市场活力等方面取得了进展。

“十四五”时期，中国生态文明建设进入了以降碳为重点战略方向、推动减污降碳协同增效、促进经济社会发展全面绿色转型、实现生态环境质量改善由量变到质变的关键时期。

2021 年 11 月，《关于实施“三线一单”生态环境分区管控的指导意见（试行）》实施“三线一单”生态环境分区管控制度，是新时代贯彻落实生态文明思想、深入打好污染防治攻坚战、加强生态环境源头防控的重要举措。

2022 年，为贯彻落实“十四五”生态环境保护目标、任务，深入打好污染防治攻坚战，健全以环境影响评价制度为主体的源头预防体系，构建以排污许可制为核心的固定污染源监管制度体系，推动生态环境质量持续改善和经济高质量发展，制定了《“十四五”环境影响评价与排污许可工作实施方案》。

2023 年 1 月，为做好国土空间总体规划环境影响评价工作，生态环境部办公厅、自然资源部办公厅下发了《关于做好国土空间总体规划环境影响评价工作的通知》，要求：“各地在组织编制省级、市级（包括副省级和地级城市）国土空间总体规划过程中，应依法开展规划环评，编写环境影响说明，作为国土空间总体规划成果的组成部分一并报送规划审批机关，缺少环境影响说明的，不得报批。”该通知加强国土空间总体规划编制与规划环评的衔接互动。

第三节　环境影响评价基本程序

一、建设项目环境影响评价工作程序

建设项目环境影响评价工作分为三个工作阶段，如图 1-1 所示。

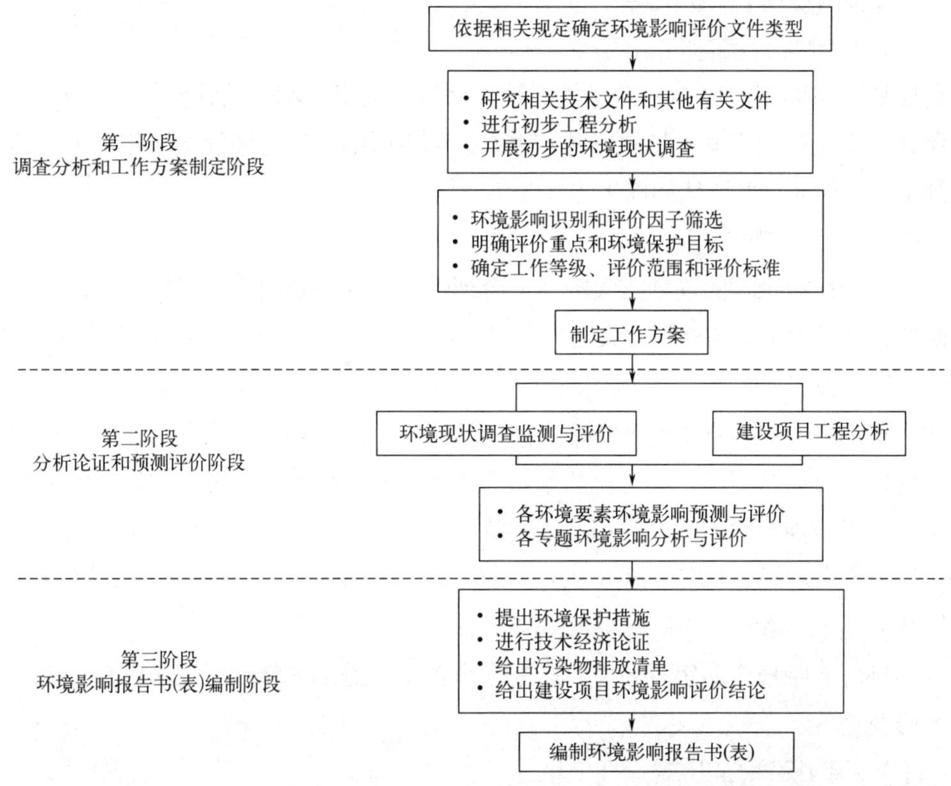

图 1-1　建设项目环境影响评价工作程序

笔记

第一阶段，调查分析和工作方案制定阶段。该阶段主要工作包括依据相关规定确定环境影响评价文件类型，研究相关技术文件和其他有关文件，进行初步工程分析，开展初步的环境现状调查，环境影响识别和评价因子筛选，明确评价重点和环境保护目标，确定工作等级，评价范围和评价标准，制定工作方案。

第二阶段，分析论证和预测评价阶段。该阶段主要工作包括环境现状调查监测与评价、建设项目工程分析、各环境要素环境影响预测与评价、各专题环境影响分析与评价。

第三阶段，环境影响报告书（表）编制阶段。该阶段主要工作包括提出环境保护措施、进行技术经济论证、给出污染物排放清单、给出建设项目环境影响评价结论、编制环境影响报告书（表）。

二、规划环境影响评价工作程序

规划环境影响评价应在规划编制的早期阶段介入，并与规划编制、论证及审定等关键环节和过程充分互动，互动内容一般包括以下内容。

（一）规划前期阶段

在规划前期阶段，同步开展规划环评工作。通过对规划内容的分析，收集与规划相关的法律法规、环境政策等，收集上层规划和规划所在区域战略环评及“三线一单”成果，对规划区域及可能受影响的区域进行现场踏勘，收集相关基础数据资料，初步调查环境敏感区情况，识别规划实施的主要环境影响，分析提出规划实施的资源、生态、环境制约因素，反馈给规划编制机关。

（二）规划方案编制阶段

在规划方案编制阶段，完成现状调查与评价，提出环境影响评价指标体系，分析、预测和评价拟定规划方案实施的资源、生态、环境影响，并将评价结果和结论反馈给规划编制机关，作为方案比选和优化的参考和依据。

（三）规划审定阶段

进一步论证拟推荐的规划方案的环境合理性，形成必要的优化调整建议，反馈给规划编制机关。针对推荐的规划方案提出不良环境影响减缓措施和环境影响跟踪评价计划，编制环境影响报告书。

如果拟选定的规划方案无法承载当前的资源、生态、环境，或者可能造成重大不良生态环境影响且无法提出切实可行的预防或减缓对策和措施，或者根据现有的数据资料和专家知识对可能产生的不良生态环境影响的程度、范围等无法作出科学判断，应向规划编制机关提出对规划方案做出重大修改的建议并说明理由。

（四）规划环境影响报告书审查会后

规划环境影响报告书审查会后，应根据审查小组提出的修改意见和审查意见对报告书进行修改完善。

（五）规划报送审批前

在规划报送审批前，应将环境影响评价文件及其审查意见正式提交给规划编制机关。

第四节　环境影响评价依据

一、环境保护法律法规体系

环境保护法律法规体系是指一国现行的有关保护和改善生态环境和自然资源、防治污染和其他公害的各种法律规范所组成的相互联系、相互补充、协调一致的法律规范的统一整体。中国目前建立了由法律、环境保护行政法规、政府部门规章、环境保护地方性法规和地方性规章、生态环境标准及环境保护国际条约构成的完整的环境保护法律法规体系。

（一）法律

法律包括《中华人民共和国宪法》中的环境保护条款及环境保护综合法、环境保护单行法、环境保护相关法。

1. 宪法

《中华人民共和国宪法》是国家的根本大法，任何法律规范都必须首先符合宪法规定。《中华人民共和国宪法》明确规定保护环境和防治污染是国家的根本政策，是国家机关、社会团体、企事业单位的职责和每个公民的义务。《中华人民共和国宪法》中关于环境保护的各项规定，为中国的环境保护活动和环境立法提供了指导性原则和立法依据。

2. 环境保护综合法

环境保护综合法是指《中华人民共和国环境保护法》，也被称为环境保护基本法。该法第十九条规定："编制有关开发利用规划，建设对环境有影响的项目，应当依法进行环境影响评价。未依法进行环境影响评价的开发利用规划，不得组织实施；未依法进行环境影响评价的建设项目，不得开工建设。"该法第六十一条规定："建设单位未依法提交建设项目环境影响评价文件或者环境影响评价文件未经批准，擅自开工建设的，由负有环境保护监督管理职责的部门责令停止建设，处以罚款，并可以责令恢复原状。"

3. 环境保护单行法

环境保护单行法是指国家针对某个环境要素或某个领域而专门制定和颁布的法律。

环境保护单行法由污染防治法、生态保护法、《中华人民共和国海洋环境保护法》《中华人民共和国环境影响评价法》组成，如图 1-2 所示。

4. 环境保护相关法

环境保护相关法是指国家制定和颁布的一些自然资源保护和其他与环境保护相关的法律。如：《中华人民共和国水法》《中华人民共和国森林法》《中华人民共和国草原法》《中华人民共和国土地管理法》《中华人民共和国渔业法》《中华人民共和国清洁生产促进法》《中华人民共和国矿产资源法》《中华人民共和国城市规划法》《中华人民共和国节约能源法》《中华人民共和国文物保护法》等，这些法律中均有与环境影响评价相关的规定。

（二）环境保护行政法规

环境保护行政法规是由国务院制定并公布或经国务院批准有关主管部门公布的环境保护规范性文件。环境保护行政法规包括两种类型，一种是根据法律授权制定的环境保护法的实施细则或条例，如《中华人民共和国环境保护税法实施条例》；另一种是针对环境保护的某个领域而制定的条例、规定和办法，如《建设项目环境保护管理条例》《消耗臭氧层物质管理条例》《排污许可管理条例》《规划环境影响评价条例》等。

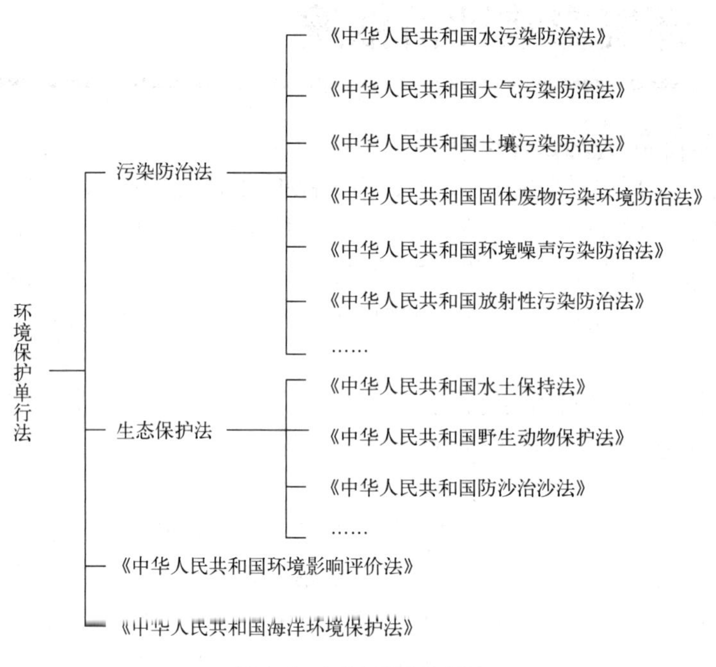

图 1-2　环境保护单行法

（三）政府部门规章

政府部门规章是指国务院生态环境主管部门单独发布或与国务院有关部门联合发布的环境保护规范性文件，以及政府其他有关行政主管部门依法制定的环境保护规范性文件。政府部门规章是以环境保护法律和行政法规为依据而制定的，或者是针对某些尚未有相应法律和行政法规调整的领域作出的相应规定。

如《建设项目环境影响评价分类管理名录（2021 年版）》《生态环境标准管理办法》是由生态环境部单独发布的，《国家危险废物名录》是由生态环境部、国家发展和改革委员会、公安部、交通运输部、国家卫生健康委员会联合发布的。

（四）环境保护地方性法规和地方性规章

环境保护地方性法规和地方性规章是享有立法权的地方权力机关和地方政府机关依据《中华人民共和国宪法》和相关法律制定的环境保护规范性文件。这些规范性文件是根据本地实际情况和特定环境问题制定的，在本地区实施，有较强的可操作性。如《河北省土壤污染防治条例》《河北省环境保护公众参与条例》《河北省大气污染防治条例》《河北省生态环境保护条例》《河北省环境监测管理办法》《河北省扬尘污染防治办法》等。

（五）生态环境标准

生态环境标准是环境执法和环境管理工作的技术依据，为环境影响评价工作提供了比较系统和完备的评价依据。

（六）环境保护国际公约

环境保护国际公约是指我国缔结和参加的环境保护国际公约、条约和议定书，如《联合国气候变化框架公约》《关于消耗臭氧层物质的蒙特利尔议定书》《关于持久性有机污染物的斯德哥尔摩公约》等。

国际公约与我国环境法有不同规定时，优先适用国际公约的规定，但我国声明保留的条款除外。

二、生态环境标准

生态环境标准是环境影响评价工作的重要依据。《中华人民共和国环境影响评价法》第十九条规定："编制建设项目环境影响报告书、环境影响报告表应当遵守国家有关环境影响评价标准、技术规范等规定。"

（一）生态环境标准概念

2021 年 2 月 1 日起施行的《生态环境标准管理办法》规定，生态环境标准是指由国务院生态环境主管部门和省级人民政府依法制定的生态环境保护工作中需要统一的各项技术要求。

（二）生态环境标准的分级和分类

生态环境标准分两级，分别为国家生态环境标准和地方生态环境标准，如图 1-3 所示。

国家生态环境标准包括国家生态环境质量标准、国家生态环境风险管控标准、国家污染物排放标准、国家生态环境监测标准、国家生态环境基础标准和国家生态环境管理技术规范。国家生态环境标准在全国范围或者标准指定区域范围执行。

地方生态环境标准包括地方生态环境质量标准、地方生态环境风险管控标准、地方污染物排放标准和地方其他生态环境标准。地方生态环境标准在发布该标准的省、自治区、直辖市行政区域范围或者标准指定区域范围执行。

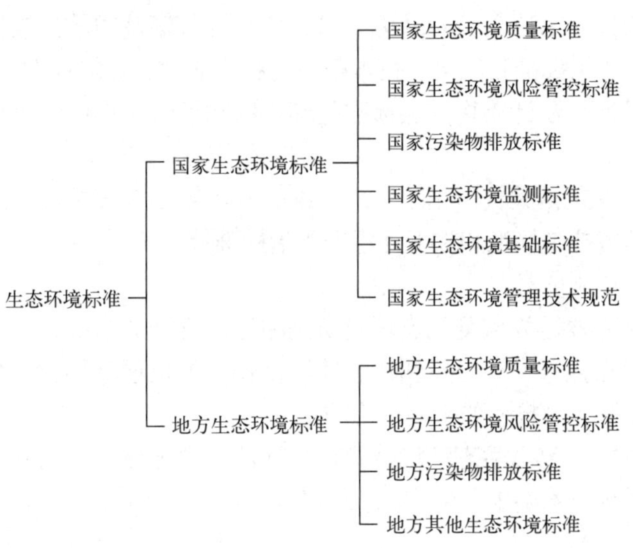

图 1-3　我国生态环境标准分级和分类

1. 生态环境质量标准

生态环境质量标准是为保护生态环境，保障公众健康，增进民生福祉，促进经济社会可持续发展，限制环境中有害物质和因素而制定的标准。

生态环境质量标准包括大气环境质量标准、水环境质量标准、海洋环境质量标准、声环境质量标准、核与辐射安全基本标准等。各单要素环境影响评价工作，需要有针对性地选择生态环境质量标准作为依据。各单要素环境影响评价工作及其依据的主要生态环境质量标准如表 1-6 所示。

表 1-6 单要素环境影响评价工作与主要生态环境质量标准对应表

环境影响评价工作类型	生态环境质量标准	标准号
大气环境影响评价	《环境空气质量标准》	GB 3095—2012
地表水环境影响评价	《地表水环境质量标准》	GB 3838—2002
	《农田灌溉水质标准》	GB 5084—2021
	《渔业水质标准》	GB 11607—1989
地下水环境影响评价	《地下水质量标准》	GB/T 14848—2017
声环境影响评价	《声环境质量标准》	GB 3096—2008
	《机场周围飞机噪声环境标准》	GB 9660—1988
	《城市区域环境振动标准》	GB 10070—1988

2. 生态环境风险管控标准

生态环境风险管控标准是为保护生态环境，保障公众健康，推进生态环境风险筛查与分类管理，维护生态环境安全，控制生态环境中的有害物质和因素而制定的生态环境标准。

生态环境风险管控标准包括土壤污染风险管控标准以及法律法规规定的其他环境风险管控标准。

3. 污染物排放标准

污染物排放标准是为改善生态环境质量，控制排入环境中的污染物或者其他有害因素，根据生态环境质量标准和经济、技术条件而制定的生态环境标准。

生态环境质量标准及污染物排放标准是环境影响评价工作中应用最多的两类生态环境标准。

污染物排放标准包括大气污染物排放标准、水污染物排放标准、固体废物污染控制标准、环境噪声排放控制标准和放射性污染防治标准等。

4. 生态环境监测标准

生态环境监测标准是为监测生态环境质量和污染物排放情况，开展达标评定和风险筛查与管控，规范布点采样、分析测试、监测仪器、卫星遥感影像质量、量值传递、质量控制、数据处理等监测技术要求而制定的。

生态环境监测标准包括生态环境监测技术规范、生态环境监测分析方法标准、生态环境监测仪器及系统技术要求、生态环境标准样品等。

5. 生态环境基础标准

为统一规范生态环境标准的制订技术工作和生态环境管理工作中具有通用指导意义的技术要求，制定了**生态环境基础标准**。

生态环境基础标准包括生态环境标准制订技术导则，生态环境通用术语、图形符号、编码和代号（代码）及其相应的编制规则等。

6. 生态环境管理技术规范

为规范各类生态环境保护管理工作的技术要求，制定**生态环境管理技术规范**。

生态环境管理技术规范包括大气、水、海洋、土壤、固体废物、化学品、核与辐射安全、声与振动、自然生态、应对气候变化等领域的管理技术指南、导则、规程、规范等。

（三）生态环境标准的制定和实施

地方生态环境质量标准、地方生态环境风险管控标准和地方污染物排放标准等可以对国家相应标准中未规定的项目作出补充规定，也可以对国家相应标准中已规定的项目作出更加严格的规定。

有地方标准的地区，应当依法优先执行地方标准。

国家和地方生态环境质量标准、生态环境风险管控标准、污染物排放标准和法律法规规定强制执行的其他生态环境标准，以强制性标准的形式发布。法律法规未规定强制执行的国家和地方生态环境标准，以推荐性标准的形式发布。

强制性生态环境标准必须执行。推荐性生态环境标准被强制性生态环境标准或者规章、行政规范性文件引用并赋予其强制执行效力的，被引用的内容必须执行，推荐性生态环境标准本身的法律效力不变。

三、环境政策及产业政策

（一）环境政策

国务院制定并公布或由国务院有关主管部门，省、自治区、直辖市负责制定，经国务院批准发布的环境保护规范性文件（包括决定、办法、批复等）均归属于环境政策类。环境政策是推动和指导经济与环境可持续协调发展的重要依据和措施，在环境影响评价工作中必须认真贯彻执行。如《环境保护综合名录》《“生态保护红线、环境质量底线、资源利用上线和环境准入负面清单”编制技术指南（试行）》《“三线一单”生态环境分区管控的指导意见（试行）》等。

1.《环境保护综合名录》

为了贯彻生态文明思想，深入打好污染防治攻坚战，坚持新发展理念，坚决遏制高耗能、高排放项目盲目发展，进一步完善“高污染、高环境风险”产品名录，提出除外工艺与污染防治设备，推动在财税、贸易等领域应用，引导企业技术升级改造，促进重点行业企业绿色转型发展。

该名录包括两部分，一是“高污染、高环境风险”（以下简称“双高”）产品名录，二是环境保护重点设备名录。

“高污染、高环境风险”（以下简称“双高”）产品名录包含932项“双高”产品。具有“高污染”特性产品326项，具有“高环境风险”特性产品223项，具有“高污染”和“高环境风险”双重特性产品383项，159项“双高”产品的除外工艺。

环境保护重点设备名录包括环境监测设备、大气污染防治设备、固体废物污染防治设备、废水处理设备、噪声与振动污染控制（材料）设备、土壤污染防治设备，共79项设备。

2.《“生态保护红线、环境质量底线、资源利用上线和环境准入负面清单”编制技术指南（试行）》

党中央国务院高度重视生态文明建设和生态环境保护，要求加快构建三大红线，推动形成节约资源和保护环境的空间格局、产业结构、生产方式、生活方式。2017年12月，环境保护部常务会议审议并原则通过了《“生态保护红线、环境质量底线、资源利用上线和环境准入负面清单”编制技术指南（试行）》（以下简称《指南》)。编制出台《指南》，指导各地加快建立“三线一单”，是贯彻落实党的十九大精神，加快推进生态文明建设和生态环境保护的重要举措。

《指南》主要内容包括：一是划定生态保护红线，识别生态空间；二是明确环境质量底线，实施环境分区管控；三是完善资源利用上线，提升自然资源开发利用效率；四是划定环境综合管控单元，实施环境综合管理；五是落实“三线”要求，建立环境准入负面清单。

（1）生态保护红线　生态保护红线指在生态空间范围内具有特殊重要生态功能、必须强制性严格保护的区域，是保障和维护国家生态安全的底线和生命线，通常包括具有重要水源涵养、生物多样性维护、水土保持、防风固沙、海岸生态稳定等功能的生态功能重要区域，以及水土流失、土地沙化、石漠化、盐渍化等生态环境敏感脆弱区域。按照“生态功能不降低、面积不减少、性质不改变”的基本要求，实施严格管控。

（2）环境质量底线　环境质量底线指按照水、大气、土壤环境质量不断优化的原则，结合环境质量现状和相关规划、功能区划要求，考虑环境质量改善潜力，确定的分区域分阶段环境质量目标及相应的环境管控、污染物排放控制等要求。

（3）资源利用上线　资源利用上线指按照自然资源资产“只能增值、不能贬值”的原则，以保障生态安全和改善环境质量为目的，利用自然资源资产负债表，结合自然资源开发管控，提出的分区域分阶段的资源开发利用总量、强度、效率等上线管控要求。

（4）生态环境准入清单　生态环境准入清单指基于环境管控单元，统筹考虑生态保护红线、环境质量底线、资源利用上线的管控要求，提出的空间布局、污染物排放、环境风险、资源开发利用等方面禁止和限制的环境准入要求。

（5）环境管控单元

（6）环境准入页面清单

3.《“三线一单”生态环境分区管控的指导意见（试行）》

2021年11月，生态环境部印发了《“三线一单”生态环境分区管控的指导意见（试行）》（以下简称《指导意见》）。实施“三线一单”生态环境分区管控制度，是新时代贯彻落实生态文明思想、深入打好污染防治攻坚战、加强生态环境源头防控的重要举措。

《指导意见》提出的主要目标是，到2023年，“三线一单”生态环境分区管控制度基本完善，更新调整、跟踪评估、成果数据共享服务等机制基本确立，数据共享与应用系统服务功能基本完善，在规划编制、产业布局优化和转型升级、环境准入等领域的实施应用机制基本建立，推动生态环境高水平保护格局基本形成。到2025年，“三线一单”生态环境分区管控技术体系、政策管理体系较为完善，数据共享与应用系统服务效能显著提升，应用领域不断拓展，应用机制更加有效，促进生态环境持续改善。

【案例1-4】在环境影响评价工作中要分析国家及地方对“三线一单”的政策要求。

如依据《**市人民政府关于实施“三线一单”生态环境分区管控的意见》，该市“三线一单”将全市域划分为222个管控单元，逐单元明确了环境质量目标、开发利用和环境污染管控要求，确保发展不超载，底线不突破，是深入贯彻落实“生态优先、绿色发展”理念，推动形成绿色发展方式和生产生活方式的重要举措。

（二）产业政策

产业是经济发展的关键所在，是一个国家的立国之本。产业政策是政府为了实现一定的经济和社会目标而对产业的形成和发展进行干预的各种政策的总和。环境影响评价工作过程中需分析国家产业政策和地方性产业政策的符合性。

1. 国家产业政策—产业结构调整指导目录

推动产业结构调整是建设现代化产业体系、增强产业核心竞争力、促进产业迈向全球价值链中高端的重要举措。为适应产业发展的新形势新任务新要求，加快建设现代化产业体系，国家发展和改革委员会牵头会同相关部门共同修订形成《产业结构调整指导目录（2024 年本）》。

《产业结构调整指导目录（2024 年本）》由鼓励、限制和淘汰三类目录组成。鼓励类、限制类和淘汰类之外的，且符合国家有关法律、法规和政策规定的属于允许类。

（1）鼓励类　主要是对经济社会发展有重要促进作用的技术、装备及产品。

（2）限制类　主要是工艺技术落后，不符合行业准入条件和有关规定，不利于安全生产，不利于实现碳达峰碳中和目标，需要督促改造和禁止新建的生产能力、工艺技术、装备及产品。

（3）淘汰类　主要是不符合有关法律法规规定，严重浪费资源、污染环境，安全生产隐患严重，阻碍实现碳达峰碳中和目标，需要淘汰的落后工艺技术、装备及产品。

2. 地方政府部门产业政策

地方根据本地的实际情况，可制定符合本地区地域特征的相关产业政策，如《河北省环境敏感区支持、限制、禁止建设项目名录》《河北省新增限制和淘汰类产业目录》《邢台市禁止投资的产业目录》等。

四、环境影响评价技术导则

为了指导和规范环境影响评价工作，从 1993 年开始，国家开始制定并发布环境影响评价技术导则。规划环境影响评价和建设项目环境影响评价有各自的环境影响评价技术导则。规划环境影响评价技术导则包括总纲、综合性规划环境影响评价技术导则和专项规划环境影响评价技术导则三种类型，总纲对后两类导则有指导作用。建设项目环境影响评价技术导则包括总纲、专项环境影响评价技术导则和行业类环境影响评价技术导则三大类，总纲对后两类导则有指导作用。专项环境影响评价技术导则包括环境要素环境影响评价技术导则和专题环境影响评价技术导则两种形式。建设项目环境影响评价技术导则的具体分类详见图 1-4。

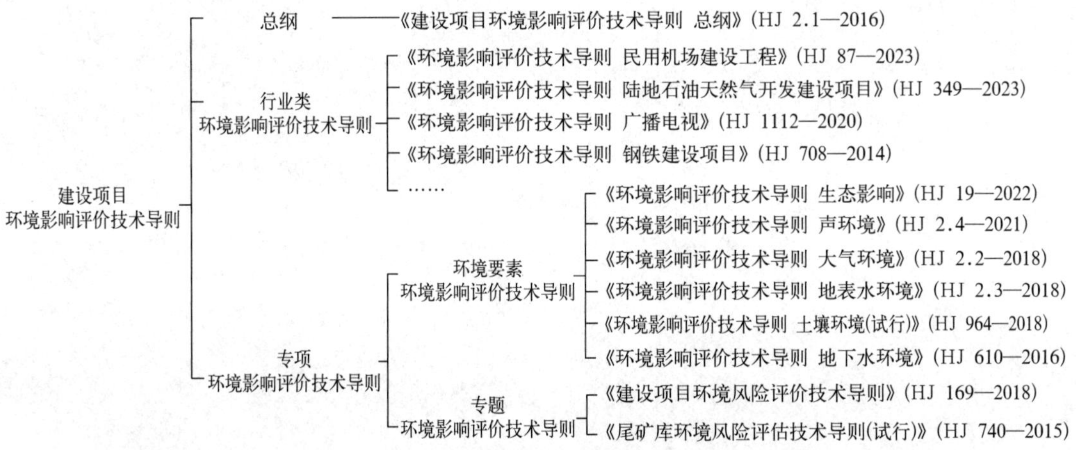

图 1-4　建设项目环境影响评价技术导则分类

复习思考及案例分析题

一、复习思考题

1.（　）的规定，标志着我国的环境影响评价制度正式确立。

A.《中华人民共和国环境保护法（试行）》 B.《中华人民共和国环境保护法》

C.《中华人民共和国环境影响评价法》 D.《环境影响评价技术导则 总纲》

2.《中华人民共和国环境保护法》所称环境，是指影响人类生存和发展的（　）的总体。

A. 自然因素和社会因素 B. 经济因素和自然因素

C. 社会因素和文化因素 D. 天然的和经过人工改造的自然因素

3. 根据《中华人民共和国环境保护法》，下列区域中，属于国家划定的生态保护红线，实行严格保护的有（　）。

A. 风景名胜区 B. 重点生态功能区

C. 重要生态功能屏障区 D. 生态环境敏感区和脆弱区

4. 根据《中华人民共和国环境影响评价法》，关于建设项目环境影响评价分类管理的说法，正确的是（　）。

A. 建设项目的环境影响评价分类管理名录由国务院制定并公布

B. 对环境影响很小、需要进行环境影响评价的项目，应当填报环境影响登记表

C. 可能造成轻度环境影响的建设项目，应当编制环境影响报告表，对产生的环境影响进行专项评价

D. 可能造成重大环境影响的建设项目，应当编制环境影响报告书，对产生的环境影响进行全面评价

二、案例分析题

试分析某公司 450kg / d 加氢站项目的产业政策符合性。

第二章

工程分析

导读导学

什么是工程分析？工程分析对于环境影响评价工作有什么样的作用？在

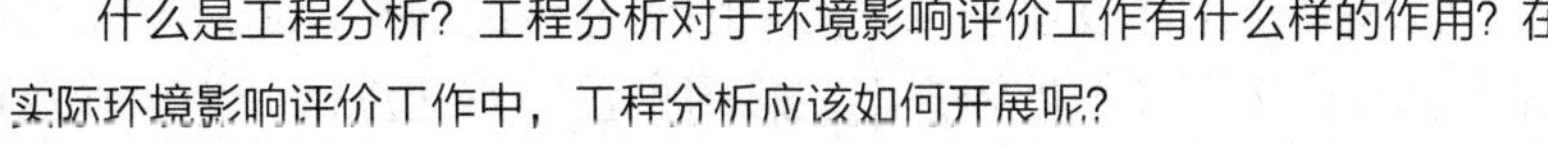

实际环境影响评价工作中，工程分析应该如何开展呢？

学习目标

知识目标	能力目标	素质目标
1. 掌握工程分析方法； 2. 熟悉工程分析内容	1. 能够进行初步的工程分析，能够在准确对产污环节进行分析的基础上绘制污染工艺流程图； 2. 会绘制水平衡图并能够正确进行水平衡分析	1. 准确认识工程分析对环境影响评价工作的重要性，以认真严谨的态度进行工程分析工作； 2. 准确把握环境影响评价工作的特殊使命，预防环境污染的发生； 3. 树立正确的思维方式，既要能够独立承担某项工作，也要善于团结互助，发挥团队的力量，提高分析和处理问题的能力； 4. 树立安全意识，树立依法、依规开展环境影响评价工作的理念

扫描二维码可查看“环境数据造假行为处理规则”。

工程分析是环境影响评价关键性的一项工作，它是通过对项目全面的分析，从宏观、微观两个方面掌握项目情况，为环境影响评价工作方案的制定及环境影响预测等工作提供基础的数据和资料，也为项目建成后的环境管理提供依据。

第一节 污染型项目工程分析

一、工程分析概述

（一）工程分析的概念

工程分析是建设项目工程污染因素分析的简称，通过对工程概况、工艺流程及产污环节、污染物、环保措施方案、总图布置等方面进行分析，确定建设项目在各个不同时期的产污环节、污染源源强等内容，为环境影响评价工作方案的制定及环境影响预测等工作提供基础的数据和资料，也为项目建成后的环境管理提供依据。

（二）工程分析的作用

1. 为项目决策提供依据

工程分析从环境保护角度对建设项目的性质、产品结构、生产规模、原料路线、工艺技术、设备选型、能源结构、技术经济指标、总图布置方案、占地面积等做出分析意见。衡量项目是否符合法律法规、环境政策及产业政策的要求，确定建设项目的环境可行性。

2. 为环境影响预测和评价提供基础的数据和资料

工程分析是环境影响评价的基础，各评价专题需要的基础数据均来自工程分析。工程分析中给出的产污节点、源强、污染物排放方式、去向等技术参数，是环境影响预测计算的依据，为定量评价建设项目对环境影响的程度和范围提供了可靠的保证。

3. 为生产工艺和环保设计提供优化建议

建设项目在进行工程设计时，会根据已知生产工艺过程中的产污环节和产污数量，采取必要的治理措施。工程分析中不仅要考虑前述问题，更重要的是应包括对生产工艺进行优化论证，提出满足清洁生产要求的清洁生产工艺方案。对于改扩建项目，还应实现“增产不增污”或“增产减污”的目标，使环境质量得以改善或不使环境质量恶化，起到对环保设计方案优化的作用。

同时，工程分析中还可对项目拟采取的污染防治措施的先进性、可靠性进行论证，提出进一步改进、完善的措施。

4. 为环境的科学管理提供依据，是建设项目环境管理的基础

工程分析筛选的主要污染因子是项目建成后日常管理的主要对象，所提出的环境保护措施是工程验收的重要依据，为保护环境所核定的污染物排放总量是开发建设活动进行污染控制的目标。

工程分析也是建设项目环境管理的基础，工程分析对建设项目污染物排放情况的核算将成为排污许可证的主要内容，也是排污许可证申领的基础。根据排污许可证管理的相关要求，排污许可制应与环境影响评价制度有机衔接，污染物总量控制由行政区域向

企事业单位转变。新建项目申领排污许可证时，环境影响评价文件及批复中与污染物排放相关的主要内容会纳入排污许可证。

（三）工程分析的原则

1. 体现政策性

工程分析要贯彻执行我国环境保护的法律、法规和方针、政策。在开展工程分析时，首先要学习和掌握有关的政策法规，并以此为依据去剖析建设项目对环境产生影响的因素，针对建设项目在产业政策、能源政策、资源利用政策、环境政策等方面存在的问题，为项目决策提出符合环境法规政策要求的建议，这是工程分析的灵魂。

2. 应提供真实、准确、可信的基础资料

工程分析是环境影响评价工作的基础，为各专题预测和评价工作提供基础的数据和资料，工程分析是决定预测评价工作质量的关键，所以工程分析提供的数据资料一定要真实、准确、可信。尤其是复用资料，要经过精心筛选，注意时效性。

3. 能定量表达的一定要给出定量的结果

工程分析应尽量将结果量化，能定量表达的，应尽量给出定量的结果，如污染物排放量、排放浓度等。

4. 工程分析应具有针对性

工程特征的多样性决定了影响环境因素的复杂性。为了把握住评价工作的重点方向，防止轻重不分，工程分析应通过全面系统的分析，从众多污染因素中筛选出对环境干扰强烈、影响范围大、并有致害威胁的主要因子作为评价重点，要针对重点解决实际问题。

二、工程分析方法

在可行性研究阶段所能提供的工程技术资料不能满足工程分析需要时，可以根据具体情况选用合适的方法进行工程分析。目前可供选用的工程分析方法有类比法、物料衡算法、实测法、实验法及查阅参考资料分析法。

1. 类比法

类比法是用与拟建项目类型相同的现有项目的设计资料或实测数据进行工程分析的一种常用方法。

类比法要求时间长，需投入的工作量大，但所得结果较准确，可信度也较高。一般在评价工作等级较高、评价时间允许且有可参考的相同或相似的现有工程时，采用类比法。

在使用类比法时，为了提高类比资料、数据的准确性，应充分注意分析对象与类比对象之间的相似性和可比性。

（1）工程一般特征的相似性　包括建设项目的性质、建设规模、车间组成、产品结构、工艺路线、生产方法、原料、燃料、用水量和设备类型等的相似性。

（2）污染物排放特征的相似性　包括污染物排放类型、浓度、强度与数量、排放方式与去向、污染方式与途径等。

（3）环境特征的相似性　包括气象条件、地貌状况、生态特点、环境功能以及区域污染情况等方面的相似性。

类比法常用单位产品的经验排污系数去计算污染物的排放量。经验排污系数法公式如下：

$$A=AD\times M \tag{2-1}$$

式中 A——某污染物的排放总量；

AD——单位产品某污染物的经验排污系数；

M——产品总产量。

2. 物料衡算法

物料衡算法是用于计算污染物排放量的最常规方法。此法是运用质量守恒定律核算污染物排放量，即在生产过程中投入系统的物料总量必须等于产出的产品量和物料流失量之和。其计算公式如下：

$$\sum G_{投入}=\sum G_{产品}+\sum G_{流失} \tag{2-2}$$

式中 $\sum G_{投入}$——投入系统的物料总量；

$\sum G_{产品}$——产出产品总量；

$\sum G_{流失}$——物料流失总量。

当投入的物料在生产过程中发生化学反应时，可按下列总量法公式进行衡算。

$$\sum G_{排放}=\sum G_{投入}-\sum G_{回收}-\sum G_{处理}-\sum G_{转化}-\sum G_{产品} \tag{2-3}$$

式中 $\sum G_{排放}$——某污染物的排放量；

$\sum G_{投入}$——投入物料中的某污染物总量；

$\sum G_{产品}$——进入产品结构中的某污染物总量；

$\sum G_{回收}$——进入回收产品中的某污染物总量；

$\sum G_{处理}$——经净化处理掉的某污染物总量；

$\sum G_{转化}$——生产过程中被分解、转化的某污染物总量。

物料衡算法以理论计算为基础，比较简单，但是具有一定局限性，不适用于所有建设项目。在理论计算中的设备运行状况均按照理想状态考虑，计算结果大多数情况下偏低，不利于提出合适的环境保护措施。

3. 实测法

实测法是通过选择相同或类似工艺实测一些关键的污染参数。

4. 实验法

实验法是通过一定的实验手段确定一些关键的污染参数。

5. 查阅参考资料分析法

查阅参考资料分析法是利用同类工程已有的环境影响报告书或可行性研究报告等资料进行工程分析的方法。

此方法较为简便，但所得数据的准确性很难保证，所以只能在评价工作等级较低的建设项目工程分析中使用。

三、工程分析内容

建设项目实施过程可以分为不同的阶段，包括施工阶段、运行阶段和服务期满（即退役阶段）。根据建设项目的不同性质和实施周期，可选择其中的不同阶段进行工程分析。

所有建设项目都应分析运行阶段所产生的环境影响，包括正常工况和非正常工况两种情况。部分建设项目的建设周期长、影响因素复杂且影响区域广，因此需进行建设期的工程分析。个别建设项目由于运行期的长期影响、累积影响或毒害影响，会造成项目所在区域的环境发生质的变化，如核设施退役或矿山退役等，因此需要进行服务期满的工程分析。

对于环境影响以污染因素为主的建设项目，工程分析内容主要包括工程概况、工艺流程及产污环节分析、污染物分析、清洁生产分析、环保措施方案分析、总图布置方案分析等几个方面。

污染型建设项目的工程分析内容如表 2-1 所示。

表 2-1　污染型建设项目工程分析内容

项目	工作内容
工程概况	工程一般特征介绍 物料与能源消耗定额 项目组成
工艺流程及产污环节分析	工艺流程及污染物产生环节
污染物分析	污染源分布及污染物源强核算 物料平衡与水平衡 无组织排放源强统计及分析 非正常排放源强统计及分析 污染物排放总量建议指标
清洁生产分析	清洁生产水平分析
环保措施方案分析	分析环保措施方案及所选工艺及设备的先进水平和可靠程度 分析处理工艺有关技术经济参数的合理性 分析环保设施投资构成及其在总投资中占有的比例
总图布置方案分析	分析厂区与周围的保护目标之间所定防护距离的安全性 根据气象、水文等自然条件分析工厂和车间布置的合理性 分析环境敏感点（保护目标）处置措施的可行性

（一）工程概况

1. 工程一般特征介绍

工程一般特征介绍主要是介绍项目的基本情况，包括工程名称、建设性质、建设地点、项目组成、建设规模、车间组成、产品方案、辅助设施、配套工程、储运方式、占地面积、职工人数、工程投资及发展规划等，并附平面布置图。

【案例 2-1】如某钢铁有限责任公司改扩建项目中对于工程一般特征的介绍如下。

某钢铁有限责任公司始建于 1960 年，经过几十年的建设与发展，已建设成为集烧结、焦化、炼铁、炼钢、轧钢、焊网、金属制品为一体的钢铁联合企业。厂区占地面积 240 万平方米，现有职工 7420 人，年产烧结矿 280 万吨、球团矿 95 万吨、铁水 250 万吨、钢坯 266 万吨、线材 252 万吨，实现产值 83.21 亿元，利润 11.5 亿元。

2. 物料与能源消耗定额

包括主要原料、辅助材料、助剂、能源、用水等的来源、成分和消耗量，可按表 2-2 的形式表示。

表 2-2　建设项目原料、辅助材料消耗　　单位：t/a

序号	名称	单位产品耗量	年耗量	来源
1				
2				
3				
…				

【案例 2-2】某炼钢生产企业所需原料主要为铁水、废钢、铁合金、生铁块、铁矿石、活性石灰、白云石等。各种原辅材料消耗见表 2-3。

表 2-3　主要原辅材料消耗量　　单位：t/a

原料名称	铁水		生铁	废钢	硅锰合金	活性石灰	白云石
消耗量	463300	200000	49543	47543	根据钢种确定	32310	10720
来源	本厂	外购	外购	外购	外购	本厂	外购
运输方式	火车	汽车	汽车	汽车	火车、汽车	皮带	汽车

3. 项目组成

工程分析的项目组成一般包括主体工程、配套工程（办公及生活设施）、辅助工程、公用工程、环保工程、储运工程及依托工程等几个部分。通过项目组成分析找出项目建设存在的主要环境问题。建设项目组成如表 2-4 所示。

表 2-4　建设项目组成

项目名称			建设规模
主体工程	1		
	2		
	…		
辅助工程	1		
	2		
	…		
公用工程	1		
	2		
	…		
环保工程	1		
	2		
	…		
配套工程（办公室及生活设施）	1		
	2		
	…		
储运工程	1		
	2		
	…		
依托工程	1		
	2		
	…		

（二）工艺流程及产污环节分析

一般情况下，工艺流程应在设计单位、建设单位的可研或设计文件基础上，根据工艺过程的描述及同类项目生产的实际情况进行绘制。

环境影响评价工艺流程及产污环节分析，关心的是工艺过程中产生污染物的具体位置、污染物的种类和数量。一般用方块流程图（图 2-1）或装置流程图（图 2-2）表述说明生产工艺过程，同时在工艺流程图中表明污染物产生的位置和污染物的类型，形成排污流程图。必要时列出主要化学反应式和副反应式。副反应中可能有隐藏性潜在危害因素，应予高度关注。如各种氯化工艺生产中可能在副反应中产生二噁英类剧毒物质。

【案例 2-3】图 2-1 为某电解生产工艺排污流程图（方块流程图），图 2-2 为某煤气化单元（造气）工艺排污流程图（装置流程图）。

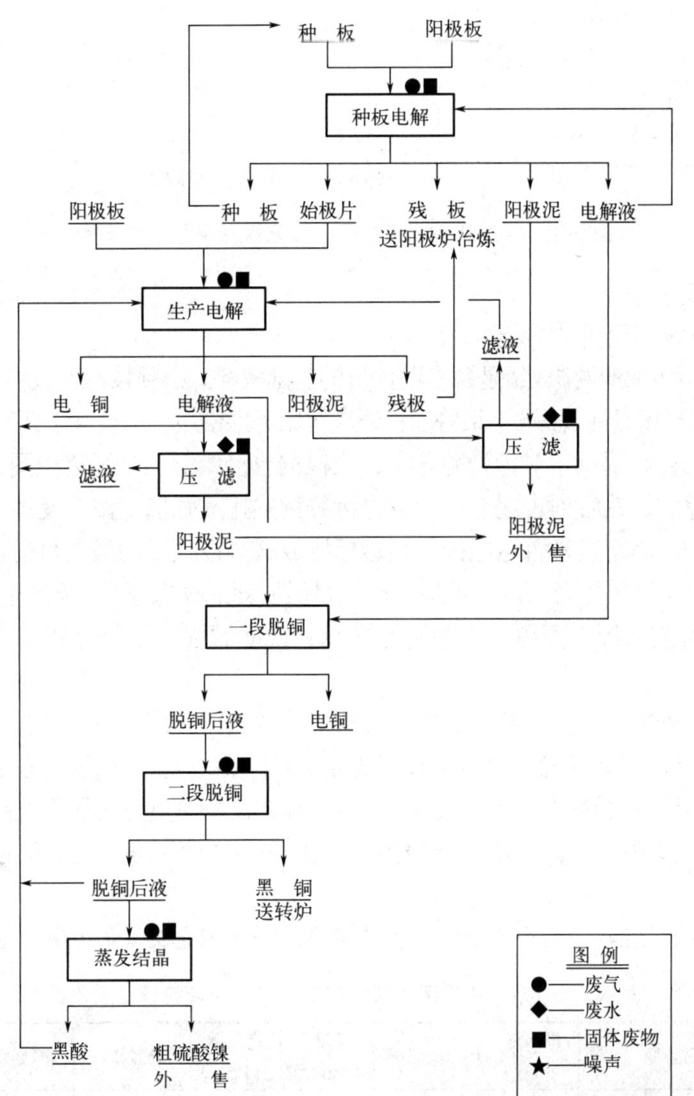

图 2-1 电解生产工艺流程及排污节点

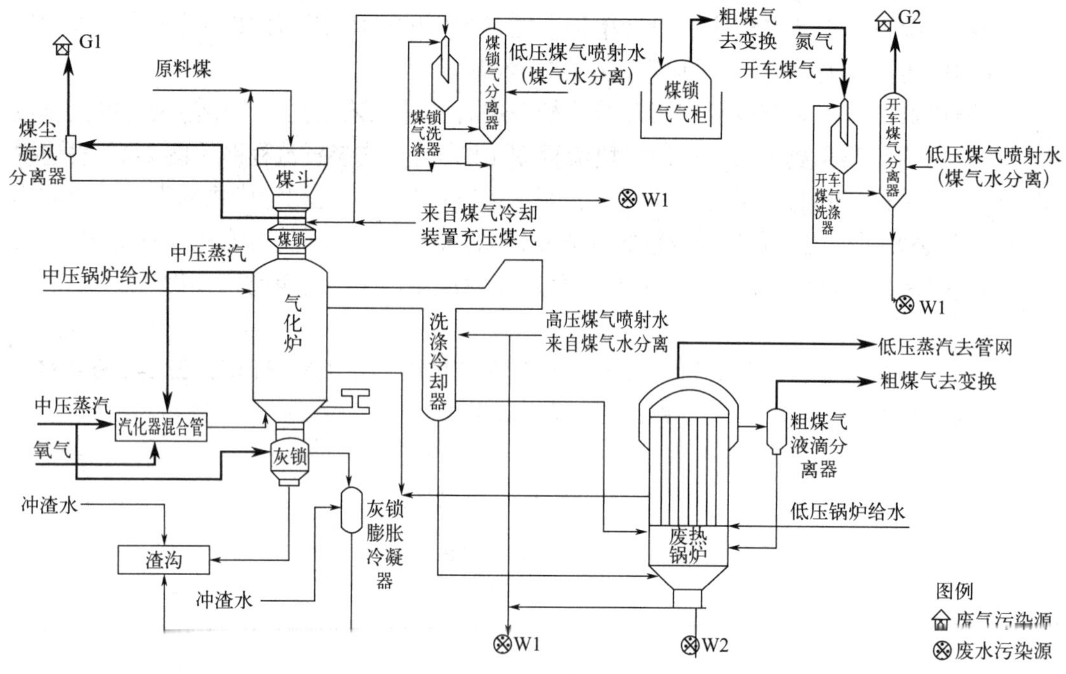

图 2-2 煤气化单元（造气）工艺流程及污染源示意

（三）污染物分析

1. 污染源分布及污染物源强核算

污染源分布和污染物排放量是各专题评价的基础资料。必须按建设过程、运营过程详细核算和统计。根据项目评价需要，某些项目还应对服务期满后（退役期）影响源强进行核算。

（1）污染源分布调查　对污染源分布，应根据已经绘制的排污流程图，并按排放点标明污染物排放部位，然后列表逐点统计各种污染物的排放强度、浓度及数量。对于最终排入环境的污染物，确定其是否达标排放，达标排放必须以项目的最大负荷核算，如燃煤锅炉二氧化硫、烟尘排放量必须以锅炉最大产气量时所耗的燃煤量为基础进行核算。

对于废气可按点源、面源、线源进行核算，说明源强、排放方式和排放高度及存在的有关问题。

废水应说明种类、成分、浓度、排放方式、排放去向；固体废物应按《中华人民共和国固体废物污染环境防治法》进行分类；废液应说明种类、成分、浓度、是否属于危险废物，处置方式和去向等有关问题；废渣应说明有害成分、溶出物浓度是否属于危险废物，排放量，处理和处置方式和贮存方法；噪声和放射性物质应列表说明源强、剂量及分布。

【案例 2-4】表 2-5 是某企业甲烷化工艺污染源分布调查及污染源统计结果表达表。

表 2-5　甲烷化工艺污染源分布调查及污染源统计结果表达

序号	污染源	排水量 /（t/h）	污染因子	浓度 /（mg/L）	产生量 /（kg/h）	处置措施	排放规律	排放去向
W1	锅炉排污	24.8	COD	60	1.49	回收利用	连续	去凝结水站
			TDS	20	5.70			

笔记

续表

序号	污染源	排水量 / (t/h)	污染因子	浓度 / (mg/L)	产生量 / (kg/h)	处置措施	排放规律	排放去向
W2	甲烷化凝结水	280	COD	5	1.40	回收利用	连续	去凝结水站
W3	三甘醇精馏塔排水	0.2	少量三甘醇				间断	污水厂

序号	污染源	产生量 / (m^3/a)	类别	主要成分	处置方式	排放规律
S1	废催化剂	183.2	危险物质	Ni	厂家回收	2 年更换 1 次

（2）污染物排放量统计　在统计污染物排放量的过程中，对于不同的工程项目，要区别对待。

新建项目污染物源强——算清“两本账”：一本是工程自身的污染物设计排放量；另一本则是按治理规划和评价规定措施实施后能够实现的污染物消减量。两本账之差才是评价需要污染物的最终排放量，参见表 2-6。

表 2-6　新建项目污染物排放量统计

类别	污染物名称	产生量	治理削减量	排放量
废气				
废水				
固体废物				

改扩建项目和技术改造项目的污染物排放量——算清“三本账”：第一本账是改扩建与技术改造前的污染物实际排放量；第二本账是改扩建与技术改造项目按计划实施后的自身污染物排放量；第三本账是实施治理规划和评价规定措施后能够实现的污染物削减量。

三本账的代数和可作为评价所需的最终排放量。具体见表 2-7。其相互关系或表示为：

技改扩前排放量 − “以新带老” 削减量 + 技改扩项目排放量 = 技改扩完成后的排放量

表 2-7　技改扩项目污染物排放量统计

类别	污染物	现有工程排放量	拟建项目排放量	“以新带老”削减量	技改扩完成后总排放量	增减量变化
废水						
废气						
固体废物						

2. 物料平衡与水平衡

（1）物料平衡　在工程分析中，必须根据不同行业的具体特点，选择若干具有代表性的物料（主要的物料或对环境影响较大的物料）进行衡算和分析，物料衡算的理论依据为质量守恒定律。物料平衡分析的结果，最终以物料平衡图的形式表达。

【案例2-5】图2-3为某矿产粗铜搬迁改造和电解铜项目中的硫的物料平衡。

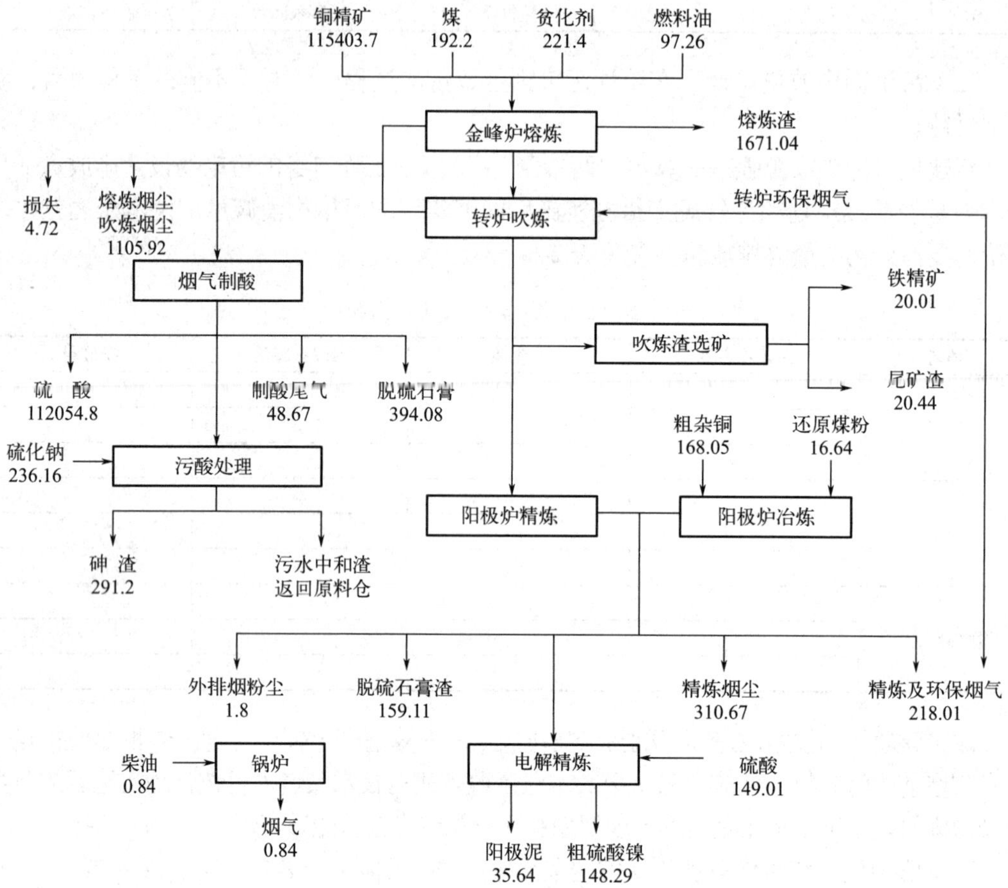

铜精矿
115403.7
煤
192.2
贫化剂
221.4
燃料油
97.26
金峰炉熔炼
熔炼渣
1671.04
损失
4.72
熔炼烟尘
吹炼烟尘
1105.92
转炉吹炼
转炉环保烟气
烟气制酸
铁精矿
20.01
吹炼渣选矿
尾矿渣
20.44
硫　酸
112054.8
制酸尾气
48.67
脱硫石膏
394.08
粗杂铜
168.05
还原煤粉
16.64
硫化钠
236.16
污酸处理
阳极炉精炼
阳极炉冶炼
砷　渣
291.2
污水中和渣
返回原料仓
外排烟粉尘
1.8
脱硫石膏渣
159.11
精炼烟尘
310.67
精炼及环保烟气
218.01
柴油
0.84
锅炉
电解精炼
硫酸
149.01
烟气
0.84
阳极泥
35.64
粗硫酸镍
148.29

图2-3　硫平衡（单位：t/a）

（2）水平衡　水作为工业生产中的原料和载体，在任一用水单元内都存在着水量平衡关系，同样可以依据质量守恒定律进行水量平衡分析，这就是水平衡。

污水回用量W
取水量Q
物料带入水量A
用
水
量
Y
耗水量H
排水量P
漏水量L
重复用水量C

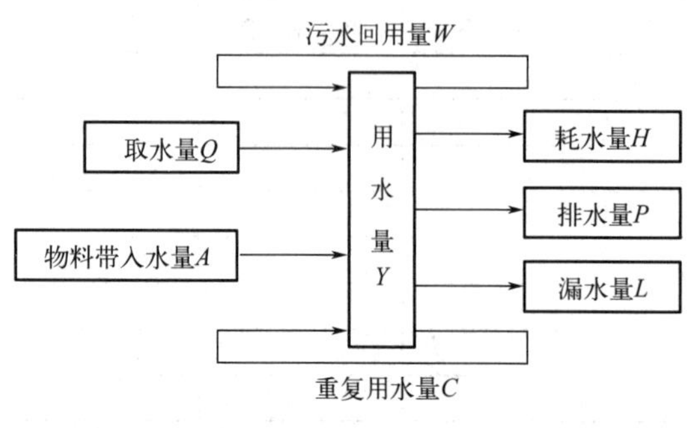

图2-4　工业用水量和排水量的关系

工业用水量和排水量的关系见图2-4。

水平衡关系式为：$Q+A=H+P+L$　（2-4）

式中　　取水量Q——工业用水的取水量是指取自地表水、地下水、自来水、海水、城市污水及其他水源的总水量。建设项目工业取水量包括生产用水和生活用水，生产用水又包括间接冷却水、工艺用水和锅炉给水。

重复用水量 C——指建设项目内部循环使用和循序使用的总水量。

耗水量 H——指整个工程项目消耗掉的新鲜水量的总和，即：

$$H=Q_1+Q_2+Q_3+Q_4+Q_5+Q_6 \tag{2-5}$$

式中 Q_1——产品含水，即由产品带走的水；

Q_2——间接冷却水系统补充水量，即循环冷却水系统补充水量；

Q_3——洗涤用水（包括装置和生产区地坪冲洗水）、直接冷却水和其他工艺用水量之和；

Q_4——锅炉运转消耗的水量；

Q_5——水处理用水量，指再生水处理装置所需的用水量；

Q_6——生活用水量。

水平衡分析的结果可以用水平衡表（表 2-8）及水平衡图（图 2-5）的形式予以表达。

【案例 2-6】表 2-8 为某厂的水平衡表，图 2-5 为某厂的水平衡图。

表 2-8 某厂的水平衡表 单位：m^3/d

用水项目	总用水量	新鲜水量	重复用水量	损耗水量	排水量
工艺用水	100	100		30	70
锅炉用水	70	10	60	8	2
降温循环水	2080	40	2040	34	6
生活用水	10	10		2	8
合计	2260	160	2100	74	86

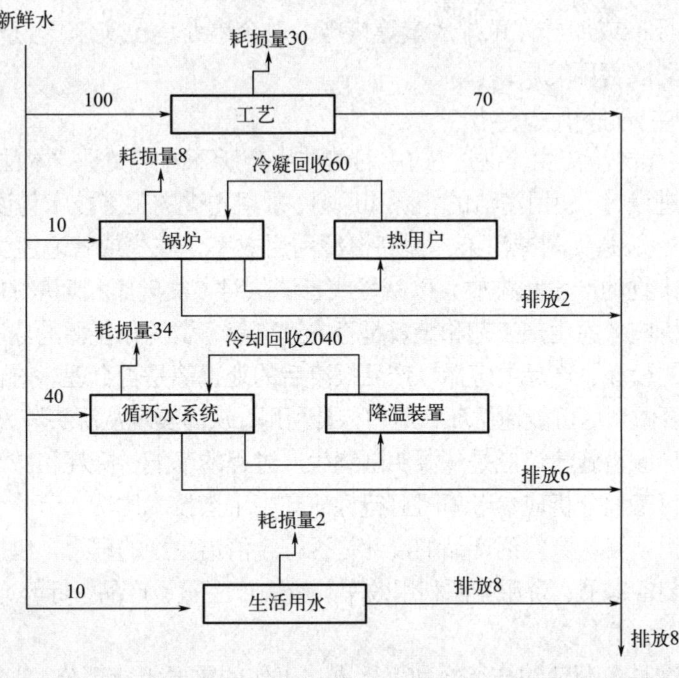

图 2-5 某厂水平衡图（单位：m^3/d）

3. 无组织排放源强统计及分析

无组织排放是对应于有组织排放而言的，主要针对废气排放，表现为生产工艺过程中产生的污染物没有进入收集系统和排气系统，而通过厂房天窗排出或直接弥散到环境中。工程分析中将没有排气筒或排气筒高度低于 15 m 的排放称为无组织排放。其排放源强的确定方法主要有以下三种。

（1）物料衡算法　通过全厂物料的投入产出分析，核算无组织排放量。

（2）类比法　与工艺相同、使用原料相似的同类工厂进行类比，在此基础上，核算本厂无组织排放量。

（3）反推法　通过对同类工厂，正常生产时无组织监控点进行现场监测，利用面源扩散模式反推，以此确定工厂无组织排放量。

4. 非正常排放源强统计及分析

非正常排污包括以下两部分：

① 正常开车、停车或部分设备检修时排放的污染物。

② 工艺设备或环保设施达不到设计规定指标运行时的排污。此类异常排污分析都应重点说明异常情况产生的原因、发生频率和处置措施。

5. 污染物排放总量建议指标

在核算污染物排放量的基础上，按国家对污染物排放总量控制指标的要求，提出工程污染物排放总量控制建议指标，污染物排放总量控制建议指标应包括国家规定的指标和项目的特征污染物，通常污染物总量单位为 t/a，对于排放量较小的污染物总量可用适宜的单位。提出的工程污染物排放总量控制建议指标必须满足以下要求：一是满足达标排放的要求，二符合其他环保要求（如特殊控制的区域与河段），三是技术上可行。

建设项目污染物排放总量的核算，与排污许可制度紧密衔接，环境质量不达标地区，要通过提高排放标准或加严许可排放量等措施，对企事业单位实施更为严格的污染物排放总量控制，推动改善环境质量。

（四）清洁生产分析（评价）

《中华人民共和国清洁生产促进法》中对清洁生产所下的定义是：“本法所称清洁生产，是指不断采取改进设计、使用清洁的能源和原料、采用先进的工艺技术与设备、改善管理、综合利用等措施，从源头削减污染，提高资源利用效率，减少或者避免生产、服务和产品使用过程中污染物的产生和排放，以减轻或者消除对人类健康和环境的危害。”

清洁生产分析应考虑生产工艺和装备是否先进可靠，资源和能源的选取、利用和消耗是否合理，产品的设计、产品的寿命、产品报废后的处置等是否合理。对在生产过程中排放出来的废物是否做到尽可能地循环利用和综合利用，从而实现从源头消灭环境污染问题。清洁生产提出的环保措施建议应是从源头围绕生产过程的节能、降耗和减污的清洁生产方案。建议建设项目工程分析应参考项目可行性研究中工艺技术比选、节能、节水、设备等篇章的内容，分析项目从原料到产品的设计是否符合清洁生产的理念，包括从工艺技术来源和技术特点、装备水平、资源能源利用效率、废物产生量、产品指标等方面说明。

1. 清洁生产标准

清洁生产标准是资源节约与综合利用标准化工作的重要组成部分，是为贯彻实施《中华人民共和国环境保护法》和《中华人民共和国清洁生产促进法》、保护环境、指导企业实施清洁生产和推动环境管理部门的清洁生产监督工作而制定的。如《清洁生产标准 酒精制造业（HJ 581—2010）》《清洁生产标准 铜电解业（HJ 559—2010）》《清洁生产标准 宾馆饭店业（HJ 514—2009）》《清洁生产标准 废铅酸蓄电池铅回收业（HJ 510—2009）》等。

2. 清洁生产分析（评价）方法

（1）标准对比法　适用于已经颁布清洁生产标准的建设项目。采用我国已颁布的清洁生产标准，分析评价项目的清洁生产水平，将项目的生产工艺、资源、产品、污染物等各项指标与清洁生产标准逐一比对，进而评定项目的清洁生产水平等级。清洁生产水平分为三级：一级代表国际清洁生产先进水平，二级代表国内清洁生产先进水平，三级代表国内清洁生产普通水平。

（2）类比法　类比法适用于那些没有行业清洁生产标准或者与现行清洁生产标准适用范围存在较大差异的项目，要论证项目 A 是否具有国际或国内清洁生产先进水平应遵循以下逻辑规则：$A \geqslant B$，其中 B 为已经经过确认的具有国际或者国内清洁生产先进水平的企业。通过生产工艺与装备要求、资源能源利用指标、产品指标、污染物产生指标（末端处理前）、废物回收利用指标、环境管理要求六个方面的分项比较，若上述不等式成立，则相应的 A 也具有国际或者国内清洁生产先进水平。

3. 清洁生产分析（评价）指标

依据生命周期分析的原则，环境影响评价中的清洁生产指标可分为六大类，分别为：生产工艺与装备要求、资源能源利用指标、产品指标、污染物产生指标、废物回收利用指标和环境管理要求。资源能源利用指标、污染物产生指标在清洁生产中是非常重要的两类指标，因此必须有定量指标。其余四类指标属于定性指标或者半定量指标。

（1）生产工艺与装备要求　选用清洁工艺、淘汰落后有毒有害原材料和落后的设备是推行清洁生产的前提。因此，在清洁生产分析专题中，首先要对工艺技术来源和技术特点进行分析，说明其在同类技术中所占地位以及选用设备的先进性。从装置规模、工艺技术、设备等方面分析其在节能、减污、降耗等方面达到的清洁生产水平。

（2）资源能源利用指标　从清洁生产的角度看，资源、能源指标的高低也反映一个建设项目的生产过程在宏观上对生态系统的影响程度，因为在同等条件下，资源能源消耗量越高，对环境的影响越大。清洁生产评价资源能源利用指标包括新水用量指标、单位产品的能耗、单位产品的物耗、原辅材料选取等。

（3）产品指标　指影响污染物种类和数量的产品性能、种类和包装，以及反映产品贮存、运输、使用和废弃后可能造成的环境影响的指标。

（4）污染物产生指标　污染物产生指标是除资源能源利用指标外，另一类能反映生产过程状况的指标。污染物产生指标较高，说明工艺相对比较落后，管理水平较低。考虑到一般的污染问题，污染物产生指标可分为三类，即废水产生指标、废气产生指标和固体废物产生指标。

（5）废物回收利用指标　废物回收利用是清洁生产的重要组成部分，在现阶段，生产过程不可能完全避免产生废水、废料、废渣、废气、废热，对于生产企业应尽可能地回收和利用，并应该是高等级的利用，逐步降级使用，然后再考虑末端治理。

（6）环境管理要求　指对企业所制定和实施的各类环境管理相关规章、制度和措施的要求，包括执行环保法规情况、企业生产过程管理、环境管理、清洁生产审核、相关方环境管理。

4. 清洁生产分析（评价）结果表达

需要给出建设项目清洁生产状况（物料投入、生产过程、产品的产生和废物的产生）的评价结论，并与国内外先进水平相比较，提出清洁生产建议。如果清洁生产评价全部指标达到二级，说明该项目在清洁生产方面达到国内清洁生产先进水平，该项目在清洁生产方面是可行的。如果清洁生产评价全部或部分指标未达到二级，说明该项目在清洁生产方面需要继续改进。针对这种情况，必须提出清洁生产的建议。

《清洁生产标准 铜冶炼业》（HJ 558—2010）标准全文

【案例 2-7】某技改工程采用金峰双侧吹熔池熔炼炉替代现有鼓风炉生产工艺，单位产品的主要特征污染物排放量与国内同类生产工艺企业比较属于国内领先水平。对照技改工程能耗、铜回收率、水循环利用率等 28 项指标中，除熔炼工序烟气二氧化硫含量、硫的回收率、制酸工艺达二级水平外，其余 26 项指标均达到《清洁生产标准 铜冶炼业》（HJ 558 — 2010）一级水平。该项目具有较高的清洁生产水平，水耗和单位产品污染物排放指标在国内处于先进水平，物耗、能耗指标已达到国际先进水平，见表 2-9。

表 2-9 铜冶炼业清洁生产技术指标对比表

清洁生产指标等级		一级	二级	三级	技改项目	等级
1. 生产工艺与装备要求						
1.1 工艺选择						
1.1.1 主体冶炼工艺		采用国际先进冶炼工艺	采用国内先进的冶炼工艺	采用不违背《铜冶炼行业准入条件》的冶炼工艺	采用国际先进冶炼工艺	一级
1.1.1.1 熔炼工序	废渣含铜	≤ 0.6	≤ 0.7	≤ 0.8	0.48	一级
	烟气二氧化硫（二氧化硫）含量 /%	≥ 20	≥ 10	≥ 6	19.63	二级
1.1.1.2 吹炼工序	粗铜含硫 /%	≤ 0.1	≤ 0.2	≤ 0.4	0.02	一级
1.1.2 制酸工艺		二转二吸，转化率 ≥ 99.8%，不需要尾气吸收可达到排放标准	二转二吸，转化率 ≥ 99.6%	单次接触、二转二吸或其他符合国家产业政策的工艺，转化率 ≥ 99.5%	二转二吸，转化率 99.6%	二级
1.2 装备						
1.2.1 废气的收集与处理		炉内密闭化，具有防止废气溢出措施。在易产生废气无组织排放的位置设有废气收集与净化装置。			满足	一级
1.2.2 备料		采用封闭式或防扬散贮存，贮存仓库配通风设施；采用带式输送机传输，全封闭式输送廊道			满足	一级
2. 资源能源利用指标						
2.1 单位产品综合能耗	粗铜工艺（折标煤）/（kg/t）	≤ 340	≤ 430	≤ 530	211.2	一级
	阳极铜工艺（折标煤）/(kg/t)	≤ 390	≤ 480	≤ 580	245.2	一级

续表

清洁生产指标等级		一级	二级	三级	技改项目	等级
2.2 铜的回收	铜冶炼系统回收率/%	≥97.5		≥97	98.26	一级
	粗铜冶炼回收率/%	≥98.5		≥98	99.2	一级
2.3 硫的回收	硫的总捕集率/%	≥98.5		≥98	99.76	一级
	硫的回收率/%	≥97	≥96.5	≥96	96.81	二级
2.4 镁砖单耗/（kg/t）		≤10	≤15	≤50	10	一级
2.5 新水耗量/（t/t）		≤20	≤23	≤25	11.4	一级
3. 产品指标						
标准铜/%		≥99.95			99.95	一级
4. 污染物产生指标（末端处理前）						
4.1 废水	废水产生量/（m^3/t）	≤15	≤18	≤20	9.5	一级
废气	二氧化硫产生量（制酸后）/（kg/t）	≤12	≤16	≤20	8.98	一级
	烟尘产生量/（kg/t）	≤50	≤60	≤80	28.6	一级
	工业粉尘产生量/（kg/t）	≤7	≤9	≤10	2.72	一级
5. 废物回收利用指标						
5.1 水的循环利用率/%		≥97	≥96	≥95	99.73	一级
5.2 固体废物综合回收利用率/%		≥95	≥90	≥85	99.8	一级
5.3 熔炼弃渣		水淬渣多作为水泥的配料、道砟和地下开采矿井的充填料，鼓励开发新用途			符合	一级
5.4 炉渣		仍含有一定的铜，在各冶炼厂或返回熔炼炉，或送选矿厂选铜精矿			符合	一级
5.5 烟尘		回收治理			符合	一级
5.6 废水处理沉淀渣		交有资质的厂家进行无害处理，不得与其他一般废渣堆放，不得擅自填埋			符合	一级
5.7 生产作业面废水		处理后回用	进入废水处理系统		处理后回用	一级
5.8 生产区初期雨水		处理后回用	进入废水处理系统		处理后回用	一级

（五）环保措施方案分析

环保措施方案分析包括两个层次，首先，对项目可研报告等文件提供的污染防治措施进行技术先进性、经济合理性及运行可靠性评价，若所提措施有的不能满足环保要求，

笔记

则需提出切实可行的改进完善建议，包括替代方案。分析要点如下。

1. 分析建设项目可研阶段环保措施方案的技术经济可行性

根据建设项目产生的污染物特点，充分调查同类企业的现有环保处理方案的经济技术运行指标，分析建设项目可研阶段所采用的环保设施的技术可行性、经济合理性及运行可靠性，在此基础上提出进一步改进的意见，包括替代方案。

2. 分析项目采用污染处理工艺排放污染物达标的可靠性

根据现有的同类环保设施的运行技术经济指标，结合建设项目排放污染物的基本特点和所采用污染防治措施的合理性，分析建设项目环保设施运行参数是否合理、有无承受冲击负荷能力、能否稳定运行、确保污染物排放达标的可靠性，并提出进一步改进的意见。

3. 分析环保设施投资构成及其在总投资（或建设投资）中占有的比例

汇总建设项目环保设施的各项投资，分析其投资构成并计算环保投资在总投资（或建设投资）中所占的比例。环保投资一览表可按表 2-10 给出，该表是指导建设项目竣工环境保护验收的重要参照依据。对于技改扩建项目，环保设施投资一览表中还应该包括“以新代老”的环保投资内容。

表 2-10　建设项目环保投资情况

项目		建设内容	投资
废气治理	1		
	2		
	…		
废水治理	1		
	2		
	…		
噪声治理	1		
	2		
	…		
土壤防控	1		
	2		
	…		
环境风险防控	1		
	2		
	…		
固体废物处置	1		
	2		
	…		
厂区绿化			
其他	1		
	2		
	…		

4. 依托设施的可行性分析

对于改扩建项目，原有工程的环保设施有相当一部分是可以利用的，如现有污水处理厂、固体废物填埋场、焚烧炉等。原有环保设施是否能满足改扩建后的要求，需要认真核实，分析依托的可靠性。随着经济的发展，依托公用环保设施已经成为区域环境污染防治的重要组成部分。对于项目产生废水，若是经过简单处理后排入区域或城市污水处理厂进一步处理或排放的项目，除了对其所采用的污染防治技术的可靠性、可行性进行分析评价外，还应对接纳排水的污水处理厂的工艺合理性进行分析，其处理工艺是否与项目排水的水质相容；对于可以进一步利用的废气，要结合所在区域的社会经济特点，分析其集中收集、净化、利用的可行性；对于固体废物，则要根据项目所在地的环境、社会、经济特点，分析综合利用的可能性；对于危险废物，则要分析能否得到妥善的处置。

（六）总图布置方案分析

1. 分析厂区与周围的保护目标之间所定防护距离的安全性

参考国家有关的防护距离规范，分析厂区与周围的保护目标之间所定防护距离的可靠性，合理布置建设项目的各种构筑，充分利用场地。

2. 根据气象、水文等自然条件分析工厂和车间布置的合理性

在充分掌握项目建设地点的气象、水文和地质资料的条件之下，认真考虑这些因素对污染物的污染特性的影响，减少不利因素，合理布置工厂和车间。

3. 分析环境敏感点（保护目标）处置措施的可行性

分析项目所产生的污染物的特点及其污染特征，结合现有的有关资料，确定建设项目对附近环境敏感点的影响程度，在此基础上提出切实可行的处置措施（如搬迁、防护等）。

第二节　生态影响型项目工程分析

一、工程分析整体要求

《环境影响评价技术导则 生态影响》（HJ 19—2022）对生态影响型建设项目的工程分析有如下明确的要求。

1. 工程分析资料及内容

按照《建设项目环境影响评价技术导则 总纲》（HJ 2.1—2016）的要求开展工程分析。主要采用工程设计文件的数据和资料以及类比工程的资料，明确建设项目地理位置、建设规模、总平面及施工布置、施工方式、施工时序、建设周期和运行方式，各种工程行为及其发生的地点、时间、方式和持续时间，以及设计方案中的生态保护措施等。

2. 工程分析时段及重点

结合建设项目特点和区域生态环境状况，分析项目在施工期、运行期以及服务期满后（可根据项目情况选择）可能产生生态影响的工程行为及其影响方式，判断生态影响性质和影响程度。重点关注影响强度大、范围广、历时长或涉及重要物种、生态敏感区的工程行为。

3. 应对不同比选方案进行工程分析

应对工程设计文件中包括工程位置、工程规模、平面布局、工程施工及工程运行等不同比选方案进行工程分析。现有方案均占用生态敏感区，或明显可能对生态保护目标产生显著不利影响的，还应补充提出基于减缓生态影响考虑的比选方案。

二、工程分析内容

（一）工程概况

介绍工程的名称、建设地点、性质、规模，给出工程的经济技术指标；介绍工程特征，给出工程特征表；完全交代工程项目组成，包括施工期临时工程，给出项目组成表；阐述工程施工和运营设计方案，给出施工期和运营期的工程布置示意图；有比选方案时，在上述内容中均应有介绍。

应给出地理位置图、总平面布置图、施工平面布置图、物料（含土石方）平衡图和水平衡图等工程基本图件。

（二）初步论证

主要从宏观上进行项目可行性论证，必要时提出替代或调整方案。初步论证主要包括三个方面内容：一是建设项目和法律法规、产业政策、环境政策和相关规划的符合性；二是建设项目选址、选线、施工布置和总图布置的合理性；三是清洁生产和区域循环经济的可行性。

（三）影响源识别

应明确建设项目在建设阶段、生产运行、服务期满后（可根据项目情况选择）等不同阶段的各种行为与可能受影响的环境要素间的作用效应关系、影响性质、影响范围、影响程度等，分析建设项目可能产生的生态影响。生态影响型建设项目除了主要产生生态影响外，同样会有不同程度的污染影响，其影响源识别主要从工程自身的影响特点出发，识别可能带来生态影响或污染影响的来源，包括工程行为和污染源。影响源分析时，应尽可能给出定量或半定量数据。

工程行为分析时，应明确给出土地征用量、临时用地量、地表植被破坏面积、取土量、弃渣量、库区淹没面积和移民数量等。

污染源分析时，原则上按污染型建设项目要求进行，从废水、废气、固体废物、噪声与振动、电磁等方面分别考虑，明确污染源位置、属性、产生量、处理处置量和最终排放量。

对于改扩建项目，还应分析原有工程存在的环境问题，识别原有工程影响源和源强。

（四）环境影响识别

建设项目环境影响识别一般从社会影响、生态影响和环境污染三个方面考虑，在结合项目自身环境影响特点、区域环境特点和具体环境敏感目标的基础上进行识别。应结合建设项目所在区域发展规划、环境保护规划、环境功能区划、生态功能区划、生态保护红线及环境现状，分析可能受建设行为影响的环境影响因素。

生态影响型建设项目的生态影响识别，则不仅要识别工程行为造成的直接生态影响，而且要注意污染影响造成的间接生态影响，甚至要求识别工程行为和污染影响在时间或空间上的累积效应（累积影响），明确各类影响的性质（有利 / 不利）和属性（可逆 / 不可逆、临时 / 长期等）。

（五）环境保护方案分析

初步论证是从宏观上对项目可行性进行论证。环境保护方案分析要求从经济、环境、技术和管理方面来论证环境保护措施和设施的可行性，必须满足达标排放、总量控制、环境规划和环境管理要求，技术先进且与社会经济发展水平相适宜，确保环境保护目标可达性。环境保护方案分析至少应有以下五个方面内容。

① 施工和运营方案合理性分析；

② 工艺和设施的先进性和可靠性分析；

③ 环境保护措施的有效性分析；

④ 环保设施处理效率合理性和可靠性分析；

⑤ 环境保护投资估算及合理性分析。

经过环境保护方案分析，对于不合理的环境保护措施应提出比选方案，进行比选分析后提出推荐方案或替代方案。对于改扩建工程，应明确“以新带老”环保措施。

（六）其他分析

包括非正常工况类型及源强、风险潜势初判、事故风险识别和源强分析以及防范与应急措施说明。

复习思考及案例分析题

一、复习思考题

1. 某企业车间的水平衡图（单位为 m^3/d）如图 2-6，试计算该车间的重复水利用率。

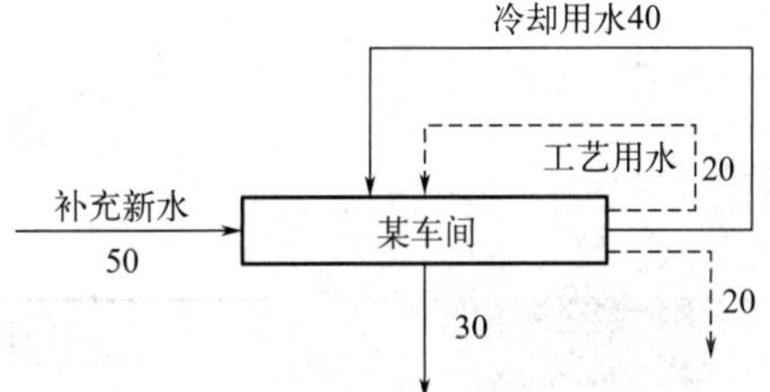

图 2-6　某企业车间的水平衡图

2. 某企业工业取水量为 $10000m^3/a$，生产原料中带入水量为 $1000m^3/a$，污水回用量为 $1000m^3/a$，排水量为 $25000m^3/a$，漏水量为 $100m^3/a$，试计算该企业的工业用水重复利用率。

3. 工程分析中“两本账”“三本账”的具体内容是什么？

4. 工程分析的主要内容包括哪些？

5. 清洁生产指标分析中，下列指标可做定性评价的是（　）。

A. 产品指标　　B. 资源指标　　C. 原材料指标　　D. 污染物指标

6. 产污环节分析中，必须要在工艺流程中表明的是（　）。

A. 主要化学反应式　　B. 污染物的产生位置

C. 主要副反应　　D. 污染物的类型

二、案例分析题

某项目甲醇装置和空分装置循环水站的水平衡见图 2-7，请根据水平衡图绘制出水平衡表，并分析图中送废水深度处理系统的水量是多少。

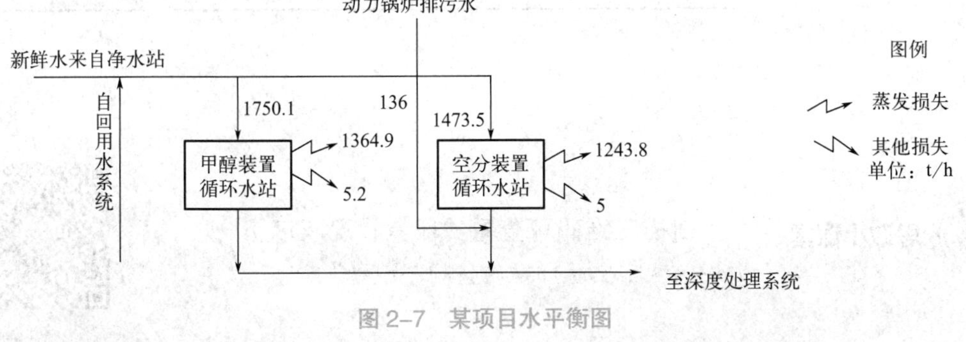

图 2-7　某项目水平衡图

第三章

环境现状调查

导读导学

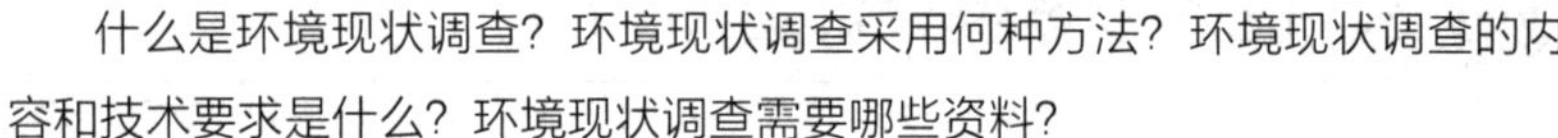

什么是环境现状调查？环境现状调查采用何种方法？环境现状调查的内容和技术要求是什么？环境现状调查需要哪些资料？

学习目标

知识目标	能力目标	素质目标
1. 掌握环境现状调查的方法； 2. 掌握环境现状调查的内容与技术要求； 3. 熟悉环境敏感区、环境功能区划等概念及管理要求； 4. 了解常用环境现状调查的资料来源及其主要内容； 5. 了解现状调查的规范	1. 能够开展初步的环境现状调查，为后续各要素或专题环境现状调查评价工作奠定基础； 2. 能够收集、选择、分析建设项目及其周边区域相关资料，开展环境现状调查； 3. 能够结合资料收集法，确定现场调查的内容、方法，为后续规范地开展环境现状调查做好准备； 4. 能够判定环境现状调查图件的规范性	1. 养成调查研究的工作习惯，培养实事求是、严谨、认真的工作素养； 2. 选择调查资料，按照相关规范开展现场调查，培养规范、严谨的工作习惯

思政小课堂

扫描二维码可查看“**环境状况年度报告出炉，全国生态环境质量稳中改善**”。

环境状况年度报告出炉，全国生态环境质量稳中改善

环境调查是环境影响评价的基础，也是环境影响评价不可或缺的组成部分。一般情况下应根据建设项目特点、项目所在地区的环境特征，结合要素或专题环境影响评价的工作等级和评价范围，确定环境现状调查范围和详略程度，开展环境现状调查。

不开展环境要素专项评价的报告表，根据《建设项目环境影响报告表编制技术指南（生态影响类）（试行）》《建设项目环境影响报告表编制技术指南（污染影响类）（试行）》的要求简化。

一、环境现状调查的方法

环境现状调查的方法主要有三种，即收集资料法、现场调查法、遥感和地理信息系统分析法。

1. 收集资料法

收集资料法是环境现状调查的首选方法，相对于其他两种方法而言具有应用范围广、收效大，比较节省人力、物力、财力和时间等优点；其不足之处在于获得的是第二手资料。当所收集的资料不能满足环境影响评价要求时，可采用其他方法对资料的可靠性进行验证，对全面性进行补充。

各要素或专题环境现状调查资料的收集范围及资料的选用顺序，按照相关技术导则要求执行。

2. 现场调查法

现场调查法是环境现状调查中必不可少的方法，该方法可以直接获得第一手数据和资料，可以弥补收集资料法的不足，是环境现状调查中必须依靠的方法。但是，这种方法工作量大，需占用较多的人力、物力和时间，有时还可能受季节、仪器设备等客观条件的限制，使用中有一定的局限性，实际工作中应根据项目的特点及评价工作等级选用。

各要素或专题环境现场调查时，应参照相关技术导则和补充监测规范标准执行。

3. 遥感和地理信息系统分析法

遥感的方法可从整体上了解一个区域的环境特点，可以弄清人类无法到达地区的地表环境情况，如一些大面积的森林、草原、荒漠、海洋等。环境影响评价工作区域较大时，环境现状调查经常采用这种方法。

该方法通过对卫星影像与航空相片判读，借助地理信息系统进行数据整合与分析，具有探测范围广、获取数据快、可反映地物动态变化等特点，但精度较低，需要辅以现场调查进行验证。

二、环境现状调查的内容与技术要求

环境现状调查，需要关注建设项目周边区域内可能受到影响的环境保护目标、周围污染源以及周边区域与评价项目有密切关系的自然和社会环境现状。

（一）环境保护目标

项目开发建设活动对附近环境敏感区、敏感目标的影响是评价工作中十分关注的问题。因此，应对项目附近的环境敏感区、敏感目标进行详细的调查、识别。调查内容应辨识环境敏感区，确定项目所在地需保护的环境敏感目标。

1. 环境敏感区与敏感目标的含义

环境敏感区是指依法设立的各级各类自然、文化保护地以及对建设项目的某类污染因子或者生态影响因子特别敏感的区域，主要包括生态保护红线范围内或者其外的下列区域：

① 国家公园、自然保护区、风景名胜区、世界文化和自然遗产地、海洋特别保护区、饮用水水源保护区；

② 永久基本农田、基本草原、自然公园（森林公园、地质公园、海洋公园等）、重要湿地、天然林，重点保护野生动物栖息地，重点保护野生植物生长繁殖地，重要水生生物的自然产卵场、索饵场、越冬场和洄游通道，天然渔场，水土流失重点预防区和重点治理区、沙化土地封禁保护区、封闭及半封闭海域；

③ 以居住、医疗卫生、文化教育、科研、行政办公等为主要功能的区域，文物保护单位，具有特殊历史、文化、科学、民族意义的保护地。

2. 环境敏感区与敏感目标的调查内容

环境现状调查中对环境敏感区和敏感目标的调查内容应包括环境敏感目标的位置（距离建设项目的方位、距离）、类型、规模等，并以表格及图件的形式标示。

【案例 3-1】某矿井周围环境保护目标如表 3-1 所示。

表 3-1 环境保护目标表

环境要素	影响因素	保护目标	保护要求
环境空气	工业场地粉尘污染	大气评价范围内主要涉及 1 个村庄（B 村）	符合《环境空气质量标准》（GB 3095—2012）二级标准
	矸石周转场扬尘污染	矸石周转场周边 500m 范围内无村庄分布	
地表水环境	污废水外排污染	S 河沟自东向西流经井田南侧边界外	水质执行《地表水环境质量标准》（GB 3838—2002）中Ⅳ类水质标准
声环境	工业场地厂界噪声	工业场地周边 200m 范围内无声敏感目标分布	—
	场外道路交通噪声	进场道路、排矸道路、铁路专用线两侧 200m 范围内无声敏感目标分布	
地下水环境	污废水排放影响地下水水质	工业场地及临时矸石周转场周边 500m 范围内第四系孔隙潜水含水层	地下水水质满足《地下水质量标准》（GB/T 14848—2017）中Ⅲ类水质要求
土壤	矸石周转场及工业场地污染物排放可能影响周边土壤环境质量	工业场地及矸石周转场外扩 0.2km 为评价范围，面积分别为 1.03km^2、0.69km^2，保护目标主要为草地、灌木林地和耕地	土壤环境质量满足《土壤环境质量 农用地土壤污染风险管控标准（试行）》（GB 15618—2018）

（二）项目周围污染源

对环境状况进行调查时，应参照相关技术导则，根据评价工作的等级对项目周围污染源进行必要的调查，评价工作等级越高，其调查内容就越详细。

一般对项目周围污染源调查应包括：污染源名称、类型，主要污染物产生的种类、数量及与建设项目的关系等。

（三）自然环境

自然环境现状调查的主要内容与技术要求如下。

1. 项目地理位置及其与外环境的关系

应包括建设项目所处的经度、纬度，行政区位置和交通位置，要说明项目所在地与主要城市、车站、码头、港口、机场等的距离和交通条件。调查建设项目地理位置时，应充分注意建设项目与外环境的关系，清楚了解项目的东、南、西、北边界外的情况。

除了能够用文字描述地理位置及项目外环境情况，还应绘制建设项目地理位置图和建设项目四至图。建设项目地理位置图和建设项目四至图应包括图例、比例尺、方位（风向玫瑰图）等基本内容，同时应标示周边建筑物以及敏感目标距离项目边界的距离。

【案例 3-2】某建设项目地理位置情况的具体描述。

某井田位于 A 自治区与 B 自治区交界处，属 A 自治区 E 市 T 旗 S 镇管辖。井田西北距 S 镇约 12km，东距 E 市 T 旗政府所在镇约 66km，西南距 B 自治区 L 市 50km，西北距 Y 市 44km，东南距 B 自治区 Y 县约 60km，南距 N 能源重化工基地约 10km。

某井田南距 QY 高速公路、S 国道约 40km，西距 JZ 高速公路和 Y 国道约 60km，E 省道（AY）二级公路和拟建的（HE）一级公路从井田北部通过。

2. 项目地质条件

若建设项目规模较小且与地质条件无关时，地质现状可不叙述。

一般情况，只需根据现有资料，选择下述部分或全部内容，概要说明当地的地质状况，即：当地地层概况，地壳构造的基本形式（岩层、断层及断裂等）以及其相应的地貌表现，物理与化学风化情况，当地已探明或已开采的矿产资源情况。

评价矿山、填埋场以及其他与地质条件密切相关的建设项目的环境影响时，对与建设项目有直接关系的地质构造，如断层、断裂、坍塌、地面沉陷等，要进行较为详细的叙述；一些特别有危害的地质现象，如地震，也应加以说明；必要时，应附图辅助说明，若没有现成的地质资料，应做一定的现场调查。

3. 地形地貌

一般情况下，只需根据现有资料，简要说明下述部分或全部内容：建设项目所在地区海拔高度，地形特征（高低起伏状况），周围的地貌类型（山地、平原、沟谷、丘陵、海岸等）以及岩溶地貌、冰川地貌、风成地貌等地貌的情况。崩塌、滑坡、泥石流、冻土等有危害的地貌现象，若不直接或间接威胁到建设项目，可概要说明其发展情况。

若无可查资料，须做一些简单的现场调查。当地形地貌与建设项目密切相关时，除应比较详细地叙述上述全部或部分内容外，还应附建设项目周围地区的地形图，特别应详细说明可能直接对建设项目有危害或将被项目建设诱发的地貌现象的现状及发展趋势，必要时还应进行一定的现场调查。

4. 气候与气象

对建设项目所在地区的气象气候的调查，一般可用当地气象台站多年统计的资料概要说明所在地的主要气候特征，包括年平均风速和主导风向，年平均气温、极端气温与月平均气温（最冷月和最热月），年平均相对湿度，平均降水量、降水天数、降水量极值，日照、年均蒸发量，主要的天气特征（如梅雨、寒潮、冰雹和台风、飓风）等。

如需进行建设项目的大气环境影响评价，除应详细叙述上面全部或部分内容外，还应按《环境影响评价技术导则 大气环境》（HJ 2.2）中的规定，增加有关内容。

5. 地表水

如果建设项目不进行地表水环境的单项影响评价时，应根据现有资料选择下述部分或全部内容，概要说明地表水状况，即地表水资源的分布及利用情况，地表水各部分（河、湖、库等）之间及其与海湾、地下水的联系，地表水的水文特征及水质现状，以及地表水的污染来源。

如果建设项目建在海边又无需进行海湾的单项影响评价时，应根据现有资料选择性叙述以下部分或全部内容，概要说明海湾环境状况，即海洋资源及其利用情况，海湾的地理概况，海湾与当地地表水及地下水之间的联系，海湾的水文特征及水质现状，污染来源等。

地表水环境现状调查，还应关注项目建成后的排水去向的调查，包括项目直接和最终纳污水体的位置、环境功能属性、纳污合法性，必要时需绘制含有排污口的附近水系分布图。

如需进行建设项目的地表水（包括海湾）环境影响评价，除应详细叙述上面的部分或全部内容外，还需按《环境影响评价技术导则 地表水环境》（HJ 2.3）中的规定，增加有关内容。

6. 地下水

当建设项目不进行与地下水直接有关的环境影响评价时，只需根据现有资料，全部或部分地简述下列内容：当地地下水的开采利用情况，地下水埋深，地下水与地面的联系以及水质状况与污染来源。

若需进行地下水环境影响评价，除要比较详细地叙述上述内容外，还应根据需要，选择以下内容进一步调查：水质的物理、化学特性，污染源情况，水的储量与运动状态，水质的演变与趋势，水源地及其保护区的划分，水文地质方面的蓄水层特性，承压水状况等。当资料不全时，应进行现场采样分析。地下水环境现状调查的具体要求，按照《环境影响评价技术导则 地下水环境》（HJ 610）中的规定，增减有关内容。

7. 土壤

当建设项目不开展与土壤直接有关的环境影响评价工作时，只需根据现有资料，全部或部分简述下列内容：建设项目周围地区的主要土壤类型及其分布，土壤利用现状及其分布，土壤利用规划及其分布，土壤肥力及土壤营养概况，土壤污染的主要来源及区域土壤环境质量概况，建设项目周围地区的土壤盐化、酸化、碱化现状以及导致的原因等。

当需要开展土壤环境影响评价工作时，除要比较详细地叙述上述全部或部分内容外，还应根据需要选择以下内容进行进一步调查：土壤理化特性、土壤环境影响源情况以及评价范围内的土壤环境质量现状。调查土壤盐化、酸化、碱化的原因及相应的自然要素（包括常年地下水位平均埋深、地下水溶解性总固体、区域的降雨量及蒸发量、区域的植被覆盖率）情况等，应同时附土壤类型图。土壤环境现状调查的具体要求，按照《环境影响评价技术导则 土壤环境（试行）》（HJ 964）中的规定，增减有关内容。

8. 动植物与生态

若建设项目不进行生态影响评价，但项目规模较大时，应根据现有资料简述下列部分或全部内容：建设项目周围地区的植被情况（植被类型、覆盖度、生长情况）、国家重点保护的野生动植物、主要生态系统类型（森林、草原、沼泽、荒漠等）及现状。建设项目规模较小，又不进行生态影响评价时，这一部分可不叙述。

若需要进行生态影响评价，除应详细地叙述以上全部或部分内容外，还应根据需要选择以下内容进一步调查：本地区主要的动植物清单，特别是需要保护的珍稀动植物种类与分布，生态系统的生产力和稳定性状况，生态系统与周围环境的关系以及影响生态系统的主要环境因素。生态环境现状调查的具体要求，按照《环境影响评价技术导则 生态影响》（HJ 19）中的规定，增减有关内容。

（四）社会环境

对项目所在区域社会环境现状进行调查，主要目的在于评价项目所在地的社会经济状况和发展趋势，以及项目所在区域的社会环境敏感目标及人群健康状况。

1. 社会经济情况调查

根据建设项目的规模及影响范围，社会经济情况的调查一般应涉及人口、工业、能源、农业及土地利用、交通运输等方面的内容。

（1）人口　一般应包括居民区的分布情况（行政区划隶属关系）、人口的数量、常住人口及外来人口的比例等。

（2）工业　一般应包括建设项目周围地区现有厂矿企业的分布状况、工业总产值、产业结构等方面的内容。

（3）能源　区域能源结构、能源的供给方式及消耗方式。

（4）农业及土地利用　一般应对项目所在区域的土地利用方式、粮食作物与经济作物构成及产量、农业生产总值等进行必要的描述。

（5）交通运输（基础设施）包括建设项目所在地区公路、铁路、水路、航空等方面的概况，以及与建设项目之间的关系。

社会环境现状调查多采用收集资料法，主要的资料有项目所在区域的各类统计年鉴、政府文件、相关规划等。

2. 文物及景观

对建设项目周围社会环境进行调查，还必须注意到项目所在区域存在的文物及景观，文物属于环境保护敏感点，是应该严格保护的，是环境影响评价中必须注意的问题。

景观一般指具有一定价值且必须保护的特定的地理区域或现象，并不是泛泛而指，也属于环境保护敏感目标。

对该部分内容的调查必须清楚数量、级别，以及与建设项目的位置关系。

3. 人群健康状况调查

人群健康状况调查不是所有的环境影响评价工作中都必需的，一般是对建设项目传输某种污染物，或拟排放污染物毒性较大时，应该进行的调查工作。调查工作应具有针对性，不是泛泛而谈，应根据环境中现有污染物及建设项目将排放的污染物的特性选定指标。

笔记

复习思考及案例分析题

一、复习思考题

1. 环境现状调查的方法有哪些?
2. 自然环境现状调查包括哪些内容?
3. 环境现状调查相关图件有何要求?

二、案例分析题

某天然气输气管道工程，管道全长约860km，设计输量为$1.2\times10^{10}m^3/a$，管径为1016mm，设计压力为10MPa。工艺站场共9座，其中首末站各1座，中间压气站1座，分输清管站1座，分输站3座。工程跨越大型河流12次（长达18.4km），跨越中小型河流140次（长达1787m）。新修四级道路18km，整修道路74km，房屋拆迁6处。

该工程管道沿线途经3省1市，沿途跨越了39个市（县）。管道线路经过了4个生态区：毛乌素沙漠区、黄土丘陵区、太行山地山间盆地区、华北平原农业生态区。线路所经地区属大陆性季风气候，分为两大部分：西北一带为干旱、半干旱大陆性气候，基本特征为冬长夏短、寒暑变化剧烈、气温日较差较大，干旱少雨，蒸发强烈；东南一侧则为温带半湿润大陆性气候，降雨量较前者为多，具有春季风大沙多，甚至出现沙尘暴，夏季炎热多雨，秋季晴朗少云，冬季严寒干燥的特点。

管道线路横贯黄河水系和海河水系。管道沿线经过的主要环境敏感区域有：毛乌素沙漠生态脆弱区、水土流失和自然灾害易发区、自然保护区、天然林保护区、水源地及文物古迹等。重要穿越段有黄河隧道穿越段。距管道80～250m有4所学校和县城，以及村乡居民点。文物古迹为明代长城，为省级文物保护单位，管线穿越该长城豁口，豁口宽约200m。

【问题】

该项目环境现状调查与评价的主要内容是什么?

第四章 大气环境影响评价

导读导学

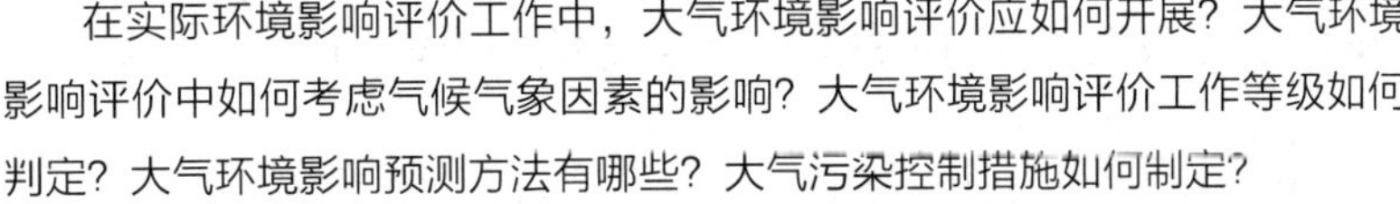

在实际环境影响评价工作中，大气环境影响评价应如何开展？大气环境影响评价中如何考虑气候气象因素的影响？大气环境影响评价工作等级如何判定？大气环境影响预测方法有哪些？大气污染控制措施如何制定？

学习目标

知识目标	能力目标	素质目标
1. 熟悉大气环境影响评价基本术语和定义； 2. 熟悉大气环境影响评价工作程序及各工作阶段基本内容； 3. 掌握大气环境影响评价等级判定和评价范围确定； 4. 掌握环境空气质量现状调查与评价内容、方法； 5. 掌握大气环境影响预测方法、预测内容和评价要求； 6. 熟悉大气污染治理的典型工艺和主要气态污染物的处理技术	1. 能判定大气环境影响评价等级，确定评价范围； 2. 能进行环境空气质量现状调查与评价； 3. 能进行大气环境影响预测与评价； 4. 能提供可行的大气污染治理与预防措施	1. 树立正确的思维方式，提高分析和处理问题的能力； 2. 科学、严谨地开展大气环境影响评价工作； 3. 具备良好的职业道德，爱岗敬业，遵纪守法

扫描二维码可查看“蓝天保卫战”。

笔记

第一节 概述

一、基本术语和定义

1. 环境空气保护目标

指评价范围内《环境空气质量标准》（GB 3095—2012）规定划分为一类区的自然保护区、风景名胜区和其他需要特殊保护的区域，二类区中的居住区、文化区和农村地区中人群较集中的区域。

2. 基本污染物

指 GB 3095—2012 中所规定的基本项目污染物，包括二氧化硫（SO_2）、二氧化氮（NO_2）、可吸入颗粒物（PM_{10}）、细颗粒物（$PM_{2.5}$）、一氧化碳（CO）、臭氧（O_3）。

3. 其他污染物

指除基本污染物以外的其他项目污染物。

4. 非正常排放

指生产过程中开停车（工、炉）、设备检修、工艺设备运转异常等非正常工况下的污染物排放，以及污染物排放控制措施达不到应有效率等情况下的排放。

5. 短期浓度

指某污染物的评价时段小于等于 24h 的平均质量浓度，包括 1h 平均质量浓度、8h 平均质量浓度以及 24h 平均质量浓度（也称为日平均质量浓度）。

6. 长期浓度

指某污染物的评价时段大于等于 1 个月的平均质量浓度，包括月平均质量浓度、季平均质量浓度和年平均质量浓度。

二、大气污染

（一）大气污染

大气污染是由于人类活动或自然过程引起某种物质进入大气中，或由该物质转化而成的二次污染达到一定浓度并持续一段时间，足以对人体健康、动植物、材料、生态或环境要素产生不良影响或效应的现象。

（二）大气污染物分类

大气污染源排放的污染物按存在形态分为颗粒态污染物和气态污染物。颗粒态污染物又称气溶胶状态污染物，在大气污染中，是指沉降速度可以忽略的小固体粒子、液体粒子或它们在气体介质中的悬浮体系，主要包括粉尘、烟、飞灰等。气态污染物是以分子状态存在的污染物，气态污染物的种类很多，常见的气体污染物有 CO、SO_2、NO_2、NH_3、H_2S 以及挥发性有机化合物（VOCs）、卤素化合物等。

按生成机理分为一次污染物和二次污染物。其中由人类或自然活动直接产生，由污染源直接排入环境的污染物称为一次污染物；排入环境中的一次污染物在物理、化学因素作用下发生变化，或与环境中的其他物质发生反应所形成的新污染物称为二次污染物。

（三）特殊污染气象

1. 边界层结构

受下垫面影响的几千米以下的大气层称为边界层，大气边界层是对流层中最靠近下垫面的气层，通过湍流交换，白昼地面获得的太阳辐射能以感热和潜热的形式向上输送，加热上面的空气，夜间地面的辐射冷却同样也逐渐影响到上面的大气，这种热量输送过程造成大气边界层内温度的日变化。另外，大型气压场形成的大气运动动量通过湍流切应力的作用源源不断向下传递，经大气边界层到达地面并由于摩擦而部分损耗，相应地造成大气边界层内风的日变化。太阳辐射、地表辐射的热量输送以及地表的摩擦力等作用，形成了边界层内的温度和风速变化。

在陆地高压区，边界层的生消演变具有明显的昼夜变化，晴朗天气条件下大气边界层的生消演变规律见图 4-1。

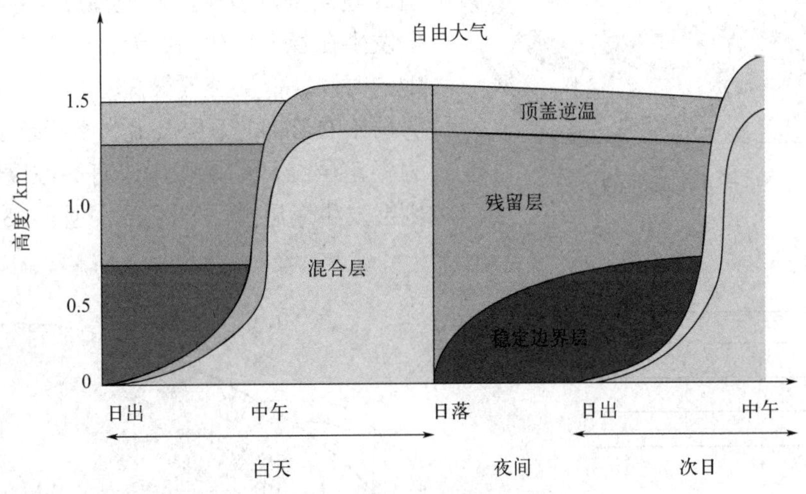

图 4-1 晴朗天气条件下大气边界层的生消演变规律

在日间，受太阳辐射的作用地面得到加热，混合层逐渐加强，中午时达到最大高度；日落后，由于地表辐射，地面温度低于上覆的空气温度，形成逆温的稳定边界层；次日，又受太阳辐射的作用，混合层重新升起。

大气边界层的生消演变规律依赖于地表的热量和动量通量等因素，污染物的传输扩散取决于边界层的特征参数。

2. 边界层污染气象

人类活动排放的污染物主要在大气边界层中进行传输与扩散，受大气边界层的生消演变影响。有些污染现象随着边界层的生消演变而产生。污染物扩散受下垫面的影响也比较大，非均匀下垫面会引起局地风速、风向发生改变，形成复杂风场，常见的复杂风场有海陆风、山谷风等。

（1）边界层演变　在晴朗的夜空，由于地表辐射，地面温度低于上覆的空气温度，形成逆温的稳定边界层，而白天混合层中的污染物残留在稳定的边界层的上面。次日，又受到太阳辐射的作用，混合层重新升起，见图 4-1。由于边界层的生消演变，导致近地层的低矮污染源排放的污染物在夜间不易扩散，如果夜间有连续的低矮污染源排放，则污染物浓度会持续增高；而日出后，夜间聚集在残留层内的中高污染源排放的污染物会向地面扩散，出现熏烟型污染。

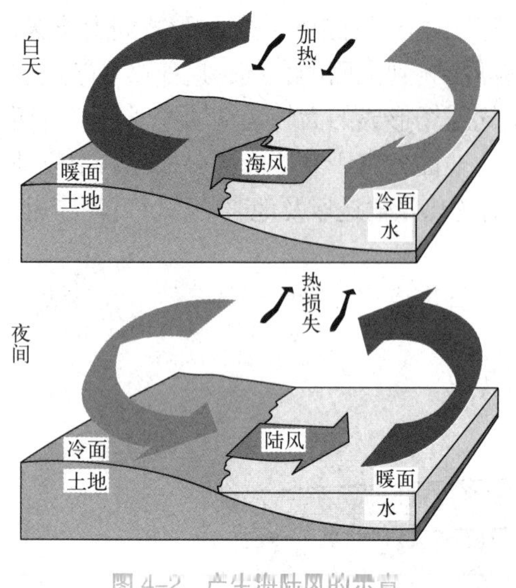

图 4-2 产生海陆风的示意

（2）海陆风 在大水域（海洋和湖泊）的沿岸地区，在晴朗、小风的气象条件下，由于昼夜水域和陆地的温差，日间太阳辐射使陆面增温高于水面，水面有下沉气流产生，贴地气流由水面吹向陆地，在海边称为**海风**，而夜间则风向相反，称作**陆风**，昼夜间边界层内的陆风和海风的交替变化，见图 4-2。

当局地气流以海陆风为主时，处于局地环流之中的污染物，就可能形成循环积累污染，造成地面高浓度区。陆地温度比水温高很多，多发生在春末夏初的白天，气流从水面吹向陆地的时候，低层空气很快增温，形成热力内边界层（TLBL），下层气流为不稳定层结，上层为稳定层结，如果在岸边有高浓度烟囱排放，则会发生岸边熏烟型污染，见图 4-3。

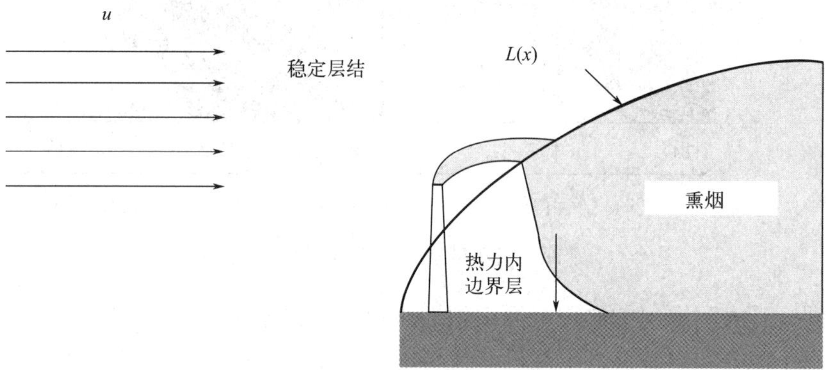

图 4-3 岸边熏烟型污染

（3）山谷风 山区的地形比较复杂，风向、风速和环境主导风向有很大区别，一方面是因受热不均匀引起热力环流，另一方面由于地形起伏改变了低层气流的方向和速度。例如，白天山坡向阳面受太阳辐射加热，温度高于周围同高度的大气层，暖而不稳定的空气由谷底沿山坡爬升，低层大气从陆地往山吹，形成高层大气风向相反的**谷风环流**；夜间山坡辐射冷却降温，温度低于周围大气层，冷空气沿山坡下滑，低层大气从山往陆地吹，形成高层大气风向相反的**山风环流**，由于昼夜变化，山谷风风向也轮替交替，见图 4-4。

山谷风的另一种特例就是在狭长的山谷中，两侧坡面与谷底由于受昼夜日照和地表辐射的影响，产生横向环流。横向环流存在着明显的昼夜变化，日落后，坡面温度降低比周围温度快，接近坡面的冷空气形成浅层的下滑气流，冷空气向谷底聚集，形成逆温层；日出后，太阳辐射使坡面温度上升，接近坡面的暖空气形成浅层的向上爬升气流，谷底有下沉气流，逆温层破坏，形成对流混合层。由于这种现象，导致近地层的低矮污染源排放的污染物在夜间不易扩散，如果夜间有连续的低矮污染源排放，则污染物浓度会持续增高，而日出后，夜间聚集在逆温层中的中高污染源排放的污染物会向地面扩散，形成高浓度污染。

一般来说，山区扩散条件比平原地区差，同样的污染源在山区比在平原污染严重。长期静、小风气象条件是指静风和小风持续时间达几个小时到几天，在这种气象条件下，空气污染物不易扩散，可能会形成相对高的地面浓度。

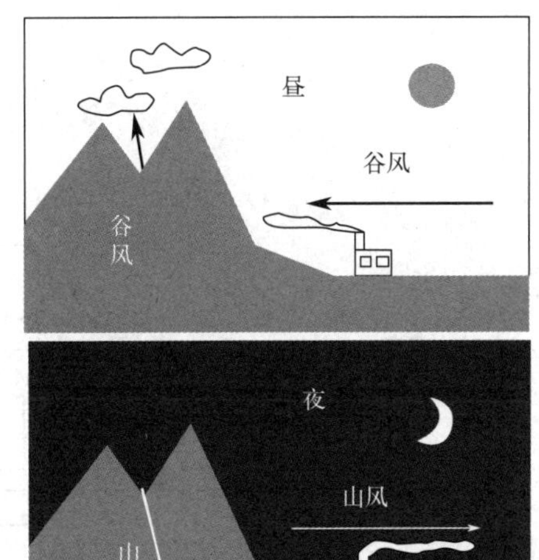

图 4-4　产生山谷风的示意

三、大气环境影响评价工作任务

大气环境影响评价的工作任务，是通过调查、预测等手段，对项目在建设阶段、生产运行和服务期满后（可根据项目情况选择）所排放的大气污染物对环境空气质量影响的程度、范围和频率进行分析、预测和评估，为项目的选址选线、排放方案、大气污染治理设施与预防措施制定、排放量核算，以及其他有关的工程设计、项目实施环境监测等提供科学依据或指导性意见。

四、大气环境影响评价工作程序

大气环境影响评价工作可分为三个阶段进行。

第一阶段：主要工作包括研究有关文件，项目污染源调查，环境空气保护目标调查，评价因子筛选与评价标准确定，区域气象与地表特征调查，区域地形参数收集，评价等级和评价范围确定等。

第二阶段：主要工作依据评价等级要求开展，包括与项目评价相关污染源的调查与核实，选择适合的预测模型，环境质量现状调查或补充监测，收集建立模型所需气象、地表参数等基础数据，确定预测内容与预测方案，开展大气环境影响预测与评价工作等。

第三阶段：主要工作包括制订环境监测计划，明确大气环境影响评价结论与建议，完成环境影响评价文件的编写等。

大气环境影响评价工作程序见图 4-5。

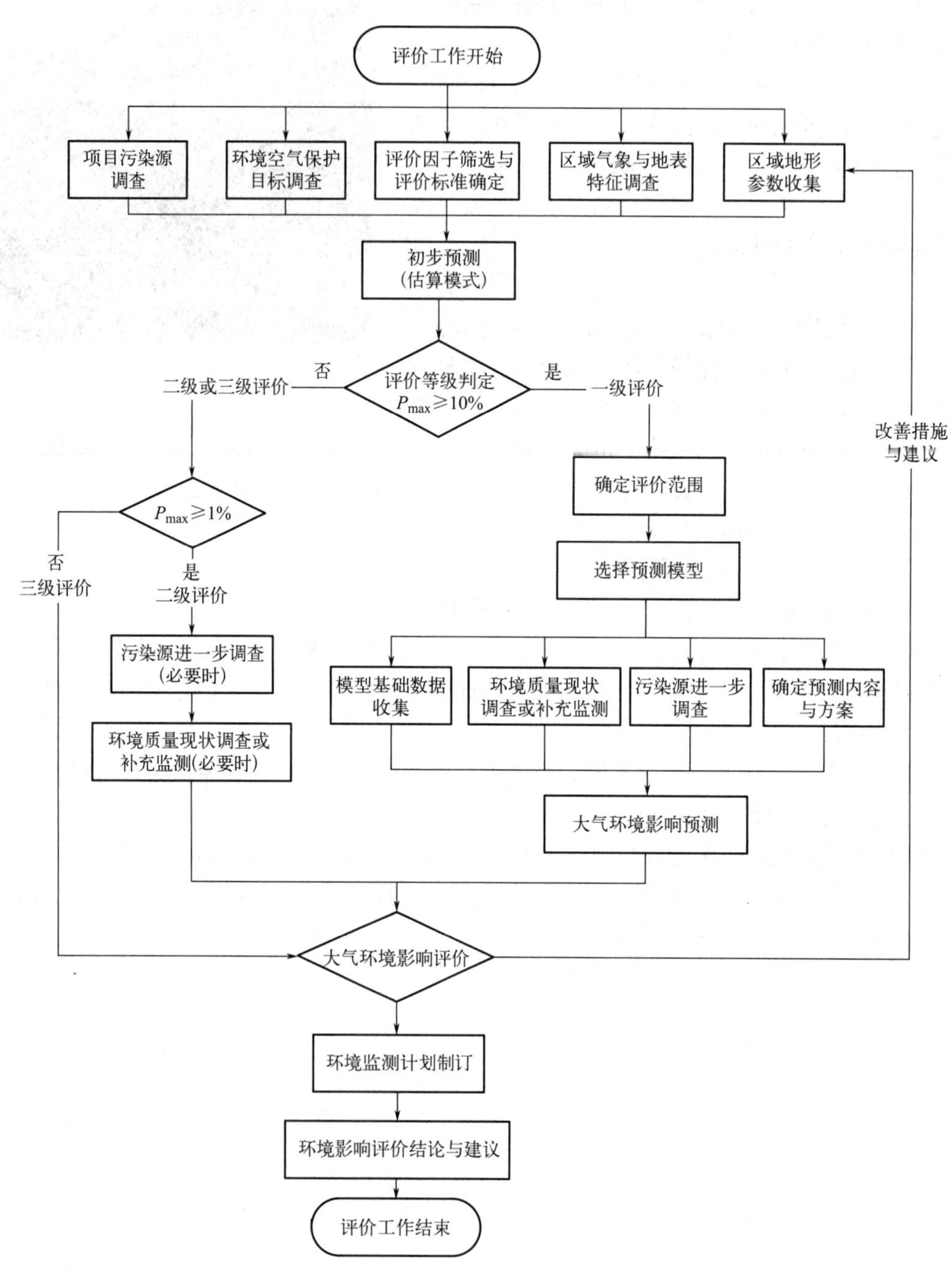

图 4-5　大气环境影响评价工作程序

第二节 大气环境影响评价工作等级及评价范围确定

一、环境影响识别与评价因子筛选

按《建设项目环境影响评价技术导则 总纲》（HJ 2.1—2016）或《规划环境影响评价技术导则 总纲》（HJ 130—2019）的要求识别大气环境影响因素，并筛选出大气环境影响评价因子。大气环境影响评价因子主要为项目排放的基本污染物及其他污染物。

当建设项目排放的 SO_2 和 NO_x 年排放量大于或等于 500t/a 时，评价因子应增加二次 $PM_{2.5}$，见表 4-1。

当规划项目排放的 SO_2、NO_x 及 VOCs 年排放量达到表 4-1 规定的量时，评价因子应相应增加二次 $PM_{2.5}$ 及 O_3。

表 4–1 二次污染物评价因子筛选

类别	污染物排放量 /（t/a）	二次污染物评价因子
建设项目	$SO_2+NO_x \geqslant 500$	$PM_{2.5}$
规划项目	$SO_2+NO_x \geqslant 500$	$PM_{2.5}$
	NO_x+VOCs ≥ 2000	O_3

二、评价标准确定

确定各评价因子所适用的生态环境质量标准及相应的污染物排放标准。其中环境质量标准选用 GB 3095—2012 中的环境空气质量浓度限值，如已有地方环境质量标准，应选用地方标准中的浓度限值。

对于 GB 3095—2012 及地方环境质量标准中未包含的污染物，可参照《环境影响评价技术导则 大气环境》（HJ 2.2—2018）附录 D 中的浓度限值。

对上述标准中都未包含的污染物，可参照选用其他国家、国际组织发布的环境质量浓度限值或基准值，但应作出说明，经生态环境主管部门同意后执行。

三、评价等级判定

1. 评价等级确定方法

选择项目污染源正常排放的主要污染物及排放参数，采用 HJ 2.2—2018 附录 A 推荐模型中的估算模型分别计算项目污染源的最大环境影响，然后按评价工作分级判据进行分级。

根据项目污染源初步调查结果，分别计算项目排放主要污染物的最大地面空气质量浓度占标率 P_i（第 i 个污染物，简称“最大浓度占标率”），及第 i 个污染物的地面空气质量浓度达到标准值的 10% 时所对应的最远距离 $D_{10\%}$。其中 P_i 定义见式（4-1）。

$$P_i=\frac{C_i}{C_{0i}}\times 100\% \tag{4-1}$$

式中 P_i——第 i 个污染物的最大地面空气质量浓度占标率，%；

C_i——采用估算模型计算出的第 i 个污染物的最大 1h 地面空气质量浓度，$\mu g/m^3$；

C_{0i}——第 i 个污染物的环境空气质量浓度标准，μg/m³。一般选用 GB 3095—2012 中 1h 平均质量浓度的二级浓度限值，如项目位于一类环境空气功能区，应选择相应的一级浓度限值；对该标准中未包含的污染物，使用已确定的各评价因子 1h 平均质量浓度限值。对仅有 8h 平均质量浓度限值、日平均质量浓度限值或年平均质量浓度限值的，可分别按 2 倍、3 倍、6 倍折算为 1h 平均质量浓度限值。

编制环境影响报告书的项目在采用估算模型计算评价等级时，应输入地形参数。

评价等级按表 4-2 的分级判据进行划分。最大地面空气质量浓度占标率 P_i 按公式（4-1）计算，如污染物数 i 大于 1，取 P 值中最大者 P_{max}。

表 4–2　评价等级判别表

评级工作等级	评价工作分级判据
一级评价	$P_{max} \geqslant 10\%$
二级评价	$1\% \leqslant P_{max} < 10\%$
三级评级	$P_{max} < 1\%$

2. 评价等级判定应遵守的特殊规定

① 同一项目有多个污染源（两个及以上，下同）时，则按各污染源分别确定评价等级，并取评价等级最高者作为项目的评价等级。

② 对电力、钢铁、水泥、石化、化工、平板玻璃、有色材料等高耗能行业的多源项目或以使用高污染燃料为主的多源项目，以及编制环境影响报告书的项目，评价等级提高一级。

③ 对等级公路、铁路项目，分别按项目沿线主要集中式排放源（如服务区、车站大气污染源）排放的污染物计算其评价等级。

④ 对新建包含 1km 及以上隧道工程的城市快速路、主干路等城市道路项目，按项目隧道主要通风竖井及隧道出口排放的污染物计算其评价等级。

⑤ 对新建、迁建及飞行区扩建的枢纽及干线机场项目，应考虑机场飞机起降及相关辅助设施排放源对周边城市的环境影响，评价等级取一级。

⑥ 确定评价等级的同时应说明估算模型计算参数和判定依据，相关内容与格式要求见表 4-3 至表 4-5。

表 4–3　评价因子和评价标准表

评价因子	平均时段	标准值 /（μg/m³）	标准来源

表 4–4　估算模型参数

参数		取值
城市 / 农村选项	城市 / 农村	
	人口数（城市选项时）	
最高环境温度 /℃		

续表

参数		取值
最低环境温度 /℃		
土地利用类型		
区域湿度条件		
是否考虑地形	考虑地形	□是 □否
	地形数据分辨率 /m	
是否考虑岸线熏烟	考虑岸线熏烟	□是 □否
	岸线距离 /km	
	岸线方向 /°	

表 4-5 主要污染源估算模型计算结果表

下风向距离 /m	污染源 1		污染源 2		污染源 3	
	预测质量浓度 /（μg/m³）	占标率 /%	预测质量浓度 /（μg/m³）	占标率 /%	预测质量浓度 /（μg/m³）	占标率 /%
50						
75						
……						
下风向最大质量浓度及占标率 /%						
$D_{10\%}$ 最远距离 /m						

四、评价范围确定

一级评价项目根据建设项目排放污染物的最远影响距离（$D_{10\%}$）确定大气环境影响评价范围。即以项目厂址为中心区域，自厂界外延 $D_{10\%}$ 的矩形区域作为大气环境影响评价范围。当 $D_{10\%}$ 超过 25km 时，确定评价范围为边长 50km 的矩形区域；当 $D_{10\%}$ 小于 2.5km 时，评价范围边长取 5km。

二级评价项目大气环境影响评价范围边长取 5km。

三级评价项目不需设置大气环境影响评价范围。

对于新建、迁建及飞行区扩建的枢纽及干线机场项目，评价范围还应考虑受影响的周边城市，最大取边长 50km。

规划的大气环境影响评价范围以规划区边界为起点，外延规划项目排放污染物的最远影响距离（$D_{10\%}$）的区域。

【案例 4-1】某经确定需要编写环境影响报告书的化工项目，污染源正常排放的污染物的 P_{max} 和 $D_{10\%}$ 预测结果如表 4-6 所示，试分析该项目大气环境影响评价工作等级及评价范围。

表 4-6　拟建项目 P_{max} 和 $D_{10\%}$ 预测结果

污染源名称	评价因子	评价标准 / (μg/m³)	最大地面质量浓度 / (μg/m³)	P_{max}	$D_{10\%}$
氯乙烯回收	非甲烷总烃	2000	1.4747	0.07	未出现
树脂包装干燥	PM_{10}	450	17.7510	3.50	
	$PM_{2.5}$	225	7.8755	3.50	
	非甲烷总烃	2000	14.1453	0.70	
污水处理站	硫化氢	10	0.0096	0.10	
	氨	200	0.2444	0.12	
聚合车间	非甲烷总烃	2000	1.5162	0.08	
	氯乙烯	\	0.7581	\	
干燥车间	TSP	900	31.9310	3.55	
污水处理站	氨	200	4.2517	2.13	
	硫化氢	10	0.1701	1.71	

由计算结果知，最大地面空气质量浓度占标率 P_{max} 为 3.55%，大于 1% 而小于 10%，据此可确定工作等级为二级，但因该项目属于化工类项目，根据《环境影响评价技术导则 大气环境》评价等级判定应遵守的特殊规定要求，该项目大气环境影响评价等级应提高一级，故该项目大气环境影响评价等级为一级。

因 $D_{10\%}$ 未出现，因此该项目大气环境影响评价范围为以项目厂址为中心区域，边长取 5km 的矩形区域。

五、评价基准年筛选

依据评价所需环境空气质量现状、气象资料等数据的可获得性、数据质量、代表性等因素，选择近 3 年中数据相对完整的 1 个日历年作为评价基准年。

六、环境空气保护目标调查

调查项目大气环境评价范围内主要环境空气保护目标。在带有地理信息的底图中标注，并列表给出环境空气保护目标内主要保护对象的名称、保护内容、所在大气环境功能区划以及与项目厂址的相对距离、方位、坐标等信息。

环境空气保护目标调查相关内容与格式要求见表 4-7，其中环境空气保护目标坐标取距离厂址最近点位位置。

表 4-7　环境空气保护目标

名称	坐标 /m		保护对象	保护内容	环境功能区	相对厂址方位	相对厂界距离 /m
	x	y					

第三节　环境空气质量现状调查与评价

一、大气环境质量现状调查与评价

（一）调查内容和目的

一级评价项目，调查项目所在区域环境质量达标情况，作为项目所在区域是否为达标区的判断依据。调查评价范围内有环境质量标准的评价因子的环境质量监测数据或进行补充监测，用于评价项目所在区域污染物环境质量现状，以及计算环境空气保护目标和网格点的环境质量现状浓度。

二级评价项目，调查项目所在区域环境质量达标情况。调查评价范围内有环境质量标准的评价因子的环境质量监测数据或进行补充监测，用于评价项目所在区域污染物环境质量现状。

三级评价项目，只调查项目所在区域环境质量达标情况。

（二）数据来源

1. 基本污染物环境质量现状数据

① 项目所在区域达标判定，优先采用国家或地方生态环境主管部门公开发布的评价基准年环境质量公告或环境质量报告中的数据或结论。

② 采用评价范围内国家或地方环境空气质量监测网中评价基准年连续 1 年的监测数据，或采用生态环境主管部门公开发布的环境空气质量现状数据。

③ 评价范围内没有环境空气质量监测网数据或公开发布的环境空气质量现状数据的，可选择符合《环境空气质量监测点位布设技术规范（试行）》（HJ 664—2013）规定的，并且与评价范围地理位置邻近，地形、气候条件相近的环境空气质量城市点或区域点监测数据。

④ 对于位于环境空气质量一类区的环境空气保护目标或网格点，各污染物环境质量现状浓度可取符合 HJ 664—2013 规定，并且与评价范围地理位置邻近，地形、气候条件相近的环境空气质量区域点或背景点监测数据。

2. 其他污染物环境质量现状数据

优先采用评价范围内国家或地方环境空气质量监测网中评价基准年连续 1 年的监测数据。

评价范围内没有环境空气质量监测网数据或公开发布的环境空气质量现状数据的，可收集评价范围内近 3 年与项目排放的其他污染物有关的历史监测资料。

在没有以上相关监测数据或监测数据不能满足后文“（四）评价内容与方法”规定的评价要求时，应按后文“（三）补充监测”要求进行补充监测。

（三）补充监测

1. 监测时段

根据监测因子的污染特征，选择污染较重的季节进行现状监测。补充监测应至少取得 7d 的有效数据。

对于部分无法进行连续监测的其他污染物，可监测其一次空气质量浓度，监测时次应满足所用评价标准的取值时间要求。

凡涉及 GB 3095—2012 中污染物的各类监测资料的统计内容与要求，均应满足该标准中各项污染物数据统计的有效性规定。

2. 监测布点

以近 20 年统计的当地主导风向为轴向，在厂址及主导风向下风向 5km 范围内设置 1 ~ 2 个监测点。如需在一类区进行补充监测，监测点应设置在不受人为活动影响的区域。环境空气质量监测点位置的周边环境应符合相关环境监测技术规范的规定。

3. 监测方法

应选择符合监测因子对应环境质量标准或参考标准所推荐的监测方法，并在评价报告中注明。

凡涉及 GB 3095—2012 中各项污染物的分析方法，均应符合该标准中对分析方法的规定。对尚未制定环境标准的非常规大气污染物，应尽可能参考 ISO 等国际组织和国内外相应的监测方法，在环评文件中详细列出其监测方法、适用性及引用依据。

4. 监测采样

环境空气监测中的采样点、采样环境、采样高度及采样频率，按 HJ 664—2013 及相关评价标准规定的环境监测技术规范执行。

【例题 4-1】某建设项目大气环境影响评价需补充监测，所在区域近 20 年统计的主导风向为 N，评价基准年主导风向为 NW。根据《环境影响评价技术导则 大气环境》，该项目补充监测应在厂址（　）方位 5km 范围内设置 1 ~ 2 个监测点。

A. N　　B. S　　C. NW　　D. SE

【解析】根据监测布点要求：以近 20 年统计的当地主导风向为轴向，在厂址及主导风向下风向 5km 范围内设置 1 ~ 2 个监测点。本题主导风向为 N，因此主导风向下风向为 S。所以本题正确选项应为 B。

（四）评价方法

1. 项目所在区域达标判断

城市环境空气质量达标情况评价指标为 SO_2、NO_2、PM_{10}、$PM_{2.5}$、CO 和 O_3，六项污染物全部达标即为城市环境空气质量达标。

根据国家或地方生态环境主管部门公开发布的城市环境空气质量达标情况，判断项目所在区域是否属于达标区。如项目评价范围涉及多个行政区（县级或以上，下同），需分别评价各行政区的达标情况，若存在不达标行政区，则判定项目所在评价区域为不达标区。

国家或地方生态环境主管部门未发布城市环境空气质量达标情况的，可按照《环境空气质量评价技术规范（试行）》（HJ 663—2013）中各评价项目的年评价指标进行判定。年评价指标中的年均浓度和相应百分位数 24h 或 8h 平均质量浓度满足 GB 3095—2012 中浓度限值要求的即为达标。

2. 各污染物的环境质量现状评价

长期监测数据的现状评价内容，按 HJ 663—2013 中的统计方法对各污染物的年评价指标进行环境质量现状评价。环境现状监测结果的数据统计应按照《数值修约规则与极限数值的表示和判定》（GB/T 8170—2008）中的规则进行修约。对于超标的污染物，计算其超标倍数和超标率。

补充监测数据的现状评价内容，分别对各监测点位不同污染物的短期浓度进行环境质量现状评价。对于超标的污染物，计算其超标倍数和超标率。

（1）超标倍数　超标项目 i 的超标倍数按式（4-2）计算。

$$B_i=(C_i-S_i)/S_i \tag{4-2}$$

式中　B_i——超标项目 i 的超标倍数；

C_i——超标项目 i 的浓度值；

S_i——超标项目 i 的浓度限值标准，一类区采用一级浓度限值标准，二类区采用二级浓度限值标准。

（2）达标率　评价项目 i 的小时达标率、日达标率，按式（4-3）计算。

$$D_i(\%)=(A_i/B_i)\times 100 \tag{4-3}$$

式中　D_i——评价项目 i 的达标率；

A_i——评价时段内评价项目 i 的达标天数（以小时计）；

B_i——评价时段内评价项目 i 的有效监测天数（以小时计）。

（3）百分位数　污染物浓度序列的 p 百分位数计算方法如下：

① 将污染物浓度序列数值从小到大排序，排序后的浓度序列为 $\{X_i, i=1, 2, \cdots, n\}$。

② 计算 p 百分位数 m_p 的序数 k，序数 k 按式（4-4）计算。

$$k=1+(n-1)\times p\% \tag{4-4}$$

式中　k——$p\%$ 位置对应的序数；

n——污染物浓度序列中的浓度值数量。

③ p 百分位数 m_p 按式（4-5）计算。

$$m_p=X_s+[X_{s+1}-X_s]\times(k-s) \tag{4-5}$$

式中　s——k 的整数部分，当 k 为整数时，s 与 k 相等。

3. 环境空气保护目标及网格点环境质量现状浓度

（1）对采用多个长期监测点位数据进行现状评价的　取各污染物相同时刻各监测点位的浓度平均值，作为评价范围内环境空气保护目标及网格点环境质量现状浓度，计算方法见式（4-6）。

$$\rho_{现状(x,y,t)}=\frac{1}{n}\sum_{j=1}^{n}\rho_{现状(j,t)} \tag{4-6}$$

式中　$\rho_{现状(x,y,t)}$——环境空气保护目标及网格点（x, y）在 t 时刻环境质量现状浓度，$\mu g/m^3$；

$\rho_{现状(j,t)}$——第 j 个监测点在 t 时刻环境质量现状浓度（包括短期浓度和长期浓度），$\mu g/m^3$；

n——长期监测点位数。

（2）对采用补充监测数据进行现状评价的 取各污染物不同评价时段监测浓度的最大值，作为评价范围内环境空气保护目标及网格点环境质量现状浓度。对于有多个监测点位数据的，先计算相同时刻各监测点位平均值，再取各监测时段平均值中的最大值。计算方法见式（4-7）。

$$\rho_{现状(x,y)}=\mathrm{Max}\left[\frac{1}{n}\sum_{j=1}^{n}\rho_{监测(j,t)}\right] \tag{4-7}$$

式中 $\rho_{现状(x,y)}$——环境空气保护目标及网格点（x，y）环境质量现状浓度，μg/m³；

$\rho_{监测(j,t)}$——第 j 个监测点在 t 时刻环境质量现状浓度（包括 1h 平均、8h 平均或日平均质量浓度），μg/m³；

n——现状补充监测点位数。

环境空气质量现状评价内容与格式要求见表 4-8 至表 4-11。

表 4-8 区域空气质量现状评价表

污染物	年评价指标	现状浓度 /（μg/m³）	标准值 /（μg/m³）	占标率 /%	达标情况
	年平均质量浓度				
	百分位数日平均或 8h 平均质量浓度				

表 4-9 基本污染物环境质量现状

点位名称	监测点坐标 /m		污染物	年评价指标	评价标准 /（μg/m³）	现状浓度 /（μg/m³）	最大浓度占标率 /%	超标频率 /%	达标情况
	x	y							

表 4-10 其他污染物补充监测点位基本信息

监测点名称	监测点坐标 /m		监测因子	监测时段	相对厂址方位	相对厂界距离 /m
	x	y				

表 4-11 其他污染物环境质量现状（监测结果）表

监测点位	监测点坐标 /m		污染物	平均时间	评价标准 /（μg/m³）	监测浓度范围 /（μg/m³）	最大浓度占标率 /%	超标率 /%	达标情况
	x	y							

二、污染源调查

（一）调查内容

一级评价项目：调查本项目不同排放方案有组织及无组织排放源，对于改建、扩建项目还应调查本项目现有污染源。本项目污染源调查包括正常排放和非正常排放，其中非正常排放调查内容包括非正常工况、频次、持续时间和排放量。调查本项目所有拟被替代的污染源（如有），包括被替代污染源名称、位置、排放污染物及排放量、拟被替代时间等。调查评价范围内与评价项目排放污染物有关的其他在建项目、已批复环境影响评价文件的拟建项目等污染源。对于编制报告书的工业项目，分析调查受本项目物料及产品运输影响新增的交通运输移动源，包括运输方式、新增交通流量、排放污染物及排放量。

二级评价项目：参照一级评价项目要求调查本项目现有及新增污染源和拟被替代的污染源。

三级评价项目：只调查本项目新增污染源和拟被替代的污染源。

对于城市快速路、主干路等城市道路的新建项目，须调查道路交通流量及污染物排放量。

对于采用网格模型预测二次污染物的，须结合空气质量模型及评价要求，开展区域现状污染源排放清单调查。

污染源调查内容及格式要求按点源、面源、体源、线源、火炬源、烟塔合一排放源、机场源等不同污染源排放形式，分别给出污染源参数。

对于网格污染源，按照源清单要求给出污染源参数，并说明数据来源。当污染源排放为周期性变化时，还需给出周期性变化排放系数。

1. 点源调查内容

① 排气筒底部中心坐标（坐标可采用 UTM 坐标或经纬度，下同），以及排气筒底部的海拔高度（m）。

② 排气筒几何高度（m）及排气筒出口内径（m）。

③ 烟气流速（m/s）。

④ 排气筒出口处烟气温度（℃）。

⑤ 各主要污染物排放速率（kg/h），排放工况（正常排放和非正常排放，下同），年排放小时数（h）。

⑥ 点源（包括正常排放和非正常排放）参数调查清单参见表 4-12。

表 4-12　点源参数表

编号	名称	排气筒底部中心坐标 /m		排气筒底部海拔高度 /m	排气筒高度 /m	排气筒出口内径 /m	烟气流速 /（m/s）	烟气温度 /℃	年排放小时数 /h	排放工况	污染物排放速率 /（kg/h）		
		x	y								污染物 1	污染物 2	…

2. 面源调查内容

① 面源坐标，其中：

a. 矩形面源。初始点坐标，面源的长度（m），面源的宽度（m），与正北方向逆时针的夹角；

b. 多边形面源。多边形面源的顶点数或边数（3 ~ 20）以及各顶点坐标；

笔记

c. 近圆形面源。中心点坐标，近圆形半径（m），近圆形顶点数或边数。

② 面源的海拔高度和有效排放高度（m）。

③ 各主要污染物排放速率（kg/h），排放工况，年排放小时数（h）。

④ 各类面源参数调查清单表参见表4-13至表4-15。

表4-13　矩形面源参数表

编号	名称	面源起点坐标/m		面源海拔高度/m	面源长度/m	面源宽度/m	与正北方向夹角/°	面源有效排放高度/m	年排放小时数/h	排放工况	污染物排放速率/(kg/h)		
		x	y								污染物1	污染物2	…

表4-14　多边形面源参数表

编号	名称	面源各顶点坐标/m		面源海拔高度/m	面源有效排放高度/m	年排放小时数/h	排放工况	污染物排放速率/(kg/h)		
		x	y					污染物1	污染物2	…

表4-15　（近）圆形面源参数表

编号	名称	面源中心点坐标/m		面源海拔高度/m	面源半径/m	顶点数或边数（可选）	面源有效排放高度/m	年排放小时数/h	排放工况	污染物排放速率/(kg/h)		
		x	y							污染物1	污染物2	…

3. 体源调查内容

① 体源中心点坐标，以及体源所在位置的海拔高度（m）。

② 体源有效高度（m）。

③ 体源排放速率（kg/h），排放工况，年排放小时数（h）。

④ 体源的边长（m）（把体源划分为多个正方形的边长）。

⑤ 初始横向扩散参数（m），初始垂直扩散参数（m），体源初始扩散参数的估算见表4-16、表4-17。

⑥ 体源参数调查清单参见表4-18。

表4-16　体源初始横向扩散参数的估算

源类型	初始横向扩散参数
单个源	σ_{y_0}= 边长/4.3
连续划分的体源	σ_{y_0}= 边长/2.15
间隔划分的体源	σ_{y_0}= 两个相邻间隔中心点的距离/2.15

注：σ_{y_0}为表头初始横向扩散参数。

表 4–17　体源初始垂直扩散参数的估算

源类型		初始垂直扩散参数
源基底处地形高度 $H_0 \approx 0$		σ_{z_0}= 源的高度 /2.15
源基底处地形高度 $H_0 > 0$	在建筑物上，或邻近建筑物	σ_{z_0}= 建筑物的高度 /2.15
	不在建筑物上，或不邻近建筑物	σ_{z_0}= 源的高度 /4.3

注：σ_{z_0} 为表头初始垂向扩散参数。

表 4–18　体源参数表

编号	名称	体源中心点坐标 /m		体源海拔高度 /m	体源边长 /m	体源有效排放高度 /m	年排放小时数 /h	排放工况	初始扩散参数 /m		污染物排放速率 /（kg/h）		
		x	y						横向	垂直	污染物 1	污染物 2	…

4. 线源调查内容

① 线源几何尺寸（分段坐标），线源宽度（m），距地面高度（m），有效排放高度（m），街道街谷高度（可选）（m）。

② 各种车型的污染物排放速率 [kg/（km · h）]。

③ 平均车速（km/h），各时段车流量（辆 /h）、车型比例。

④ 线源参数调查清单参见表 4-19。

表 4–19　线源参数表

编号	名称	各段顶点坐标 /m		线源宽度 /m	线源海拔高度 /m	有效排放高度 /m	街道街谷高度 /m	污染物排放速率 /[kg/（km·h）]		
		x	y					污染物 1	污染物 2	…

5. 火炬源调查内容

① 火炬底部中心坐标，以及火炬底部的海拔高度（m）。

② 火炬等效内径 D（m）。

$$D=9.88\times10^{-4}\times\sqrt{HR\times(1-HL)} \tag{4-8}$$

式中　HR——总热释放速率，cal/s；

HL——辐射热损失比例，一般取 0.55。

③ 火炬的等效高度 h_{eff}（m）：

$$h_{\mathrm{eff}}=H_s+4.56\times10^{-3}\times HR^{0.478} \tag{4-9}$$

式中　H_s——火炬高度，m。

④ 火炬等效烟气排放速度（m/s），默认设置为 20m/s。

⑤ 排气筒出口处的烟气温度（℃），默认设置为 1000 ℃。

⑥ 火炬源排放速率（kg/h），排放工况，年排放小时数（h）。

⑦ 火炬源参数调查清单参见表 4-20。

表 4-20　火炬源参数表

编号	名称	坐标 /m		底部海拔高度 /m	火炬等效高度 /m	等效出口内径 /m	等效烟气流速 /（m/s）	年排放小时数 /h	排放工况	燃烧物质及热释放速率			污染物排放速率 /（kg/h）		
		x	y							燃烧物质	燃烧速率 /（kg/h）	总热释放速率 /（cal/s）	污染物 1	污染物 2	…

6. 烟塔合一排放源调查内容

① 冷却塔底部中心坐标，以及排气筒底部的海拔高度（m）。

② 冷却塔高度（m）及冷却塔出口内径（m）。

③ 冷却塔出口烟气流速（m/s）。

④ 冷却塔出口烟气温度（℃）。

⑤ 烟气中液态水含量（kg/kg）。

⑥ 烟气相对湿度（%）。

⑦ 各主要污染物排放速率（kg/h），排放工况，年排放小时数（h）。

⑧ 冷却塔排放源参数调查清单参见表 4-21。

表 4-21　烟塔合一排放源参数表

编号	名称	坐标 /m		底部海拔高度 /m	冷却塔高度 /m	冷却塔出口内径 /m	烟气流速 /（m/s）	烟气温度 /℃	烟气液态水含量（kg/kg）	烟气相对湿度 /%	年排放小时数 /h	排放工况	污染物排放速率 /（kg/h）		
		x	y										污染物 1	污染物 2	…

7. 机场源调查内容

① 不同飞行阶段的跑道面源排放参数，包括飞行阶段、面源起点坐标、有效排放高度（m）、面源宽度（m）、面源长度（m）、与正北向夹角（°）、污染物排放速率（kg/m^2· h）。调查清单见表 4-22。

② 机场其他排放源调查内容参考点源、面源、体源、线源要求。

表 4-22　机场跑道排放源参数表

不同飞行阶段	跑道面源起点坐标 /m		有效排放高度 /m	面源宽度 /m	面源长度 /m	与正北向夹角 /°	污染物排放速率 /（kg/m^2 · h）		
	x	y					污染物 1	污染物 2	…

8. 城市道路源调查内容

调查内容包括不同路段交通流量及污染物排放量，见表 4-23。

表 4-23 城市道路交通流量及污染物排放量

路段名称	典型时段	平均车流量 / (辆 /h)			污染物排放速率 / (kg/km · h)			
		大型车	中型车	小型车	NO_x	CO	THC	其他污染物
	近期							
	中期							
	远期							

9. 周期性排放系数

常见污染源周期性排放系数见表 4-24。

表 4-24 污染源周期性排放系数表

季节	春			夏			秋			冬		
排放系数												
月份	1	2	3	4	5	6	7	8	9	10	11	12
排放系数												
星期	日	一	二	三	四	五	六					
排放系数												
小时	1	2	3	4	5	6	7	8	9	10	11	12
排放系数												
小时	13	14	15	16	17	18	19	20	21	22	23	24
排放系数												

10. 非正常排放调查内容

非正常排放调查内容见表 4-25。

表 4-25 非正常排放参数表

非正常排放源	非正常排放原因	污染物	非正常排放速率 /(kg/h)	单次持续时间 /h	年发生频次 / 次

11. 拟被替代源调查内容

拟被替代源基本情况见表 4-26。拟被替代源基本参数调查内容参考上述 1 ~ 8 中要求。

表 4-26 拟被替代源基本情况表

被替代污染源	坐标 /m		年排放时间 /h	污染物年排放量 / (t/a)			拟被替代时间
	x	y		污染物 1	污染物 2	…	

(二)数据来源与要求

新建项目的污染源调查，依据 HJ 2.1—2016、HJ 130—2019、《排污许可证申请与核发技术规范 总则》(HJ 942—2018)、行业排污许可证申请与核发技术规范及各污染源源强核算技术指南，并结合工程分析从严确定污染物排放量。

评价范围内在建和拟建项目的污染源调查，可使用已批准的环境影响评价文件中的资料；改建、扩建项目现状工程的污染源和评价范围内拟被替代的污染源调查，可根据数据的可获得性，依次优先使用项目监督性监测数据、在线监测数据、年度排污许可执行报告、自主验收报告、排污许可证数据、环评数据或补充污染源监测数据等。污染源监测数据应采用满负荷工况下的监测数据或者换算至满负荷工况下的排放数据。

网格模型模拟所需的区域现状污染源排放清单调查按国家发布的清单编制相关技术规范执行。污染源排放清单数据应采用近3年内国家或地方生态环境主管部门发布的包含人为源和天然源在内的所有区域污染源清单数据。在国家或地方生态环境主管部门未发布污染源清单之前，可参照污染源清单编制指南自行建立区域污染源清单，并对污染源清单准确性进行验证分析。

第四节　大气环境影响预测与评价

一、一般性要求

一级评价项目应采用进一步预测模型开展大气环境影响预测与评价。

二级评价项目不进行进一步预测与评价，只对污染物排放量进行核算。

三级评价项目不进行进一步预测与评价。

二、大气环境影响预测与评价的步骤

大气环境影响预测的步骤一般为如下步骤

①确定预测因子。②确定预测范围。③确定预测周期。④选择预测模型及预测方法。⑤确定气象数据。⑥确定地形数据。⑦确定地表参数。⑧确定模式中的计算设置及相关参数。⑨确定预测内容和评价要求。⑩进行大气环境预测分析与评价。

（一）预测因子

预测因子根据评价因子而定，选取有环境质量标准的评价因子作为预测因子。预测因子应结合工程分析的污染源分析，区别正常排放、非正常排放下的污染因子。尤其在非正常排放情况下，应充分考虑项目的其他污染物对环境的影响，此外，对于评价区域污染物浓度已经超标的物质，如果拟建项目也排放此类污染物，即使排放量较小，也应该在预测因子中考虑此类污染物。

（二）预测范围

预测范围应覆盖评价范围，并覆盖各污染物短期浓度贡献值占标率大于10%的区域。对于经判定需预测二次污染物的项目，预测范围应覆盖$PM_{2.5}$年平均质量浓度贡献值占标率大于1%的区域。对于评价范围内包含环境空气功能区一类区的，预测范围应覆盖项目对一类区最大环境影响。预测范围一般以项目厂址为中心，东西向为x坐标轴、南北向为y坐标轴。

（三）预测周期

选取评价基准年作为预测周期，预测时段取连续1年。选用网格模型模拟二次污染物的环境影响时，预测时段应至少选取评价基准年1、4、7、10月。

（四）预测模型及预测方法

1. 预测模型

HJ 2.2—2018 推荐的模型包括估算模型 AERSCREEN、进一步预测模型 AERMOD、ADMS、AUSTAL2000、EDMS/AEDT、CALPUFF 以及 CMAQ 等光化学网格模型。一级评价项目应结合项目环境影响预测范围、预测因子及推荐模型的适用范围等选择空气质量模型。各推荐模型的适用情况见表 4-27。

表 4–27　推荐模型适用情况

<table>
<tr><th>模型名称</th><th>适用性</th><th>适用污染源</th><th>适用排放形式</th><th>推荐预测范围</th><th>适用污染物</th><th>输出结果</th><th>其他特征</th></tr>
<tr><td>AERSCREEN</td><td>用于评价等级及评价范围判定</td><td>点源（含火炬源）、面源（矩形或圆形）、体源</td><td>连续源</td><td rowspan="5">局地尺度（≤ 50km）</td><td rowspan="5">一次污染物、二次 $PM_{2.5}$（系数法）</td><td>短期浓度最大值及对应距离</td><td>可以模拟熏烟和建筑物下洗</td></tr>
<tr><td>AERMOD</td><td rowspan="6">用于进一步预测</td><td>点源（含火炬源）、面源、线源、体源</td><td rowspan="5">连续源、间断源</td><td rowspan="6">短期和长期平均质量浓度及分布</td><td>可以模拟建筑物下洗、干湿沉降</td></tr>
<tr><td>ADMS</td><td>点源、面源、线源、体源、网格源</td><td>可以模拟建筑物下洗、干湿沉降，包含街道窄谷模型</td></tr>
<tr><td>AUSTAL2000</td><td>烟塔合一源</td><td>可以模拟建筑物下洗</td></tr>
<tr><td>EDMS/AEDT</td><td>机场源</td><td>可以模拟建筑物下洗、干湿沉降</td></tr>
<tr><td>CALPUFF</td><td>点源、面源、线源、体源</td><td>城市尺度（50km 到几百 km）</td><td>一次污染物、二次 $PM_{2.5}$</td><td>可以用于特殊风场，包括长期静、小风和岸边熏烟</td></tr>
<tr><td>光化学网格模型（CMAQ 或类似模型）</td><td>网格源</td><td>连续源、间断源</td><td>区域尺度（几百 km）</td><td>一次污染物和二次 $PM_{2.5}$、O_3</td><td>网格化模型，可以模拟复杂化学反应及气象条件对污染物浓度的影响等</td></tr>
</table>

注：①生态环境部模型管理部门推荐的其他模型，按相应推荐模型适用情况进行选择。

②对光化学网格模型（CMAQ 或类似的模型），在应用前应根据应用案例提供必要的验证结果。

模型选取的其他规定有：①当项目评价基准年内存在风速≤ 0.5m/s 的持续时间超过 72h 的情况或近 20 年统计的全年静风（风速≤ 0.2m/s）频率超过 35% 时，应采用 CALPUFF 模型进行进一步模拟；②当建设项目处于大型水体（海或湖）岸边 3km 范围内时，应首先采用估算模型判定是否会发生熏烟现象。如果存在岸边熏烟，并且估算的最大 1h 平均质量浓度超过环境质量标准，应采用 CALPUFF 模型进行进一步模拟。

采用 HJ 2.2—2018 推荐的模型时，应按附录 B 的要求提供污染源、气象、地形、地表参数等基础数据。环境影响预测模型所需气象、地形、地表参数等基础数据应优先使用国家发布的标准化数据。采用其他数据时，应说明数据来源、有效性及数据预处理方案。

2. 预测方法

采用推荐模型预测建设项目或规划项目对预测范围不同时段的大气环境影响。当建设项目或规划项目排放 SO_2、NO_x 及 VOCs 年排放量达到规定的量时，可按表 4-28 推荐的方法预测二次污染物。

表 4-28　二次污染物预测方法

类别	污染物排放量 / (t/a)	预测因子	二次污染物预测方法
建设项目	$SO_2+NO_x \geqslant 500$	$PM_{2.5}$	AERMOD/ADMS（系数法）或 CALPUFF（模型模拟法）
规划项目	$500 \leqslant SO_2+NO_x < 2000$	$PM_{2.5}$	AERMOD/ADMS（系数法）或 CALPUFF（模型模拟法）
	$SO_2+NO_x \geqslant 500$	$PM_{2.5}$	网格模型（模型模拟法）
	$NO_x+VOCs \geqslant 2000$	O_3	网格模型（模型模拟法）

采用 AERMOD、ADMS 等模型模拟 $PM_{2.5}$ 时，需将模型模拟的 $PM_{2.5}$ 一次污染物的质量浓度，同步叠加按 SO_2、NO_2 等前体物转化比率估算的二次 $PM_{2.5}$ 质量浓度，得到 $PM_{2.5}$ 的贡献浓度。前体物转化比率可引用科研成果或有关文献，并注意地域的适用性。对于无法取得 SO_2、NO_2 等前体物转化比率的，可取 φ_{SO_2} 为 0.58、φ_{NO_2} 为 0.44，按式（4-10）计算二次 $PM_{2.5}$ 贡献浓度。

$$C_{二次PM_{2.5}}=\varphi_{SO_2}\times C_{SO_2}+\varphi_{NO_2}\times C_{NO_2} \tag{4-10}$$

式中　$C_{二次PM_{2.5}}$——二次 $PM_{2.5}$ 质量浓度，$\mu g/m^3$；

φ_{SO_2}，φ_{NO_2}——SO_2、NO_2 浓度换算为 $PM_{2.5}$ 浓度的系数；

C_{SO_2}，C_{NO_2}——SO_2、NO_2 的预测质量浓度，$\mu g/m^3$。

采用 CALPUFF 或网格模型预测 $PM_{2.5}$ 时，模拟输出的贡献浓度应包括一次 $PM_{2.5}$ 和二次 $PM_{2.5}$ 质量浓度的叠加结果。

对已采纳规划环评要求的规划所包含的建设项目，当工程建设内容及污染物排放总量均未发生重大变更时，建设项目环境影响预测可引用规划环评的模拟结果。

（五）气象数据

1. 估算模型 AERSCREEN

模型所需最高和最低环境温度，一般需选取评价区域 20 年以上的资料统计结果。最小风速可取 0.5m/s，风速计高度取 10m。

2. AERMOD 和 ADMS

地面气象数据选择距离项目最近或气象特征基本一致的气象站的逐时地面气象数据，要素至少包括风速、风向、总云量和干球温度。根据预测精度要求及预测因子特征，可选择观测资料包括：湿球温度、露点温度、相对湿度、降水量、降水类型、海平面气压、地面气压、云底高度、水平能见度等。其中对观测站点缺失的气象要素，可采用经验证的模拟数据或采用观测数据进行插值得到。

高空气象数据选择模型所需观测或模拟的气象数据，要素至少包括一天早晚两次不同等压面上的气压、离地高度和干球温度等，其中离地高度 3000m 以内的有效数据层数应不少于 10 层。

3. AUSTAL2000

地面气象数据选择距离项目最近或气象特征基本一致的气象站的逐时地面气象数据，要素至少包括风向、风速、干球温度、相对湿度，以及采用测量或模拟气象资料计算得到的稳定度。

4. CALPUFF

地面气象资料应尽量获取预测范围内所有地面气象站的逐时地面气象数据，要素至少包括风速、风向、干球温度、地面气压、相对湿度、云量、云底高度。若预测范围内地面观测站少于 3 个，可采用预测范围外的地面观测站进行补充，或采用中尺度气象模拟数据。

高空气象资料应获取最少 3 个站点的测量或模拟气象数据，要素至少包括一天早晚两次不同等压面上的气压、离地高度、干球温度、风向及风速，其中离地高度 3000m 以内的有效数据层数应不少于 10 层。

5. 光化学网格模型

光化学网格模型的气象场数据可由 WRF 或其他区域尺度气象模型提供。气象场应至少涵盖评价基准年 1、4、7、10 月。气象模型的模拟区域范围应略大于光化学网格模型的模拟区域，气象数据网格分辨率、时间分辨率与光化学网格模型的设定相匹配。在气象模型的物理参数化方案选择时应注意和光化学网格模型所选择参数化方案的兼容性。非在线的 WRF 等气象模型计算的气象数据提供给光化学网格模型应用时，需要经过相应的数据前处理，处理的过程包括光化学网格模拟区域截取、垂直差值、变量选择和计算、数据时间处理以及数据格式转换等。

（六）地形数据

地形数据除包括预测范围内各网格点高程外，还应包括各污染源、预测关心点的地面高程。地形数据的精度应结合评价范围及预测网格点的设置进行合理选择，一般要求地形数据原始数据分辨率不得小于 90m。报告中应对地形数据的来源予以说明。

（七）地表参数

估算模型 AERSCREEN 和 ADMS 的地表参数根据模型特点取项目周边 3km 范围内占地面积最大的土地利用类型来确定。

AERMOD 地表参数一般根据项目周边 3km 范围内的土地利用类型进行合理划分，或采用 AERSURFACE 直接读取可识别的土地利用数据文件。

AERMOD 和 AERSCREEN 所需的区域湿度条件划分可根据中国干湿地区划分进行选择。CALPUFF 采用模型可以识别的土地利用数据来获取地表参数，土地利用数据的分辨率一般不小于模拟网格分辨率。

（八）模型计算设置

1. 城市 / 农村选项

当项目周边 3km 半径范围内一半以上面积属于城市建成区或者规划区时，选择城市，否则选择农村。当选择城市时，城市人口数按项目所属城市实际人口或者规划的人口数输入。

2. 岸边熏烟选项

对估算模型 AERSCREEN，当污染源附近 3km 范围内有大型水体时，需选择岸边熏烟选项。

3. 计算点和网格点设置

估算模型 AERSCREEN 在距污染源 10m 至 25km 处默认为自动设置计算点，最远计算距离不超过污染源下风向 50km。采用估算模型 AERSCREEN 计算评价等级时，对于有多个污染源的可取污染物等标排放量 P_0 最大的污染源坐标作为各污染源位置。污染物等标排放量 P_0 计算见式（4-11）。

$$P_0=\frac{Q}{C_0}\times 10^{12} \tag{4-11}$$

式中 P_0——污染物等标排放量，m^3/a；

Q——污染源排放污染物的年排放量，t/a；

C_0——污染物的环境空气质量浓度标准，μg/m^3。

AERMOD 和 ADMS 预测网格点的设置应具有足够的分辨率以尽可能精确预测污染源对预测范围的最大影响。网格点间距可以采用等间距或近密远疏法进行设置，距离源中心 5km 的网格间距不超过 100m，5 ～ 15km 的网格间距不超过 250m，大于 15km 的网格间距不超过 500m。

CALPUFF 模型中需要定义气象网格、预测网格和受体网格（包括离散受体）。其中气象网格范围和预测网格范围应大于受体网格范围，以保证有一定的缓冲区域考虑烟团的迂回和回流等情况。预测网格间距根据预测范围确定，应选择足够的分辨率以尽可能精确预测污染源对预测范围的最大影响。预测范围小于 50km 的网格间距不超过 500m，预测范围大于 100km 的网格间距不超过 1000m。

光化学网格模型模拟区域的网格分辨率根据所关注的问题确定，并且能精确到可以分辨出新增排放源的影响。模拟区域的大小应考虑边界条件对关心点浓度的影响。为提高计算精度，预测网格间距一般不超过 5km。

对于邻近污染源的高层住宅楼，应适当考虑不同代表高度上的预测受体。

4．建筑物下洗

如果烟囱实际高度小于根据周围建筑物高度计算的最佳工程方案（GEP）烟囱高度时，且位于 GEP 的 5L 影响区域内时，则要考虑建筑物下洗的情况。GEP 烟囱高度计算见式（4-12）。

$$GEP\ 烟囱囱高=H+1.5L \tag{4-12}$$

式中 H——从烟囱基座地面到建筑物顶部的垂直高度，m；

L——建筑物高度（BH）或建筑物投影宽度（PBW）的较小者，m。

GEP 的 5L 影响区域：每个建筑物在下风向会产生一个尾迹影响区，下风向影响最大距离为距建筑物 5L 处，迎风向影响最大距离为距建筑物 2L 处，侧风向影响最大距离为距建筑物 0.5L 处，即虚线范围内为建筑物影响区域，见图 4-6。不同风向下的影响区是不同的，所有风向构成一个完整的影响区域，即虚线范围内，称为 GEP 的 5L 影响区域，即建筑物下洗的最大影响范围，见图 4-7。图中烟囱 1 在建筑物下洗影响范围内，而烟囱 2 则在建筑物下洗影响范围外。

进一步预测考虑建筑物下洗时，需要输入建筑物角点横坐标和纵坐标，建筑物高度、宽度与方位角等参数。

5．模型相关参数

（1）AERMOD 模型

① 颗粒物干沉降和湿沉降。当 AERMOD 计算考虑颗粒物湿沉降时，地面气象数据

中需要包括降雨类型、降雨量、相对湿度和站点气压等气象参数。考虑颗粒物干沉降需要输入的参数是干沉降速度，用户可根据需要自行输入干沉降速度，也可输入气体污染物的相关沉降参数和环境参数自动计算干沉降速度。

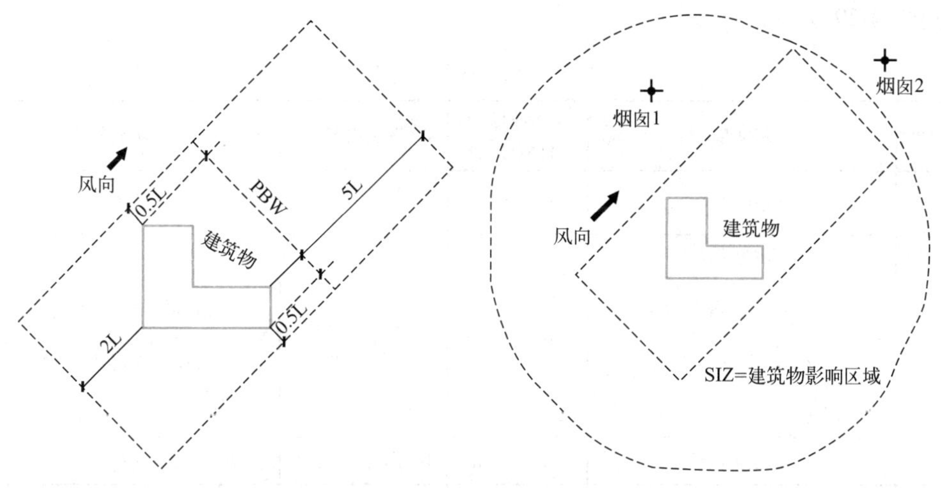

图 4-6 建筑物影响区域　　图 4-7 GEP 的 5L 影响区域

② 气态污染物转化。AERMOD 模型的 SO_2 转化算法，模型中采用特定的指数衰减模型，需输入的参数包括半衰期或衰减系数。通常半衰期和衰减系数的关系为：衰减系数（s^{-1}）=0.693/ 半衰期（s）。AERMOD 模型中缺省设置的 SO_2 指数衰减的半衰期为 14400s。

AERMOD 模型的 NO_2 转化算法，可采用 PVMRM（烟羽体积摩尔率法）、OLM（O_3 限制法）或 ARM2 算法（环境比率法 2）。对于能获取到有效环境中 O_3 浓度及烟道内 NO_2/NO_x 比率数据时，优先采用 PVMRM 或 OLM 方法。如果采用 ARM2 选项，对 1 小时浓度采用内定的比例值上限为 0.9，年均浓度内置比例下限为 0.5。当选择 NO_2 化学转化算法时，NO_2 源强应输入 NO_x 排放源强。

（2）CALPUFF 模型

CALPUFF 在考虑化学转化时需要 O_3 和 NH_3 的现状浓度数据。O_3 和 NH_3 的现状浓度可采用预测范围内或邻近的例行环境空气质量监测点监测数据，或其他有效现状监测资料进行统计分析获得。

（3）光化学网格模型

① 初始条件和边界条件。光化学网格模型的初始条件和边界条件可通过模型自带的初始边界条件处理模块产生，以保证模拟区域范围、网格数、网格分辨率、时间和数据格式的一致性。初始条件使用上一个时次模拟的输出结果作为下一个时次模拟的初始场；边界条件使用更大模拟区域的模拟结果作为边界场，如子区域网格使用母区域网格的模拟结果作为边界场，外层母区域网格可使用预设的固定值或者全球模型的模拟结果作为边界场。

② 参数化方案选择。针对相同的物理、化学过程，光化学网格模型往往提供几种不同的算法模块。在模拟中根据需要选择合适的化学反应机理、气溶胶方案和云方案等参数化方案，并保证化学反应机理、气溶胶方案以及其他参数之间的相互匹配。在应用中，应根据使用的时间和区域，对不同参数化方案的光化学网格模型应用效果进行验证比较。

（九）预测内容与评价要求

预测方案根据预测内容设定，一般考虑五个方面的内容：评价对象、污染源类别、污染源排放形式、预测内容及评价内容。不同评价对象或排放方案对应预测内容和评价要求见表 4-29。

表 4–29　预测内容和评价要求

评价对象	污染源	污染源 排放形式	预测内容	评价内容
达标区评价项目	新增污染源	正常排放	短期浓度 长期浓度	最大浓度占标率
	新增污染源 – “以新带老”污染源（如有） – 区域削减污染源（如有） + 其他在建、拟建污染源（如有）	正常排放	短期浓度 长期浓度	叠加环境质量现状浓度后的保证率，日平均质量浓度和年平均质量浓度的占标率，或短期浓度的达标情况
	新增污染源	非正常排放	1h 平均质量浓度	最大浓度占标率
不达标区评价项目	新增污染源	正常排放	短期浓度 长期浓度	最大浓度占标率
	新增污染源 – “以新带老”污染源（如有） – 区域削减污染源（如有） + 其他在建、拟建污染源（如有）	正常排放	短期浓度 长期浓度	叠加达标规划目标浓度后的保证率，日平均质量浓度和年平均质量浓度的占标率，或短期浓度的达标情况； 评价年平均质量浓度变化率
	新增污染源	非正常排放	1h 平均质量浓度	最大浓度占标率
区域规划	不同规划期 / 规划方案污染源	正常排放	短期浓度 长期浓度	保证了日平均质量浓度和年平均质量浓度的占标率，年平均质量浓度变化率
大气环境防护距离	新增污染源 – “以新带老”污染源（如有） + 项目全厂现有污染源	正常排放	短期浓度	大气环境防护距离

1. 达标区的评价项目

项目正常排放条件下，预测环境空气保护目标和网格点主要污染物的短期浓度和长期浓度贡献值，评价其最大浓度占标率。

项目正常排放条件下，预测评价叠加环境空气质量现状浓度后，环境空气保护目标和网格点主要污染物的保证率日平均质量浓度和年平均质量浓度的达标情况；对于项目排放的主要污染物仅有短期浓度限值的，评价其短期浓度叠加后的达标情况。如果是改建、扩建项目，还应同步减去“以新带老”污染源的环境影响。如果有区域削减项目，应同步减去削减源的环境影响。如果评价范围内还有其他排放同类污染物的在建、拟建项目，还应叠加在建、拟建项目的环境影响。

项目非正常排放条件下，预测评价环境空气保护目标和网格点主要污染物的 1h 最大浓度贡献值及占标率。

2. 不达标区的评价项目

项目正常排放条件下，预测环境空气保护目标和网格点主要污染物的短期浓度和长期浓度贡献值，评价其最大浓度占标率。

项目正常排放条件下，预测评价叠加大气环境质量限期达标规划（简称“达标规划”）的目标浓度后，环境空气保护目标和网格点主要污染物保证率日平均质量浓度和年平均质量浓度的达标情况；对于项目排放的主要污染物仅有短期浓度限值的，评价其短期浓度叠加后的达标情况。如果是改建、扩建项目，还应同步减去“以新带老”污染源的环境影响。如果有区域达标规划之外的削减项目，应同步减去削减源的环境影响。如果评价范围内还有其他排放同类污染物的在建、拟建项目，还应叠加在建、拟建项目的环境影响。

对于无法获得达标规划目标浓度场或区域污染源清单的评价项目，需评价区域环境质量的整体变化情况。

项目非正常排放条件下，预测环境空气保护目标和网格点主要污染物的1h最大浓度贡献值，评价其最大浓度占标率。

3. 区域规划

预测评价区域规划方案中不同规划年叠加现状浓度后，环境空气保护目标和网格点主要污染物保证率日平均质量浓度和年平均质量浓度的达标情况；对于规划排放的其他污染物仅有短期浓度限值的，评价其叠加现状浓度后短期浓度的达标情况。

预测评价区域规划实施后的环境质量变化情况，分析区域规划方案的可行性。

4. 污染控制措施

对于达标区的建设项目，按达标区叠加分析要求，预测评价不同方案主要污染物对环境空气保护目标和网格点的环境影响及达标情况，比较分析不同污染治理设施、预防措施或排放方案的有效性。

对于不达标区的建设项目，按不达标区叠加分析要求，预测不同方案主要污染物对环境空气保护目标和网格点的环境影响，评价达标情况或评价区域环境质量的整体变化情况，比较分析不同污染治理设施、预防措施或排放方案的有效性。

5. 大气环境防护距离

对于项目厂界浓度满足大气污染物厂界浓度限值，但厂界外大气污染物短期贡献浓度超过环境质量浓度限值的，可以自厂界向外设置一定范围的大气环境防护区域，以确保大气环境防护区域外的污染物贡献浓度满足环境质量标准。

对于项目厂界浓度超过大气污染物厂界浓度限值的，应要求削减排放源强或调整工程布局，待满足厂界浓度限值后，再核算大气环境防护距离。

大气环境防护距离内不应有长期居住的人群。

（十）大气环境预测分析与评价

1. 最大浓度占标率

对于达标区和不达标区的评价项目，均需要预测项目排放的主要污染物的短期浓度和长期浓度贡献值，评价其最大浓度占标率。最大浓度占标率 P_i 可由式（4-13）计算。

$$P_i = \frac{C_i}{C_{0i}} \times 100\% \tag{4-13}$$

式中　P_i——第 i 个污染物的最大环境空气质量浓度占标率，%；

C_i——预测的第 i 个污染物的短期或长期环境空气质量浓度，μg/m³；

C_{0i}——第 i 个污染物的环境空气质量浓度标准，μg/m³。

2. 环境影响叠加

（1）达标区环境影响叠加　预测评价项目建成后各污染物对预测范围的环境影响，应用本项目的贡献浓度，叠加（减去）区域削减污染源以及其他在建、拟建项目污染源环境影响，并叠加环境质量现状浓度。计算方法见式（4-14）。

$$C_{叠加(x,y,t)}=C_{本项目(x,y,t)}-C_{区域削减(x,y,t)}+C_{拟在建(x,y,t)}+C_{现状(x,y,t)} \tag{4-14}$$

式中　$C_{叠加(x,y,t)}$——在 t 时刻，预测点（x，y）叠加各污染源及现状浓度后的环境质量浓度，μg/m³；

$C_{本项目(x,y,t)}$——在 t 时刻，本项目对预测点（x，y）的贡献浓度，μg/m³；

$C_{区域削减(x,y,t)}$——在 t 时刻，区域削减污染源对预测点（x，y）的贡献浓度，μg/m³；

$C_{拟在建(x,y,t)}$——在 t 时刻，预测点（x，y）的环境质量现状浓度，μg/m³，各预测点环境质量现状浓度按环境空气质量现状调查方法计算；

$C_{现状(x,y,t)}$——在 t 时刻，其他在建、拟建项目污染源对预测点（x，y）的贡献浓度，μg/m³。

其中本项目预测的贡献浓度除新增污染源环境影响外，还应减去“以新带老”污染源的环境影响，计算方法见式（4-15）。

$$C_{本项目(x,y,t)}=C_{新增(x,y,t)}-C_{以新带老(x,y,t)} \tag{4-15}$$

式中　$C_{新增(x,y,t)}$——在 t 时刻，本项目新增污染源对预测点（x，y）的贡献浓度，μg/m³；

$C_{以新带老(x,y,t)}$——在 t 时刻，“以新带老”污染源对预测点（x，y）的贡献浓度，μg/m³。

（2）不达标区环境影响叠加　对于不达标区的环境影响评价，应在各预测点上叠加达标规划中达标年的目标浓度，分析达标规划年的保证率日平均质量浓度和年平均质量浓度的达标情况。叠加方法可以用达标规划方案中的污染源清单参与影响预测，也可直接用达标规划模拟的浓度场进行叠加计算。计算方法见式（4-16）。

$$C_{叠加(x,y,t)}=C_{本项目(x,y,t)}-C_{区域削减(x,y,t)}+C_{拟在建(x,y,t)}+C_{规划(x,y,t)} \tag{4-16}$$

式中　$C_{规划(x,y,t)}$——在 t 时刻，预测点（x，y）的达标规划年目标浓度，μg/m³。

3. 保证率日平均质量浓度

对于保证率日平均质量浓度，首先按环境影响叠加方法计算叠加后预测点上的日平均质量浓度，然后对该预测点所有日平均质量浓度从小到大进行排序，根据各污染物日平均质量浓度的保证率（p），计算排在 p 百分位数的第 m 个序数，序数 m 对应的日平均质量浓度即为保证率日平均浓度。其中序数 m 的计算方法见式（4-17）。

$$m=1+(n-1)\times p \tag{4-17}$$

式中　p——该污染物日平均质量浓度的保证率，按 HJ 663—2013 规定的对应污染物年评价中 24h 平均百分位数取值，%；

n——1 个日历年内单个预测点上的日平均质量浓度的所有数据个数，个；

m——百分位数 p 对应的序数（第 m 个），向上取整数。

4. 浓度超标范围

以评价基准年为计算周期，统计各网格点的短期浓度或长期浓度的最大值，所有最大浓度超过环境质量标准的网格，即为该污染物浓度超标范围。超标网格的面积之和即为该污染物的浓度超标面积。

5. 区域环境质量变化评价

当无法获得不达标区规划达标年的区域污染源清单或预测浓度场时，也可评价区域环境质量的整体变化情况。按式（4-18）计算实施区域削减方案后预测范围的年平均质量浓度变化率 k。当 $k \leqslant -20\%$ 时，可判定项目建设后区域环境质量得到整体改善。

$$k=[\bar{C}_{\text{本项目}(a)}-\bar{C}_{\text{区域削减}(a)}]/\bar{C}_{\text{区域削减}(a)}\times 100\% \qquad (4\text{-}18)$$

式中　k——预测范围年平均质量浓度变化率，%；

$\bar{C}_{\text{本项目}(a)}$——建设项目对所有网格点的年平均质量浓度贡献值的算术平均值，$\mu g/m^3$；

$\bar{C}_{\text{区域削减}(a)}$——区域削减污染源对所有网格点的年平均质量浓度贡献值的算术平均值，$\mu g/m^3$。

6. 大气环境防护距离确定

采用进一步预测模型模拟评价基准年内，建设项目所有污染源（改建、扩建项目应包括全厂现有污染源）对厂界外主要污染物的短期贡献浓度分布。厂界外预测网格分辨率不应超过 50m。在底图上标注从厂界起所有超过环境质量短期浓度标准值的网格区域，以自厂界起至超标区域的最远垂直距离作为大气环境防护距离。大气环境防护距离内不应有长期居住的人群。

7. 污染控制措施有效性分析与方案比选

达标区建设项目选择大气污染治理设施、预防措施或多方案比选时，应综合考虑成本和治理效果，选择最佳可行技术方案，保证大气污染物能够达标排放，并使环境影响可以接受。

不达标区建设项目选择大气污染治理设施、预防措施或多方案比选时，应优先考虑治理效果，结合达标规划和替代源削减方案的实施情况，在只考虑环境因素的前提下选择最优技术方案，保证大气污染物达到最低排放强度和排放浓度，并使环境影响可以接受。

8. 污染物排放量核算

污染物排放量核算包括建设项目的新增污染源及改建、扩建污染源（如有）。根据最终确定的污染治理设施、预防措施及排污方案，确定建设项目所有新增及改建、扩建污染源大气排污节点、排放污染物、污染治理设施与预防措施以及大气排放口基本情况。建设项目各排放口排放大气污染物的核算排放浓度、排放速率及污染物年排放量，应为通过环境影响评价，并且环境影响评价结论为可接受时对应的各项排放参数。污染物排放量核算内容与格式要求见表 4-30、表 4-31、表 4-32。

表 4-30　大气污染物有组织排放量核算表

序号	排放口编号	污染物	核算排放浓度 /（$\mu g/m^3$）	核算排放速率 /（kg/h）	核算年排放量 /（t/a）
主要排放口					

续表

序号	排放口编号	污染物	核算排放浓度 / (μg/m³)	核算排放速率 / (kg/h)	核算年排放量 / (t/a)
主要排放口合计		SO_2			
		NO_x			
		颗粒物			
		VOCs			
		……			
一般排放口					
一般排放口合计		SO_2			
		NO_x			
		颗粒物			
		VOCs			
		……			
有组织排放总计					
有组织排放总计		SO_2			
		NO_x			
		颗粒物			
		VOCs			
		……			

表 4-31 大气污染物无组织排放量核算表

序号	排放口编号	产污环节	污染物	主要污染防治措施	国家或地方污染物排放标准		年排放量 / (t/a)
					标准名称	浓度限值 / (μg/m³)	
无组织排放总计							
无组织排放总计			SO_2				
			NO_x				
			颗粒物				
			VOCs				
			……				

建设项目大气污染物年排放量包括项目各有组织排放源和无组织排放源在正常排放条件下的预测排放量之和。污染物年排放量按式（4-19）计算，内容与格式要求见表 4-32。

$$E_{年排放}=\sum_{i=1}^{n}(M_{i\,有组织}\times H_{i\,有组织})/1000+\sum_{j=1}^{n}(M_{j\,有组织}\times H_{j\,有组织})/1000 \qquad (4\text{-}19)$$

式中 $E_{年排放}$——项目年排放量，t/a；

$M_{i\,有组织}$——第 i 个有组织排放源排放速率，kg/h；

$H_{i\,有组织}$——第 i 个有组织排放源年有效排放小时数，h/a；

$M_{j\,有组织}$——第 j 个无组织排放源排放速率，kg/h；

$H_{j\,有组织}$——第 j 个无组织排放源全年有效排放小时数，h/a。

表 4-32　大气污染物年排放量核算表

序号	污染物	年排放量 /（t/a）
1	SO_2	
2	NO_x	
3	颗粒物	
4	VOCs	
5	……	

建设项目各排放口非正常排放量核算，应结合非正常排放预测结果，优先提出相应的污染控制与减缓措施。当出现 1h 平均质量浓度贡献值超过环境质量标准时，应提出减少污染排放直至停止生产的相应措施。明确列出发生非正常排放的污染源、非正常排放原因、排放污染物、非正常排放浓度与排放速率、单次持续时间、年发生频次及应对措施等。相关内容与格式要求见表 4-33。

表 4-33　污染源非正常排放量核算表

序号	污染源	非正常排放原因	污染物	非正常排放浓度 /（μg/m³）	非正常排放速率 /（kg/h）	单次持续时间 /h	年发生频次 / 次	应对措施

（十一）评价结论与建议

（1）达标区域的建设项目环境影响评价　当同时满足以下条件时，则认为环境影响可以接受。

① 新增污染源正常排放下污染物短期浓度贡献值的最大浓度占标率≤ 100%；

② 新增污染源正常排放下污染物年均浓度贡献值的最大浓度占标率≤ 30%（其中一类区≤ 10%）；

③ 项目环境影响符合环境功能区划。叠加现状浓度、区域削减污染源以及在建、拟建项目的环境影响后，主要污染物的保证率日平均质量浓度和年平均质量浓度均符合环境质量标准；对于项目排放的主要污染物仅有短期浓度限值的，叠加后的短期浓度符合环境质量标准。

（2）不达标区域的建设项目环境影响评价　当同时满足以下条件时，则认为环境影响可以接受。

① 达标规划未包含的新增污染源建设项目，须另有替代源的削减方案；

② 新增污染源正常排放下污染物短期浓度贡献值的最大浓度占标率≤ 100%；

③ 新增污染源正常排放下污染物年均浓度贡献值的最大浓度占标率≤ 30%（其中一类区≤ 10%）；

④ 项目环境影响符合环境功能区划或满足区域环境质量改善目标。现状浓度超标的污染物评价，叠加达标年目标浓度、区域削减污染源以及在建、拟建项目的环境影响后，污染物的保证率日平均质量浓度和年平均质量浓度均符合环境质量标准或满足达标规划确定的区域环境质量改善目标，或按区域环境质量变化评价计算的预测范围内年平均质

量浓度变化率 $k \leq -20\%$；对于现状达标的污染物评价，叠加后污染物浓度符合环境质量标准；对于项目排放的主要污染物仅有短期浓度限值的，叠加后的短期浓度符合环境质量标准。

（3）区域规划的环境影响评价　当主要污染物的保证率日平均质量浓度和年平均质量浓度均符合环境质量标准，对于主要污染物仅有短期浓度限值的，叠加后的短期浓度符合环境质量标准时，则认为区域规划环境影响可以接受。

第五节　大气污染控制措施

大气污染物的主要来源包括三个方面：一是生产性污染，这是大气污染的主要来源，如煤和石油燃烧过程中排放大量的烟尘、二氧化硫、一氧化碳等有害物质，火力发电厂、钢铁厂、石油化工厂、水泥厂等生产过程排出的烟尘和废气，农业过程中喷洒农药而产生的粉尘和雾滴等；二是由生活炉灶和采暖锅炉耗用煤炭产生的烟尘、二氧化硫等有害气体；三是交通运输性污染，汽车、火车、轮船和飞机等排出的尾气，其污染物主要是氮氧化物、碳氢化合物、一氧化碳和铅尘等。本节主要讨论生产性污染控制。

颗粒污染物净化过程是气溶胶两相分离的过程，由于污染物颗粒与载气分子大小悬殊，作用在二者上的外力（质量力、势差力等）差异很大，利用这些外力差异，可实现气-固或气-液分离。烟（粉）尘净化技术又称为除尘技术，它是将颗粒污染物从废气中分离出来并加以回收的操作过程。

气态污染物与载气呈均相分散，作用在两类分子上的外力差异很小，气态污染物的净化只能利用污染物与载气物理或者化学性质的差异（沸点、溶解度、吸附性、反应性等），实现分离或者转化。常用的方法有吸收法、吸附法、催化法、燃烧法、冷凝法、膜分离法和生物净化法。

近年来，生态环境部先后发布了一系列大气污染控制工程技术导则，如《大气污染治理工程技术导则》（HJ 2000—2010）、《袋式除尘工程通用技术规范》（HJ 2020—2012）、《蓄热燃烧法工业有机废气治理工程技术规范》（HJ 1093—2020）等，可作为环境影响评价工作中重要的技术依据。

一、大气污染治理的典型工艺

（一）除尘

除尘技术是治理烟（粉）尘的有效措施，实现该技术的设备称为除尘器。除尘器主要有机械式除尘器、湿式除尘器、袋式除尘器和静电除尘器。

对除尘器收集的粉尘或排出的污水，根据生产条件、除尘器类型、粉尘的回收价值、粉尘的特性和便于维护管理等因素，按照国家、行业、地方相关标准以及《工业企业设计卫生标准》的要求，采取妥善的回收和处理措施。污水的排放应符合《污水综合排放标准》（GB 8978—1996）的要求。

1. 机械除尘器

包括重力沉降室、惯性除尘器和旋风除尘器等。机械除尘器宜用于处理密度较大、颗粒较粗的粉尘，在多级除尘工艺中作为高效除尘器的预除尘。重力沉降室适用于捕集粒径大于 50μm 的尘粒，惯性除尘器适用于捕集粒径 10μm 以上的尘粒，旋风除尘器适用于捕集粒径 5μm 以上的尘粒。

2. 湿式除尘器

包括喷淋塔、填料塔、筛板塔（又称泡沫洗涤器）、湿式水膜除尘器、自激式湿式除尘器和文氏管除尘器等。湿式除尘器适用于捕集粒径 1μm 以上的尘粒。

3. 袋式除尘器

包括机械振动袋式除尘器、逆气流反吹袋式除尘器和脉冲喷吹袋式除尘器等。袋式除尘器属高效除尘设备，宜用于处理风量大、浓度范围广和波动较大的含尘气体。粉尘具有较高的回收价值或烟气排放标准很严格时，宜采用袋式除尘器，焚烧炉除尘装置应选用袋式除尘器。

4. 静电除尘器

包括板式静电除尘器和管式静电除尘器。静电除尘器属高效除尘设备，宜用于处理大风量的高温烟气。静电除尘器适用于捕集电阻率在 $1\times10^{4}\sim5\times10^{10}\Omega\cdot cm$ 范围内的粉尘。

5. 电袋复合除尘器

是在一个箱体内安装电场区和滤袋区，有机结合静电除尘和过滤除尘两种机理的一种除尘器。电袋复合除尘器适用于电除尘难以高效收集的高比阻、特殊煤种等烟尘的净化处理。电袋复合除尘器适用于去除 0.1μm 以上的尘粒。

（二）气态污染物吸收

吸收法净化气态污染物是利用气体混合物中各组分在一定液体中溶解度的不同而分离气体混合物的方法。主要适用于吸收效率和速率较高的有毒有害气体的净化。吸收法使用最多的吸收剂是水，只有在一些特殊场合使用其他类型的吸收剂。

1. 吸收装置

常用的吸收装置有填料塔、喷淋塔、板式塔、鼓泡塔、湍球塔和文丘里等。

① 填料塔宜用于小直径塔及不易吸收的气体，不宜用于气液相中含有较多固体悬浮物的场合；

② 板式宜用于大直径塔及容易吸收的气体；

③ 喷淋塔宜用于反应吸收快、含有少量固体悬浮物、气体量大的吸收工艺；

④ 鼓泡塔宜用于吸收反应较慢的气体。

2. 吸收液后处理

吸收液宜循环使用或经过进一步处理后循环使用，不能循环使用的应按照相关标准和规范处理处置，避免二次污染。使用过的吸收液可采用沉淀分离再生、化学置换再生、蒸发结晶回收和蒸馏分离的方法进行处理。吸收液再生过程中产生的副产物应回收利用，产生的有毒有害产物应按照有关规定处理处置。

（三）气态污染物吸附

吸附法净化气态污染物是利用固体吸附剂对气体混合物中各组分吸附选择性的不同

而分离气体混合物的方法，主要适用于低浓度有毒有害气体的净化。

1. 吸附装置

常用的吸附设备有固定床、移动床和流化床。工业应用宜采用固定床。

2. 吸附剂

常用吸附剂包括活性炭（包括活性炭纤维）、分子筛、活性氧化铝和硅胶等。

3. 脱附和脱附产物处理

脱附操作可采用升温、降压、置换、吹扫和化学转化等脱附方式或几种方式的组合。有机溶剂的脱附宜选用水蒸气和热空气，当回收的有机溶剂沸点较低时，冷凝水宜使用低温水。对不溶于水的有机溶剂冷凝后直接回收，对溶于水的有机溶剂应进一步分离回收。

4. 气态污染物催化燃烧

催化燃烧法净化气态污染物是利用固体催化剂在较低温度下将废气中的污染物通过氧化作用转化为二氧化碳和水等化合物的方法。催化燃烧装置宜用于由连续、稳定的生产工艺产生的固定源气态及气溶胶态有机化合物的净化，净化效率不应低于 95%。

选择的催化剂使用温度宜为 200 ～ 700℃，并能承受 900℃高温短时间的冲击，正常工况下使用寿命应大于 8500h。

5. 气态污染物热力燃烧

热力燃烧法（包括蓄热燃烧法）净化气态污染物是利用辅助燃料燃烧产生的热能、废气本身的燃烧热能或者利用蓄热装置所贮存的反应热能，将废气加热到着火温度，进行氧化（燃烧）反应。热力燃烧工艺适用于处理连续、稳定生产工艺产生的有机废气。

二、主要气态污染物的处理技术

（一）二氧化硫

二氧化硫治理工艺划分为湿法、干法和半干法，常用工艺包括石灰石 / 石灰 - 石膏法、烟气循环流化床法、氨法、镁法、海水法、吸附法、炉内喷钙法、旋转喷雾法、有机胺法、氧化锌法和亚硫酸钠法等。

1. 石灰石 / 石灰 - 石膏法

采用石灰石、生石灰或消石灰 [$Ca(OH)_2$] 的乳浊液为吸收剂吸收烟气中的 SO_2，吸收生成的 $CaSO_3$ 经空气氧化后可得到石膏，脱硫效率达到 80% 以上。

采用石灰石 / 石灰 - 石膏法工艺时应符合《石灰石 / 石灰 - 石膏湿法烟气脱硫工程通用技术规范》（HJ 179—2018）的规定。

2. 烟气循环流化床法

烟气循环流化床法与石灰石 / 石灰 - 石膏法相比，具有脱硫效率更高（99%）、不产生废水、不受烟气负荷限制、一次性投资低等优点。

采用烟气循环流化床工艺时应符合《烟气循环流化床法烟气脱硫工程通用技术规范》（HJ 178—2018）的规定。

3. 氨法

燃用高硫燃料的锅炉，当周围 80km 内有可靠的氨源时，经过技术经济和安全比较后，宜使用氨法工艺，并对副产物进行深加工利用。

4. 海水法

燃用低硫燃料的海边电厂，经过技术经济比较和海洋环保论证，可使用海水法脱硫或以海水为工艺水的钙法脱硫。

5. 其他

工业锅炉 / 炉窑应因地制宜、因物制宜、因炉制宜选择适宜的脱硫工艺，采用湿法脱硫工艺应符合相关环境保护产品技术的规定。

钢铁行业根据烟气流量和二氧化硫体积分数，结合吸收剂的供应情况，宜选用半干法、氨法、石灰石 / 石灰 - 石膏法脱硫工艺。

有色冶金工业中硫化矿冶炼烟气中二氧化硫的体积分数大于 3.5% 时，应以生产硫酸为主。烟气制造硫酸后，其尾气二氧化硫体积分数仍不能达标时，应经脱硫或其他方法处理达标后排放。

（二）氮氧化物

控制燃烧产生的氮氧化物（NO_x）应优先采用低氮燃烧技术。当不能满足环保要求时，应增设选择性催化还原（SCR）、选择性非催化还原（SNCR）等烟气脱硝装置。SNCR 和 SCR 技术主要是在有或没有催化剂时，将 NO_x 选择性地还原为水和氮气，前者的效率较低，一般在 40% 以下，后者可以达到 90% 以上的效率。燃煤电厂燃用烟煤、褐煤时，宜采用低氮燃烧技术；燃用贫煤、无烟煤以及环境敏感地区不能达到环保要求时，应增设烟气脱硝系统。

（三）挥发性有机化合物（VOCs）

挥发性有机化合物废气主要包括低沸点的烃类、卤代烃类、醇类、酮类、醛类、醚类、酸类和胺类等。应当重点控制在石油化工、制药、印刷、造纸、涂料装饰、表面防腐、交通运输、金属电镀和纺织等行业排放废气中的挥发性有机化合物。

挥发性有机化合物的基本处理技术主要有两类：一是回收类方法，主要有吸附法、吸收法、冷凝法和膜分离法等；二是消除类方法，主要有燃烧法、生物法、低温等离子体法和催化氧化法等。应依据达标排放要求，选择单一方法或联合方法处理挥发性有机化合物废气。

1. 吸附法

适用于低浓度挥发性有机化合物废气的有效分离与去除，是一种广泛应用的化工工艺单元。颗粒活性炭和活性炭纤维在工业上应用最广泛。由于每单元吸附容量有限，宜与其他方法联合使用。

2. 吸收法

宜用于废气流量较大、浓度较高、温度较低和压力较高的挥发性有机化合物废气的处理。工艺流程简单，可用于喷漆、绝缘材料、粘接、金属清洗和化工等行业应用。但对于大多有机废气，其水溶性不太好，应用不太普遍，目前主要用吸收法来处理苯类有机废气。

3. 冷凝法

宜用于高浓度的挥发性有机化合物废气回收和处理，属高效处理工艺，宜作为降低废气有机负荷的前处理方法，与吸附法、燃烧法等其他方法联合使用，回收有价值的产品。挥发性有机化合物废气体积分数在 0.5% 以上时宜采用冷凝法处理。

4. 膜分离法

宜用于较高浓度挥发性有机化合物废气的分离与回收，属高效处理工艺。挥发性有

笔记

机化合物废气体积分数在 0.1% 以上时宜采用膜分离法处理。

5. 燃烧法

宜用于处理可燃、在高温下可分解和在目前技术条件下还不能回收的挥发性有机化合物废气，燃烧法应回收燃烧反应热量，提高经济效益。采用燃烧法处理挥发性有机化合物废气时应重点避免二次污染。如废气中含有硫、氮和卤素等成分时，燃烧产物应按照相关标准处理处置，如采用催化燃烧后的催化剂。

6. 生物法

宜在常温、适用于处理低浓度、生物降解性好的各类挥发性有机化合物废气，对其他方法难处理的含硫、氮、苯酚和氰等的废气可采用特定微生物氧化分解的生物法。挥发性有机化合物废气体积分数在 0.1% 以下时宜采用生物法处理，含氯较多的挥发性有机化合物废气不宜采用生物降解。采用生物法处理时应监控各项工艺参数在要求的范围内，对于难氧化的恶臭物质应后续采取其他工艺去除，避免二次污染。

（1）生物过滤法　宜用于处理气量大、浓度低和浓度波动较大的挥发性有机化合物废气，可实现对各类挥发性有机化合物的同步去除，工业应用较为广泛；

（2）生物洗涤法　宜用于处理气量小、浓度高、水溶性较好和生物代谢速率较低的挥发性有机化合物废气；

（3）生物滴滤法　宜用于处理气量大、浓度低，降解过程中产酸的挥发性有机化合物废气，不宜处理入口浓度高和气量波动大的废气。

7. 低温等离子体法、催化氧化法和变压吸附法等工艺

宜用于处理气体流量大、浓度低的各类挥发性有机化合物废气。

（四）恶臭气体

恶臭气体的种类主要有五类：一是含硫的化合物，如硫化氢、二氧化硫、硫醇、硫醚类等；二是含氮的化合物，如胺、氨、酸胺、吲哚类等；三是卤素及衍生物，如卤代烃等；四是氧的有机物，如醇、酚、醛、酮、酸、酯等；五是烃类，如烷、烯、炔烃以及芳香烃等。

恶臭气体的基本处理技术主要有三类：一是物理方法，主要有水洗法、物理吸附法、稀释法和掩蔽法；二是化学方法，主要有药液吸收（氧化吸收、酸碱液吸收）法、化学吸附（离子交换树脂、碱性气体吸附剂和酸性气体吸附剂）法和燃烧（直接燃烧和催化氧化燃烧）法；三是生物方法，主要有生物过滤法、生物吸收法和生物滴滤法。

当难以用单一方法处理以达到恶臭气体排放标准时，宜采用联合脱臭法。

1. 物理类的处理方法

宜作为化学或生物处理的预处理方法，在达到排放标准要求的前提下也可作为唯一的处理工艺。

2. 化学吸收类处理方法

宜用于处理大气量，高、中浓度的恶臭气体。在处理大流量气体方面工艺成熟，净化效率相对不高，处理成本相对较低。采用化学吸收类处理方法时应重点控制二次污染。

3. 化学吸附类的处理方法

宜用于处理低浓度、多组分的恶臭气体。属常用的脱臭方法之一，净化效果好，吸附剂的再生较困难，处理成本相对较高。采用化学吸附类的处理方法应选择与恶臭气体

组分相匹配的吸附剂。

4. 化学燃烧类的处理方法

宜用于处理连续排气、高浓度的可燃性恶臭气体，净化效率高，处理费用高。采用化学燃烧类的处理方法时应对机械设备采取防腐蚀措施，使恶臭气体与燃料气充分混合并完全燃烧，控制末端形成的二次污染。

5. 化学氧化类的处理方法

宜用于处理高、中浓度的恶臭气体，净化效率高，处理费用高。采用化学氧化类的处理方法应依据不同的恶臭气体组分选择合适的氧化媒介及工艺条件。

6. 生物类处理方法

宜用于气体浓度波动不大，浓度较低或复杂组分的恶臭气体处理，净化效率较高。采用生物类处理方法时应依据实际恶臭气体性质筛选，驯化微生物，实时监测微生物代谢活动的各种信息。

（五）卤代物气体

在大气污染治理方面，卤化物主要包括无机卤化物气体和有机卤化物气体。有机卤化物（卤代烃类）气体属挥发性有机化合物，为重点关注的气态污染物质。有机卤化物气体治理技术参照挥发性有机化合物（VOCs）和恶臭的要求。重点控制的无机卤化物废气包括氟化氢、四氟化硅、氯气、溴气、溴化氢和氯化氢（盐酸酸雾）等。重点控制在化工、橡胶、制药、水泥、化肥、印刷、造纸、玻璃和纺织等行业排放废气中的无机卤化物。

卤化物气体的基本处理技术主要有两类：一是物理化学类方法，主要有固相（干法）吸附法、液相（湿法）吸收法和化学氧化脱卤法；二是生物方法，主要有生物过滤法、生物吸收法和生物滴滤法。

在对无机卤化物废气处理时应首先考虑其回收利用价值。如氯化氢气体可回收制盐酸，含氟废气能生产无机氟化物和白炭黑等。吸收和吸附等物理化学方法在资源回收利用和卤化物深度处理工艺技术上相对成熟，优先使用物理化学类方法处理卤化物气体。吸收法治理含氯或氯化氢（盐酸酸雾）废气时，宜采用碱液吸收法。垃圾焚烧尾气中的含氯废气宜采用碱液或碳酸钠溶液吸收处理。吸收法治理含氟废气，吸收剂宜采用水、碱液或硅酸钠。对于低浓度氟化氢废气，宜采用石灰水洗涤。电解铝行业治理含氟废气宜采用氧化铝粉吸附法。

（六）重金属

大气中应重点控制的重金属污染物有汞、铅、砷、镉、铬及其化合物。重金属废气的基本处理方法包括过滤法、吸收法、吸附法、冷凝法和燃烧法。考虑到重金属不能被降解的特性，大气污染物中重金属的治理应重点关注以下几个方面。

（1）物理形态　应从气态转化为液态或固态，达到重金属污染物从气相中脱离的目的。

（2）化学形态　应控制重金属元素价态朝利于稳定化、固定化和降低生物毒性的方向进行，如在富含氯离子和氢离子的废气中，Cd（元素镉）易生成挥发性更强的CdCl，不利于将废气中的镉去除，应控制反应体系中氯离子和氢离子的浓度。

（3）二次污染　应按照相关标准要求处理重金属废气治理中使用过的洗脱剂，吸附剂和吸收液，避免二次污染。

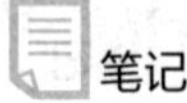

应当重点控制在石油化工、金属冶炼、垃圾焚烧、电镀电解、电池、钢铁、涂料、表面防腐、机械制造和交通运输等行业排放废气中的重金属污染物。

1. 汞及其化合物废气处理

汞及其化合物废气一般处理方法包括吸收法、吸附法、冷凝法和燃烧法。

（1）冷凝法　宜用于净化回收高浓度的汞蒸气，可采取常压和加压两种方式，常作为吸收法和吸附法净化汞蒸气的前处理。

（2）吸收法　高锰酸钾溶液吸收法适用于处理仪表电器厂的含汞蒸气，循环吸收液宜为 0.3% ~ 0.6% 的 $KMnO_4$ 溶液，$KMnO_4$ 利用率较低，应考虑吸收液的及时补充。

次氯酸钠溶液吸收法适用于处理水银法氯碱厂含汞氢气，吸收液宜为 NaCl 与 NaClO 的混合水溶液，此吸收液来源广，但此工艺流程复杂，操作条件不易控制。

硫酸 - 软锰矿吸收法适用于处理炼汞尾气以及含汞蒸气，吸收液为硫酸 - 软锰矿的悬浊液。

氯化法处理汞蒸气：烟气进入脱汞塔，在塔内与喷淋的 $HgCl_2$ 溶液逆流洗涤，烟气中的汞蒸气被 $HgCl_2$ 溶液氧化生成 Hg_2Cl_2 沉淀，从而将汞去除。Hg_2Cl_2 沉淀有剧毒，生产过程中需加强管理和操作。

氨液吸收法宜用于氯化汞生产废气的净化。

（3）吸附法　充氯活性炭吸附法宜用于含汞废气处理。活性炭层需预先充氯，含汞蒸气需预除尘，汞与活性炭表面的 Cl_2 反应生成 $HgCl_2$，达到除汞目的。

活性炭吸附法宜用于氯乙烯合成气中氯化汞的净化。

消化吸附法宜用于雷汞的处理。

（4）燃烧法　宜用于燃煤电厂含汞烟气的处理。采用循环流化床燃煤锅炉，燃烧过程中投加石灰石。

烟气采用电除尘器或袋除尘器净化。

2. 铅及其化合物废气处理

铅及其化合物废气宜用吸收法处理。

酸液吸收法适用于净化氧化铅和蓄电池生产中产生的含铅烟气，也可用于净化熔化铅时所产生的含铅烟气。宜采用二级净化工艺，第一级用袋滤器除去较大颗粒，第二级用化学吸收法。吸收剂（醋酸）的腐蚀性强，应选用防腐蚀性能高的设备。

碱液吸收法适用于净化铅锅、冶炼炉产生的含铅烟气。含铅烟气进入冲击式净化器进行除尘及吸收。吸收剂 NaOH 溶液腐蚀性强，应选用防腐蚀性能高的设备。

3. 砷、镉、铬及其化合物废气处理

砷、镉、铬及其化合物废气通常采用吸收法和过滤法处理。

含砷烟气宜采用冷凝 - 除尘 - 石灰乳吸收法处理工艺。含砷烟气经冷却至 200℃以下，蒸气状态的氧化砷迅速冷凝为微粒，经袋除尘器净化后，尾气进入喷雾塔，用石灰乳洗涤、净化后，尾气除雾，经引风机排空。含砷烟气亦可在塑料板（或管）制成的吸收器内装入强酸性饱和高锰酸钾溶液，进行多级串联鼓泡吸收。

镉、铬及其化合物废气宜采用袋式除尘器，在风速小于 1m/min 时过滤处理。烟气温度较高需要采取保温措施。

复习思考及案例分析题

一、复习思考题

1. 机场项目包括新建地面设施、扩建飞行区，该项目大气环境影响评价工作等级应为（　）。

A. 一级　　B. 二级　　C. 三级　　D. 依据不足，无法判定

2. 某工业改、扩建项目大气环境评价等级为二级，编制环境影响评价报告书。以下不属于该项目污染源调查的内容是（　）。

A. 本项目现有污染源　　B. 本项目新增污染源

C. 拟被替代的污染源　　D. 受本项目物料及产品运输影响新增的交通运输移动源

3. 某建设项目排放 SO_2、NO_x、VOCs，分别为 120t/a、430t/a、1700t/a，则该项目大气环境影响预测因子为（　）。

A. SO_2、NO_2、PM_{10}、O_3　　B. NO_2、PM_{10}、$PM_{2.5}$、O_3

C. SO_2、NO_2、PM_{10}、$PM_{2.5}$　　D. SO_2、NO_2、$PM_{2.5}$、O_3

4. 某水泥厂处于环境空气质量不达标区，建设项目对所有网格点 $PM_{2.5}$ 年均浓度贡献值为 1.25μg/m^3，日均浓度为 2.54μg/m^3，区域削减源对所有网格点年均浓度贡献值为 1.64μg/m^3，日均浓度为 3.42μg/m^3，则该项目预测范围内年平均浓度质量变化率 k 值为（　）%。

A. −23.8　　B. −25.7　　C. −50.8　　D. −52.0

5. 污染物排放量核算内容不包括（　）。

A. 排放高度　　B. 有组织及无组织排放量

C. 大气污染物年排放量　　D. 非正常排放量

6. 某石化企业有机废气 RTO 处理设施，进口非甲烷总烃浓度为 3g/m^3（标态）、气量 25000m^3/min（标态），出口非甲烷总烃浓度为 70mg/m^3（标态）、气量 35000m^3/min（标态），该设施非甲烷总烃的去除率为（　）%。

A. 69.8　　B. 96.7　　C. 97.7　　D. 98.3

二、案例分析题

为满足工业用蒸汽和采暖用热需求，某经济开发区拟实施热电联产工程，并协同处理城镇污水处理厂污泥。建设内容包括：3×280th 循环流化床锅炉（2 用 1 备）和 2×30MW 背压式热电联产机组（1 炉 1 机配置）等主体工程，全封闭条形煤场、污泥干化车间、灰库、渣仓、氨水储罐等储运工程；给排水、变配电、化学水处理、冷却塔等公辅工程；烟（废）气、废水处理等环保工程。工作制度为：1 台机组为工业用户提供工业用蒸汽，年利用小时数 6500h；1 台机组为采暖用户提供采暖用热，年利用小时数 2880h，工程投产后，将替代供热范围内 10 台燃煤小锅炉。

污泥干化车间设 1 座污泥仓和 1 台圆盘干燥机，处理能力为 5t/h（湿基），年利用小时数 6500h。来自城镇污水处理厂含水率 80% 的污泥先暂存在污泥仓内，后通过加料机送入圆盘干燥机进行干化处理，得到含水率 40% 的干污泥（收到基低位发热量 6300kJ/kg）。

干燥机以自产蒸汽（约 160℃）作热源，采用间接加热方式。

污泥干化车间配建 1 套干燥废气处理装置和 1 套废水处理装置。污泥干燥废气采用“旋风除尘十冷凝”工艺处理，不凝气送锅炉燃烧，冷凝废水送废水处理装置处理，处理工艺为“调节 + 气浮 + 两级 A/O+ 二沉 + 过滤”。

本工程采用当地煤作燃料（收到基低位发热量 21000kJ/kg），并掺烧少量干污泥。干污泥由皮带输送机送至上煤点与破碎后的煤掺混后送锅炉燃烧。经测算单台锅炉耗煤量 36t/h（未考虑掺烧污泥），标态干、湿烟气量分别为 82.7m^3/s、90.2m^3/s（含氧量 6%）。掺烧污泥、不凝气后，烟气量和锅炉热效率基本无变化。

3 台锅炉各自配有独立的烟气净化系统，净化工艺均为：低氮燃烧 + 炉内 SNCR 脱硝 + 静电除尘器预除尘 + 烟气循环流化床半干法吸收塔脱硫 + 布袋除尘器除尘。其中脱硝效率不低于 60%，脱硝还原剂为氨水（配 2 座 30m^3 氨水储罐）；静电除尘器和布袋除尘器的除尘效率分别为 97% 和 99.95%；吸收塔的脱硫效率为 98%，脱硫剂为消石灰。锅炉烟气经烟气净化系统处理后由 1 座高 150m、出口内径 3.5m 的单管烟囱 S_1 排放，烟气排放温度 90℃。

除灰渣系统采用干出灰、机械出渣的灰渣分除处理工艺，设计灰渣比 6 ∶ 4。单台锅炉炉渣产生量 3.2th，半干法脱硫系统新增烟尘量（进入布袋除尘器前）2.4th（掺烧污泥所造成的灰渣和烟尘量的变化，可忽略不计）。

经调查，本工程所在地区为环境空气不达标区，不达标因子为 NO_2，当地政府已编制了环境空气限期达标规划。达标规划给出了污染源清单和削减源清单，模拟了达标规划实施后的浓度场。达标规划的污染源清单未包含本工程，削减源清单未包含被替代燃煤小锅炉。环境空气评价范围内无在建和拟建污染源。

环评文件编制单位确定本工程大气环境影响评价工作等级为一级，给出的 NO_2 预测评价内容包括：a. 采用进一步预测模型计算本工程 NO_x 排放源正常排放情况下 NO_2 短期浓度和年均浓度；b. 采用本工程贡献浓度减去被替代燃煤小锅炉的贡献浓度，并叠加环境质量现状浓度得到项目投产后 95% 保证率 NO_2 日平均浓度。编制单位给出的本工程正常排放条件下 NO_2 排放源部分参数见表 4-34。

表 4-34　本工程 NO_x 排放源部分参数表

名称	排气筒高度 /m	排气筒出口内径 /m	烟气流速 /（m/s）	烟气温度 /℃	年排放小时数 /h
S_1	150	3.5	3 × 11.4	90	6500

环评文件编制单位核算了本工程碳排放量（不考虑掺烧污泥、不凝气产生的碳排放量），其中煤单位热值含碳量为 26.44×10^{-3}tC/GJ（对应收到基低位发热量），碳氧化率为 98%。

问题：

1. 计算本工程烟尘排放浓度和年排放量。
2. 表中烟气流速和年排放小时数取值是否正确？请说明理由。
3. 编制单位 NO_2 预测评价内容是否合理？请说明理由。

第五章

地表水环境影响评价

导读导学

什么是地表水？污染物在水体中如何迁移转化？地表水环境影响评价工作如何开展？

学习目标

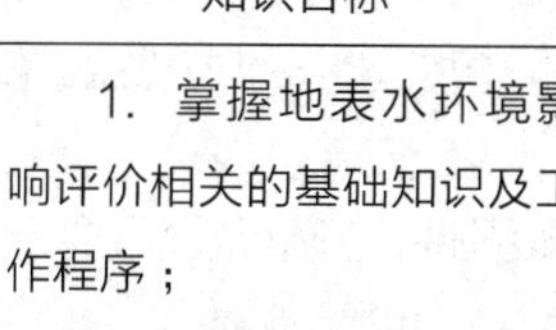

知识目标	能力目标	素质目标
1. 掌握地表水环境影响评价相关的基础知识及工作程序； 2. 掌握地表水环境影响评价工作等级及评价范围确定的方法和内容； 3. 掌握地表水环境现状调查和地表水环境影响预测的要求和内容； 4. 掌握地表水环境影响预测模型的选择与应用； 5. 掌握地表水环境影响评价的要求、方法和内容	1. 能够合理制定地表水环境影响评价工作方案，确定评价等级和评价范围； 2. 能够进行地表水现状调查和补充监测，并根据具体情境，合理选择预测模型； 3. 能够进行地表水环境影响预测分析与评价，并以文本的形式表示内容及结果	1. 树立地表水环境保护和水资源保护的责任意识； 2. 强化团队协作意识，依法、依规开展环评工作，培养分析和解决问题的实践能力； 3. 提高求真、务实、科学、严谨的职业素养

思政小课堂

扫描二维码可查看“厦门筼筜湖的生态蝶变”。

第一节 概述

地表水环境影响评价是在调查和分析评价范围内地表水环境质量现状与水环境保护目标的基础上，预测和评价建设项目对地表水环境质量、水环境功能区、水功能区或水环境保护目标及水环境控制单元的影响范围与影响程度，提出相应的环境保护措施、环境管理要求与监测计划，明确给出地表水环境影响是否可接受的结论。

一、基础知识和相关术语

1. 水体

水体是一个包括水及其中的悬浮物质、胶体物质、溶解物质、底泥和水生生物的综合完整的生态系统。依据水体所处的空间位置，可将其分为地表水、地下水和海洋三类，各种水体形式间可以相互转化。

（1）地表水　存在于陆地表面的河流（江河、运河及渠道）、湖泊、水库等地表水体以及入海河口和近岸海域。

（2）水环境容量　水体在环境功能不受损害的前提下所能接纳的污染物的最大允许排放量。

（3）水体自净作用　污染物排入水体后，在水介质中，经物理、化学和生物等作用一段时间后，使污染物的浓度或总量减少，受污染的水体将恢复到受污染前的状态。

（4）生态流量　满足河流、湖库生态保护要求、维持生态系统结构和功能所需要的流量（水位）与过程。

（5）控制单元　综合考虑水体、汇水范围和控制断面三要素而划定的水环境空间管控单元。

2. 水体污染

水体污染，是指污染物排入水体，其含量超过了水体的自然本底含量和自净能力，使水体的水质和水体沉积物的物理性质、化学性质、生物群落结构和功能等方面发生变化，从而降低了水体的功能价值，造成水质恶化，影响水的有效利用的现象。

水体污染，按污染源的排放形式分为点源污染和面源污染。

（1）点源污染　是指污染物产生的源和进入环境的方式均为点，通常由固定的排污口集中排放，如城市和乡镇生活污水或工业企业废水通过管道和沟渠收集后排入水体。

（2）面源污染　是指污染物产生的源为面，进入环境的方式可为面、线或点，位置不固定，如污水分散或均匀地通过岸线进入水体或携带污染物的自然降水经过沟渠进入水体。面源污染物的浓度通常较点源低，但污染负荷非常大。

根据污染物在水体中迁移过程和转化特性的差异，将污染物分为持久性污染物、非持久性污染物、酸碱污染物和废热。

（3）持久性污染物　是指进入水环境中的不易降解的污染物，通常包括在水环境中难降解、毒性大、易长期积累的有毒物质，如重金属、无机盐和许多高分子有机化合物等。

（4）非持久性污染物　是指进入水环境中的容易降解的污染物，如耗氧有机物。非持久性污染物进入环境后，除了随介质运动改变空间位置和降低浓度外，还因降解和转化作用使浓度进一步降低（衰减）。

（5）水体酸碱污染物　是指排入水环境的酸性或碱性废水，通常以 pH 值表示。

（6）废热　主要由排放热废水所引起受纳水体的水温发生变化，以水温表示。

（7）水污染当量　根据污染物或者污染排放活动对地表水环境的有害程度，以及处理的技术经济性，衡量不同污染物对地表水环境污染的综合性指标或者计量单位。

（8）安全余量　是考虑污染负荷和受纳水体水环境质量之间关系的不确定因素，为保障受纳水体水环境质量改善目标安全而预留的负荷量。

二、地表水中污染物的迁移和转化

（一）概述

水体中污染物在环境容量范围内，随流体介质发生迁移转化，其过程极其复杂，是物理、化学和生物共同作用的结果，包括污染物的时流（移流）、扩散和转化过程。一般情况下，这三个过程会伴随发生。

1. 污染物迁移

污染物在水体环境中的迁移是指污染物发生空间移动及其引起污染物浓度变化的过程。对流扩散是水体中污染物迁移的主要过程，是指污染物受到水流的推动而随水体一同迁移的现象。对流迁移过程只能改变污染物的空间位置，降低水中污染物的浓度，不能减少其总量。影响污染物迁移的因素主要包括污染物的物理性质和化学性质，水体环境条件，如酸碱度、胶体数量和种类等。

污染物在水体中的扩散包括分子扩散、湍流（紊流）扩散和弥散（离散）三种形式。

（1）分子扩散　是由于分子的随机运动而引起的质点分散的现象，分子扩散的质量通量与污染物的浓度梯度成正比。

（2）湍流扩散　是污染物质点之间及污染物质点与水介质之间由于各自不规则的运动而发生的相互碰撞、分散的现象，是在水体的湍流场中，污染物质点的各种状态（流速、压力、浓度等）的瞬时值相对于其平均值随机脉动，从而引起水中污染物自高浓度区向低浓度区转移的分散现象。

（3）弥散扩散　是由于水流断面上实际流速分布不均匀而引起的污染物分散的现象。

2. 污染物在水体中的转化

污染物转化是指污染物在水体环境中通过物理、化学和生物作用改变其形态或转变成另一种物质的过程。

（1）物理转化　指污染物通过蒸发、凝聚、渗透、吸附、悬浮及放射性蜕变等一种或多种物理变化所发生的转化。

（2）化学转化　指污染物通过各种化学反应而发生的转化，如氧化还原反应、水解反应、配位反应、沉淀反应、光化学反应等，其中氧化还原反应对水体中污染物的化学转化起重要作用，这类反应多在微生物作用下进行。

（3）生物转化（生物降解）　是指污染物进入生物机体后，在相关酶系统的催化作用下的代谢过程。在溶解氧充足的情况下，水体中的微生物将有机污染物当作食饵消耗掉，或将有机污染物氧化分解成无害的简单无机物，从而实现对污染物的降解转化。生物降解的快慢与溶解氧含量、有机污染物性质和浓度以及微生物种类和数量等有关。水体温度、水流状态、水面风力等物理和水文条件也对生物降解有影响。

笔记

（二）污染物在水体中的迁移过程

污染物在水体中的迁移方式主要是推流迁移和分散稀释。

1. 推流迁移

推流迁移是指污染物在气流或水流作用下产生的转移作用。定义为单位时间内通过单位面积的质量定义为通量，单位为 mg/（$m^2 \cdot s$），在推流作用下污染物的迁移通量可以表示为：

$$
\begin{aligned}
Q_x &= uc \\
Q_y &= vc \\
Q_z &= wc
\end{aligned}
\tag{5-1}
$$

式中 u, v, w ——流速的三个分量；

Q_x, Q_y, Q_z——对应的质量通量；

c——污染物的浓度。

2. 分散稀释

分散稀释是指污染物在环境介质中通过分散作用得到稀释，分散的机理有分子扩散、湍流扩散和弥散作用三种。

（1）**分子扩散** 是由分子的随机运动引起的质点分散现象。分子扩散过程服从菲克（Fick）第一定律，即分子扩散的质量通量与扩散物质的浓度梯度成正比：

$$
\begin{aligned}
Q_x &= -D\frac{\partial c}{\partial x} \\
Q_y &= -D\frac{\partial c}{\partial y} \\
Q_z &= -D\frac{\partial c}{\partial z}
\end{aligned}
\tag{5-2}
$$

由于物质扩散方向与浓度梯度增加的方向相反，加负号是为了让污染物的质量通量始终为正，D 为扩散系数（m^2/s）。

（2）**湍流扩散**（紊流扩散） 是指污染物质点之间及污染物质点与水介质之间由于不规则的运动而发生的相互碰撞、混合，是在湍流流场中质点的各种状态（流速、压力、浓度等）的瞬时值相对于其时段平均值的随机脉动而导致的分散现象。计算时，采用污染物时段内的平均污染物浓度 $\bar{c}$。常温下，河流中，在 x 和 z 的方向上，湍流扩散系数取值为 $10^{-6} \sim 10^{-4} m^2/s$。

（3）**弥散作用** 是由于流体的横断面上各点的实际流速分布不均匀所产生的剪切而导致的分散现象。弥散作用所导致的扩散通量也可以用菲克第一定律来描述，计算时，采用污染物的空间平均值 $\bar{\bar{c}}$。湖泊中弥散作用很小，在流速较大的河流、河口中，弥散作用很强，河流的弥散系数为 $10^{-2} \sim 10 m^2/s$，河口的弥散系数可达到 $10 \sim 10^3 m^2/s$。

在大尺度下，一般将分子扩散系数、湍流扩散系数和弥散扩散系数合并表达，实际计算时，$c = \bar{c} = \bar{\bar{c}}$。分散稀释通量表示为：

$$Q_x = -E_x \frac{\partial c}{\partial x}$$

$$Q_y = -E_y \frac{\partial c}{\partial y} \qquad (5\text{-}3)$$

$$Q_z = -E_z \frac{\partial c}{\partial z}$$

式中 Q_x, Q_y, Q_z——x, y, z 方向上的污染物分散稀释通量；

E_x, E_y, E_z——x, y, z 方向上的扩散系数。

（三）污染物在河流中的混合过程

污水通过排放口进入河流后，不能立即在整个河流断面上与河流完全混合，而是需要一定时间和空间才能达到完全混合。污染物在河流中的混合稀释过程主要是由对流扩散、横向（湍流）扩散和纵向（弥散）扩散综合作用，其中，对流过程是溶解态或颗粒态污染物随水流的运动，发生在水流的横向（河宽方向）、垂向（水深方向）和纵向（水流方向）三个方向上。河流中主要发生的是沿河流纵向的对流过程，河流的流量和流速是表征对流作用的重要参数。横向扩散是指由于水流的湍流作用，在横向上溶解态或颗粒态物质的扩散。纵向扩散是由于水体在横向、垂向上的流速分布不均匀（由河岸及河底阻力所致），而在水流方向上发生的溶解态或颗粒态物质的分散扩散。

1. 垂（竖）向混合

通常情况下，在垂直方向上污水与水体能快速混合。在垂向混合过程中，污水与河水由于流速分布和湍流作用发生质量交换；在两种水体由于密度差产生的浮力作用下，污水与河水之间产生动量交换。从污水排放口到污染物在垂向上的充分混合处的区域，称为垂（竖）向混合区，也称掺湿段或近区，见图 5-1。

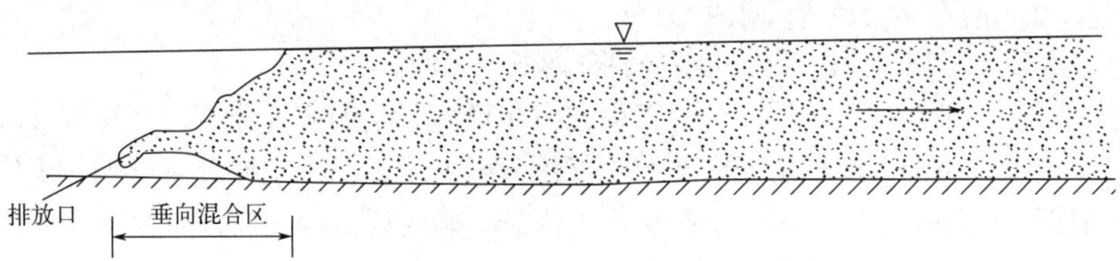

图 5-1 污染物在河流中垂向混合

2. 横向混合

天然河流的河床都相对宽浅，宽深比一般大于 10，污水与河水横向混合往往需要经过很长一段纵向距离（几千米至几百千米）才能达到横向完全混合，这段距离通常称为**横向完全混合距离**。纵向距离小于横向完全混合距离的区域称为横向混合区，也称过渡段、混合过程段或远区，见图 5-2。

3. 纵向混合

纵向混合是指由于河流断面上各点流速不均，使污染物沿水流方向前后拉开而引起的在流动方向上与污染物的分散混合。污染物在河流中横向完全混合后，在河流断面上各点的浓度差很小，一般只需考虑河流断面平均浓度沿河流纵向的变化情况。纵向距离

笔记

大于横向完全混合距离的区域称为纵向混合区，也称充分混合段。

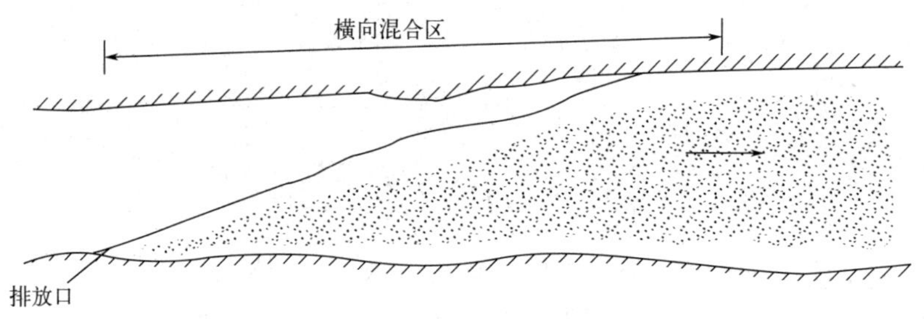

图 5-2　污染物在河流中横向混合

污染物在不同混合区域，其迁移与转化特性也有差异。在横向混合区(含垂向混合区)，污水和上游来水的初始混合稀释程度取决于排放污水的特性和河流状况。随着水流携带的污染物向下游迁移，横向混合使污染物沿河流横向分散，进一步与上游来水混合稀释。在横向混合区内，对流和横向扩散混合是最重要的，有时纵向混合也不能忽略。在纵向混合区，污染物在河流断面上完全混合。

在完全混合区域，通过一系列物理迁移、化学转化和生物降解过程，污染物的浓度不断降低。其中，非守恒物质进入水体中的浓度减少，这是由污染物自身的运动变化规律决定的；由于化学或生物反应污染物浓度的不断衰减，通常采用质量输移、扩散方程、一级动力学反应方程来描述：

$$\frac{dc}{dt}=-kc \tag{5-4}$$

式中　k——降解速度常数。

三、地表水环境影响评价工作程序

地表水环境影响评价的工作程序一般分为三个阶段。

第一阶段，研究有关文件，进行工程方案和环境影响的初步分析，开展区域环境状况的初步调查，明确水环境功能区或水功能区管理要求，识别主要环境影响，确定评价类别。根据不同评价类别，进一步筛选评价因子，确定评价等级与评价范围，明确评价标准、评价重点和水环境保护目标。

第二阶段，根据评价类别、评价等级及评价范围等，开展与地表水环境影响评价相关的污染源、水环境质量现状、水文水资源与水环境保护目标调查与评价，必要时开展补充监测；选择适合的预测模型，开展地表水环境影响预测评价，分析与评价建设项目对地表水环境质量、水文要素及水环境保护目标的影响范围与程度，在此基础上核算建设项目的污染源排放量、生态流量等。

第三阶段，根据建设项目地表水环境影响预测与评价的结果，制定地表水环境保护措施，开展地表水环境保护措施的有效性评价，编制地表水环境监测计划，给出建设项目污染物排放清单和地表水环境影响评价的结论，完成环境影响评价文件的编写。

第二节　地表水环境影响评价工作等级与评价范围

建设项目的地表水环境影响主要包括水污染影响与水文要素影响，根据其主要影响，建设项目地表水环境影响评价分为水污染影响型、水文要素影响型和复合影响型环境影响评价。

一、地表水环境影响评价工作等级

《环境影响评价技术导则 地表水环境》(HJ 2.3—2018)规定，按照建设项目影响类型，排放方式、排放量或影响情况，受纳水体环境质量现状，水环境保护目标等综合确定地表水环境影响评价等级。

(一)水污染影响型评价等级确定

水污染影响型建设项目根据废水排放方式和废水排放量划分评价等级，其中，直接排放的建设项目评价工作等级依据废水排放量、水污染物当量数确定为一级、二级和三级A，间接排放(排入依托污水处理设施)的建设项目评价工作等级确定为三级B，详见表5-1。

表5-1　水污染影响型建设项目评价等级判定表

评价等级	判定依据	
	排放方式	废水排放量 Q/(m^3/d)；水污染物当量数 W(无量纲)
一级	直接排放	$Q \geqslant 20000$ 或 $W \geqslant 600000$
二级	直接排放	其他
三级A	直接排放	$Q < 200$ 且 $W < 600$
三级B	间接排放	—

根据《环境影响评价技术导则 地表水环境》(HJ 2.3—2018)，在确定水污染影响型建设项目评价工作等级时还需参考以下相关要求：

① 水污染物当量数等于该污染物的年排放量除以该污染物的污染当量值，计算排放污染物的污染物当量数，应区分第一类水污染物和其他类水污染物，统计第一类污染物当量数总和，然后与其他类污染物按照污染物当量数从大到小排序，取最大当量数作为建设项目评价等级确定的依据。

② 废水排放量按行业排放标准中规定的废水种类统计，没有相关行业排放标准要求的通过工程分析合理确定，应统计含热量大的冷却水的排放量，可不统计间接冷却水、循环水及其他含污染物极少的清净下水的排放量。

③ 厂区存在堆积物(露天堆放的原料、燃料、废渣等以及垃圾堆放场)、降尘污染的，应将初期雨污水纳入废水排放量，相应的主要污染物纳入水污染当量计算。

④ 建设项目直接排放第一类污染物的，其评价等级为一级；建设项目直接排放的污染物为受纳水体超标因子的，评价等级不低于二级。

⑤ 直接排放受纳水体影响范围涉及饮用水水源保护区、饮用水取水口、重点保护与珍稀水生生物的栖息地、重要水生生物的自然产卵场等保护目标时，评价等级不低于二级。

⑥ 建设项目向河流、湖库排放温排水引起受纳水体水温变化超过水环境质量标准要

笔记

求，且评价范围有水温敏感目标时，评价等级为一级。

⑦ 建设项目利用海水作为调节温度介质，排水量≥ 500 万 m^3/d，评价等级为一级；排水量<500 万 m^3/d，评价等级为二级。

⑧ 仅涉及清净下水排放的，如其排放水质满足受纳水体水环境质量标准要求的，评价等级为三级 A。

⑨ 依托现有排放口，且对外环境未新增排放污染物的直接排放建设项目，评价等级参照间接排放，定为三级 B。

⑩ 建设项目生产工艺中有废水产生，但作为回水利用，不排放到外环境的，按三级 B 评价。

第一类和部分第二类水污染物污染当量值见表 5–2 和 5–3。

表 5-2　第一类水污染物污染当量值

污染物	污染物当量值 /kg	污染物	污染物当量值 /kg
总汞	0.0005	总铅	0.025
总镉	0.005	总镍	0.025
总铬	0.04	苯并 [*a*] 芘	0.0000003
六价铬	0.02	总铍	0.01
总砷	0.02	总银	0.02

表 5-3　第二类水污染物污染当量值

污染物	污染物当量值 /kg	污染物	污染物当量值 /kg
悬浮物（SS）	4	甲醛	0.125
生化需氧量（BOD_5）	0.5	苯胺类	0.2
化学需氧量（COD_{Cr}）	1	硝基苯类	0.2
总有机碳（TOC）	0.49	阴离子表面活性剂（LAS）	0.2
石油类	0.1	总铜	0.1
动植物油	0.16	总锌	0.2
挥发酚	0.08	总锰	0.2
总氰化物	0.05	总磷	0.25
硫化物	0.125	有机磷农药（以 P 计）	0.05
氨氮	0.8	苯	0.02
氟化物	0.5	甲苯	0.02
污染物		污染物当量值	
pH	0 ~ 1，13 ~ 14	0.06t 污水	
	1 ~ 2，12 ~ 13	0.125t 污水	
	2 ~ 3，11 ~ 12	0.25t 污水	
	3 ~ 4，10 ~ 11	0.5t 污水	
	4 ~ 5，9 ~ 10	1t 污水	
	5 ~ 6	5t 污水	

【例题 5-1】某拟建污染影响型建设项目，污水排放量为 $5000m^3/d$，经类比调查知污水中含有 COD、BOD_5，年排放量分别为 6.0t、1.8t，污水 pH 为 5.5，处理达标后排放，受纳水体为河流，假定厂区不存在堆积物，该建设项目地表水环境影响评价应按几级进行评价？

【解析】首先，确定污水排放量 Q 的范围：$200m^3/d < Q < 2000m^3/d$。然后，确定污染物当量数 W：查表 5–2 可知 COD、BOD_5 的污染当量值分别为 1kg、0.5kg，pH 5.5 的污染当量值为 5t 污水。

W_{COD}=6000/1=6000；W_{BOD_5}=1800/0.5=3600；W_{pH}=5000×365/5=365000；

W=max{W_{COD}，W_{BOD_5}，W_{pH}}=W_{pH}=365000

6000<W<600000

因此，确定该建设项目地表水环境影响评价工作等级为二级。

（二）水文要素影响评价等级确定

水文要素影响型建设项目评价等级划分主要根据水温、径流与受影响地表水域三类水文要素的影响程度进行判定，见表 5-4。

表 5–4　水文要素影响型建设项目评价等级判定表

评价等级	水文要素影响类型					
	水温	径流		受影响地表水域		
	年径流量与总库容之比 α	兴利库容占年径流量百分比 β/%	取水量占多年平均径流量百分比 γ/%	工程垂直投影面积及外扩范围 A_1/km^2；工程扰动水底面积 A_2/km^2；过水断面宽度占用比例或占用水域面积比例 R/%		工程垂直投影面积及外扩范围 A_1/km^2；工程扰动水底面积 A_2/km^2
				河流	湖库	入海河口、近岸海域
一级	$\alpha \leqslant 10$；或稳定分层	$\beta \geqslant 20$；或完全年调节与多年调节	$\gamma \geqslant 30$	$A_1 \geqslant 0.3$; 或 $A_2 \geqslant 1.5$； 或 $R \geqslant 10$	$A_1 \geqslant 0.3$；或 $A_2 \geqslant 1.5$； 或 $R \geqslant 20$	$A_1 \geqslant 0.5$；或 $A_2 \geqslant 3$
二级	$10 < \alpha < 20$；或不稳定分层	$2 < \beta < 20$；或季调节与不完全年调节	$10 < \gamma < 30$	$0.05 < A_1 < 0.3$； 或 $0.2 < A_2 < 1.5$; 或 $5 < R < 10$	$0.05 < A_1 < 0.3$； 或 $0.2 < A_2 < 15$; 或 $5 < R < 20$	$0.15 < A_1 < 0.5$；或 $0.5 < A_2 < 3$
三级	$\alpha \geqslant 20$；或混合型	$\beta \leqslant 2$；或无调节	$\gamma \leqslant 10$	$A_1 \leqslant 0.05$； 或 $A_2 \leqslant 0.2$； 或 $R \leqslant 5$	$A_1 \leqslant 0.05$； 或 $A_2 \leqslant 0.2$； 或 $R \leqslant 5$	$A_1 \leqslant 0.15$； 或 $A_2 \leqslant 0.5$

根据《环境影响评价技术导则 地表水环境》（HJ 2.3—2018），在确定水文要素影响型建设项目评价工作等级时还需参考以下相关要求：

① 影响范围涉及饮用水水源保护区、重点保护与珍稀水生生物的栖息地、重要水生生物的自然产卵场、自然保护区等保护目标，评价等级应不低于二级。

② 跨流域调水、引水式电站、可能受到大型河流感潮河段感潮影响的建设项目，评价等级不低于二级。

③ 造成入海河口（湾口）宽度束窄（束窄尺度达到原宽度的 5% 以上），评价等级应不低于二级。

④ 对不透水的单方向建筑尺度较长的水工建筑物（如防波堤、导流堤等），其与潮流或水流主流向切线垂直方向投影长度大于 2km 时，评价等级应不低于二级。

⑤ 允许在一类海域建设的项目，评价等级为一级。

⑥ 同时存在多个水文要素影响的建设项目，分别判定各水文要素影响评价等级，并取其中最高等级作为水文要素影响型建设项目评价等级。

二、地表水环境影响评价范围与评价时期

（一）评价范围确定

建设项目地表水环境影响评价范围指建设项目整体实施后可能对地表水环境造成的影响范围。

1. 水污染影响型建设项目评价范围

根据评价等级、工程特点、影响方式及程度、地表水环境质量管理要求等确定。一级、二级及三级 A，其评价范围应符合以下要求：

① 应根据主要污染物迁移转化状况，至少须覆盖建设项目污染影响所及水域。

② 受纳水体为河流时，应满足覆盖对照断面、控制断面与消减断面等关键断面的要求。

③ 受纳水体为湖泊、水库时，一级评价的评价范围宜不小于以入湖（库）排放口为中心、半径为 5km 的扇形区域；二级评价的评价范围宜不小于以入湖（库）排放口为中心、半径为 3km 的扇形区域；三级 A 评价的评价范围宜不小于以入湖（库）排放口为中心、半径为 1km 的扇形区域。

④ 受纳水体为入海河口和近岸海域时，评价范围按照《海洋工程环境影响评价技术导则》GB/T 19485—2014 执行。

⑤ 影响范围涉及水环境保护目标的，评价范围至少应扩大到水环境保护目标内受到影响的水域。

⑥ 同一建设项目有两个及两个以上废水排放口，或排入不同地表水体时，按各排放口及所排入地表水体分别确定评价范围；有叠加影响的，叠加影响水域应作为重点评价范围。

三级 B，其评价范围应满足其依托污水处理设施环境可行性分析的要求；涉及地表水环境风险的，应覆盖环境风险影响范围所及的水环境保护目标水域。

2. 水文要素影响型建设项目评价范围

评价范围应以平面图的方式表示，并明确起、止位置等控制点坐标。根据评价等级、水文要素影响类别、影响及恢复程度确定，评价范围应符合以下要求：

① 水温要素影响评价范围为建设项目形成水温分层水域，以及下游未恢复到天然（或建设项目建设前）水温的水域。

② 径流要素影响评价范围为水体天然性状发生变化的水域，以及下游增减水影响水域。

③ 地表水域影响评价范围为相对建设项目建设前日均或潮均流速及水深、或高（累积频率 5%）低（累积频率 90%）水位（潮位）变化幅度超过 ±5% 的水域。

④ 建设项目影响范围涉及水环境保护目标的，评价范围至少应扩大到水环境保护目标内受影响的水域。

⑤ 存在多类水文要素影响的建设项目，应分别确定各水文要素影响评价范围，取各水文要素评价范围的外包线作为水文要素的评价范围。

（二）评价时期确定

建设项目地表水环境影响评价时期根据受影响地表水体类型、评价等级等确定，详见表 5-5。其中，三级 B 评价，可不考虑评价时期。

表 5-5 评价时期确定表

受影响地表水体类型	评价等级		
	一级	二级	水污染影响型（三级 A）/ 水文要素影响型（三级）
河流、湖库	丰水期、平水期、枯水期；至少丰水期和枯水期	丰水期和枯水期； 至少枯水期	至少枯水期
入海河口（感潮河段）	河流：丰水期、平水期和枯水期； 河口：春季、夏季和秋季； 至少丰水期和枯水期，春季和秋季	河流：丰水期和枯水期； 河口：春季、秋季 2 个季节； 至少枯水期或 1 个季节	至少枯水期或 1 个季节
近岸海域	春季、夏季和秋季； 至少春季、秋季 2 个季节	春季或秋季； 至少 1 个季节	至少 1 次调查

根据《环境影响评价技术导则 地表水环境》（HJ 2.3—2018），在确定评价时期时还需参考以下相关要求：

① 感潮河段、入海河口、近岸海域在丰、枯水期（或春夏秋冬四季）均应选择大潮期或小潮期中一个潮期开展评价（无特殊要求时，可不考虑一个潮期内高潮期、低潮期的差别）。选择原则为：依据调查监测海域的环境特征，以影响范围较大或影响程度较重为目标，定性判别和选择大潮期或小潮期作为调查潮期。

② 冰封期较长且作为生活饮用水与食品加工用水的水源或有渔业用水需求的水域，应将冰封期纳入评价时期。

③ 具有季节性排水特点的建设项目，根据建设项目排水期对应的水期或季节确定评价时期。

④ 水文要素影响型建设项目对评价范围内的水生生物生长、繁殖与洄游有明显影响的时期，需将对应的时期作为评价时期。

⑤ 复合影响型建设项目分别确定评价时期，按照覆盖所有评价时期的原则综合确定。

（三）水环境保护目标确定

水环境保护目标是指饮用水水源保护区，饮用水取水口，涉水的自然保护区、风景名胜区，重要湿地，重点保护与珍稀水生生物的栖息地，重要水生生物的自然产卵场及索饵场、越冬场和洄游通道，天然渔场等渔业水体，以及水产种质资源保护区等。

依据环境影响因素识别结果，调查评价范围内水环境保护目标，确定主要水环境保护目标。应在地图中标注各水环境保护目标的地理位置、范围，并列表给出水环境保护目标内主要保护对象和保护要求，以及与建设项目占地区域的相对距离、坐标、高差，与排放口的相对距离、坐标等信息，同时说明与建设项目的水力联系。

第三节 地表水环境现状调查与评价

根据评价类别、评价等级及评价范围等，开展与地表水环境影响评价相关的污染源、水环境质量现状、水文水资源与水环境保护目标的调查与评价，必要时开展补充监测。

一、地表水环境现状调查

（一）总体要求

环境现状调查与评价应按照《建设项目环境影响评价技术导则 总纲》（HJ 2.1—2016）的要求，遵循问题导向与管理目标导向统筹、流域（区域）与评价水域兼顾、水质水量协调、常规监测数据利用与补充监测互补、水环境现状与变化分析结合的原则，满足建立污染源与受纳水体水质响应关系的需求，符合地表水环境影响预测的要求。工业园区规划环评的地表水环境现状调查与评价可依据《环境影响评价技术导则 地表水环境》（HJ 2.3—2018）执行，流域规划环评参照执行，其他规划环评根据规划特性与地表水环境评价要求，参考执行或选择相应的技术规范。

（二）调查范围

地表水环境的现状调查范围应覆盖评价范围，应以平面图方式表示，并明确起、止断面的位置及涉及范围。

1. 水污染影响型建设项目

除覆盖评价范围外，受纳水体为河流时，在不受回水影响的河段，排放口上游调查范围宜不小于500m，受回水影响河段的上游调查范围原则上与下游调查的河段长度相等；受纳水体为湖库时，以排放口为圆心，调查半径在评价范围基础上外延20% ~ 50%。建设项目排放污染物中包括氮、磷或有毒污染物且受纳水体为湖泊、水库时，一级评价的调查范围应包括整个湖泊、水库，二级、三级A评价时，调查范围应包括排放口所在水环境功能区、水功能区或湖（库）湾区。

2. 水文要素影响型建设项目

受影响水体为河流、湖库时，除覆盖评价范围外，一级、二级评价时，还应包括库区及支流回水影响区，坝下至下一个梯级或河口、受水区、退水影响区。受纳或受影响水体为入海河口及近岸海域时，调查范围依据《海洋工程环境影响评价技术导则》（GB/T 19485—2014）要求执行。

（三）调查因子与调查时期

地表水环境现状调查因子根据评价范围水环境质量管理要求、建设项目水污染物排放特点与水环境影响预测评价要求等综合分析确定。调查因子应不少于评价因子。

调查时期和评价时期一致。

按照《建设项目环境影响评价技术导则 总纲》（HJ 2.1—2016）的要求，地表水环境影响型因素识别，应分析建设项目建设阶段、生产运行阶段和服务期满后（可根据项目情况选择）各阶段对地表水环境质量、水文要素的影响行为。

1. 水污染影响型建设项目

水污染影响型建设项目评价因子的筛选应符合以下要求：

① 按照污染源源强核算技术指南，开展建设项目污染源与水污染因子识别，结合建设项目所在水环境控制单元或区域水环境质量现状，筛选水环境现状调查评价与影响预测评价的因子。

② 行业污染物排放标准中涉及的水污染物应作为评价因子。

③ 在车间或车间处理设施排放口排放的第一类污染物应作为评价因子。

④ 水温应作为评价因子。

⑤ 面源污染所含的主要污染物应作为评价因子。

⑥ 建设项目排放的，且为建设项目所在控制单元的水质超标因子或潜在污染因子（指近 3 年来水质浓度值呈上升趋势的水质因子），应作为评价因子。

2. 水文要素影响型建设项目

评价因子应根据建设项目对地表水体水文要素影响的特征确定。河流、湖泊及水库主要评价水面面积、水量、水温、径流过程、水位、水深、流速、水面宽、冲淤变化等因子，湖泊和水库需要重点关注水域面积、蓄水量及水体停留时间等因子。感潮河段、入海河口及近岸海域主要评价流量、流向、潮区界、潮流界、纳潮量、水位、流速、水面宽、水深、冲淤变化等因子。

建设项目可能导致受纳水体富营养化的，评价因子还应包括与富营养化有关的因子，如总磷、总氮、叶绿素 a、高锰酸盐指数和透明度等。其中，叶绿素 a 为必须评价的因子。

（四）调查内容与方法

地表水环境现状调查内容包括建设项目及区域水污染源调查、受纳或受影响水体水环境质量现状调查、区域水资源与开发利用状况、水文情势与相关水文特征值调查，以及水环境保护目标、水环境功能区或水功能区、近岸海域环境功能区及其相关的水环境质量管理要求等调查。涉及涉水工程的，还应调查涉水工程运行规则和调度情况。详细调查内容可参考《环境影响评价技术导则 地表水环境》（HJ 2.3—2018）附录 B。

调查方法主要采用资料收集、现场监测、无人机或卫星遥感遥测等方法。

（五）调查要求和内容

1. 水污染源调查要求

建设项目污染源调查应在工程分析基础上，确定水污染物的排放量及进入受纳水体的污染负荷量。

对于区域水污染源调查，应详细调查与建设项目排放污染物同类的，或有关联关系的已建项目、在建项目、拟建项目（已批复环境影响评价文件）等污染源。

① 一级评价，以收集利用排污许可证登记数据、环评及环保验收数据及既有实测数据为主，并辅以现场调查及现场监测。

② 二级评价，主要收集利用排污许可证登记数据、环评及环保验收数据及既有实测数据，必要时补充现场监测。

③ 水污染影响型三级 A 评价与水文要素影响型三级评价，主要收集利用与建设项目排放口的空间位置和所排污染物的性质关系密切的污染源资料，可不进行现场调查及现场监测。

④ 水污染影响型三级 B 评价，可不开展区域污染源调查，主要调查依托污水处理设施的日处理能力处理工艺、设计进水水质、处理后的废水稳定达标排放情况，同时应调

查依托污水处理设施执行的排放标准是否涵盖建设项目排放的有毒有害的特征水污染物。

⑤ 一级、二级评价，建设项目直接导致受纳水体内源污染变化，或存在与建设项目排放污染物同类且内源污染影响受纳水体水环境质量的，应开展内源污染调查，必要时应开展底泥污染补充监测。

⑥ 以下几种情况可以不进行现场调查和实测工作：

a. 具有已审批入河排放口的主要污染物种类及其排放浓度和总量数据，以及国家或地方发布的入河排放口数据的，可不对入河排放口汇水区域的污染源开展调查。

b. 面污染源调查主要采用收集利用既有数据资料的调查方法，可不进行实测。

需要注意的是，建设项目的污染物排放指标需要等量替代或减量替代时，还应对替代项目开展污染源调查。

2. 水污染源调查内容

① 建设项目污染源，根据建设项目工程分析、污染源源强核算技术指南，结合排污许可技术规范等相关要求，分析确定建设项目所有排放口（包括涉及一类污染物的车间或车间处理设施排放口、企业总排口、雨水排放口、清净下水排放口、温排水排放口等）的污染物源强，明确排放口的相对位置并附图件、地理位置（经纬度）、排放规律等。改建、扩建项目还应调查现有企业所有废水排放口。

② 区域点污染源调查内容，主要包括：

a. 基本信息主要包括污染源名称、排污许可证编号等。

b. 排放特点主要包括排放形式，分散排放或集中排放，连续排放或间歇排放；排放口的平面位置（附污染源平面位置图）及排放方向；排放口在断面上的位置。

c. 排污数据主要包括污水排放量、排放浓度、主要污染物等数据。

d. 用排水状况主要调查取水量、用水量、循环水量、重复利用率、排水总量等。

e. 污水处理状况主要调查各排污单位生产工艺流程中的产污环节，污水处理工艺、处理效率、处理水量，中水回用量、再生水量、污水处理设施的运转情况等。

f. 根据评价等级及评价工作需要，选择上述全部或部分内容进行调查。

③ 区域面污染源调查内容，按照农村生活污染源、农田污染源、分散式畜禽养殖污染源、城镇地面径流污染源、堆积物污染源、大气沉降源等分类，采用源强系数法、面源模型法等方法，估算面源源强、流失量与入河量等。主要包括：

a. 农村生活污染源调查人口数量，人均用水量指标，供水方式，污水排放方式，去向和排污负荷量等。

b. 农田污染源调查包括农药和化肥的施用种类、施用量、流失量及入河系数、去向及受纳水体等情况（包括水土流失、农药和化肥流失强度、流失面积、土壤养分含量等调查分析）。

c. 畜禽养殖污染源调查包括畜禽养殖的种类、数量、养殖方式、粪便污水收集与处置情况、主要污染物浓度、污水排放方式和排污负荷量、去向及受纳水体等。畜禽粪便污水作为肥水进行农田利用的，需考虑畜禽粪便污水土地承载力。

d. 城镇地面径流污染源调查包括城镇土地利用类型及面积、地面径流收集方式与处理情况、主要污染物浓度、排放方式和排污负荷量、去向及受纳水体等。

e. 堆积物污染源调查包括矿山、冶金、火电、建材、化工等单位的原料、燃料、废料、固体废物（包括生活垃圾）的堆放位置、堆放面积、堆放形式及防护情况、污水收集与处置情况、主要污染物和特征污染物浓度、污水排放方式和排污负荷量、去向及受纳水体等。

f. 大气沉降源调查包括区域大气沉降（湿沉降、干沉降）的类型、污染物种类、污染物沉降负荷量等。

④ 内源污染调查，其中底泥物理指标包括力学性质、质地、含水率、粒径等；化学指标包括水域超标因子、与本建设项目排放污染物相关的因子。

3. 水环境质量现状调查与补充监测

应根据不同评价等级对应的评价时期要求开展水环境质量现状调查。应优先采用国务院生态环境主管部门统一发布的水环境状况信息。水环境保护目标调查，应主要采用国家及地方人民政府颁布的各相关名录中的统计资料。

当现有资料不能满足要求时，应按照不同等级对应的评价时期要求开展现状监测。水污染影响型建设项目一级、二级评价时，应调查受纳水体近3年的水环境质量数据，分析其变化趋势。

（1）河流水质监测断面设置　应布设对照断面、控制断面。水污染影响型建设项目在拟建排放口上游应布置对照断面（宜在500m以内），根据受纳水域水环境质量控制管理要求设定控制断面。控制断面可结合水环境功能区或水功能区、水环境控制单元区划情况，直接采用国家及地方确定的水质控制断面。评价范围内不同水质类别区、水环境功能区或水功能区、水环境敏感区及需要进行水质预测的水域，应布设水质监测断面。评价范围以外的调查或预测范围，可以根据预测工作需要增设相应的水质监测断面。水质取样断面上取样垂线的布设，按照《地表水和污水监测技术规范》（HJ/T 91—2002）的规定执行。

（2）河湖水质补充监测的采样频次　按照每个水期可监测一次，每次同步连续调查取样3～4d，每个水质取样点每天至少取一组水样，在水质变化较大时，每间隔一定时间取样一次的频率进行补充监测。应每间隔6h观测一次水温，统计计算日平均水温。

（3）湖库监测点位设置　对于水污染影响型建设项目，水质取样垂线的设置可采用以排放口为中心、沿放射线布设或网格布设的方法：一级评价在评价范围内布设的水质取样垂线数宜不少于20条，二级评价在评价范围内布设的水质取样垂线数宜不少于16条。评价范围内不同水质类别区、水环境功能区或水功能区、水环境敏感区、排放口和需要进行水质预测的水域，应布设取样垂线。对于水文要素影响型建设项目，在取水口、主要入湖（库）断面、坝前、湖（库）中心水域、不同水质类别区、水环境敏感区和需要进行水质预测的水域，应布设取样垂线。对于复合影响型建设项目，应兼顾进行取样垂线的布设。水质取样垂线的布设，按照《地表水和污水监测技术规范》（HJ/T 91—2002）的规定执行。

（4）湖库补充监测的采样频次　依照每个水期可监测一次，每次同步连续取样2～4d，每个水质取样点每天至少取一组水样，但在水质变化较大时，每间隔一定时间取样一次的频次进行补充监测。溶解氧和水温监测频次，每间隔6h取样监测一次，在调查取样期内适当监测藻类。

（5）入海河口、近岸海域补充监测点位设置　遵照水质取样断面和取样垂线的设置，一级评价可布设 5 ～ 7 个取样断面，二级评价可布设 3 ～ 5 个取样断面的原则。水质取样点的布设，根据垂向水质分布特点，参照《海洋调查规范 第 2 部分：海洋水文观测》（GB/T 12763.2—2007）和《近岸海域环境监测技术规范 第三部分 近岸海域水质监测》（HJ 442.3—2020）执行。排放口位于感潮河段内的，其上游设置的水质取样断面，应根据实际情况参照河流决定，其下游断面的布设与近岸海域相同。

（6）入海河口、近岸海域采样频次　原则上一个水期在一个潮周期内采集水样，明确所采样品所处潮时，必要时对潮周日内的高潮和低潮采样。当上、下层水质变幅较大时，应分层取样。入海河口，上游水质取样频次参照感潮河段相关要求执行，下游水质取样频次参照近岸海域相关要求执行。对于近岸海域，一个水期宜在半个太阴月内的大潮期或小潮期分别采样，明确所采样品所处潮时；对所有选取的水质监测因子，在同一潮次取样。

4. 水文情势调查

① 应尽量向有关的水文测量和水质监测等部门收集现有资料。当上述资料不足时，应进行现场水文调查与水文测量，水文调查与水文测量宜与水质调查同步进行。

② 水文调查与水文测量宜在枯水期进行。必要时，可根据水环境影响预测需要、生态环境保护要求，在其他时期（丰水期、平水期、冰封期等）进行。

③ 水文测量的内容应满足拟采用的水环境影响预测模型对水文参数的要求。在采用水环境数学模型时，应根据所选用的预测模型需输入的水文特征值及环境水力学参数决定水文测量内容；在采用物理模型法模拟水环境影响时，水文测量应提供模型制作及模型试验所需的水文特征值及环境水力学参数。

④ 水污染影响型建设项目开展与水质调查同步进行的水文测量，原则上可只在一个时期（水期）内进行。在水文测量的时间、频次和断面与水质调查不完全相同时，应保证满足水环境影响预测所需的水文特征值及环境水力学参数的要求。

水文情势调查内容见表 5-6。

表 5-6　水文情势调查内容表

水体类型	水污染影响型	水文要素影响型
河流	水文年及水期划分、不利水文条件及特征水文参数、水动力学参数等	水文系列及其特征参数，水文年及水期的划分，河流物理形态参数；河流水沙参数、丰枯水期水流及水位变化特征等
湖库	湖库物理形态参数，水库调节性能与运行调度方式，水文年及水期划分，不利水文条件特征及水文参数，出入湖（库）水量过程，湖流动力学参数，水温分层结构等	
入海河口（感潮河段）	潮汐特征、感潮河段的范围、潮区界与潮流界的划分，潮位及潮流，不利水文条件组合及特征水文参数，水流分层特征等	
近岸海域	水温、盐度、泥沙、潮位、流向、流速、水深等，潮汐性质及类型，潮流、余流性质及类型，海岸线、海床、滩涂、海岸蚀淤变化趋势等	

5. 水资源开发利用状况调查

水文要素影响型建设项目一级、二级评价时，应开展建设项目所在流域、区域的水资源与开发利用状况调查。

（1）水资源现状　调查水资源总量、水资源可利用量、水资源时空分布特征、人类活动对水资源量的影响等。主要涉水工程概况调查，包括数量、等级、位置、规模，主要开发任务、开发方式、运行调度及其对水文情势、水环境的影响。应涵盖大型、中型、小型等各类涉水工程，绘制涉水工程分布示意图。

（2）水资源利用状况　调查城市、工业、农业、渔业、水产养殖业、水域景观等各类用水现状与规划（包括用水时间、取水地点、取用水量等），各类用水的供需关系（包括水权等）、水质要求和渔业、水产养殖业等所需的水面面积。

二、地表水环境现状评价

（一）评价内容

根据建设项目水环境影响特点与水环境质量管理要求，选择以下全部或部分内容开展评价。

1. 水环境功能区或水功能区、近岸海域环境功能区水质达标状况

评价建设项目评价范围内水环境功能区或水功能区、近岸海域环境功能区各评价时期的水质状况与变化特征，给出水环境功能区或水功能区、近岸海域环境功能区达标评价结论，明确水环境功能区或水功能区、近岸海域环境功能区水质超标因子、超标程度，分析超标原因。

2. 水环境控制单元或断面水质达标状况

评价建设项目所在控制单元或断面各评价时期的水质现状与时空变化特征，评价控制单元或断面的水质达标状况，明确控制单元或断面的水质超标因子、超标程度，分析超标原因。

3. 水环境保护目标质量状况

评价涉及水环境保护目标水域各评价时期的水质状况与变化特征，明确水质超标因子、超标程度，分析超标原因。

4. 对照断面、控制断面等代表性断面的水质状况

评价对照断面水质状况，分析对照断面水质水量变化特征，给出水环境影响预测的设计水文条件；评价控制断面水质现状、达标状况，分析控制断面来水水质水量状况，识别上游来水不利组合状况，分析不利条件下的水质达标问题。评价其他监测断面的水质状况，根据断面所在水域的水环境保护目标水质要求，评价水质达标状况与超标因子。

5. 底泥污染评价

评价底泥污染项目及污染程度，识别超标因子，结合底泥处置排放去向，评价退水水质与超标情况。

6. 水资源与开发利用程度及其水文情势评价

根据建设项目水文要素影响特点，评价所在流域（区域）水资源与开发利用程度、生态流量满足程度、水域岸线空间占用状况等。此外，对流域（区域）水资源（包括水能资源）与开发利用总体状况、生态流量管理要求与现状满足程度、建设项目占用水域空间的水流状况与河湖演变状况进行评价。

7. 水环境质量回顾评价

结合历史监测数据与国家及地方生态环境主管部门公开发布的环境状况信息，评价建设项目所在水环境控制单元或断面、水环境功能区或水功能区、近岸海域环境功能区的水质变化趋势，评价主要超标因子变化状况，分析建设项目所在区域或水域的水质问题，从水污染、水文要素等方面，综合分析水环境质量现状问题的原因，明确与建设项目排

笔记

污影响的关系。

8. 依托污水处理设施稳定达标排放评价

评价建设项目依托的污水处理设施稳定达标状况，分析建设项目依托污水处理设施环境可行性。

（二）评价方法

水环境功能区或水功能区、近岸海域环境功能区及水环境控制单元或断面水质达标状况评价方法，参考国家或地方政府相关部门制定的水环境质量评价技术规范、水体达标方案编制指南、水功能区水质达标评价技术规范等。

1. 一般性水质因子

监测断面或点位水环境质量现状评价，采用水质指数法评价，一般性水质因子（随着浓度增加而水质变差的水质因子）的指数计算公式：

$$S_{i,j}=C_{i,j}/C_{si} \tag{5-5}$$

式中 $S_{i,j}$——评价因子 i 的水质指数，大于 1 表明该水质因子超标；

$C_{i,j}$——评价因子 i 在 j 点的实测统计代表值，mg/L；

C_{si}——评价因子 i 的水质评价标准限值，mg/L。

2. 特殊水质因子

① 溶解氧（DO）的标准指数计算公式：

$$S_{\mathrm{DO},j}=\mathrm{DO_s}/\mathrm{DO}_j \qquad \mathrm{DO}_j \leqslant \mathrm{DO_f} \tag{5-6}$$

$$S_{\mathrm{DO},j}=\frac{\left|\mathrm{DO_f}-\mathrm{DO}_j\right|}{\mathrm{DO_f}-\mathrm{DO_s}} \qquad \mathrm{DO}_j > \mathrm{DO_f} \tag{5-7}$$

式中 $S_{\mathrm{DO},j}$——溶解氧的标准指数，大于 1 表明该水质因子超标；

DO_j——溶解氧在 j 点的实测统计代表值，mg/L；

$\mathrm{DO_s}$——溶解氧的评价标准限值，mg/L；

$\mathrm{DO_f}$——饱和溶解氧浓度，mg/L；对于河流，$\mathrm{DO_f}=468/(31.6+T)$，对于盐度比较高的湖泊、水库及入海河口、近岸海域，$\mathrm{DO_f}=(491-2.65S)/(33.5+T)$；

S——实用盐度符号，无量纲；

T——水温，℃。

② pH 值的指数计算公式：

$$S_{\mathrm{pH},j}=\frac{7.0-\mathrm{pH}_j}{7.0-\mathrm{pH_{sd}}} \qquad \mathrm{pH}_j \leqslant 7.0 \tag{5-8}$$

$$S_{\mathrm{pH},j}=\frac{\mathrm{pH}_j-7.0}{\mathrm{pH_{su}}-7.0} \qquad \mathrm{pH}_j > 7.0 \tag{5-9}$$

式中 $S_{\mathrm{pH},j}$——pH 值的指数，大于 1 表明该水质因子超标；

pH_j——pH 值实测统计代表值；

$\mathrm{pH_{sd}}$——评价标准中 pH 值的下限值；

$\mathrm{pH_{su}}$——评价标准中 pH 值的上限值。

③ 底泥污染状况采用单项污染指数法评价，可以根据土壤环境质量标准或所在水域底泥的背景值，确定底泥污染评价标准值或参考值。

底泥污染指数计算公式：

$$P_{i,j}=C_{i,j}/C_{si} \tag{5-10}$$

式中　$P_{i,j}$——底泥污染因子 i 的单项污染指数，大于 1 表明该污染因子超标；

$C_{i,j}$——调查点位污染因子 i 的实测值，mg/L；

C_{si}——污染因子 i 的评价标准值或参考值，mg/L。

【例题 5-2】某河段水体溶解氧的实测浓度为 6mg/L，地表水溶解氧标准限值为 5mg/L，饱和溶解氧的浓度为 9mg/L，该河段溶解氧的标准指数是（　）。（2022 年《环境影响评价技术方法》考试真题）

A. 0.75　　B.0.83　　C.0.92　　D.1.20

【解析】根据公式 $S_{DO,j}=DO_s/DO_j$，$DO_j \leqslant DO_f$ 和 $S_{DO,j}=|DO_f-DO_j|/(DO_f-DO_s)$，$DO_j>DO_f$（式中：$S_{DO,j}$ 为溶解氧的标准指数；DO_f 为饱和溶解氧的浓度；DO_j 为溶解氧在点的实测统计代表值；DO_s 为溶解氧的水质评价标准限值），将题中数据代入公式，则 $S_{DO,j}=5/6\approx0.83$。正确答案选 B。

第四节　地表水环境影响预测与评价

选择适合的预测模型，开展地表水环境影响预测评价，分析与评价建设项目对地表水环境质量、水文要素及水环境保护目标的影响范围与程度，在此基础上核算建设项目的污染源排放量、生态流量等。

一、地表水环境影响预测

（一）总体要求

地表水环境影响预测应遵循《建设项目环境影响评价技术导则 总纲》（HJ 2.1—2016）中规定的原则。一级、二级、水污染影响型三级 A 与水文要素影响型三级评价应定量预测建设项目水环境影响，水污染影响型三级 B 评价可不进行水环境影响预测。

影响预测应考虑评价范围内已建、在建和拟建项目中，与建设项目排放同类（种）污染物、对相同水文要素产生的叠加影响。建设项目分期规划实施的，应估算规划水平年进入评价范围的污染负荷，预测分析规划水平年评价范围内地表水环境质量变化趋势。

（二）预测因子与预测范围

预测因子应根据评价因子确定，重点选择与建设项目水环境影响关系密切的因子。

预测范围应覆盖评价范围，并根据受影响地表水体水文要素与水质特点合理拓展。

（三）预测时期

水环境影响预测的时期应满足不同评价等级的评价时期要求（见表 5-4）。水污染影

响型建设项目，水体自净能力最不利以及水质状况相对较差的不利时期、水环境现状补充监测时期应作为重点预测时期；水文要素影响型建设项目，以水质状况相对较差或对评价范围内水生生物影响最大的不利时期为重点预测时期。

（四）预测情景

根据建设项目特点分别选择建设期、生产运行期和服务期满后三个阶段进行预测。其中，生产运行期应预测正常排放、非正常排放两种工况对水环境的影响，如建设项目具有充足的调节容量，可只预测正常排放对水环境的影响。

应对建设项目污染控制和减缓措施方案进行水环境影响模拟预测。对受纳水体环境质量不达标区域，应考虑区（流）域环境质量改善目标要求情景下的模拟预测。

（五）预测内容

预测分析内容根据影响类型、预测因子、预测情景、预测范围地表水体类别、所选用的预测模型及评价要求确定。

1. 水污染影响型建设项目

预测内容主要包括：

① 各关心断面（控制断面、取水口、污染源排放核算断面等）水质预测因子的浓度及变化；

② 到达水环境保护目标处的污染物浓度；

③ 各污染物最大影响范围；

④ 湖泊、水库及半封闭海湾等，还需关注富营养化状况与水华、赤潮等；

⑤ 排放口混合区范围。

2. 水文要素影响型建设项目

预测内容主要包括：

① 河流、湖泊及水库的水文情势预测分析，主要包括水域形态、径流条件、水力条件以及冲淤变化等内容，具体包括水面面积、水量、水温、径流过程、水位、水深、流速、水面宽、冲淤变化等，湖泊和水库需要重点关注湖库水域面积、蓄水量及水力停留时间等因子；

② 感潮河段、入海河口及近岸海域水动力条件预测分析，主要包括流量、流向、潮区界、潮流界、纳潮量、水位、流速、水面宽、水深、冲淤变化等因子。

（六）预测模型

地表水环境影响预测模型包括数学模型、物理模型。地表水环境影响预测宜选用数学模型。评价等级为一级且有特殊要求时选用物理模型，物理模型应遵循水工模型实验技术规程等要求。

数学模型包括：面源污染负荷估算模型、水动力模型、水质（包括水温及富营养化）模型等，可根据地表水环境影响预测的需要选择。

1. 模型选择

（1）面源污染负荷估算模型　根据污染源类型分别选择适用的污染源负荷估算或模拟方法，预测污染源排放量与入河量。面源污染负荷预测可根据评价要求与数据条件，采用源强系数法、水文分析法以及面源模型法等，有条件的地方可以综合采用多种方法进行比对分析确定，各方法适用条件如下。

① 源强系数法：当评价区域有可采用的源强产生、流失及入河系数等面源污染负荷估算参数时，可采用源强系数法。

② 水文分析法：当评价区域具备一定数量的同步水质水量监测资料时，可基于基流分割确定暴雨径流污染物浓度、基流污染物浓度，采用通量法估算面源的负荷量。

③ 面源模型法：面源模型选择应结合污染特点、模型适用条件、基础资料等综合确定。

（2）水动力模型及水质模型　按照时间分为稳态模型与非稳态模型，按照空间分为零维、一维（包括纵向一维及垂向一维，纵向一维包括河网模型）、二维（包括平面二维及立面二维）以及三维模型，按照是否需要采用数值离散方法分为解析解模型与数值解模型。水动力模型及水质模型的选取根据建设项目的污染源特性、受纳水体类型、水力学特征、水环境特点及评价等级等要求，选取适宜的预测模型。各地表水体适用的数学模型选择要求如下。

① 河流数学模型：河流数学模型选择要求见表 5-7。在模拟河流顺直、水流均匀且排污稳定时可以采用解析解模型。

表 5-7　河流数学模型适用条件

模型空间分类						模型时间分类	
零维模型	纵向一维模型	河网模型	平面二维模型	立面二维模型	三维模型	稳态	非稳态
水域基本均匀混合	沿程横断面均匀混合	多条河道相互连通，使得水流运动和污染物交换相互影响的河网地区	垂向均匀混合	垂向分层特征明显	垂向及平面分布差异明显	水流恒定、排污稳定	水流不恒定，或排污不稳定

② 湖库数学模型：湖库数学模型选择要求见表 5-8。在模拟湖库水域形态规则、水流均匀且排污稳定时可以采用解析解模型。

表 5-8　湖库数学模型适用条件

模型空间分类						模型时间分类	
零维模型	纵向一维模型	平面二维模型	垂向一维模型	立面二维模型	三维模型	稳态	非稳态
水流交换作用较充分、污染物质分布基本均匀	污染物在断面上均匀混合的河道型水库	浅水湖库，垂向分层不明显	深水湖库，水平分布差异不明显，存在垂向分层	深水湖库，横向分布差异不明显，存在垂向分层	垂向及平面分布差异明显	流场恒定、源强稳定	流场不恒定或源强不稳定

③ 感潮河段、入海河口数学模型：污染物在断面上均匀混合的感潮河段、入海河口，可采用纵向一维非恒定数学模型，感潮河网区宜采用一维河网数学模型。浅水感潮河段和入海河口宜采用平面二维非恒定数学模型。如感潮河段、入海河口的下边界难以确定，宜采用一维、二维连接数学模型。

④ 近岸海域数学模型：近岸海域宜采用平面二维非恒定模型。如果评价海域的水流和水质分布在垂向上存在较大的差异（如排放口附近水域），宜采用三维数学模型。

2. 常用数学模型

河流、湖库、感潮河段、入海河口和近岸海域常用数学模型见《环境影响评价技术导则 地表水环境》（HJ 2.3—2018）附录 E，入海河口及近岸海域特殊预测数学模型见附录 F。地表水环境影响预测模型，应优先选用国家生态环境主管部门发布的推荐模型。以下仅描述零维模型和一维模型。

（1）混合过程段长度的估算

$$L_m = \left\{0.11 + 0.7\left[0.5 - \frac{a}{B} - 1.1\left(0.5 - \frac{a}{B}\right)^2\right]^{1/2}\right\}\frac{u_{B^2}}{E_y} \tag{5-11}$$

式中　L_m——混合段长度，m；

B——水面宽度，m；

a——排放口到岸边的距离，m；

u——断面流速，m/s；

E_y——污染物横向扩散系数，m^2/s。

（2）零维数学模型

① 河流均匀混合模型。

$$C=(C_pQ_p+C_hQ_h)/(Q_p+Q_h) \tag{5-12}$$

式中　C——污染物浓度，mg/L；

C_p——污染物排放浓度，mg/L；

Q_p——污水排放量，m^3/s；

C_h——河流上游污染物浓度，mg/L；

Q_h——河流流量，m^3/s。

【例题 5-3】某建设项目向河流排放废水，水质预测模型适用 $C=C_0\exp(-kx/u)$，废水排放量为 $0.02m^3/s$，COD 浓度为 50mg/L，河水流量为 $3m^3/s$，流速为 0.5m/s，上游 COD 浓度为 16mg/L，COD 的降解系数为 0.1/d，该排放点下游 2km 处的 COD 浓度为（　）mg/L。

A. 16.22　　B. 16.15　　C. 33.40　　D. 40.60

【解析】$C_0=(C_pQ_p+C_hQ_h)/(Q_p+Q_h)=(0.02\times50+3\times16)/(3+0.02)\approx16.23$（mg/L），则该排放点下游 2km 处的 COD 浓度 $=16.23\times\exp[-0.1\times2000/(86400\times0.5)]=16.23\times0.995\approx16.15$（mg/L）。正确答案选 B。

② 湖库均匀混合模型。

$$V\frac{dc}{dt}=W-QC+f(C)V \tag{5-13}$$

式中　V——水体体积，m^3；

t——时间，s；

W——单位时间污染物排放量，g/s；

Q——水量平衡时流入与流出湖（库）的流量，m^3/s；

$f(C)$——生化反应项，$g/(m^3\cdot s)$；

C——污染物浓度，mg/L。

如果生化过程可以用一级动力学反应表示，$f(c)=-kC$，上式存在解析解，当稳定时：

$$C=\frac{W}{Q+kV} \tag{5-14}$$

式中　k——污染物综合衰减系数，s^{-1}。

③ 营养物平衡模型——狄龙模型。

$$[\mathrm{P}]=\frac{I_{\mathrm{P}(1-R_{\mathrm{P}})}}{rV}=\frac{L_{\mathrm{P}(1-R_{\mathrm{P}})}}{rH} \tag{5-15}$$

$$R_{\mathrm{p}}=1-\frac{\Sigma q_{a[\mathrm{P}]_a}}{\Sigma q_{i[\mathrm{P}]_i}} \tag{5-16}$$

$$r=Q/V \tag{5-17}$$

式中　$[P]$——湖（库）中氮、磷的平均浓度，mg/L；

I_{P}——单位时间进入湖（库）的氮（磷）质量，g/a；

L_{P}——单位时间、单位面积进入湖（库）的氮、磷负荷量，$g/(m^2 \cdot a)$；

H——平均水深，m；

R_{P}——氮、磷在湖（库）中的滞留率，无量纲；

q_{a}——年出流的水量，m^3/a；

q_i——年入流的水量，m^3/a；

$[\mathrm{P}]_{\mathrm{a}}$——年出流的氮（磷）平均浓度，mg/L；

$[\mathrm{P}]_i$——年入流的氮（磷）平均浓度，mg/L；

Q——湖（库）年出流水量，m^3/a。

（3）纵向一维数学模型

① 水动力数学模型基本方程。

$$\frac{\partial A}{\partial t}+\frac{\partial Q}{\partial x}=q \tag{5-18}$$

$$\frac{\partial Q}{\partial x}+\frac{\partial}{\partial x}\left(\frac{Q^2}{A}\right)-q\frac{Q}{A}=-g\left(A\frac{\partial Z}{\partial x}+\frac{n^2Q|Q|}{Ah^{4/3}}\right) \tag{5-19}$$

式中　Q——断面流量，m^3/s；

q——单位河长的旁侧入流，m^2/s；

A——断面面积，m^2；

Z——断面水位，m；

n——河道糙率，无量纲；

h——断面水深，m；

g——重力加速度，m/s^2；

x——笛卡尔坐标系 x 向的坐标，m。

② 垂向一维数学模型。适用于模拟预测水温在面积较小、水深较大的水库或湖泊水体中，除太阳辐射外没有其他热源交换的状况。水量平衡的基本方程为：

$$\frac{\partial(wA)}{\partial z}=(u_i-u_0)B \tag{5-20}$$

水温数学模型的基本方程为：

$$\frac{\partial T}{\partial t}+\frac{1}{A}\frac{\partial}{\partial z}(wAT)=\frac{1}{A}\frac{\partial}{\partial z}\left(AE_{tz}\frac{\partial T}{\partial z}\right)+\frac{B}{A}(u_iT_i-u_0T)+\frac{1}{\rho C_{\rho A}}\frac{\partial \varphi A}{\partial z} \tag{5-21}$$

式中 T——t 时刻、z 高度处的水温，℃；

A——断面面积，m^2；

B——水面宽度，m；

w——垂向流速，m/s；

E_{tz}——水温垂向扩散系数，m^2/s；

u_i——入流流速，m/s；

u_0——出流流速，m/s；

T_i——入流水温，℃；

ρ——水的密度，kg/m^3；

φ——太阳热辐射通量，$J/(m^2 \cdot s)$；

z——笛卡尔坐标系 z 向的坐标，m。

3 模型概化

当选用解析解方法进行水环境影响预测时，可对预测水域进行合理的概化。

（1）河流水域概化

① 预测河段及代表性断面的宽深比大于等于 20 时，可视为矩形河段；

② 河段弯曲系数大于 1.3 时，可视为弯曲河段，其余可概化为平直河段；

③ 对于河流水文特征值、水质急剧变化的河段，应分段概化，并分别进行水环境影响预测。河网应分段概化，分别进行水环境影响预测。

④ 受人工控制的河流，根据涉水工程（如水利水电工程）的运行调度方案及蓄水、泄流情况，分别视其为水库或河流进行水环境影响预测。

（2）湖库水域概化　根据湖库的入流条件、水力停留时间、水质及水温分布等情况，分别概化为稳定分层型、混合型和不稳定分层型。

（3）入海河口、近岸海域概化

① 可将潮区界作为感潮河段的边界；

② 采用解析解方法进行水环境影响预测时，可按潮周平均、高潮平均和低潮平均三种情况，概化为稳态进行预测；

③ 预测近岸海域可溶性物质水质分布时，可只考虑潮汐作用，预测密度小于海水的不可溶物质时应考虑潮汐、波浪及风的作用；

④ 注入近岸海域的小型河流可视为点源，可忽略其对近岸海域流场的影响。

4. 基础数据要求

水文气象、水下地形等基础数据原则上应与工程设计保持一致，采用其他数据时，应说明数据来源、有效性及数据预处理情况。获取的基础数据应能够支持模型参数率定、模型验证的基本需求。

（1）水文数据　水文数据应采用水文站点实测数据或根据站点实测数据进行推算，数据精度应与模拟预测结果精度要求匹配。河流、湖库建设项目水文数据时间精度应根据建设项目调控影响的时空特征，分析典型时段的水文情势与过程变化影响，涉及日调度影响的，时间精度宜不小于 1h。感潮河段、入海河口及近岸海域建设项目应考虑盐度对污染物运移扩散的影响，一级评价时间精度不得低于 1h。

（2）气象数据　气象数据应根据模拟范围内或附近的常规气象监测站点数据进行合理确定。气象数据应采用多年平均气象资料或典型年实测气象资料数据。气象数据指标应包括气温、相对湿度、日照时数、降雨量、云量、风向、风速等。

（3）水下地形数据　采用数值解模型时，原则上应采用最新的现有或补充测绘成果，水下地形数据精度原则上应与工程设计保持一致。建设项目实施后可能导致河道地形改变的，如疏浚及堤防建设以及水底泥沙淤积造成的库底、河底高程发生变化，应考虑地形变化的影响。

（4）涉水工程资料　包括预测范围内的已建、在建及拟建涉水工程，其取水量或工程调度情况、运行规则应与国家或地方发布的统计数据、环评及环保验收数据保持一致。

（5）一致性及可靠性分析　对评价范围调查收集的水文资料（流速、流量、水位、蓄水量等）、水质资料、排放口资料（污水排放量与水质浓度）、支流资料（支流水量与水质浓度）、取水口资料（取水量、取水方式、水质数据）、污染源资料（排污量、排污去向与排放方式，污染物种类及排放浓度）等进行数据一致性分析。应明确模型采用基础数据的来源，保证基础数据的可靠性。

建设项目所在水环境控制单元如有国家生态环境主管部门发布的标准化土壤及土地利用数据、地形数据、环境水力学特征参数的，影响预测模拟时应优先使用标准化数据。

5. 初始条件

初始条件（水文、水质、水温等）设定应满足所选用数学模型的基本要求，须合理确定初始条件，控制预测结果不受初始条件的影响。

当初始条件对计算结果的影响在短时间内无法有效消除时，应延长模拟计算的初始时间，必要时应开展初始条件敏感性分析。

6. 边界条件

（1）河流、湖库设计水文边界条件

① 河流不利枯水条件宜采用 90% 保证率最枯月流量或近 10 年最枯月平均流量；流向不定的河网地区和潮汐河段，宜采用 90% 保证率流速为零时的低水位相应水量作为不利枯水水量。

② 湖库不利枯水条件应采用近 10 年最低月平均水位或 90% 保证率最枯月平均水位相应的蓄水量，水库也可采用死库容相应的蓄水量。

③ 其他水期的设计水量则应根据水环境影响预测需求确定。

④ 受人工调控的河段，可采用最小下泄流量或河道内生态流量作为设计流量。

⑤ 根据设计流量，采用水力学、水文学等方法，确定水位、流速、河宽、水深等其他水力学数据。

（2）入海河口、近岸海域设计水文边界条件

① 感潮河段、入海河口的上游水文边界条件参照河流、湖库的水文边界条件要求确定，下游水位边界的确定，应选择对应时段潮周期作为基本水文条件进行计算，可取用保证率为 10%、50% 和 90% 潮差，或上游计算流量条件下相应的实测潮位过程。

② 近岸海域的潮位边界条件界定，应选择一个潮周期作为基本水文条件，选用历史实测潮位过程或人工构造潮型作为设计水文条件。

③ 河流、湖库设计水文条件的计算可按《水利水电工程水文计算规范》（SL/T 278—2020）的规定执行。

（3）污染负荷的确定要求　根据预测情景，确定各情景下建设项目排放的污染负荷量，应包括建设项目所有排放口（涉及一类污染物的车间或车间处理设施排放口、企业总排口、雨水排放口、温排水排放口等）的污染物源强。覆盖预测范围内的所有与建设项目排放污染物相关的污染源或污染源负荷占预测范围总污染负荷的比例应超过 95%。

（4）规划水平年污染源负荷预测要求

① 点源及面源污染源负荷预测，应包括已建、在建及拟建项目的污染物排放，综合考虑区域经济社会发展及水污染防治规划、区（流）域环境质量改善目标要求，按照点源、面源分别确定预测范围内的污染源的排放量与入河量。采用面源模型预测规划水平年污染负荷时，面源模型的构建、率定、验证等要求参照相关规定执行。

② 内源负荷预测估算可采用释放系数法，必要时可采用释放动力学模型方法。内源释放系数可采用静水、动水试验进行测定或者参考类似工程资料确定；水环境影响敏感且资料缺乏区域需开展静水试验、动水试验确定释放系数；类比时需结合施工工艺、沉积物类型、水动力等因素进行修正。

7. 参数确定与验证要求

（1）水动力及水质模型参数　包括水文及水力学参数、水质（包括水温及富营养化）参数等。其中水文及水力学参数包括流量、流速、坡度、糙率等；水质参数包括污染物综合衰减系数、扩散系数、耗氧系数、复氧系数、蒸发散热系数等。

（2）模型参数确定　可采用类比、经验公式、实验室测定、物理模型试验、现场实测及模型率定等，可以采用多种方法比对确定模型参数。当采用数值解模型时，宜采用模型率定法核定模型参数。

（3）模型参数验证　在模型参数确定的基础上，通过模型计算结果与实测数据进行比较分析，验证模型的适用性与误差及精度。选择模型率定法确定模型参数的，模型验证应采用与模型参数率定不同组实测资料数据进行。

应对模型参数确定与模型验证的过程和结果进行分析说明，并以河宽、水深、流速、流量以及主要预测因子的模拟结果作为分析依据，当采用二维或三维模型时，应开展流场分析。模型验证应分析模拟结果与实测结果的拟合情况，阐明模型参数率定取值的合理性。

8. 预测点位设置及结果合理性分析要求

（1）预测点位设置　应将常规监测点、补充监测点、水环境保护目标、水质水量突变处及控制断面等作为预测重点。当需要预测排放口所在水域形成的混合区范围时，应适当加密预测点位。

（2）模型结果合理性分析

① 模型计算成果的内容、精度和深度应满足环境影响评价要求。

② 采用数值解模型进行影响预测时，应说明模型时间步长、空间步长设定的合理性，在必要的情况下应对模拟结果开展质量或热量守恒分析。

③ 应对模型计算的关键影响区域和重要影响时段的流场、流速分布、水质（水温）等模拟结果进行分析，并给出相关图件。

④ 区域水环境影响较大的建设项目，宜采用不同模型进行比对分析。

二、地表水环境影响评价

（一）评价内容

一级、二级、水污染影响型三级 A 及水文要素影响型三级评价，主要评价内容包括水污染控制和水环境影响减缓措施有效性评价、水环境影响评价。

水污染影响型三级 B 评价，主要评价内容包括水污染控制和水环境影响减缓措施有效性评价、依托污水处理设施的环境可行性评价。

（二）评价要求

1. 水污染控制和水环境影响减缓措施有效性评价

水污染控制和水环境影响减缓措施有效性评价，应满足以下要求：

① 污染控制措施及各类排放口排放浓度限值等应满足国家和地方相关排放标准及符合有关标准规定的排水协议关于水污染物排放的条款要求。

② 水动力影响、生态流量、水温影响减缓措施应满足水环境保护目标的要求。

③ 涉及面源污染的，应满足国家和地方有关面源污染控制治理要求。

④ 受纳水体环境质量达标区的建设项目选择废水处理措施或多方案比选时，应满足行业污染防治可行技术指南要求，确保废水稳定达标排放且环境影响可以接受。

⑤ 受纳水体环境质量不达标区的建设项目选择废水处理措施或多方案比选时，应满足区（流）域水环境质量限期达标规划和替代源的削减方案要求、区（流）域环境质量改善目标要求及行业污染防治可行技术指南中最佳可行技术要求，确保废水污染物达到最低排放强度和排放浓度，环境影响可以接受。

2. 水环境影响评价

水环境影响评价应满足以下要求：

① 排放口所在水域形成的混合区，应限制在达标控制（考核）断面以外水域，不得与已有排放口形成的混合区叠加，混合区外水域应满足水环境功能区或水功能区的水质目标要求。

② 水环境功能区或水功能区、近岸海域环境功能区水质达标。说明建设项目对评价范围内的水环境功能区或水功能区、近岸海域环境功能区的水质影响特征，分析水环境功能区或水功能区、近岸海域环境功能区水质变化状况，在考虑叠加影响的情况下，评价建设项目建成以后各预测时期水环境功能区或水功能区、近岸海域环境功能区达标状况。涉及富营养化问题的，还应评价水温、水文要素、营养盐等变化特征与趋势，分析判断富营养化演变趋势。

③ 满足水环境保护目标水域水环境质量要求。评价水环境保护目标水域各预测时期的水质（包括水温）变化特征、影响程度与达标状况。

④ 水环境控制单元或断面水质达标。说明建设项目污染排放或水文要素变化对所在控制单元各预测时期的水质影响特征，在考虑叠加影响的情况下，分析水环境控制单元或断面的水质变化状况，评价建设项目建成以后水环境控制单元或断面在各预测时期的水质达标状况。

⑤ 满足重点水污染物排放总量控制指标要求，重点行业建设项目，主要污染物排放满足等量或减量替代要求。

⑥ 满足区（流）域水环境质量改善目标要求。

⑦ 水文要素影响型建设项目同时应包括水文情势变化评价、主要水文特征值影响评价、生态流量符合性评价。

⑧ 对于新设或调整入河（湖库、近岸海域）排放口的建设项目，应包括排放口设置的环境合理性评价。

⑨ 满足“三线一单”（生态保护红线、水环境质量底线、资源利用上线和环境准入清单）管理要求。

3. 依托污水处理设施的环境可行性评价

主要从污水处理设施的日处理能力、处理工艺、设计进水水质、处理后的废水稳定达标排放情况及排放标准是否涵盖建设项目排放的有毒有害的特征水污染物等方面开展评价，满足依托的环境可行性要求。

（三）污染源排放量核算

污染源排放量是新（改、扩）建项目申请污染物排放许可的依据。对改建、扩建项目，除应核算新增源的污染物排放量外，还应核算项目建成后全厂的污染物排放量，污染源排放量为污染物的年排放量。建设项目在批复的区域或水环境控制单元达标方案的许可排放量分配方案中有规定的，按规定执行。污染源排放量核算，应在满足水环境影响评价要求前提下进行核算。

规划环评污染源排放量核算与分配应遵循水陆统筹、河海兼顾、满足“三线一单”约束要求的原则，综合考虑水环境质量改善目标要求，水环境功能区或水功能区、近岸海域环境功能区管理要求，经济社会发展、行业排污绩效等因素，确保发展不超载，底线不突破。

（1）直接排放建设项目污染源排放量核算　根据建设项目达标排放的地表水环境影响、污染源源强核算技术指南及排污许可申请与核发技术规范进行核算，并从严要求。直接排放建设项目污染源排放量核算应在满足水环境影响评价要求的基础上，遵循以下原则要求：

① 污染源排放量的核算水体为有水环境功能要求的水体。

② 建设项目排放的污染物属于现状水质不达标的，包括本项目在内的区（流）域污染源排放量应调减至满足区（流）域水环境质量改善目标要求。

③ 当受纳水体为河流时，不受回水影响的河段，建设项目污染源排放量核算断面位于排放口下游，与排放口的距离应小于2km；受回水影响的河段，应在排放口的上下游设置建设项目污染源排放量核算断面，与排放口的距离应小于1km。建设项目污染源排放量核算断面应根据区间水环境保护目标位置、水环境功能区或水功能区及控制单元断面等情况调整。当排放口污染物进入受纳水体在断面混合不均匀时，应以污染源排放量核算断面污染物最大浓度作为评价依据。

④ 当受纳水体为湖库时，建设项目污染源排放量核算点位应布置在以排放口为中心、半径不超过50m的扇形水域内，且扇形面积占湖库面积比例不超过5%，核算点位应不少于3个。建设项目污染源排放量核算点应根据区间水环境保护目标位置、水环境功能

区或水功能区及控制单元断面等情况调整。

⑤ 遵循地表水环境质量底线要求，主要污染物（化学需氧量、氨氮、总磷、总氮）需预留必要的安全余量。安全余量可按地表水环境质量标准、受纳水体环境敏感性等确定：受纳水体为《地表水环境质量标准》（GB 3838—2020）Ⅱ类水域，以及涉及水环境保护目标的水域，安全余量按照不低于建设项目污染源排放量核算断面（点位）处环境质量标准的 10% 确定（安全余量≥环境质量标准 ×10%）；受纳水体水环境质量标准为《地表水环境质量标准》（GB 3838—2020）Ⅳ、Ⅴ类水域，安全余量按照不低于建设项目污染源排放量核算断面（点位）环境质量标准的 8% 确定（安全余量≥环境质量标准 ×8%）；地方如有更严格的环境管理要求，按地方要求执行。

⑥ 当受纳水体为近岸海域时，参照《污水海洋处置工程污染控制标准》（GB 18486—2001）执行。

按照直接排放建设项目污染源排放量核算规定要求预测评价范围的水质状况，如预测的水质因子满足地表水环境质量管理及安全余量要求，污染源排放量即为水污染控制措施有效性评价确定的排污量。如果不满足地表水环境质量管理及安全余量要求，则进一步根据水质目标核算污染源排放量。

（2）间接排放建设项目污染源排放量核算　根据依托污水处理设施的控制要求核算确定。

（四）生态流量确定

1. 生态流量确定的一般要求

① 根据河流、湖库生态环境保护目标的流量（水位）及过程需求确定生态流量（水位）。河流应确定生态流量，湖库应确定生态水位。

② 根据河流和湖库的形态、水文特征及生物重要生境分布，选取代表性的控制断面综合分析评价河流和湖库的生态环境状况、主要生态环境问题等。生态流量控制断面或点位选择应结合重要生境和重要环境保护对象等保护目标的分布、水文站网分布以及重要水利工程位置等统筹考虑。

③ 依据评价范围内各水环境保护目标的生态环境需水确定生态流量，生态环境需水的计算方法可参考有关标准规定执行。

2. 河流、湖库生态环境需水计算要求

（1）河流生态环境需水　**河流生态需水**包括水生生态需水、水环境需水、湿地需水、景观需水、河口压咸需水等。应根据河流生态环境保护目标要求，选择合适方法计算河流生态环境需水及其过程，应当符合以下要求：

① **水生生态需水**计算中，应采用水力学法、生态水力学法、水文学法等方法计算水生生态流量。水生生态流量最少采用两种方法计算，基于不同计算方法成果对比分析，合理选择水生生态流量成果；鱼类繁殖期的水生生态需水宜采用生境分析法计算，确定繁殖期所需的水文过程，并取外包线作为计算成果，鱼类繁殖期所需水文过程应与天然水文过程相似。水生生态需水应为水生生态流量与鱼类繁殖期所需水文过程的外包线。

② **水环境需水**应根据水环境功能区或水功能区确定控制断面水质目标，结合计算范围内的河段特征和控制断面与概化后污染源的位置关系，采用预测数学模型方法计算水环境需水。

③ 湿地需水应综合考虑湿地水文特征和生态保护目标需水特征，综合不同方法合理确定湿地需水。河岸植被需水量采用单位面积用水量法、潜水蒸发法、间接计算法、彭曼公式法等方法计算；河道内湿地补给水量采用水量平衡法计算。保护目标在繁育生长关键期对水文过程有特殊需求时，应计算湿地关键期需水量及过程。

④ 景观需水应综合考虑水文特征和景观保护目标要求，确定景观需水。

⑤ 河口压咸需水应根据调查成果，确定河口类型，采用相关数学模型计算河口压咸需水。

⑥ 其他需水应根据评价区域实际情况进行计算，主要包括冲沙需水、河道蒸发和渗漏需水等。对于多泥沙河流，需考虑河流冲沙需水计算。

（2）湖库生态环境需水计算要求

① 湖库生态环境需水包括维持湖库生态水位的生态环境需水及入（出）湖河流生态环境需水。湖库生态环境需水可采用最小值、年内不同时段值和全年值表示。

② 湖库生态环境需水计算中，可采用不同频率最枯月平均值法或近10年最枯月平均水位法确定湖库生态环境需水最小值。年内不同时段值应根据湖库生态环境保护目标所对应的生态环境功能，分别计算各项生态环境功能敏感水期要求的需水量。维持湖库形态功能的水量，可采用湖库形态分析法计算。维持生物栖息地功能的需水量，可采用生物空间法计算。

③ 入（出）湖库河流的生态环境需水应根据河流生态环境需水计算确定，计算成果应与湖库生态水位计算成果相协调。

（3）河流、湖库生态流量综合分析与确定　河流应根据水生生态需水、水环境需水、湿地需水、景观需水、河口压咸需水和其他需水等计算成果，考虑各项需水的外包关系和叠加关系，综合分析需水目标要求，确定生态流量。湖库应根据湖库生态环境需水确定最低生态水位及不同时段内的水位。

应根据国家或地方政府批复的综合规划、水资源规划、水环境保护规划等成果中相关的生态流量控制等要求，综合分析生态流量成果的合理性。

（五）地表水环境影响评价结论

1. 水环境影响评价结论

根据水污染控制和水环境影响减缓措施有效性评价、地表水环境影响评价的结果，明确给出地表水环境影响是否可接受的结论。

达标区的建设项目环境影响评价，依据评价要求，同时满足水污染控制和水环境影响减缓措施有效性评价、水环境影响评价的情况下，认为地表水环境影响可以接受，否则认为地表水环境影响不可接受。

不达标区的建设项目环境影响评价，依据评价要求，在考虑区（流）域环境质量改善目标要求、削减替代源的基础上，同时满足水污染控制和水环境影响减缓措施有效性评价、水环境影响评价的情况下，认为地表水环境影响可以接受，否则认为地表水环境影响不可接受。

2. 污染源排放量与生态流量

明确给出污染源排放量核算结果，填写建设项目污染物排放信息表。新建项目的污染物排放指标需要等量替代或减量替代时，还应明确给出替代项目的基本信息，主要包括项目名称、排污许可证编号、污染物排放量等。有生态流量控制要求的，根据水环境保护管理要求，明确给出生态流量控制节点及控制目标。

3. 地表水环境影响评价自查

地表水环境影响评价完成后，应对地表水环境影响评价主要内容与结论进行自查。填写建设项目地表水环境影响评价自查表。应将影响预测中应用的输入、输出原始资料进行归档，随评价文件一并提交给审查部门。

第五节　水污染控制措施

水环境影响评价的目的是根据水环境预测与评价的结果，分析论证建设项目在拟采取的水环境保护措施下的污水达标排放情况，满足环境质量要求的可行性，提出避免、消除和减少水体影响的防治措施，并根据国家和地方总量控制要求、区域总量控制的实际情况及建设项目主要污染物排放指标分析情况，提出污染物排放总量控制指标和满足指标要求的环境保护措施。

一、环境保护措施与监测计划

（一）一般要求

在建设项目污染控制治理措施与废水排放满足排放标准与环境管理要求的基础上，针对建设项目实施可能造成地表水环境不利影响的阶段、范围和程度，提出预防、治理、控制、补偿等环保措施或替代方案等内容，并制订监测计划。

水环境保护对策措施的论证应包括水环境保护措施的内容、规模及工艺、相应投资、实施计划，所采取措施的预期效果、达标可行性、经济技术可行性及可靠性分析等内容。

对水文要素影响型建设项目，应提出减缓水文情势影响、保障生态需水的环保措施。

（二）水环境保护措施

① 对建设项目可能产生的水污染物，需通过优化生产工艺和强化水资源的循环利用，提出减少污水产生量与排放量的环保措施，并对污水处理方案进行技术经济及环保论证比选，明确污水处理设施的位置、规模、处理工艺、主要构筑物或设备、处理效率；采取的污水处理方案要实现达标排放，满足总量控制指标要求，并对排放口设置及排放方式进行环保论证。

② 达标区建设项目选择废水处理措施或多方案比选时，应综合考虑成本和治理效果，选择可行技术方案。

③ 不达标区建设项目选择废水处理措施或多方案比选时，应优先考虑治理效果，结合区（流）域水环境质量改善目标、替代源的削减方案实施情况，确保废水污染物达到最低排放强度和排放浓度。

④ 对水文要素影响型建设项目，应考虑保护水域生境及水生态系统的水文条件以及生态环境用水的基本需求，提出优化运行调度方案或下泄流量及过程，并明确相应的泄放保障措施与监控方案。

⑤ 对于建设项目引起的水温变化可能对农业、渔业生产或鱼类繁殖与生长等产生不

利影响，应提出水温影响减缓措施。对产生低温水影响的建设项目，对其取水与泄水建筑物的工程方案提出环保优化建议，可采取分层取水设施、合理利用水库洪水调度运行方式等。对产生温排水影响的建设项目，可采取优化冷却方式减少排放量，通过余热利用措施降低热污染强度，合理选择温排水口的布置和型式，控制高温区范围等。

（三）监测计划

按建设项目建设期、生产运行期、服务期满后等不同阶段，针对不同工况、不同地表水环境影响的特点，根据《排污单位自行监测技术指南 总则》（HJ 819—2017）、《水污染物排放总量监测技术规范》（HJ/T 92—2002）、相应的污染源源强核算技术指南和自行监测技术指南，提出水污染源的监测计划，包括监测点位、监测因子、监测频次、监测数据采集与处理、分析方法等。明确自行监测计划内容，提出应向社会公开的信息内容。

提出地表水环境质量监测计划，包括监测断面或点位位置（经纬度）、监测因子、监测频次、监测数据采集与处理、分析方法等。明确自行监测计划内容，提出应向社会公开的信息内容。

监测因子需与评价因子相协调。地表水环境质量监测断面或点位设置需与水环境现状监测、水环境影响预测的断面或点位相协调，并应强化其代表性、合理性。

建设项目排放口应根据污染物排放特点、相关规定设置监测系统，排放口附近有重要水环境功能区或水功能区及特殊用水需求时，应对排放口下游控制断面进行定期监测。对下泄流量有泄放要求的建设项目，在闸坝下游应设置生态流量监测系统。

二、水污染防治工程措施

（一）概述

水污染治理工程指为保护水环境、防治水环境污染所建设的污（废）水收集、输送、净化的工程设施。一般指厂（站）式污（废）水处理工程，不包括天然水体修复工程。

水污染防治工程措施是应用各种技术方法将废水或污水中所含的污染物质分离、回收，或将其转化为无害的物质，使废水或污水得到净化。由于不同行业排放的主要污染物差异很大，因此不同行业所采用的污水处理方法也不同。针对不同污染物质的特性，按其技术方法的作用原理大致可分为以下四类：

（1）**物理处理法** 借助于物理作用分离和除去废水中不溶性悬浮状态的污染物质，在处理过程中不改变污染物的化学性质，如沉淀、浮选、过滤、离心、蒸发、结晶等。

（2）**化学处理法** 通过向废水中投加化学药剂，使其与污染物发生化学反应，或混合两种以上所含污染物可以相互反应的废水，从而使有害物质转化为无害物质或者是易分离形式，达到除去污染物的目的，主要方法有混凝、中和、氧化还原等。

（3）**物理化学处理法** 利用物理化学作用去除废水中的污染物质。主要有膜分离法、吸附法、萃取、离子交换等。

（4）**生物化学处理法** 利用微生物的新陈代谢作用，将废水中复杂的有机物分解为简单物质，将有毒物质转化为无毒物质，使废水得到净化。根据生化处理是否需要提供氧气的条件，分为好氧生物处理法和厌氧生物处理法。实际应用中主要有活性污泥法、生物膜法、生物塘及土地处理系统等。

废水中的污染物成分和性质相当复杂，处理难度大，大部分情况下需要通过几种方法组成的处理系统，才能达到处理的要求。

（二）水污染治理工程建设的要求

依据《水污染治理工程技术导则》（HJ 2015—2012），水污染治理工程的建设应符合以下要求：

① 水污染治理工程的建设应遵守国家现行的有关法律、法规和标准的规定。

② 水污染治理工程的建设应依据当地总体规划、水环境规划、水资源综合利用规划以及排水专项规划的要求，做到规划先行，合理确定污水处理设施的布局和规模，并优先安排污水收集系统的建设。

③ 水污染治理工程在国家或地方公布的各级历史文化名城、历史文化保护区、文物保护单位和风景名胜区的建设，应按国家或地方制定的有关条例和保护规划进行。

④ 水污染治理工程建设在满足当前需要的同时应充分考虑升级改造的可能。村镇水污染治理工程宜根据当地经济条件和水环境要求进行建设。

⑤ 水污染治理工程应遵循综合治理、再生利用、节能降耗、总量控制的原则。

⑥ 水污染治理工程应由具有国家相应设计资质的单位设计，并满足环境影响报告书（表）、审批文件的要求。

⑦ 水污染治理工程建设所采用的技术应成熟可靠，可根据水质、水量、气候等具体情况，科学合理、积极慎重地选用经过专家鉴定的、行之有效的新技术、新工艺、新材料和新设备。

⑧ 水污染治理工程应根据工程所在地和流域的重要性，水体接纳污染物的容量，通过环境影响评价确定污染物排放控制程度，污染物排放应符合国家或地方污染物排放标准的要求。工业废水宜独立完成污染物治理，并满足行业特殊污染物治理与排放要求；排入城镇下水道的工业废水应满足现行相关规定。

⑨ 水污染治理工程应按《城市污水处理工程项目建设标准》（建标 198—2022）《城镇污水处理厂污染物排放标准》（GB 18918—2002）、《室外排水设计规范》（GB 50014—2021）、《地表水和污水监测技术规范》（HJ/T 91—2002）、《水污染物排放总量监测技术规范》（HJ/T 92—2002）及当地的环境保护管理要求安装在线监测系统。在线监测系统的安装、验收、运行、数据有效性判别及数据传输应符合相关标准规定。

⑩ 在污（废）水处理厂（站）建设、运行过程中产生的废气、废水、废渣及其他污染物的治理与排放，应执行国家环境保护法规和标准的有关规定，防止二次污染。

三、水污染防治管理措施

《中华人民共和国水污染防治法》提出：水污染防治应当坚持预防为主、防治结合、综合治理的原则，优先保护饮用水水源，严格控制工业污染、城镇生活污染，防治农业面源污染，积极推进生态治理工程建设，预防、控制和减少水环境污染和生态破坏。

（一）总量控制

我国水环境总量控制分为目标总量控制、容量总量控制和行业总量控制。容量总量控制应与目标总量控制相结合，遵循排放总量指标和削减指标分配公平的原则进行总量控制分配。

1．确定水环境功能区水域的保护范围和保护要求

水资源保护是水污染防治管理的首要任务，通过水资源的可开采量、供水及耗水情况，

制定水资源综合开发计划，做到计划用水、节约用水。

水资源保护的重点是明确饮用水源的保护，主要体现在取水口的保护上。应该明确划分出保护界限，即对于水环境功能区划定的饮用水源地设一级、二级保护区。

2. 分析水资源供需平衡情况，制定水资源综合开发计划

① 全面调查和测定区域淡水储量，为计划用水、节约用水提供重要依据。

② 结合水文地质特征和开采的技术装置水平，预测、分析、确定区域淡水的可开采量。

③ 根据水量调查的结果，做出水量平衡分析，为制定水资源开采和分配计划提供依据。

④ 根据区域经济社会发展战略及水资源供需平衡分析，制定水资源开采计划。以水量能满足生产、生活活动所需和节约为原则，保证采、供、需水量的平衡，对水资源有计划地开采，严格控制水资源的污染。

（二）水污染综合整治策略

1. 科学利用水环境容量，综合防治、整体优化

根据污染物在水体中的迁移、转化规律，综合计算和评价水体的自净能力，在保证水体目标功能的前提下，利用水环境容量，消除水污染。按功能水域实行总量控制，优化排污口分布，合理规划污染负荷。根据城市和工矿区水量分布情况，分段或分区调查水体的自净规律，确定水体对污染物的去除程度，以修建相应的处理设施。

2. 因地制宜，合理规划排水系统

调整工业布局和下水管网建设，保证污染负荷的合理分布，应该避免污水就近排放、盲目排放，尤其是上游污水的排放。规划建设排水管网系统时，采用不同污水的分流制、合流制或混合制，明确排放口位置的选择、近期建设和远期规划，以及管径、坡降、管网附属构筑物、施工工程量、运行维护费等，做出技术比较，制定正确合理的排水系统。

3. 推进节水减污和废水再利用

节约用水，实现废水回用，推广先进的节水技术装备，实施工业企业节水改造，推进企业内部用水梯级、结合项目特点改善工艺流程，实现一水多用，提高工业废水资源化利用率、循环利用率和重复利用率。大力推行城市污水资源化利用，发展节水型农业，合理利用化肥和农药;加强非点源污染的控制和管理，加强对畜禽排泄物、村镇生活污水、生活垃圾的有效处理。

水污染防治环境管理措施应切实可行，如果建设项目排污过于靠近特殊保护水域，采用治理措施仍难避免其有害影响，则应根据具体情况提出替代方案，如改变排污口位置、压缩排污量以及重新选址等。

复习思考及案例分析题

一、复习思考题

（一）不定项选择题（每题的选项中，至少有一个正确答案）

1. 某建设项目拟新建海水直流冷却系统，取水设计规模为16000m/h，悬浮物按150mg/L考虑，供水设计温度为33℃，直流冷却系统排水温度为43℃，取水经沉淀处理，污泥脱水外运。该项目直流冷却系统排水的主要评价因子是（　）。

A. 水量　　　　　B. 水温　　　　　C. 沉淀污泥　　　　　D. 盐度

2. 某建设项目拟排废水入湖，对该湖泊溶解氧补充监测时，两次取样间隔时间为（　）h。

A. 4　　　　　B. 6　　　　　C. 8　　　　　D. 12

3. 某湖泊面积较小、水深较大，除太阳辐射外没有其他热源交换，预测该湖泊水温时应采用的模型为（　）。

A. 垂向一维数学模型　　　　　B. 湖泊均匀混合模型

C. 纵向一维数学模型　　　　　D. 平面二维数学模型

4. 某烧碱聚氯乙烯建设项目，循环水站、脱盐水站、烧碱装置等产生的废水经厂内无机废水处理站预处理后送至园区污水处理厂；氯乙烯装置、聚氯乙烯装置、聚乙烯罐区等产生的废水经厂内有机废水处理站预处理后送至园区污水处理厂；生活污水经化粪池处理后送入有机废水处理站；厂区雨水经北侧雨水收集池送至市政雨水排水管网。该项目监测计划中应包含的监测点位有（　）。

A. 有机废水处理站排放口　　　　　B. 生活污水化粪池排放口

C. 无机废水处理站排放口　　　　　D. 雨水收集池排放口

5. 某水污染型项目废水排入附近河流，地表水现状调查时，该河流水文情势调查内容应包括（　）。

A. 特征水文参数　　　　　B. 不利水文条件

C. 水文年及水期划分　　　　　D. 水动力学参数

6. 某灌溉供水水库项目坝上淹没区有支流汇入，评价工作等级为二级，关于该建设项目地表水环境现状调查范围的说法，正确的有（　）。

A. 调查范围应包括供水水库淹没区上游河段　　　　　B. 调查范围应包括供水水库淹没区

C. 调查范围应包括退水汇入的河流　　　　　D. 调查范围应包括坝上汇入的支流

7. 某建设项目拟向内陆河流排放废水，下列可作为该河流地表水环境影响预测的设计水文条件有（　）。

A.90% 保证率最枯月流量　　　　　B. 近 10 年最枯月平均水位

C. 近 10 年最枯月平均流量　　　　　D. 近 20 年最枯月平均水位

（二）计算题

1. 某建设项目建成投产后废水排放流量为 25m^3/s，废水中总镉浓度为 0.010mg/L，废水排入一条河流中，河水的流量为 100m^3/s，该河流上游总镉的浓度为 0.003mg/L。计算废水排入河水后充分混合段的达标情况（地表水总镉标准为 0.005mg/L）。

2. 拟在某河边建一座工厂，排放废水流量为 2.40m^3/s，废水中总溶解固体浓度为 1680mg/L，河流平均流速 v 为 0.4m/s，平均河宽 W 为 16.40m，平均水深 h 为 0.95m，总溶解固体浓度为 370mg/L，设工厂排放废水与河流充分混合，河流总溶解固体浓度标准限值为 500mg/L，问废水排入河流后，总溶解固体的浓度是否超标?

二、案例分析题

某市拟在清水河一级支流 A 河新建水库工程。水库主要功能为城市供水、农业灌溉。主要建设内容包括大坝、城市供水取水工程、灌溉引水渠工程、配套建设灌溉引水主干渠等。

A 河拟新建水库坝址处多年平均径流量为 0.6 亿 m^3，设计水库兴利库容为 0.9 亿 m^3，坝高 40m，回水长度 12km，为年调节水库；水库淹没耕地 12hm^2，需移民 170 人，库周及上游地区土地利用类型主要为天然次生林、耕地，分布有自然村落，无城镇和工矿企业。

A 河在坝址下游 12km 处汇入清水河干流，清水河 A 河汇入口下游断面多年平均径流量为 1.8 亿 m^3。

拟建灌溉引水干渠长约 8km，向 B 灌区供水。B 灌区灌溉面积 7000hm^2，灌溉回归水经排水渠于坝下 6km 汇入 A 河。

拟建水库的城市供水范围为城市新区生活和工业用水，该新区位于 A 河拟建坝址下游 10km，现有居民 2 万人，远期规划人口规模 10 万人，工业以制糖、造纸为主。该新区生活污水和工业废水经处理达标后排入清水河干流。清水河干流 A 河汇入口以上河段水质现状为Ⅴ类，A 河汇入口以下河段水质为Ⅳ类。

灌溉用水按 500m^3/（亩 · a），城市供水按 300 L/（人 · d）测算。（15 亩 =1 公顷）

问题：

1. 给出本工程现状调查应包括的区域范围。

2. 指出本工程对下游河段的主要环境影响并简述缘由。

3. 为确定 A 河拟建水库坝下河段的最小基流水量，应主要考虑哪些生态环境用水需求？

4. 本工程实施后能否满足各方面用水需求？请说明理由。

第六章

地下水环境影响评价

导读导学

什么是地下水？地下水环境影响因素如何识别？如何划分地下水环境影响评价工作等级？如何根据现有基础资料开展地下水环境影响预测及评价？

学习目标

知识目标	能力目标	素质目标
1. 掌握地下水环境基本概念，掌握地下水环境影响识别方法及要点； 2. 熟悉地下水环境影响评价工作程序，掌握地下水环境影响评价工作分级方法； 3. 熟悉地下水环境现状监测方案的制定，掌握地下水环境现状调查与评价方法； 4. 了解地下水运移规律； 5. 熟悉地下水预测模型运用	1. 能够根据现场地下水环境识别方法和要点，确定建设项目地下水环境影响评价工作等级； 2. 能够根据环境影响评价工作的要求，制定地下水环境现状监测方案； 3. 能够根据地下水环境现状监测结果及搜集的基础资料，写出地下水环境影响评价报告； 4. 能够利用模型法进行简单的预测计算，同时利用计算结果进行地下水环境质量影响分析	1. 树立职业思维，提升分析和解决实际问题的能力； 2. 按照工作程序开展评价工作，同时能够灵活处理突发问题，认真、严谨、细致、有据可循地开展调查及评价工作

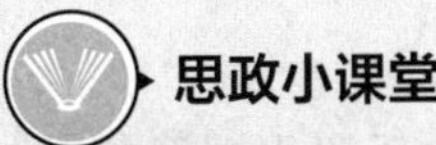

思政小课堂

扫描二维码可查看“江苏省泰兴经济开发区化工园区地下水污染管控修复”。

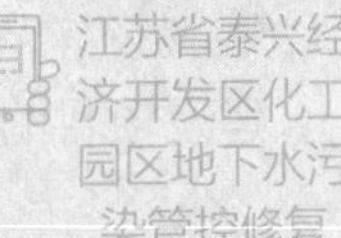

江苏省泰兴经济开发区化工园区地下水污染管控修复

第一节 概述

地下水指赋存于地面以下岩土空隙中的水，狭义指潜水面以下饱水带中的重力水。《环境影响评价技术导则 地下水环境》（HJ 610—2016）中，地下水指地面以下饱和含水层中的重力水。《中国水资源公报》（2022）显示，我国地下水资源量为 7924.4 亿立方米；《2023 年中国自然资源公报》显示，2022 年，我国地下水储存量 520985.8 亿立方米。

一、基本术语和定义

1. 水文地质条件

地下水埋藏和分布、含水介质和含水构造等条件的总称。

2. 包气带

地面与地下水面之间与大气相通的，含有气体的地带。

3. 饱水带

地下水面以下，岩层的空隙全部被水充满的地带。

4. 潜水

地面以下，第一个稳定隔水层以上具有自由水面的地下水。

5. 承压水

充满于上下两个相对隔水层间的具有承压性质的地下水。

6. 地下水补给区

含水层出露或接近地表接受大气降水和地表水等入渗补给的地区。

7. 地下水排泄区

含水层的地下水向外部排泄的范围。

8. 地下水径流区

含水层的地下水从补给区至排泄区的流经范围。

9. 集中式饮用水水源

进入输水管网送达用户的且具有一定供水规模（供水人口一般不小于 1000 人）的现用、备用和规划的地下水饮用水水源。

10. 分散式饮用水水源地

供水小于一定规模（供水人口一般小于 1000 人）的地下水饮用水水源地。

11. 地下水环境现状值

建设项目实施前的地下水环境质量监测值。

12. 地下水污染对照值

调查评价区内有历史记录的地下水水质指标统计值，或调查评价区内受人类活动影响程度较小的地下水水质指标统计值。

13. 地下水污染

人为原因直接导致地下水化学、物理、生物性质改变，使地下水水质恶化的现象。

14. 正常状况

建设项目的工艺设备和地下水环境保护措施均达到设计要求条件下的运行状况。如防渗系统的防渗能力达到了设计要求，防渗系统完好，验收合格。

15. 非正常状况

建设项目的工艺设备或地下水环境保护措施因系统老化、腐蚀等原因不能正常运行或保护效果达不到设计要求时的运行状况。

16. 地下水环境保护目标

潜水含水层和可能受建设项目影响且具有饮用水开发利用价值的含水层，集中式饮用水水源和分散式饮用水水源地，以及《建设项目环境影响评价分类管理名录》中所界定的涉及地下水的环境敏感区。

17. 地下水资源量

地下饱和含水层逐年更新的动态水量，即降水和地表水入渗对地下水的补给量。

18. 地下水储存量

储存于含水层或含税系统内水位变动带以下的水量。

二、地下水的存在形式

岩土空隙中存在多种形式的水，按其物理性质可分为气态水、结合水（吸着水和薄膜水）、毛细水、重力水和固态水等。此外，还有存在于矿物晶体内部及其间的沸石水、结晶水与结构水。水文地质学研究的主要对象是饱和带的重力水，即在重力作用支配下运动的地下水。

（一）气态水

气态水指以气态形式存在于岩土空隙中的水分。它的形成原因为大气中的气态水进入岩土空隙中和岩土体内液态水的蒸发。它可以随空气的流动而流动，也可以在气压、温度改变时往低压或低温处迁移，具有较大的活动性。此外，岩土体内的气态水非常容易被吸附在土壤颗粒表面变成结合水。

（二）结合水

结合水指附着于空隙壁面或颗粒表面，不能在重力作用下运动的水。岩土体中的结合水可以分为强结合水（吸着水）和弱结合水（薄膜水），强结合水指紧附于岩土颗粒表面结合最牢固的一层水，其所受吸引力相当于一万个大气压，弱结合水指结合水的外层，由于分子力而粘附在岩土颗粒上的水。松散岩土颗粒表面一般带负电荷，具有静电吸附能力，颗粒越小，静电吸附能力越大。水分子是带电荷的偶极子，一端带正电荷，另一端带负电荷，在岩土颗粒的静电吸附能力的作用下，水分子被牢固地吸附在岩土颗粒的表面，形成水分子薄膜，该薄膜即是结合水。

（三）毛细水

毛细水指同时受毛细力（或毛管力）和重力影响的水，包括支持毛细水、悬挂毛细水和孔角毛细水。毛细水在砂土和粉土层中较多，孔隙大的砂砾层中较少，孔隙过小的黏土其孔隙多被结合水所占据，毛细水也较少。在表面张力和重力的作用下，毛细水中的水自液面上升到一定高度后稳定下来的高度称为毛细上升高度。毛细水上升高度主要取决于岩土孔隙的大小，空隙愈大，毛细水上升高度愈小。潜水面以上常形成毛细水带，由于该毛细水是由地下水水面支持的,故又称为支持毛细水。在潜水面以上的包气带水中，还有因为毛细作用而滞留在毛细空隙中的悬挂毛细水和滞留在颗粒角间的孔角毛细水。

毛细水能传递静水压力，并能在毛细空隙中运动，易被植物利用。地下水面离地表较浅时，毛细水有时会引起土壤沼泽化或盐碱化以及道路冻胀和翻浆等。

（四）重力水

重力水，又称自由水，是岩土中在重力作用下能自由运动的地下水。它能传递静水压力，有溶解能力，易于流动。重力水只能从上向下移动，或沿斜坡移动，是地下水的来源之一。重力水对土粒有浮力作用，其渗流特征是地下工程排水和防水工程的主要控制因素之一。

需要注意的是，虽然重力水对植物可用，但由于其流动速度一般较快，所以很少被植物直接吸收。而且，土壤中长期存在大量重力水时，会影响土壤通气性，需要及时排除。泉水、井水和矿坑涌水都是重力水，是水文地质学研究的主要对象。

（五）固态水

固态水指以固态形式存在于岩土空隙中的水分。当岩土体的温度低于水的冰点时，赋存于岩土空隙中的水冻结成冰即形成固态水，一般固态水分布于雪线以上的高山和寒冷地带，在那里浅层地下水终年以固态水（冰）的形式存在。当温度、压强等条件改变时，固态水可以转变成重力水。

另有一种在常温下呈胶状的固态水，又称为固态束缚水。它的物理性状明显不同于普通水，固态束缚水具有固态物质的物理特征，除了在常温下不流动、不蒸发外，还有0℃不结冰、100℃不融化等特异性能，一般用于造林绿化和农牧业生产。固态束缚水的奇异之处就在于它暴露在空气中不蒸发，散布到土壤中不渗透，只有在植物根系周围有微生物的土壤中才发生生物降解并还原成自由水释放出来。

三、地下水污染

（一）我国地下水污染现状

“十四五”期间，全国共布设1912个国家级地下水环境质量考核点位，覆盖全国一级和二级水文地质分区、339个地级及以上城市，2023年，实际监测1888个点位。2023年，在全国监测的1888个国家地下水环境质量考核点位中，Ⅰ～Ⅳ类水质点位占77.8%，Ⅴ类占22.2%，主要超标指标为铁、硫酸盐和氯化物，地下水水质现状不容乐观。

当前，我国地下水污染呈现由点到面、由浅到深、由城市到农村扩展的趋势。近年来，甘肃兰州“自来水苯污染”、华北平原“渗坑污染”等事件的发生，使地下水污染风险防控压力不断增加，地下水环境监管短板日益突出，地下水环境问题已经成为自然、社会、经济可持续发展的制约因素。

（二）地下水污染源成因分析

造成地下水污染的因素较为复杂，通过监测、溯源等技术手段，基本掌握地下水污染源成因，按照污染物产生的行业类型，可以将地下水污染源分为工业污染源、农业污染源、生活污染源和自然污染源。

1. 工业污染源

工业污染源主要指未经处理的工业“三废”，即废气、废水和废渣。工业废气如二氧化硫、二氧化碳、氮氧化物等物质会对大气造成严重的一次污染，而这些污染物又会随降雨落到地面，随地表径流下渗对地下水造成二次污染；未经处理的工业废水如电镀工业废水、工业酸洗废水、冶炼工业废水、石油化工有机废水等有毒有害废水直接流入或渗入地下水中，造成地下水污染；工业废渣如高炉矿渣、钢渣、粉煤灰、硫铁渣、电石渣、赤泥、洗煤泥、硅铁渣、选矿场尾矿及污水处理厂的淤泥等，由于露天堆放或地下填埋隔水处理不合格，经风吹、雨水淋滤，其中的有毒有害物质随降水直接渗入地下水，或随地表径流往下游迁移过程中渗至地下水中，形成地下水污染。

2. 农业污染源

农业用水占全部用水量的 70% 以上，污染的影响面较为广泛。一是过量施用农药、化肥，会使残留在土壤中的农药、化肥随雨水淋滤渗入地下，引起地下水污染；二是由于地表水污染严重，农业灌溉使用被污染的地表水，造成污水中的有毒有害物质侵蚀土壤，并下渗到地下水中，造成污染。

3. 生活污染源

随着我国城镇化步伐的加快，生活垃圾与生活污水量激增，由于无害化处理率低，陆地生态环境和水生态环境受到污染。我国每年累计产生垃圾达 720 亿吨，占地约 5.4 亿平方米，并以每年占地约 3000 万平方米的速度增加，全国已有 200 多个城市陷入垃圾重围之中。由于生活垃圾没有进行有效分类，大量有毒物质及危险废物与生活垃圾一起混合填埋，以及由于垃圾填埋处理技术落后、垃圾填埋选址不当等原因，垃圾填埋场的渗漏已成为地下水的主要污染源之一。同时，大量未经处理的生活污水，在严重污染地表水的同时，通过下渗也对地下水造成了不同程度的污染。

4. 自然污染源

在有些地区，由于特殊的自然环境与地质环境，地下水天然背景不良，有毒有害成分超标。根据中国地质环境监测院调查统计，我国部分地区分布有高砷水、高氟水、低碘水等。全国有 1 亿多人在饮用不符合标准的地下水，使这些地区长期以来一直遭受砷中毒（皮肤癌）、地方性甲状腺肿、地方性氟中毒、克山病等困扰。

四、工作程序

开展地下水环境影响评价工作，须遵循一定的工作程序，按照相应工作程序开展评价工作，能够厘清各环节内容，确保评价工作细致全面。工作程序可划分为准备阶段、现状调查与评价阶段、影响预测与评价阶段和结论阶段。

（一）准备阶段

搜集和分析国家和地方有关地下水环境保护的法律、法规、政策、标准及相关规划等资料；了解建设项目工程概况，进行初步工程分析，识别建设项目对地下水环境可能造成的直接影响；开展现场踏勘工作，识别地下水环境敏感程度；确定评价工作等级、评价范围以及评价重点。

（二）现状调查与评价阶段

开展现场调查、勘探，地下水监测、取样、分析，室内外试验和室内资料分析等工作，进行现状评价。

（三）影响预测与评价阶段

进行地下水环境影响预测，依据国家、地方有关地下水环境的法规及标准，评价建设项目对地下水环境可能造成的直接影响。

（四）结论阶段

综合分析各阶段成果，提出地下水环境保护措施与防控措施，制定地下水环境影响跟踪监测计划，给出地下水环境影响评价结论。

笔记

地下水环境影响评价工作程序如图 6-1 所示。

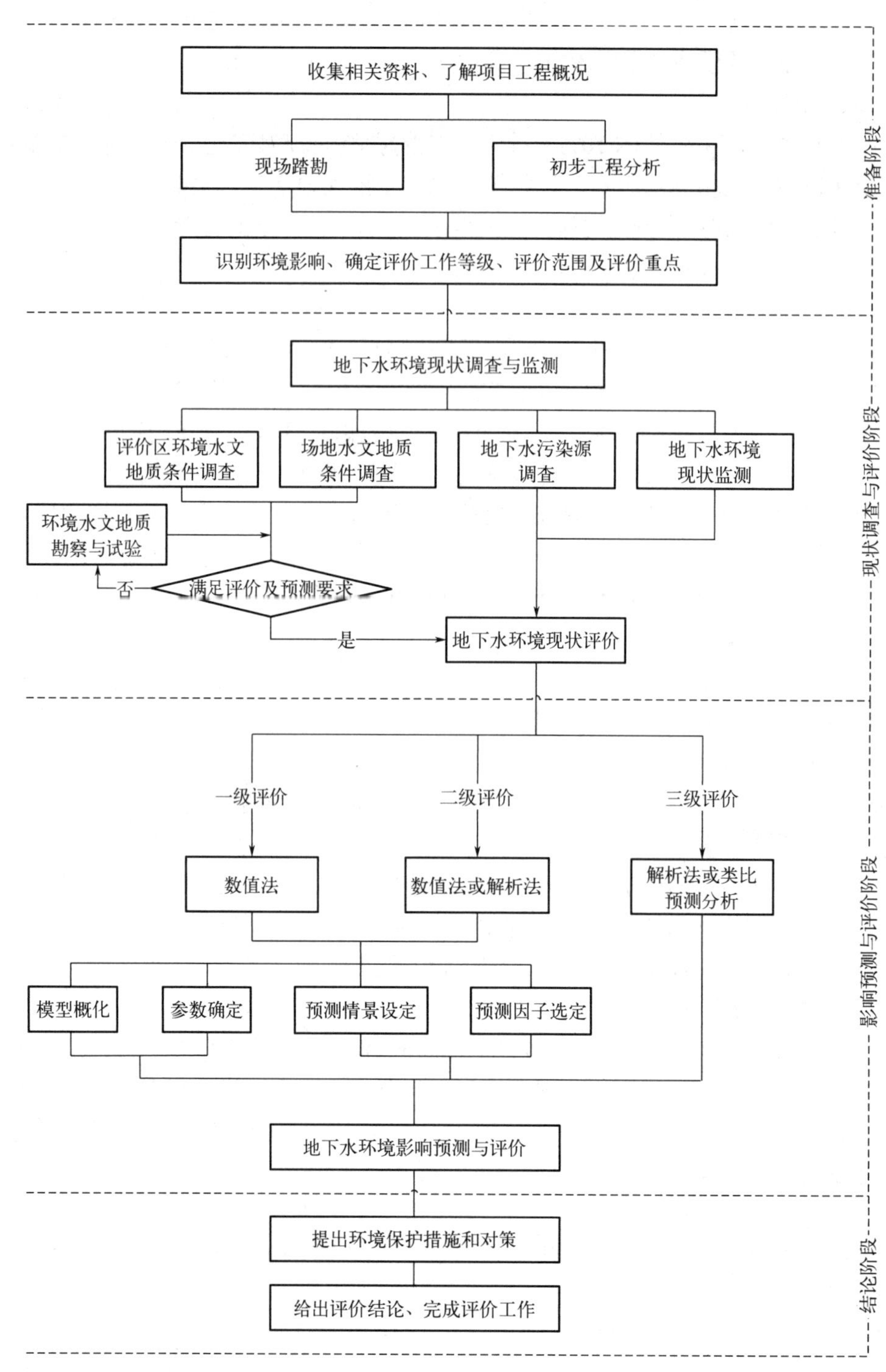

图 6-1　地下水环境影响评价工作程序图

第二节　地下水环境影响识别及评价等级

一、地下水环境影响识别

（一）基本要求

地下水环境影响的识别应在初步工程分析和确定地下水环境保护目标的基础上进行，根据建设项目建设期、运营期和服务期满后三个阶段的工程特征，识别其正常状况和非正常状况下的地下水环境影响。

对于随着生产运行时间推移对地下水环境影响有可能加剧的建设项目，还应按运营期的变化特征分为初期、中期和后期，并分别进行环境影响识别。

（二）识别要求

根据《环境影响评价技术导则　地下水环境》（HJ 610—2016）附录 A 内容，识别建设项目所属的行业类别。根据建设项目的地下水环境敏感特征，结合搜集到的相关资料及现场环境状况，识别建设项目的地下水环境敏感程度。

（三）识别内容

识别可能造成地下水污染的装置和设施（位置、规模、材质等）及建设项目在建设期、运营期、服务期满后可能具有的地下水污染途径，识别建设项目可能导致地下水污染的特征因子。特征因子应根据建设项目污废水成分、液体物料成分、固废浸出液成分等确定。污废水成分相关指标可参照《环境影响评价技术导则　地表水环境》（HJ 2.3—2018）。

二、评价等级

（一）基本要求

地下水环境影响评价应对建设项目在建设期、运营期和服务期满后对地下水水质可能造成的直接影响进行分析、预测和评估，提出预防、保护或者减轻不良影响的对策和措施，制订地下水环境影响跟踪监测计划，为建设项目地下水环境保护提供科学依据。评价工作等级的划分应依据建设项目行业分类和地下水环境敏感程度分级进行判定，可划分为一级、二级、三级。

根据建设项目对地下水环境影响的程度，结合《建设项目环境影响评价分类管理名录》，将建设项目分为四类，详见 HJ 610—2016 附录 A。Ⅰ类、Ⅱ类、Ⅲ类建设项目应进行地下水环境影响评价，Ⅳ类建设项目不开展地下水环境影响评价。

（二）划分依据

首先，根据《环境影响评价技术导则　地下水环境》（HJ 610—2016）附录 A 确定建设项目所属的地下水环境影响评价项目类别。其次，判断地下水环境敏感程度，建设项目的地下水环境敏感程度可分为敏感、较敏感、不敏感三级，分级原则见表 6-1。

表 6-1　地下水环境敏感程度分级表

敏感程度	地下水环境敏感特征
敏感	集中式饮用水水源（包括已建成的在用、备用、应急水源，在建和规划的饮用水水源）准保护区；除集中式饮用水水源以外的国家或地方政府设定的与地下水环境相关的其他保护区，如热水、矿泉水、温泉等特殊地下水资源保护区

续表

敏感程度	地下水环境敏感特征
较敏感	集中式饮用水水源（包括已建成的在用、备用、应急水源，在建和规划的饮用水水源）准保护区以外的补给径流区；未划定准保护区的集中式饮用水水源，其保护区以外的补给径流区；分散式饮用水水源地；特殊地下水资源（如热水、矿泉水、温泉等）保护区以外的分布区等其他未列入上述敏感分级的环境敏感区
不敏感	上述地区之外的其他地区

注："环境敏感区"是指《建设项目环境影响评价分类管理名录》中所界定的涉及地下水的环境敏感区。

（三）建设项目地下水环境影响评价工作等级

建设项目地下水环境影响评价工作等级划分见表 6-2。

表 6–2　评价工作等级分级表

环境敏感程度	项目类别与评价工作等级		
	Ⅰ类项目	Ⅱ类项目	Ⅲ类项目
敏感	一	一	二
较敏感	一	二	三
不敏感	二	三	三

对于利用废弃岩盐矿井洞穴和人工专制盐岩洞穴、废弃矿井巷道加水幕系统，人工硬岩洞库加水幕系统，地质条件较好的含水层储油，枯竭的油气层储油等形式的地下储油库，危险废物填埋场，应进行一级评价，不按表 6-2 划分评价工作等级。

当同一建设项目涉及两个或两个以上场地时，各场地应分别判定评价工作等级，并按相应等级开展评价工作。

线性工程根据所涉地下水环境敏感程度和主要站场位置（如输油站、泵站、加油站、机务段、服务站等）进行分段判定评价等级，并按相应等级分别开展评价工作。

【例题 6-1】某地拟新建一化学肥料制造厂，建设位置不属于集中式饮用水水源准保护区及其他保护区，但属于集中式饮用水水源准保护区以外的补给径流区。请划分该项目地下水环境影响评价工作等级。

【解析】该项目属于化学肥料制造，应编制环境影响报告书；根据 HJ 610—2016 附录 A，该项目属于 L 石化、化工中的化学肥料制造（85），地下水环境影响评价类别为Ⅰ类建设项目。根据表 6-2，建设项目周边属于集中式饮用水水源准保护区以外的补给径流区，周边地下水较敏感。可判定该项目的地下水环境影响评价工作等级为一级。

【例题 6-2】某地拟新建一皮革厂项目，位于工业区内，不属于集中式饮用水水源准保护区及其他保护区，也不属于集中式饮用水水源准保护区以外的补给径流区。请划分该项目地下水水环境影响评价工作等级。

【解析】该项目为皮革厂项目，根据 HJ 610—2016 附录 A，该项目属于 N 轻工中的皮革、毛皮、羽毛（绒）制品（118）制革项目，应编制环境影响评价报告书；

项目为皮革Ⅰ类，地下水环境影响评价类别为Ⅰ类建设项目。根据表 6-2，周边均为工业区，无饮用水水源保护区等环境敏感区，周边地下水不敏感，可判定该项目的地下水环境影响工作等级为二级。

【例题 6-3】某地拟新建一生活污水集中处理厂，建设位置周边无环境敏感区，不属于集中式饮用水水源准保护区及其他保护区，也不属于集中式饮用水水源准保护区以外的补给径流区。建成后日处理规模为 10 万 t。请划分该项目地下水环境影响评价工作等级。

【解析】该项目属于生活污水集中处理，规模为日处理 10 万 t，应编制环境影响报告书；根据 HJ 610—2016 附录 A，该项目属于 U 城镇基础设施及房地产中的生活污水集中处理（144），地下水环境影响评价类别为Ⅱ类建设项目。根据表 6-2，建设项目周边无环境敏感区，无饮用水水源保护区等环境敏感区，周边地下水不敏感。可判定该项目的地下水环境影响评价工作等级为三级。

三、地下水环境影响评价技术要求

地下水环境影响评价应充分利用已有资料和数据，在实际工作中，可直接使用的资料较少，需要对搜集到的资料进行分类、汇总、整理，选择其中能够满足评价要求的基本资料；如可搜集项目区城乡总体规划、其他专项规划资料，同时可收集项目区周边其他建设项目立项、勘察、审批、环评、场调等资料，筛选有价值的数据资料进行使用；此外，可在生态环境部、自然资源部、水利部等官方网站查询相关资料。

当已有资料和数据不能满足评价要求时，应开展相应评价等级要求的补充调查，必要时进行勘察试验。

（一）一级评价要求

① 详细掌握调查评价区环境水文地质条件，主要包括含（隔）水层结构及分布特征、地下水补径排条件、地下水流场、地下水动态变化特征、各含水层之间以及地表水与地下水之间的水力联系等，详细掌握调查评价区内地下水开发利用现状与规划。

② 开展地下水环境现状监测，详细掌握调查评价区地下水环境质量现状和地下水动态监测信息，进行地下水环境现状评价。

③ 基本查清场地环境水文地质条件，有针对性地开展勘察试验，确定场地包气带特征及其防污性能。

④ 采用数值法进行地下水环境影响预测，对于不宜概化为等效多孔介质的地区，可根据自身特点选择适宜的预测方法。

⑤ 预测评价应结合相应环保措施，针对可能的污染情景，预测污染物运移趋势，评价建设项目对地下水环境保护目标的影响。

⑥ 根据预测评价结果和场地包气带特征及其防污性能，提出切实可行的地下水环境保护措施与地下水环境影响跟踪监测计划，制定应急预案。

（二）二级评价要求

① 基本掌握调查评价区的环境水文地质条件，主要包括含（隔）水层结构及其分布特征、地下水补径排条件、地下水流场等。了解调查评价区地下水开发利用现状与规划。

② 开展地下水环境现状监测，基本掌握调查评价区地下水环境质量现状，进行地下水环境现状评价。

③ 根据场地环境水文地质条件的掌握情况，有针对性地补充必要的勘察试验。

④ 根据建设项目特征、水文地质条件及资料掌握情况，采用数值法或解析法进行影响预测，评价其对地下水环境保护目标的影响。

⑤ 提出切实可行的环境保护措施与地下水环境影响跟踪监测计划。

（三）三级评价要求

① 了解调查评价区和场地环境水文地质条件。

② 基本掌握调查评价区的地下水补径排条件和地下水环境质量现状。

③ 采用解析法或类比分析法进行地下水环境影响分析与评价。

④ 提出切实可行的环境保护措施与地下水环境影响跟踪监测计划。

（四）其他技术要求

① 一级评价要求场地环境水文地质资料的调查精度应不低于 1 ∶ 10000 比例尺，调查评价区的环境水文地质资料的调查精度应不低于 1 ∶ 50000 比例尺。

② 二级评价环境水文地质资料的调查精度要求能够清晰反映建设项目与环境敏感区、地下水环境保护目标的位置关系，并根据建设项目特点和水文地质条件的复杂程度确定调查精度，建议以不低于 1 ∶ 50000 比例尺为宜。

第三节　地下水环境现状调查

一、调查原则

地下水环境现状调查与评价工作应遵循资料搜集与现场调查相结合、项目所在场地调查（勘察）与类比考察相结合、现状监测与长期动态资料分析相结合的原则。

地下水环境现状调查与评价工作的深度应满足相应的工作级别要求。当现有资料不能满足要求时，应通过组织现场监测或环境水文地质勘察与试验等方法获取。

对于一级、二级评价的改、扩建类建设项目，应开展现有工业场地的包气带污染现状调查。

对于长输油品、化学品管线等线性工程，调查评价工作应重点针对场站、服务站等可能对地下水产生污染的地区开展。

二、调查评价范围

（一）基本要求

地下水环境现状调查评价范围应包括与建设项目相关的地下水环境保护目标，以能说明地下水环境的现状、反映调查评价区地下水基本流场特征、满足地下水环境影响预测和评价为基本原则。

污染场地修复工程项目的地下水环境影响现状调查参照《建设用地土壤污染状况调查技术导则》（HJ 25.1—2019）执行。

笔记

（二）调查评价范围确定

1. 非线性工程

建设项目（除线性工程外）地下水环境影响现状调查评价范围可采用公式计算法、查表法和自定义法确定。

当建设项目所在地水文地质条件相对简单，且所掌握的资料能够满足公式计算法的要求时，应采用公式计算法确定；当不满足公式计算法的要求时，可采用查表法确定；当计算或查表范围超出所处水文地质单元边界时，应以所处水文地质单元边界为宜。

（1）公式计算法

$$L=\alpha KIT/n_e \tag{6-1}$$

式中　L——下游迁移距离，m；

α——变化系数，$\alpha \geqslant 1$，一般取 2；

K——渗透系数，m/d，常见渗透系数表 6-3；

I——水力坡度，无量纲；

T——质点迁移天数，取值不小于 5000d；

n_e——有效孔隙度，量纲为 1。

表 6–3　渗透系数经验表

岩性名称	主要颗粒粒径 /mm	渗透系数 /（m/d）	渗透系数 /（cm/s）
轻亚黏土	0.05 ~ 0.1 0.1 ~ 0.25 0.25 ~ 0.5 0.5 ~ 1.0 1.0 ~ 2.0	0.05 ~ 0.1	5.79×10^{-5} ~ 1.16×10^{-4}
亚黏土		0.1 ~ 0.25	1.16×10^{-4} ~ 2.89×10^{-4}
黄土		0.25 ~ 0.5	2.89×10^{-4} ~ 5.79×10^{-4}
粉土质砂		0.5 ~ 1.0	5.79×10^{-4} ~ 1.16×10^{-3}
粉砂		1.0 ~ 1.5	1.16×10^{-3} ~ 1.74×10^{-3}
细砂		5.0 ~ 10	5.79×10^{-3} ~ 1.16×10^{-2}
中砂		10.0 ~ 25	1.16×10^{-2} ~ 2.89×10^{-2}
粗砂		25 ~ 50	2.89×10^{-2} ~ 5.78×10^{-2}
砾砂		50 ~ 100	5.78×10^{-2} ~ 1.16×10^{-1}
圆砾		75 ~ 150	8.68×10^{-2} ~ 1.74×10^{-1}
卵石		100 ~ 200	1.16×10^{-1} ~ 2.31×10^{-1}
块石		200 ~ 500	2.31×10^{-1} ~ 5.79×10^{-1}
漂石		500 ~ 1000	5.79×10^{-1} ~ 1.16×10^{0}

采用该方法时应包含重要的地下水环境保护目标，所得的调查评价范围如图 6-2 所示。

（2）查表法　根据建设项目评价工作等级，参照表 6-4 确定调查评价范围，同时应包括重要的地下水环境保护目标，必要时适当扩大范围。

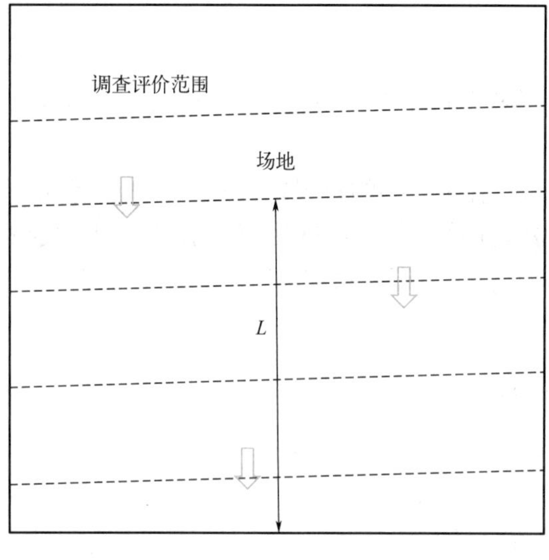

图 6-2 调查评价范围示意图

注：①虚线表示等水位线；②空心箭头表示地下水流向；③场地上游距离根据评价需求确定，场地两侧不小于 $L/2$。

表 6-4 地下水环境现状调查评价范围参照表

评价工作等级	调查评价面积 /km²	备注
一级	≥ 20	应包括重要的地下水环境保护目标，必要时适当扩大范围
二级	6 ~ 20	
三级	≤ 6	

（3）自定义法　可根据建设项目所在地水文地质条件自行确定，一般为一个完整的地下水地质单元，同时须说明理由。

2. 线性工程

线性工程应以工程边界两侧分别向外延伸 200m 作为调查评价范围；穿越饮用水源准保护区时，调查评价范围应至少包含水源保护区；线性工程站场的调查评价范围确定参照非线性工程调查范围确定。

三、调查内容

（一）水文地质条件调查

在充分收集资料的基础上，根据建设项目特点和水文地质条件复杂程度，开展调查工作，主要内容包括：

① 气象、水文、土壤和植被状况；

② 地层岩性、地质构造、地貌特征与矿产资源；

③ 包气带岩性、结构、厚度、分布及垂向渗透系数等；

④ 含水层岩性、分布、结构、厚度、埋藏条件、渗透性、富水程度等，隔水层（弱透水层）的岩性、厚度、渗透性等；

⑤ 地下水类型、地下水补径排条件；

⑥ 地下水水位、水质、水温，地下水化学类型；

⑦ 泉的成因类型，出露位置，形成条件及泉水流量、水质、水温，开发利用情况；

⑧ 集中供水水源地和水源井的分布情况（包括开采层的成井密度、水井结构、深度以及开采历史）；

⑨ 地下水现状监测井的深度、结构以及成井历史、使用功能；

⑩ 地下水环境现状值（或地下水污染对照值）。

场地范围内应重点调查包气带岩性、结构、厚度、分布及垂向渗透系数等。

（二）地下水污染源调查

调查评价区内具有与建设项目产生或排放同种特征因子的地下水污染源。

对于一级、二级的改、扩建项目，应在可能造成地下水污染的主要装置或设施附近开展包气带污染现状调查，对包气带进行分层取样，一般在 0 ~ 20cm 埋深范围内取一个样品，其他取样深度应根据污染源特征和包气带岩性、结构特征等确定，并说明理由。样品进行浸溶试验，测试分析浸溶液成分。

（三）地下水环境现状监测

建设项目地下水环境现状监测应通过对地下水水质、水位的监测，掌握或了解调查评价区地下水水质现状及地下水流场，为地下水环境现状评价提供基础资料。

污染场地修复工程项目的地下水环境现状监测参照《建设用地土壤污染风险管控和修复 监测技术导则》（HJ 25.2—2019）执行。

1. 现状监测点的布设原则

① 地下水环境现状监测点采用控制性布点与功能性布点相结合的布设原则。监测点应主要布设在建设项目场地、周围环境敏感点、地下水污染源以及对于确定边界条件有控制意义的地点。当现有监测点不能满足监测位置和监测深度要求时，应布设新的地下水现状监测井，现状监测井的布设应兼顾地下水环境影响跟踪监测计划。

② 监测层位应包括潜水含水层、可能受建设项目影响且具有饮用水开发利用价值的含水层。

③ 一般情况下，地下水水位监测点数以不小于相应评价级别地下水水质监测点数的2倍为宜。

④ 地下水水质监测点布设的具体要求：

a. 监测点布设应尽可能靠近建设项目场地或主体工程，监测点数应根据评价工作等级和水文地质条件确定；

b. 一级评价项目潜水含水层的水质监测点应不少于7个，可能受建设项目影响且具有饮用水开发利用价值的含水层水质监测点为3～5个。原则上建设项目场地上游和两侧的地下水水质监测点均不得少于1个，建设项目场地及其下游影响区的地下水水质监测点不得少于3个；

c. 二级评价项目潜水含水层的水质监测点应不少于5个，可能受建设项目影响且具有饮用水开发利用价值的含水层水质监测点为2～4个。原则上建设项目场地上游和两侧的地下水水质监测点均不得少于1个，建设项目场地及其下游影响区的地下水水质监测点不得少于2个；

d. 三级评价项目潜水含水层水质监测点应不少于3个，可能受建设项目影响且具有饮用水开发利用价值的含水层水质监测点为1～2个。原则上建设项目场地上游及下游影响区的地下水水质监测点不得少于1个；

e. 管道型岩溶区等水文地质条件复杂的地区，地下水现状监测点应视情况确定，并说明布设理由；

f. 在包气带厚度超过100m的地区或监测井较难布置的基岩山区，当地下水质监测点数无法满足地下水水质监测点布设要求时，可视情况调整数量，并说明调整理由。一般情况下，该类地区一级、二级评价项目应至少设置3个监测点，三级评价项目可根据需要设置一定数量的监测点。

2. 地下水水质现状监测取样要求

① 应根据特征因子在地下水中的迁移特性选取适当的取样方法。

② 一般情况下，只取一个水质样品，取样点深度宜在地下水位以下1.0m左右。

③ 建设项目为改、扩建项目，且特征因子为DNAPLs（重质非水相液体）时，应至少在含水层底部取一个样品。

3. 地下水水质现状监测因子

① 检测分析地下水中K^+、Na^+、Ca^{2+}、Mg^{2+}、CO_3^{2-}、HCO_3^-、Cl^-、SO_4^{2-}的浓度。

② 地下水水质现状监测因子原则上应包括两类：

a. 基本水质因子。以pH、氨氮、硝酸盐、亚硝酸盐、挥发性酚类、氰化物、砷、汞、铬（六价）、总硬度、铅、氟、镉、铁、锰、溶解性总固体、高锰酸盐指数、硫酸盐、氯化物、总大肠菌群、细菌总数等以及背景值超标的水质因子为基础，可根据区域地下水水质状况、污染源状况适当调整；

b. 特征因子。根据地下水环境影响特征因子识别结果确定，可根据区域地下水水质状况、污染源状况适当调整。

4. 地下水环境现状监测频率要求

（1）水位监测频率要求

① 评价工作等级为一级的建设项目，若掌握近3年内至少一个连续水文年的枯、平、丰水期地下水水位动态监测资料，评价期内应至少开展一期地下水水位监测；若无上述资料，应依据表6-5开展水位监测；

② 评价工作等级为二级的建设项目，若掌握近3年内至少一个连续水文年的枯、丰水期地下水水位动态监测资料，评价期可不再开展地下水水位现状监测；若无上述资料，应依据表6-5开展水位监测；

③ 评价工作等级为三级的建设项目，若掌握近3年内至少一期的监测资料，评价期内可不再进行地下水水位现状监测；若无上述资料，应依据表6-5开展水位监测；

（2）基本水质因子的水质监测频率　应参照表6-5，若掌握近3年至少一期水质监测数据，基本水质因子可在评价期补充开展一期现状监测；特征因子在评价期内应至少开展一期现状监测。

（3）包气带厚度超过100m的评价区或监测井较难布置的基岩山区　若掌握近3年内至少一期的监测资料，评价期内可不进行地下水水位、水质现状监测；若无上述资料，至少开展一期现状水位、水质监测。

表6-5　地下水环境现状监测频率参照表

分布区	水位监测频率			水质监测频率		
	一级	二级	三级	一级	二级	三级
山前冲（洪）积	枯平丰	枯丰	一期	枯丰	枯	一期
滨海（含填海区）	二期	一期	一期	一期	一期	一期
其他平原区	枯丰	一期	一期	枯	一期	一期
黄土地区	枯平丰	一期	一期	二期	一期	一期
沙漠地区	枯丰	一期	一期	一期	一期	一期
丘陵山区	枯丰	一期	一期	一期	一期	一期
岩溶裂隙	枯丰	一期	一期	枯丰	一期	一期
岩溶管道	二期	一期	一期	二期	一期	一期

注："二期"的间隔有明显水位变化，其变化幅度接近年内变幅。

5. 地下水样品采集与现场测定

① 地下水样品应采用自动式采样泵或人工活塞闭合式与敞口式定深采样器进行采集。

② 样品采集前，应先测量井孔地下水水位（或地下水位埋深）并做好记录，然后采用潜水泵或离心泵对采样井(孔)进行全井孔清洗，抽汲的水量不得小于3倍的井筒水(量)体积。

③ 地下水水质样品的管理、分析化验和质量控制按照《地下水环境监测技术规范》（HJ 164—2020）执行。pH、Eh、DO、水温等不稳定项目应在现场测定。

（四）环境水文地质勘察与试验

环境水文地质勘察与试验是在充分收集已有资料和地下水环境现状调查的基础上，为进一步查明含水层特征和获取预测评价中必要的水文地质参数而进行的工作。除一级评价应进行必要的环境水文地质勘察与试验外，对环境水文地质条件复杂且资料缺少的地区，二级、三级评价也应在区域水文地质调查的基础上对场地进行必要的水文地质勘察。

环境水文地质勘察可采用钻探、物探和水土化学分析以及室内外测试、试验等手段开展，具体参见相关标准与规范。环境水文地质试验项目通常有抽水试验、注水试验、渗水试验、浸溶试验及土柱淋滤试验等，有关试验原则与方法参见环境水文地质试验方法。在评价工作过程中可根据评价工作等级和资料掌握情况选用。进行环境水文地质勘察时，除采用常规方法外，还可采用其他辅助方法配合勘察。

【例题6-4】某工业区，园区主要产业为竹木加工产业，经判定该项目地下水评价等级为三级，地下水流向为西北至东南，项目占地面积为5000m^2，请设计该项目的地下水监测方案。

【解析】本项目地下水评价等级为三级，根据导则要求，潜水含水层水质监测点应不少于3个，原则上建设项目场地上游及下游影响区的地下水水质监测点各不得少于1个。地下水水位监测点数宜多于相应评价级别地下水水质监测点数的2倍。制定本项目地下水监测方案见表6-6。

表6-6 地下水监测布点一览表

编号	监测点位置	监测项目
A1	项目区上游西北侧	①地下水水位 ②水质指标：pH、氨氮、硝酸盐、亚硝酸盐、挥发性酚类、硫化物、砷、汞、六价铬、总硬度、铅、氟、镉、铁、锰、溶解性总固体、耗氧量、硫酸盐、氯化物、石油烃
A2	项目区内	
A3	项目区内	
A4	项目区下游东侧	
A5	项目区下游南侧	
A6	项目区下游东南侧	

（五）环境水文地质试验方法

1. 抽水试验

抽水试验的目的是确定含水层的导水系数、渗透系数、给水度、影响半径等水文地质参数，也可以通过抽水试验查明某些水文地质条件，如地表水与地下水及含水层之间的水力联系，以及边界性质和强径流带位置等。

根据要解决的问题，可以进行不同规模和方式的抽水试验。单孔抽水试验只用一个井抽水，不另设置观测孔，取得的数据精度较差；多孔抽水试验是用一个主孔抽水，同时配置若干个监测水位变化的观测孔，以取得比较准确的水文地质参数；群井开采试验是在某一范围内用大量生产井同时长期抽水，以查明群井采水量与区域水位下降的关系，求得可靠的水文地质参数。

为确定水文地质参数而进行的抽水试验，有稳定流抽水和非稳定流抽水两类。前者要求试验结束以前抽水流量及抽水影响范围内的地下水位达到稳定不变。后者则只要求抽水流量保持定值而水位不一定达到稳定，或保持一定的水位降深而允许流量变化。具体的试验方法可参见《供水水文地质勘察规范》（GB 50027—2001）。

2. 注水试验

注水试验的目的与抽水试验相同。当钻孔中地下水位埋藏很深或试验层透水不含水时，可用注水试验代替抽水试验，近似地测定该岩层的渗透系数。在研究地下水人工补给或废水地下处置时，常需进行钻孔注水试验。注水试验时可向井内定流量注水，抬高井中水位，待水位稳定并延续到一定时间后，可停止注水，观测恢复水位。

由于注水试验常常是在不具备抽水试验条件下进行的，故注水井在钻井结束后，一般都难以进行洗井（孔内无水或未准备洗井设备）。因此，用注水试验方法求得的岩层渗透系数往往比抽水试验求得的值小得多。

3. 渗水试验

渗水试验的目的是测定包气带渗透性能及防污性能。渗水试验是一种在野外现场测定包气带土层垂向渗透系数的简易方法，在研究大气降水、灌溉水、渠水等对地下水的补给时，常需要进行此种试验。

试验时在试验层中开挖一个截面积为 0.3 ～ 0.5m^2 的方形或圆形试坑，不断将水注入坑中，并使坑底的水层厚度保持一定（一般为 10cm 厚），当单位时间注入水量（即包气带岩层的渗透流量）保持稳定时，可根据达西渗透定律计算出包气带土层的渗透系数。

4. 浸溶试验

浸溶试验的目的是查明固体废物受雨水淋滤或在水中浸泡时，其中的有害成分转移到水中，对水体环境直接形成的污染或通过地层渗漏对地下水造成的间接影响。

有关固体废物的采样、处理和分析方法，可参照执行关于固体废物的国家环境保护标准或技术文件。

5. 土柱淋滤试验

土柱淋滤试验的目的是模拟污水的渗入过程，研究污染物在包气带中的吸附、转化、自净机制，确定包气带的防护能力，为评价污水渗漏对地下水水质的影响提供依据。

试验土柱应在评价场地有代表性的包气带地层中采取。通过滤出水水质的测试，分析淋滤试验过程中污染物的迁移、累积等引起地下水水质变化的环境化学效应的机理。

试剂的选取或配制，宜采取评价工程排放的污水做试剂。对于取不到污水的拟建项目，可取生产工艺相同的同类工程污水替代，也可按设计提供的污水成分和浓度配制试剂。如果试验目的是确定污水排放控制要求，需要配制几种浓度的试剂分别进行试验。

第四节　地下水环境影响预测及评价

一、预测原则

建设项目地下水环境影响预测应遵循《建设项目环境影响评价技术导则 总纲》（HJ 2.1—2016）中确定的原则。考虑到地下水环境污染的复杂性、隐蔽性和难恢复性，还应遵循保护优先、预防为主的原则，预测应为评价各方案的环境安全和环境保护措施的合理性提供依据。

预测的范围、时段、内容和方法均应根据评价工作等级、工程特征与环境特征，结合当地环境功能和环保要求确定，应预测建设项目对地下水水质产生的直接影响，重点预测对地下水环境保护目标的影响。

在结合地下水污染防控措施的基础上，对工程设计方案或可行性研究报告推荐的选址（选线）方案可能引起的地下水环境影响进行预测。

二、预测范围

地下水环境影响预测范围一般与调查评价范围一致。预测层位应以潜水含水层或污染物直接进入的含水层为主，兼顾与其水力联系密切且具有饮用水开发利用价值的含水层。当建设项目场地天然包气带垂向渗透系数小于 1.0×10^{-6}cm/s 或厚度超过 100m 时，预测范围应扩展至包气带。

三、预测时段

地下水环境影响预测时段应选取可能产生地下水污染的关键时段，至少包括污染发生后 100d、1 000d，服务年限或者能反映特征因子迁移规律的其他重要的时间节点。

四、预测情景设置

一般情况下，建设项目须对正常状况和非正常状况的情景分别进行预测。已依据 GB 16889—2008、GB 18597—2023、GB 18598—2019、GB 18599—2020、GB/T 50934—2013 等规范设计地下水污染防渗措施的建设项目，可不进行正常状况情景下的预测。

五、预测因子判定

预测因子应包括：

① 项目的特征因子，建设项目可能导致地下水污染的特征因子应根据建设项目污废水成分（可参照 HJ/T 2.3—2018）、液体物料成分、固废浸出液成分等确定。按照重金属、持久性有机污染物和其他类别进行分类，并对每一类别中的各项因子采用标准指数法进行排序，分别取标准指数最大的因子作为预测因子；

② 现有工程已经产生的且改、扩建后将继续产生的特征因子，改、扩建后新增加的特征因子；

③ 污染场地现状调查已查明的主要污染物；

④ 国家或地方要求控制的污染物。

六、预测源强

正常状况下，预测源强应结合建设项目工程分析和相关设计规范（如 GB 50141—2008、GB 50268—2008 等）确定。非正常状况下，预测源强可根据地下水环境保护设施或工艺设备的系统老化或腐蚀程度等设定。

七、预测方法

建设项目地下水环境影响预测方法包括数学模型法和类比分析法。其中，数学模型法包括数值法、解析法等。

预测方法的选取应根据建设项目工程特征、水文地质条件及资料掌握程度来确定，当数值法不适用时，可用解析法或其他方法预测。一般情况下，一级评价应采用数值法，不宜概化为等效多孔介质的地区除外；二级评价中水文地质条件复杂且适宜采用数值法时，建议优先采用数值法；三级评价可采用解析法或类比分析法。

采用数值法预测前，应先进行参数识别和模型验证。采用解析模型预测污染物在含水层中的扩散时，一般应满足以下条件：污染物的排放对地下水流场没有明显的影响；调查评价区内含水层的基本参数（如渗透系数、有效孔隙度等）不变或变化很小。

采用类比分析法时，应给出类比条件。类比分析对象与拟预测对象之间应满足以下要求：二者的环境水文地质条件、水动力场条件相似；二者的工程类型、规模及特征因子对地下水环境的影响具有相似性。

八、预测内容

① 给出特征因子不同时段的影响范围、程度、最大迁移距离。

② 给出预测期内建设项目场地边界或地下水环境保护目标处特征因子随时间的变化规律。

③ 当建设项目场地天然包气带垂向渗透系数小于 1.0×10^{-6}cm/s 或厚度超过 100m 时，须考虑包气带阻滞作用，预测特征因子在包气带中的迁移规律。

④ 污染场地修复治理工程项目应给出污染物变化趋势或污染控制的范围。

九、预测模型

建设项目地下水环境影响预测方法包括数学模型法和类比分析法。其中，数学模型法主要包括数值法、解析法。其中，数值模型包含地下水水流模型、地下水水质模型；解析法包含一维稳定流动一维水动力弥散问题、一维稳定流动二维水动力弥散问题。具体计算公式可参考《环境影响评价技术导则 地下水环境》（HJ 610—2016）附录 D 中常用地下水评价预测模型。

十、评价

（一）评价原则

评价应以地下水环境现状调查和地下水环境影响预测结果为依据，对建设项目各实施阶段（建设期、运营期及服务期满后）不同环节及不同污染防控措施下的地下水环境影响进行评价。

地下水环境影响预测未包括环境质量现状值时，应叠加环境质量现状值后再进行评价。

应评价建设项目对地下水水质的直接影响，重点评价建设项目对地下水环境保护目标的影响。

（二）评价范围

地下水环境影响评价范围一般与调查评价范围一致。

（三）评价方法

1. 标准指数法

地下水水质现状评价应采用标准指数法。标准指数＞1，表明该水质因子已超标，标准指数越大，超标越严重。标准指数计算公式分为以下两种情况。

（1）评价标准为定值的水质因子　其标准指数计算方法见式（6-2）。

$$P_i = \frac{C_i}{C_{si}} \tag{6-2}$$

式中　P_i——第 i 个水质因子的标准指数，量纲为 1；

C_i——第 i 个水质因子的监测浓度值，mg/L；

C_{si}——第 i 个水质因子的标准浓度值，mg/L。

（2）评价标准为区间值的水质因子（如 pH）其标准指数计算方法见式（6-3）、式（6-4）。

$$P_{pH} = \frac{7.0 - pH}{7.0 - pH_{sd}} \quad pH \leqslant 7 时 \tag{6-3}$$

$$P_{pH} = \frac{pH - 7.0}{pH_{su} - 7.0} \quad pH > 7 时 \tag{6-4}$$

式中　P_{pH}——pH 的标准指数，量纲为 1；

pH——pH 的监测值；

pH_{su}——标准中 pH 的上限值；

pH_{sd}——标准中 pH 的下限值。

2. 其他评价方法

① 对属于 GB/T 14848—2017 水质指标的评价因子，应按其规定的水质分类标准值进行评价。

② 对于不属于 GB/T 14848—2017 水质指标的评价因子，可参照国家（行业、地方）相关标准的水质标准值（如 GB 3838—2002、GB 5749—2022、DZ/T 0290—2015 等）进行评价。

（四）评价结论

评价建设项目对地下水水质影响时，可采用以下判据评价水质能否满足标准的要求。

1. 可以满足评价标准要求的结论

① 建设项目各个不同阶段，除场界内小范围以外地区，均能满足 GB/T 14848—2017 或国家（行业、地方）相关标准要求的。

② 在建设项目实施的某个阶段，有个别评价因子出现较大范围超标，但采取环保措施后，可满足 GB/T 14848—2017 或国家（行业、地方）相关标准要求的。

2. 不能满足评价标准要求的结论

① 新建项目排放的主要污染物，改、扩建项目已经排放的及将要排放的主要污染物在评价范围内地下水中已经超标的。

② 环保措施在技术上不可行，或在经济上明显不合理的。

笔记

第五节　地下水环境污染防控措施

一、基本要求

地下水环境保护措施与对策应符合国家相关法律法规要求，按照“源头控制、分区防控、污染监控、应急响应”且重点突出饮用水水质安全的原则确定。

① 根据建设项目特点、调查评价区和场地环境水文地质条件，在建设项目可行性研究提出的污染防控对策的基础上，根据环境影响预测与评价结果，提出需要增加或完善的地下水环境保护措施和对策。

② 改、扩建项目应针对现有工程引起的地下水污染问题，提出“以新带老”措施，有效减轻污染程度或控制污染范围，防止地下水污染加剧。

③ 给出各项地下水环境保护措施与对策的实施效果，初步估算各措施的投资概算，列表给出并分析其技术、经济可行性。

④ 提出合理、可行、操作性强的地下水污染防控的环境管理体系，包括地下水环境跟踪监测方案和定期信息公开等。

二、防控措施

防控措施主要包含源头控制措施、分区防控措施、地下水环境监测与管理、应急响应等。

（一）源头控制措施

提出各类废物循环利用的具体方案，减少污染物的排放量；提出工艺、管道、设备、污水储存及处理构筑物应采取的污染防控措施，将污染物“跑、冒、滴、漏”降到最低限度。

（二）分区防控措施

结合地下水环境影响评价结果，对工程设计或可行性研究报告提出的地下水污染防控方案提出优化调整建议，给出不同分区的具体防渗技术要求。

一般情况下，应以水平防渗为主，防控措施应满足以下要求：

① 已颁布污染控制标准或防渗技术规范的行业，水平防渗技术要求按照相应标准或规范执行，如 GB 16889—2008、GB 18597—2023、GB 18598—2019、GB 18599—2020、GB/T 50934—2013 等。

② 未颁布相关标准的行业，污染控制难易程度分级和天然包气带防污性能分级参照表 6-7 和表 6-8 进行相关等级的确定。根据预测结果和建设项目场地包气带特征及其防污性能，提出防渗技术要求；或根据建设项目场地天然包气带防污性能、污染控制难易程度和污染物特性，参照表 6-9 提出防渗技术要求。

表 6-7　污染控制难易程度分级参照表

污染控制难易程度	主要特征
难	对地下水环境有污染的物料或污染物泄漏后，不能及时发现和处理
易	对地下水环境有污染的物料或污染物泄漏后，可及时发现和处理

表 6–8　天然包气带防污性能分级参照表

分级	包气带岩土的渗透性能
强	$Mb \geqslant 1.0$m，$k \leqslant 1.0 \times 10^{-6}$cm/s，且分布连续、稳定
中	0.5m $\leqslant Mb < 1.0$m，$k \leqslant 1.0 \times 10^{-6}$cm/s，且分布连续、稳定 $Mb \geqslant 1.0$m，1.0×10^{-6}cm/s $< k \leqslant 1.0 \times 10^{-4}$cm/s，且分布连续、稳定
弱	岩（土）层不满足上述“强”和“中”条件

注：① Mb：岩土层单层厚度。

② k：渗透系数。

表 6–9　地下水污染防渗分区参照表

防渗分区	天然包气带防污性能	污染控制难易程度	污染物类型	防渗技术要求
重点防渗区	弱	易—难	重金属、持久性有机污染物	等效黏土防渗层 $Mb \geqslant 6.0$m，$k \leqslant 1.0 \times 10^{-7}$cm/s；或参照 GB 18598—2019 执行
	中—强	难		
一般防渗区	中—强	易	重金属、持久性有机污染物	等效黏土防渗层 $Mb \geqslant 1.5$m，$k \leqslant 1.0 \times 10^{-7}$cm/s；或参照 GB 16889—2008 执行
	弱	易—难	其他类型	
	中—强	难		
简单防渗区	中—强	易	其他类型	一般地面硬化

对难以采取水平防渗的建设项目场地，可采用垂向防渗为主、局部水平防渗为辅的防控措施。根据非正常状况下的预测评价结果，在建设项目服务年限内个别评价因子超标范围超出厂界时，应提出优化总图布置的建议或地基处理方案。

（三）地下水环境监测与管理

建立地下水环境监测管理体系，包括制定地下水环境影响跟踪监测计划、建立地下水环境影响跟踪监测制度、配备先进的监测仪器和设备，以便及时发现问题，采取措施。

跟踪监测计划应根据环境水文地质条件和建设项目特点设置跟踪监测点，跟踪监测点应明确与建设项目的位置关系，给出点位、坐标、井深、井结构、监测层位、监测因子及监测频率等相关参数。

1. 跟踪监测点数量要求

① 一级、二级评价的建设项目，一般不少于 3 个，应至少在建设项目场地及其上、下游各布设 1 个。一级评价的建设项目，应在建设项目总图布置基础之上，结合预测评价结果和应急响应时间要求，在重点污染风险源处增设监测点。

② 三级评价的建设项目，一般不少于 1 个，应至少在建设项目场地下游布置 1 个。

2. 明确跟踪监测点的基本功能

如背景值监测点、地下水环境影响跟踪监测点、污染扩散监测点等，必要时，明确跟踪监测点兼具的污染控制功能。根据环境管理对监测工作的需要，提出有关监测机构、人员及装备的建议。

3. 制定地下水环境跟踪监测与信息公开计划

（1）编制跟踪监测报告　明确跟踪监测报告编制的责任主体。跟踪监测报告内容一般应包括：建设项目所在场地及其影响区地下水环境跟踪监测数据，排放污染物的种类、数量、浓度；生产设备、管廊或管线、贮存与运输装置、污染物贮存与处理装置、事故应急装置等设施的运行状况、跑冒滴漏记录、维护记录。

（2）信息公开计划　应至少包括建设项目特征因子的地下水环境监测值。

4. 应急响应

制定地下水污染应急响应预案，明确污染状况下应采取的控制污染源，切断污染途径等措施。

【案例 6-1】某化工厂分区渗漏方案参考《石油化工工程防渗技术规范》（GB/T 50934—2013），化工项目厂区可划分为非污染防治区、一般污染防治区和重点污染防治区。其中，非污染防治区是指物料或污染物泄漏，不会对地下水环境造成污染的区域或部位。一般污染防治区是指裸露于地面的生产单元，污染地下水环境的物料泄漏后，可及时发现和处理的区域。重点污染防治区是指位于地下或半地下的生产功能单元，污染地下水环境的物料或污染物泄漏后，不易及时发现和处理的区域或部位，防渗方案见表 6-10。

表 6-10　地下水污染防渗方案

编号	防治区分区	装置或构筑物名称	防渗区域
1	重点污染防治区	生产车间、动力车间	地面
2		罐区	罐区地面
3		危废暂存间	地面
4		污水处理站	底部、水池周围
5		仓库	地面
6		装卸区	地面
7		事故应急池	底部、水池周围
8		物料输送管廊	管廊四周
9	一般污染防治区	化粪池	底部、水池周围
10		垃圾收集点	地面
11		一般工业固废临时堆放场	地面
12		消防水池	底部、水池周围
13	非污染防治区	办公楼	地面
14		门卫	地面
15		配电室	地面

复习思考及案例分析题

一、复习思考题

1. 地下水主要存在形式有哪些？

2. 地下水环境影响评价等级是如何划分的？

3. 某地拟新建一轮胎制造厂，建设位置周边无环境敏感区，不属于集中式饮用水水源准保护区及其他保护区，也不属于集中式饮用水水源准保护区以外的补给径流区。请划分该项目地下水环境影响评价工作等级。

二、案例分析题

某农药制造企业拟进行地下水环境影响评价，项目周边地下水不敏感，完成以下工作：

① 根据《环境影响评价技术导则 地下水环境》（HJ 610—2016），确定该项目地下水评价工作的等级。

② 假设该项目设有甲苯储罐，且该项目生产过程中使用了锌、汞、铬、砷、铅、镉等原辅材料，针对该项目情况，制定地下水环境现状监测方案。

③ 假定该项目地下水共检测了 5 个点位，其中几种主要污染物的现状监测结果如下表，请根据监测结果运用适当的方法评价该项目周边地下水的环境质量现状。

注：该项目周边地下水执行《地下水质量标准》（GB/T 14848—2017）中的Ⅲ类标准。

项目点位	A1	A2	A3	A4	A5
pH（无量纲）	7.13	6.95	7.12	7.24	7.38
氨氮	0.02L	0.02L	0.02L	0.02L	0.02L
总硬度	19	22	32	123	105
耗氧量	0.85	0.95	1.43	0.65	0.42
氯化物	10.0L	10.0L	10.0L	10.0L	17.8
硫化物	0.02L	0.02L	0.02L	0.02L	0.02L
锌	0.02	0.02	0.02	0.02	0.01
汞	0.00004L	0.00004L	0.00004L	0.00004L	0.00004L
铬（六价）	0.004L	0.004L	0.004L	0.005	0.005
砷	0.0003L	0.0003L	0.0003L	0.0003L	0.0003L
铅	0.005L	0.005L	0.005L	0.005L	0.005L
镉	0.0001L	0.0001L	0.0001L	0.0001L	0.0001L
甲苯	0.11L	0.11L	0.11L	0.11L	0.11L

注：① 上表水质指标浓度均为 mg/L；

② 根据《地下水环境监测技术规范》（HJ 164—2020），当测定结果低于分析方法检出限时，报所使用方法的检出限值，并在其后加标志位 L。

第七章

声环境影响评价

导读导学

声环境影响评价所需的基础知识有哪些？声环境影响预测模型有哪些？噪声防治措施有哪些？

学习目标

知识目标	能力目标	素质目标
1. 掌握环境噪声、噪声源、声级等基本概念； 2. 熟悉环境噪声评价量的概念及相关计算； 3. 熟悉相关环境噪声标准	1. 能够选用正确的环境噪声评价量和环境噪声标准开展声环境影响评价工作； 2. 能够准确确定声环境影响评价工作等级和评价范围； 3. 能够按照评价等级开展噪声源和声环境现状调查，能够选择正确的声环境标准开展环境噪声现状评价； 4. 能够搜集规范的声环境预测基础数据，选择正确的预测模型，开展声环境预测； 5. 能够提出具有可行性的噪声防治措施	1. 关注声环境公共事件，提高对声环境管理制度的认同感，拥护并践行社会主义核心价值观； 2. 理解声环境影响评价的意义，建立社会责任感和环境保护职业荣誉感

思政小课堂

扫描二维码可查看“噪声扰民惹人烦，谁来护卫‘安静权’？——深圳大力推进‘宁静城市’建设”。

噪声扰民惹人烦，谁来护卫“安静权”？——深圳大力推进“宁静城市”建设

第一节　概述

一、基本术语和定义

1. 环境噪声与环境噪声污染

环境噪声是指在工业生产、建筑施工、交通运输和社会生活中产生的干扰周围生活环境的声音（频率在 20Hz ~ 20kHz 的可听声范围内）。

环境噪声污染是指所产生的环境噪声超过国家规定的环境噪声排放标准，并干扰他人正常生活、工作和学习的现象。

环境噪声具有主观感觉性、局地性和分散性、暂时性等主要特征。

2. 环境噪声的分类

按照声波产生的机理来划分，噪声可分为机械噪声、空气动力性噪声、电磁噪声。对于产生机理不同的噪声应采用不同的噪声控制措施。

按噪声随时间的变化可分成稳态噪声和非稳态噪声两大类。非稳态噪声中又可有瞬态的、周期性起伏的、脉冲的和无规则的噪声之分。在环境噪声现状监测中应根据噪声随时间的变化来选定恰当的测量和监测方法。

环境噪声按其来源可分为工业噪声、建筑施工噪声、交通运输噪声、社会生活噪声。不同来源的噪声，在环境影响评价中对应不同的排放标准。

3. 噪声源

按照发生时间内位置是否移动来划分，噪声源可分为固定声源和移动声源。

按实际噪声源的辐射特性及其和敏感点之间的距离，可将其分别视为点声源、线声源和面声源三种声源类型，不同类型声源在声环境影响评价中应采用相对应的预测公式进行计算。

点声源是指以球面波形式辐射声波的声源，辐射声波的声压幅值与声波传播距离（r）成反比。任何形状的声源，只要声波波长远远大于声源几何尺寸，该声源可视为点声源。在声环境影响评价中，声源中心到预测点之间的距离超过声源最大几何尺寸的 2 倍时，可将该声源近似为点声源。

线声源是指以柱面波形式辐射声波的声源，辐射声波的声压幅值与声波传播距离的平方根（$\sqrt{r}$）成反比。

面声源是指以平面波形式辐射声波的声源，辐射声波的声压幅值不随传播距离改变（不考虑空气吸收）。

实际声源的近似：实际的室外声源组，可以用处于该组中部的等效点声源来描述。一般要求组内的声源具有大致相同的强度和离地面的高度；到接收点有相同的传播条件；从单一等效点声源到接收点间的距离 r 超过声源的最大几何尺寸 H_{max} 2 倍（$r > 2H_{max}$）。假若距离 r 较小（$r \leqslant 2H_{max}$），或组内的各点声源传播条件不同时（例如加屏蔽），其总声源必须分为若干分量点声源。

一个线声源或一个面声源也可分为若干线的分区或若干面的分区，而每一个线或面的分区可用处于中心位置的点声源表示。

笔记

4. 声环境保护目标

声环境保护目标是指依据法律、法规、标准政策等确定的需要保持安静的建筑物及建筑物集中区。

二、环境噪声评价基础

（一）声音的物理量

1. 声波、声速、波长、频率（周期）

（1）声波　声音是由物体振动而产生的。物体振动引起周围媒质的质点位移，使媒质密度产生疏、密变化，这种变化的传播就是声波。它是弹性介质中传播的一种机械波。

（2）声速（c）　声波在弹性媒质中的传播速度，即振动在媒质中的传递速度称为声速，单位为 m/s。在任何媒质中，声速的大小只取决于媒质的弹性和密度，而与声源无关。

（3）波长（λ）　一声波相邻的两个压缩层（或稀疏层）之间的距离称为波长，单位为 m。

（4）频率（f）、倍频带和周期（T）频率（f）　为每秒钟媒质质点振动的次数，单位为赫兹（Hz）。环境声学中研究的声波一般为人耳的可听声波，其声波频率为 20 ～ 20000Hz。

可听声波的频率范围较宽，国际上统一按式（7-1）将可听声波划分为 10 个频带。

$$f_2 / f_1 = 2^n \tag{7-1}$$

式中　f_1——下限频率，Hz；

f_2——上限频率，Hz。

n=1 时就是倍频带。

倍频带中心频率 f_0 可按照下式进行计算。

$$f_0 = \sqrt{f_1 f_2} \tag{7-2}$$

实际使用时通常可用 8 个倍频带进行分析。倍频带的划分范围和中心频率见表 7-1。

表 7–1　倍频带中心频率和上下限频率

下限频率 f_1	中心频率 f_0	上限频率 f_2
22	32	45
45	63	89
89	125	177
177	250	354
354	500	707
707	1000	1414
1414	2000	2828
2828	4000	5656
5656	8000	11312
11312	16000	22624

波行经一个波长的距离所需要的时间，即质点每重复一次振动所需的时间就是周期，单位为秒（s）。

对正弦波来说，频率（f）和周期（T）互为倒数。它们和声速（c）、波长（λ）之间的关系为：

$$c=f\lambda \text{ 或 } c=\frac{\lambda}{T} \quad (7\text{-}3)$$

2. 声压、声强、声功率

（1）声压（p） 当有声波存在时，媒质中的压强超过静止压强，两个压强的差值称为声压。单位为 Pa。

描述声压可以用瞬时声压和有效声压等。瞬时声压是指某瞬时媒质中内部压强受到声波作用后的改变量，即单位面积的压力变化。瞬时声压对时间取均方根值称为有效声压，用 p_e 表示。通常所说（一般应用时）的声压即指有效声压。

$$p_e=\sqrt{\frac{1}{T}\int_0^T p^2(t)\,\mathrm{d}t} \quad (7\text{-}4)$$

式中 p_e——某时段的有效声压，Pa；

$p(t)$——某时刻的瞬时声压，Pa；

T——取平均的时间间隔，s。

人耳能听到的最微弱声音的声压值为 2×10^{-5}Pa，称为人耳的听阈，如蚊子飞过的声音。使人耳产生疼痛感觉的声压为 20Pa，称为人耳的痛阈，如飞机发动机的噪声。

（2）声强（I） 指在单位时间内，声波通过垂直于声波传播方向单位面积的声能量，单位为 W/m^2。声压与声强有密切关系。在自由声场中，对于平面波来说，某处的声强与该处声压的平方成正比，即：

$$I=\frac{p^2}{\rho c} \quad (7\text{-}5)$$

式中 p——有效声压，Pa；

ρ——介质密度，kg/m^3；

c——声速，m/s。常温时，ρc 为 $408N\cdot s/m^3$。

（3）声功率（W） 声源在单位时间内辐射的声能量称为声功率，单位为 W 或 μW。一台机器在运转时，其总功率只有极少的一部分转化为声功率。声功率与声强之间的关系为：

$$W=IS \quad (7\text{-}6)$$

式中 S——声波垂直通过的面积，m^2。

（二）声压级、声功率级、声强级

1. 声压级

声压的绝对值相差非常之大，用其表示声音的强弱是很不方便的。再者，人对声音响度的感觉是与声音强度的对数成比例的。为此，使用声压比或者能量比的对数来表示声音的大小，这就是声压级。

笔记

声压级的单位是分贝，记为 dB，分贝是一个相对单位，将有效声压（p）与基准声压（p_0）的比，取以 10 为底的对数，再乘以 20，就是声压级的分贝数。即

$$L_p = 20\lg\frac{p}{p_0} \tag{7-7}$$

式中　L_p——声压级，dB；

p——有效声压，Pa；

p_0——基准声压，即听阈，p_0=2×10^{-5}Pa。

如测量得到的是某一中心频率倍频带上限和下限频率范围内的声压级，则可称为某中心频率倍频带的声压级，由可听声范围内各个中心频率倍频带的声压级经能量叠加（对数叠加）可得到总声压级。典型环境的声压和声压级如表 7-2 所示。

表 7-2　典型环境的声压和声压级

典型环境	声压 /Pa	声压级 /dB	典型环境	声压 /Pa	声压级 /dB
喷气式飞机喷气口附近	630	150	繁华街道上	0.063	70
喷气式飞机附近	200	140	普通说话	0.02	60
铆锤，铆钉操作位置	63	130	微电机附近	0.0063	50
大型球磨机旁	20	120	安静房间	0.002	40
8-18 型鼓风机附近	6.3	110	轻声耳语	0.00063	30
纺织车间	2	100	树叶落下的沙沙声	0.0002	20
4-72 型风机附近	0.63	90	农村静夜	0.000063	10
公共汽车内	0.2	80	人耳刚能听到	0.00002	0

2. 声强级

$$L_I = 10\lg\frac{I}{I_0} \tag{7-8}$$

式中　L_I——声强级，dB；

I——声强，W/m^2；

I_0——基准声强，I_0=10^{-12}W/m^2。

3. 声功率级

$$L_W = 10\lg\frac{W}{W_0} \tag{7-9}$$

式中　L_W——声功率级，dB；

W——声功率，W；

W_0——基准声强，W_0=10^{-12}W。

（三）常用的声级

1. A 声级（L_A）

环境噪声的度量，不仅与噪声的物理量有关，还与人对声音的主观听觉有关。人耳对声音的感觉不仅和声压级大小有关，而且也和频率的高低有关。声压级相同而频率不同的声音，听起来不一样响，高频声音比低频声音响，这是人耳听觉特性所决定的。为了能用仪器直接测量出人的主观响度感觉，研究人员为测量噪声的仪器——声级计设计了一种特殊的滤波器，叫 A 计权网络。通过 A 计权网络测得的噪声值更接近人的听觉，这个测得的声压级称为 A 计权声级，简称 A 声级，记为 L_A。

声级也叫计权声级，指声级计上以分贝表示的读数，即声场内某一点的声级。

声级计读数相当于全部可听声范围内按规定的频率计权的积分时间而测得的声压级。通常有 A、B、C 和 D 计权声级。其中 A 声级是模拟人耳对 55dB 以下低强度噪声的频率特性而设计的，以 L_{PA} 或 L_A 表示，单位为 dB。由于 A 声级能较好地反映出人们对噪声吵闹的主观感觉，因此，它几乎已成为一切噪声评价的基本值。

设可听声范围内各个倍频带声压级为 L_{pi}，则 A 声级为：

$$L_A = 10\lg\left[\sum_{i=1}^{n} 10^{0.1(L_{Pi}+\Delta L_i)}\right] \qquad (7\text{-}10)$$

式中　ΔL_i——第 i 个倍频带的 A 计权网络修正值，dB；

n——总倍频带数。

中心频率为 63 ~ 1000Hz 范围内倍频带的 A 计权网络修正值见表 7-3。

表 7-3　计权网络修正值

频率	63	125	250	500	1000	2000	4000	8000	16000
ΔL_i/dB	−26.2	−16.1	−8.6	−3.2	0	1.2	1.0	−1.1	−6.6

2. 等效连续 A 声级（$L_{Aeq,T}$）

A 声级用来评价稳态噪声具有明显的优点，但是在评价非稳态噪声时又有明显的不足。因此，人们提出了等效连续 A 声级（简称“等效声级”，即将某一段时间内连续暴露的不同 A 声级变化，用能量平均的方法以 A 声级表示该段时间内的噪声大小，可记为 $L_{Aeq,T}$，单位为 dB（A），简写为 L_{eq}。

等效连续 A 声级的数学表示：

$$L_{Aeq,T} = 10\lg\left(\frac{1}{T}\int_0^T 10^{0.1L_A}\,dt\right) \qquad (7\text{-}11)$$

式中　$L_{Aeq,T}$——等效连续 A 声级，dB；

L_A——t 时刻的瞬时 A 声级，dB；

T——规定的测量时间段，s。

进行实际噪声测量时采用的噪声测量方法，应根据噪声的实际情况而定。如果一日之内的声级变化较大，而每天的变化规律相同，则应选择有代表性的一天测量其等效连续 A 声级。若噪声级不但在日内变化，而且日间变化也较大，但却有周期性的变化规律，也可选择有代表性的一周测量其等效连续 A 声级。

由于噪声测量实际上是采取等间隔取样的，所以等效连续 A 声级又按下列公式计算：

$$L_{eq} = 10\lg\left(\frac{1}{N}\sum_{i=1}^{N} 10^{0.1L_i}\right) \qquad (7\text{-}12)$$

式中　L_i——第 i 次读取的 A 声级，dB；

N——取样总数。

3. 列车通过时段内等效连续 A 声级（L_{Aeq,T_p}）

预测点的列车通过时段内等效连续 A 声级（L_{Aeq,T_p}）计算公式为：

$$L_{Aeq,T_p}=10\lg\left[\frac{1}{t_2-t_1}\int_{t_1}^{t_2}\frac{p_A^2(t)}{p_0^2}dt\right] \tag{7-13}$$

式中　L_{Aeq,T_p}——列车通过时段内的等效连续 A 声级，dB；

T_p——测量经过的时间段，$T_p=t_2-t_1$，表示始于 t_1 终于 t_2，s；

$p_a(t)$——瞬时 A 计权声压，Pa；

p_0——基准声压，p_0=20μPa。

4. 机场航空器噪声事件的有效感觉噪声级（L_{EPN}）

对某一飞行事件的有效感觉噪声级按下式近似计算：

$$L_{EPN}=L_{Amax}+10\lg(T_d/20)+13 \tag{7-14}$$

式中　L_{EPN}——有效感觉噪声级，dB；

L_{Amax}——一次噪声事件中测量时段内单架航空器通过时的最大 A 声级，dB；

T_d——在 L_{Amax} 下 10dB 的延续时间，s。

（四）噪声级（分贝）的计算

1. 噪声级（分贝）的相加

如果已知两个声源在某一预测点单独产生的声压级（L_{p_1}，L_{p_2}）这两个声源合成的声压级（L_p）就要进行级（分贝）的相加。

（1）公式法　根据声压级的定义，分贝相加一定要按能量（声功率或声压平方）相加，求合成的声压级（L_p），可按下列步骤计算：

① 因 $L_{p_1}=20\lg\frac{p_1}{p_0}$ 和 $L_{p_2}=20\lg\frac{p_2}{p_0}$，运用对数计算法则，计算得：

$$p_1=p_0\cdot 10^{L_{p_i}/20}和 p_1=p_0\cdot 10^{L_{p_i}/20} \tag{7-15}$$

② 合成声压 p_T，按能量相加则 $(p_T)^2=p_1{}^2+p_2{}^2$ 即：

$$(p_T)^2=p_0{}^2\left(10^{L_{p_1}/10}+10^{L_{p_2}/10}\right)\ 或\ (p_T/p_0)^2=10^{L_{p_1}/10}+10^{L_{p_2}/10} \tag{7-16}$$

③ 按照声压级的定义合成的声压级

$$L_{p_T}=20\lg\frac{p_T}{p_0}=10\lg\frac{p_T{}^2}{p_0{}^2} \tag{7-17}$$

即：

$$L_{p_T}=10\lg\left(10^{0.1L_{p_1}}+10^{0.1L_{p_2}}\right) \tag{7-18}$$

几个声压级相加的通用式为：

$$L_{总}=10\lg\left(\sum_{i=1}^{n}10^{0.1L_{p_i}}\right) \tag{7-19}$$

式中　$L_{总}$——几个声压级相加后的总声压级，dB；

L_{p_i}——某一个声压级，dB。

若上式的几个声压级均相同，即可简化为：

$$L_{总}=L_p+10\lg N \tag{7-20}$$

式中　L_p——单个声压级，dB；

N——相同声压级的个数。

（2）查表法　例如 L_1=100dB，L_2=98dB，求 L_1+L_2=?

先算出两个声音的分贝差，L_1-L_2=2dB，再查表7-4找出2dB相对应的增值 ΔL=2.1dB，然后加在分贝数大的 L_1 上，得出 L_1 与 L_2 的和 L_1+L_2=100+2.1=102.1，取整数为102dB。

表7–4　分贝和的增值表声压级差

声压级差（L_1-L_2）/dB	0	1	2	3	4	5	6	7	8	9	10
增值 ΔL	3.0	2.5	2.1	1.8	1.5	1.2	1.0	0.8	0.6	0.5	0.4

2. 噪声级（分贝）的相减

如果已知两个声源在某一预测点产生的合成声压级（L_{p_T}）和其中一个声源在预测点单独产生的声压级 L_{p_2}，则另一个声源在此点单独产生的声压级 L_{p_1} 可用下式计算：

$$L_{p_1}=10\lg(10^{0.1L_{p_T}}-10^{0.1L_{p_2}}) \tag{7-21}$$

（五）声传播衰减的计算

在声学中，把声源、介质、接受器称为声音的三要素。

声源辐射的声波在传播过程中，其波阵面会随距离的增加而增大（点声源、线声源），声能量扩散，因而声压或声强随距离的增加而衰减。除此之外，空气吸收、地面吸收、阻挡物的反射与屏障等因素的影响，也会使其产生衰减。环境影响评价技术导则中关于上述噪声传播声级衰减计算方法如下：

1. 几何发散引起的衰减（A_{div}）

（1）点声源的几何发散衰减

① 无指向性点声源几何发散衰减的基本公式是：

$$L_p(r)=L_p(r_0)-20\lg(r/r_0) \tag{7-22}$$

式中　$L_p(r)$——预测点处声压级，dB；

$L_p(r_0)$——参考位置 r_0 处的声压级，dB；

r——预测点距声源的距离，m；

r_0——参考位置距声源的距离，m。

式（7-22）中第二项表示了点声源的几何发散衰减：

$$A_{div}=20\lg(r/r_0) \tag{7-23}$$

式中　A_{div}——几何发散引起的衰减，dB；

r——预测点距声源的距离，m；

r_0——参考位置距声源的距离，m。

如果已知点声源的倍频带声功率级或A计权声功率级（L_{Aw}），且声源处于自由声场，则式（7-22）等效为式（7-24）或式（7-25）：

$$L_p(r)=L_w-20\lg r-11 \tag{7-24}$$

式中 $L_p(r)$——预测点处声压级，dB；

L_w——由点声源产生的倍频带声功率级，dB；

r——预测点距声源的距离。

$$L_A(r)=L_{Aw}-20\lg r-11 \tag{7-25}$$

式中 $L_A(r)$——距声源 r 处的A声级，dB（A）；

L_{Aw}——点声源A计权声功率级，dB；

r——预测点距声源的距离。

如果声源处于半自由声场，则式（7-22）等效为式（7-26）或式（7-27）：

$$L_p(r)=L_w-20\lg r-8 \tag{7-26}$$

式中 $L_p(r)$——预测点处声压级，dB；

L_w——由点声源产生的倍频带声功率级，dB；

r——预测点距声源的距离。

$$L_A(r)=L_{Aw}-20\lg r-8 \tag{7-27}$$

式中 $L_A(r)$——距声源 r 处的A声级，dB（A）；

L_{Aw}——点声源A计权声功率级，dB；

r——预测点距声源的距离。

② 指向性点声源几何发散衰减：

声源在自由空间中辐射声波时，其强度分布的一个主要特性是指向性。例如，喇叭发声，其喇叭正前方声音大，而侧面或背面就小。

对于自由空间的点声源，其在某一 θ 方向上距离 r 处的声压级 $[L_p(r)_\theta]$ 为：

$$L_{p(r)\theta}=-20\lg（r）+D_{I\theta}-11 \tag{7-28}$$

式中 $L_{p(r)\theta}$——自由空间的点声源在某一 θ 方向上距离 r 处的声压级，dB；

L_w——点声源声功率级（A计权或倍频带），dB；

r——预测点距声源的距离；

$D_{I\theta}$——θ 方向上的指向性指数，$D_{I\theta}=10\lg R_\theta$，其中，$R_\theta$ 为指向性因数。$R_\theta=I_\theta/I$，其中，I 为所有方向上的平均声强，W/m^2；I_θ 为某一 θ 方向上的声强，W/m^2。

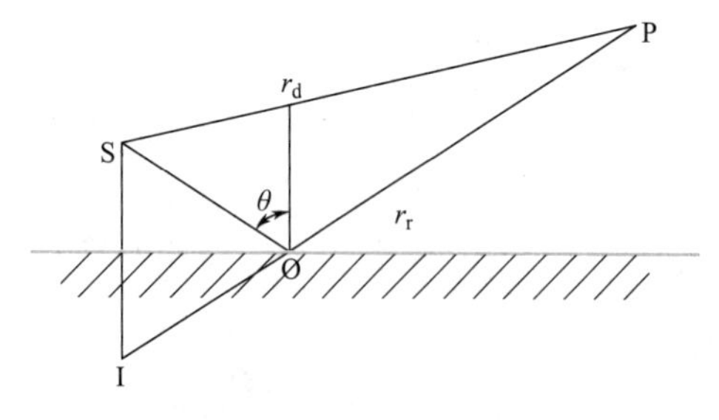

图 7-1 反射体对预测点声级的影响

按式（7-28）计算具有指向性点声源几何发散衰减时，式（7-28）中的 $L_p(r)$ 与 $L_p(r_0)$ 必须是在同一方向上的倍频带声压级。

③ 反射体引起的修正（ΔL_r）

如图7-1所示，当点声源与预测点处在反射体同侧附近时，到达预测点的声级是直达声与反射声叠加的结果，从而使预测点声级增高。

当满足下列条件时，需考虑反射体引起的

声级增高：

① 反射体表面平整、光滑、坚硬；

② 反射体尺寸远远大于所有声波波长 λ；

③ 入射角 $\theta < 85°$。

$r_r - r_d \gg \lambda$ 反射引起的修正量 ΔL_r 与 r_r/r_d 有关（$r_r=IP$、$r_d=SP$），可按表 7-5 计算。

表 7-5 反射体引起的修正量

r_r/r_d	dB	r_r/r_d	dB
≈1	3	≈2	1
≈1.4	2	＞2.5	0

（2）线声源的几何发散衰减

① 无限长线声源几何发散衰减的基本公式是：

$$L_p(r)=L_p(r_0)-10\lg(r/r_0) \tag{7-29}$$

式中 $L_p(r)$——预测点处声压级，dB；

$L_p(r_0)$——参考位置 r_0 处的声压级，dB；

r——预测点距声源的距离；

r_0——参考位置距声源的距离。

式（7-29）中第二项表示了无限长线声源的几何发散衰减：

$$A_{div}=10\lg(r/r_0) \tag{7-30}$$

式中 A_{div}——几何发散引起的衰减，dB；

r——预测点距声源的距离；

r_0——参考位置距声源的距离。

② 有限长线声源。

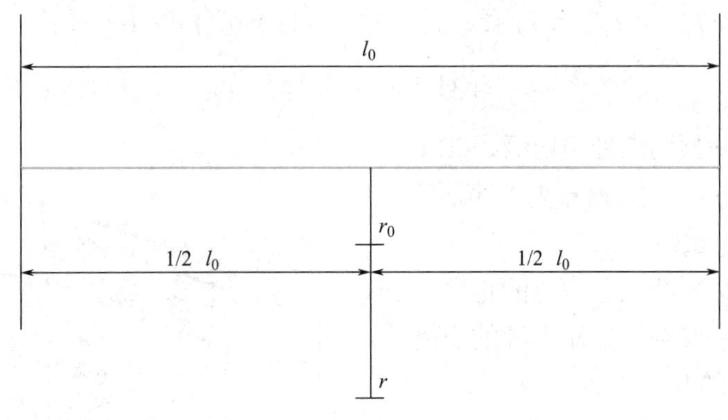

图 7-2 有限长线声源

如图 7-2 所示，假设线声源长度为 l_0，单位长度线声源辐射的倍频带声功率级为 L_w。在线声源垂直平分线上距声源 r 处的声压级为：

$$L_p(r)=L_w+10\lg\left[\frac{1}{r}\mathrm{arctg}\left(\frac{l_0}{2r}\right)\right]-8 \tag{7-31}$$

或

笔记

$$L_p(r)=L_p(r_0)+10\lg\left[\frac{\frac{1}{r}\mathrm{arctg}\left(\frac{l_0}{2r}\right)}{\frac{1}{r_0}\mathrm{arctg}\left(\frac{l_0}{2r_0}\right)}\right] \tag{7-32}$$

式中 $L_p(r)$——预测点处声压级，dB；

$L_p(r_0)$——参考位置 r_0 处的声压级，dB；

L_w——线声源声功率级（A 计权或倍频带），dB；

r——预测点距声源的距离；

l_0——线声源长度。

当 $r > l_0$ 且 $r_0 > l_0$ 时，式（7-32）可近似简化为：

$$L_p(r)=L_p(r_0)-20\lg(r/r_0) \tag{7-33}$$

式中 $L_p(r)$——预测点处声压级，dB；

$L_p(r_0)$——参考位置 r_0 处的声压级，dB；

r——预测点距声源的距离；

r_0——参考位置距声源的距离。

即在有限长线声源的远场，有限长线声源可当作点声源处理。

当 $r < l_0/3$ 且 $r_0 < l_0/3$ 时，式（7-32）可近似简化为：

$$L_p(r)=L_p(r_0)-10\lg(r/r_0) \tag{7-34}$$

式中 $L_p(r)$——预测点处声压级，dB；

$L_p(r_0)$——参考位置 r_0 处的声压级，dB；

r——预测点距声源的距离；

r_0——参考位置距声源的距离。

当 $l_0/3 < r < l_0$，且 $l_0/3 < r_0 < l_0$ 时，式（7-32）可作近似计算：

$$L_p(r)=L_p(r_0)-15\lg(r/r_0) \tag{7-35}$$

式中 $L_p(r)$——预测点处声压级，dB；

$L_p(r_0)$——参考位置 r_0 处的声压级，dB；

r——预测点距声源的距离；

r_0——参考位置距声源的距离。

（3）面声源的几何发散衰减 一个大型机器设备的振动表面，车间透声的墙壁，均可以认为是面声源。如果已知面声源单位面积的声功率为 W，各面积元噪声的位相是随机的，面声源可看作由无数点声源连续分布组合而成，其合成声级可按能量叠加法求出。

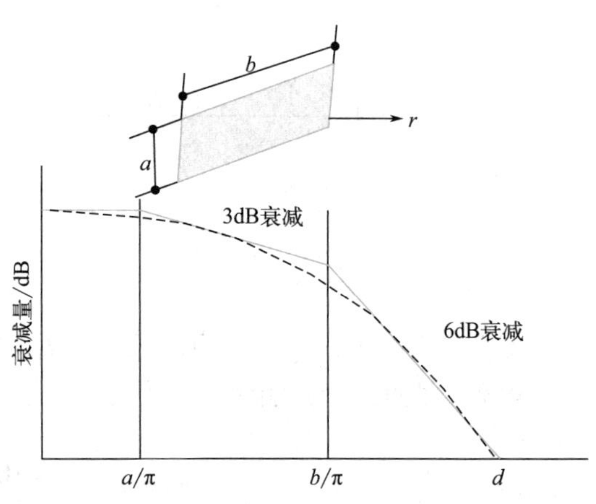

图 7-3 长方形面声源中心轴线上的衰减特性

图 7-3 给出了长方形面声源中心轴线上的声衰减曲线。当预测点和面声源中心距离 r 处于以下条件时，可按下述方法近似计算：$r < a/\pi$ 时，几乎不衰减（$A_{div} \approx 0$）；当 $a/\pi < r < b/\pi$，距离加倍衰减 3dB 左右，类似线声源衰减特性 [$A_{div} \approx 10\lg(r/r_0)$]；当 $r > b/\pi$ 时，距离加倍衰减趋近于 6dB，类似点声源衰减特性 [$A_{div} \approx 20\lg(r/r_0)$]。其中面声源的 $b > a$。图 7-3 中虚线为实际衰减量。

2. 大气吸收引起的衰减（A_{atm}）

大气吸收引起的衰减按式（7-36）计算：

$$A_{atm} = \frac{\alpha(r - r_0)}{1000} \tag{7-36}$$

式中　A_{atm}——大气吸收引起的衰减，dB；

α——与温度、湿度和声波频率有关的大气吸收衰减系数，预测计算中一般根据建设项目所处区域常年平均气温和湿度选择相应的大气吸收衰减系数（表 7-6）；

r——预测点距声源的距离；

r_0——参考位置距声源的距离。

表 7–6　倍频带噪声的大气吸收衰减系数 α

温度 /℃	相对湿度 /%	倍频带中心频率 /Hz	大气吸收衰减系数 α/（dB/km）	温度 /℃	相对湿度 /%	倍频带中心频率 /Hz	大气吸收衰减系数 α/（dB/km）
10	70	63	0.1	15	20	63	0.3
		125	0.4			125	0.6
		250	1.0			250	1.2
		500	1.9			500	2.7
		1000	3.7			1000	8.2
		2000	9.7			2000	28.2
		4000	32.8			4000	28.8
		8000	117.0			8000	202.0
20	70	63	0.1	15	50	63	0.1
		125	0.3			125	0.5
		250	1.1			250	1.2
		500	2.8			500	2.2
		1000	5.0			1000	4.2
		2000	9.0			2000	10.8
		4000	22.9			4000	36.2
		8000	76.6			8000	129.0
30	70	63	0.1	15	80	63	0.1
		125	0.3			125	0.3
		250	1.0			250	1.1
		500	3.1			500	2.4
		1000	7.4			1000	4.1
		2000	12.7			2000	8.3
		4000	23.1			4000	23.7
		8000	59.3			8000	82.8

3. 地面效应引起的衰减（A_{gr}）

地面类型可分为：

① 坚实地面，包括铺筑过的路面、水面、冰面以及夯实地面；

② 疏松地面，包括被草或其他植物覆盖的地面，以及农田等适合于植物生长的地面；

③ 混合地面，由坚实地面和疏松地面组成。声波掠过疏松地面传播时，或大部分为疏松地面的混合地面，在预测点仅计算 A 声级前提下，地面效应引起的倍频带衰减可用式（7-37）计算。

$$A_{gr}=4.8-\left(\frac{2h_m}{r}\right)\left(17+\frac{300}{r}\right) \tag{7-37}$$

式中 A_{gr}——地面效应引起的衰减，dB；

r——预测点距声源的距离，m；

h_m——传播路径的平均离地高度，m；可按图 7-4 进行计算，$h_m=F/r$，F——面积，m^2；若 A_{gr} 计算出负值，则 A_{gr} 可用“0”代替。

其他情况可参照 GB/T 17247.2—1998 进行计算。

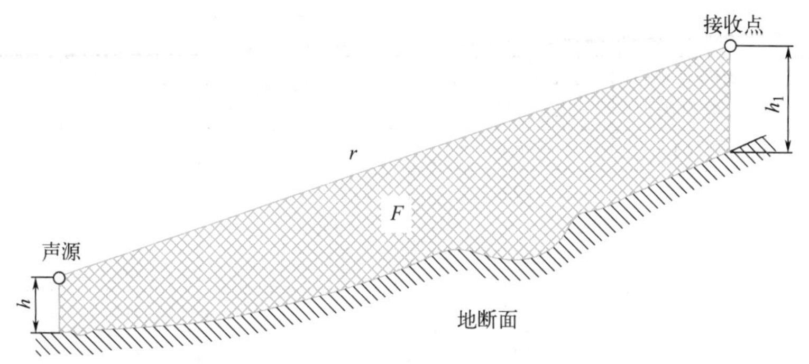

图 7-4 估计平均高度 h_m 的方法

4. 障碍物屏蔽引起的衰减（A_{bar}）

位于声源和预测点之间的实体障碍物，如围墙、建筑物、土坡或地堑等起声屏障作用，从而引起声能量的较大衰减。在环境影响评价中，可将各种形式的屏障简化为具有一定高度的薄屏障。

如图 7-5 所示为无限长声屏障示意，其中 S、O、P 三点在同一平面内且垂直于地面。

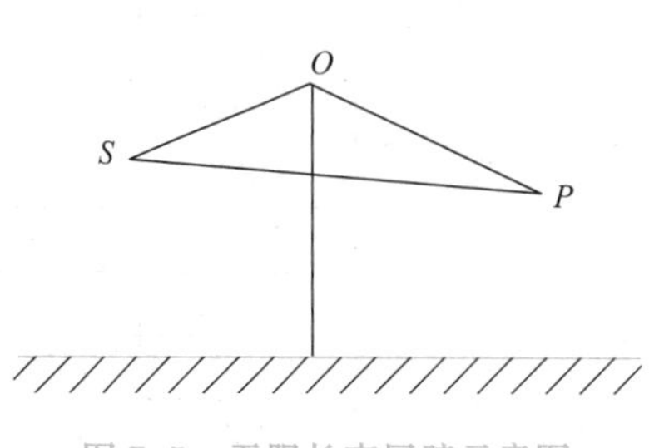

图 7-5 无限长声屏障示意图

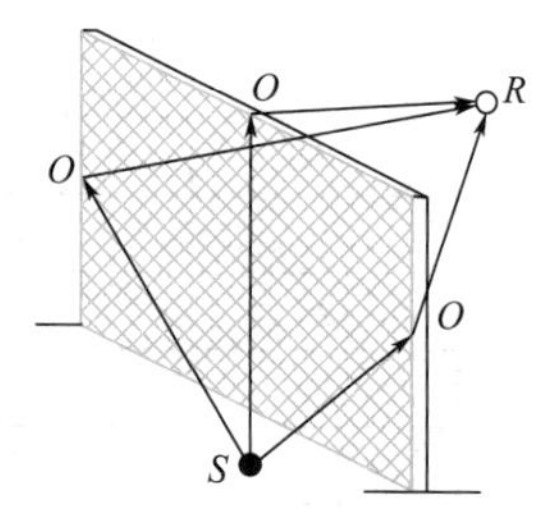

图 7-6 有限长声屏障传播路径

定义 $\delta=SO+OP-SP$ 为声程差，$N=2\delta/\lambda$ 为菲涅耳数，其中 λ 为声波波长。

在噪声预测中，声屏障插入损失的计算方法需要根据实际情况作简化处理。

笔记

屏障衰减 A_{bar} 在单绕射（即薄屏障）情况下，衰减最大取 20dB；在双绕射（即厚屏障）情况下，衰减最大取 25dB。

（1）有限长薄屏障在点声源声场中引起的衰减

① 首先计算图 7-6 所示三个传播途径的声程差 δ_1、δ_2、δ_3 和相应的菲涅耳数 N_1、N_2、N_3。

② 声屏障引起的衰减按式（7-38）计算：

$$A_{bar}=-10\lg\left(\frac{1}{3+20N_1}+\frac{1}{3+20N_2}+\frac{1}{3+20N_3}\right) \tag{7-38}$$

式中　　A_{bar}——障碍物屏蔽引起的衰减，dB；

N_1、N_2、N_3——图 7-6 所示三个传播途径的声程差 δ_1、δ_2、δ_3 相应的菲涅耳数。

当屏障很长（作无限长处理）时，仅可考虑顶端绕射衰减，按式（7-39）进行计算。

$$A_{har}=-10\lg\left(\frac{1}{3+20N_1}\right) \tag{7-39}$$

式中　　A_{bar}——障碍物屏蔽引起的衰减，dB；

N_1——顶端绕射的声程差 δ_1 相应的菲涅耳数。

（2）双绕射计算　对于图 7-7 所示的双绕射情形，可由式（7-40）计算绕射声与直达声之间的声程差 δ：

$$\delta=\left[\left(d_{ss}+d_{sr}+e\right)^2+a^2\right]^{\frac{1}{2}}-d \tag{7-40}$$

式中　　δ——声程差，m；

a——声源和接收点之间的距离在平行于屏障上边界的投影长度，m；

d_{ss}——声源到第一绕射边的距离，m；

d_{sr}——第二绕射边到接收点的距离，m；

e——在双绕射情况下两个绕射边界之间的距离，m；

d——声源到接收点的直线距离，m。

屏障衰减 A_{bar} 参照 GB/T 17247.2—1998 进行计算。计算屏障衰减后，不再考虑地面效应衰减。

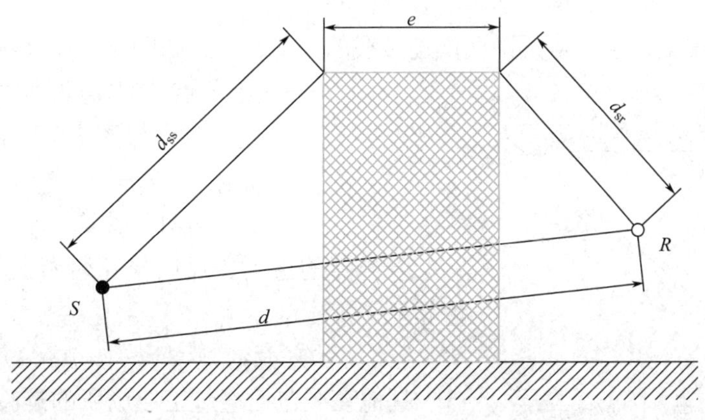

图 7–7

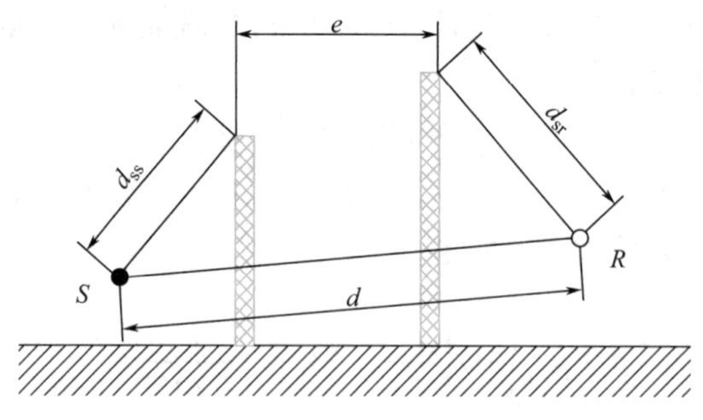

图 7-7　利用建筑物、土堤作为厚屏障

（3）屏障在线声源声场中引起的衰减　无限长声屏障参照 HJ/T 90—2004 中规定的方法进行计算，计算公式为：

$$A_{bar}=\begin{cases}10\lg\dfrac{3\pi\sqrt{1-t^2}}{4\arctan\sqrt{\dfrac{1-t}{1+t}}} & t=\dfrac{40f\delta}{3c}\leqslant 1\\ 10\lg\dfrac{3\pi\sqrt{t^2-1}}{2\ln\left(t+\sqrt{t^2-1}\right)} & t=\dfrac{40f\delta}{3c}>1\end{cases} \tag{7-41}$$

式中　A_{bar}——障碍物屏蔽引起的衰减，dB；

f——声波频率，Hz；

δ——声程差，m；

c——声速，m/s。

在公路建设项目评价中可采用 500Hz 频率的声波计算得到的屏障衰减量近似作为 A 声级的衰减量。

在使用式（7-41）计算声屏障衰减时，当菲涅耳数 $-0.2<N<0$ 时也应计算衰减量，同时保证衰减量为正值，负值时舍弃。

有限长声屏障的衰减量（A'_{bar}）可按式（7-42）近似计算：

$$A'_{bar}\approx -10\lg\left(\frac{\beta}{\theta}10^{-0.1A_{bar}}+1-\frac{\beta}{\theta}\right) \tag{7-42}$$

式中　A'_{bar}——有限长声屏障引起的衰减，dB；

β——受声点与声屏障两端连接线的夹角，°，如图 7-8 所示；

θ——受声点与线声源两端连接线的夹角，°，如图 7-8 所示；

A_{bar}——无限长声屏障的衰减量，dB，可按式（7-41）计算。

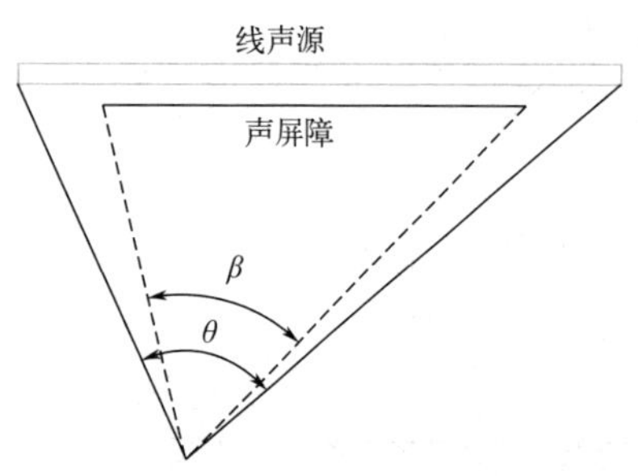

图 7-8　受声点与声屏障及线声源两端连接线的夹角（遮蔽角）

声屏障的透射、反射修正可参照 HJ/T 90—2004 计算。

5. 其他方面效应引起的衰减（A_{misc}）

其他衰减包括通过工业场所的衰减、建筑群的衰减等。在声环境影响评价中，一般情况下，不考虑自然条件（如风、温度梯度、雾）变化引起的附加修正。

工业场所的衰减可参照 GB/T 17247.2—1998 进行计算。

（1）绿化林带引起的衰减（A_{fol}）绿化林带的附加衰减与树种、林带结构和密度等因素有关。在声源附近的绿化林带，或在预测点附近的绿化林带，或两者均有的情况都可以使声波衰减，见图 7-9。

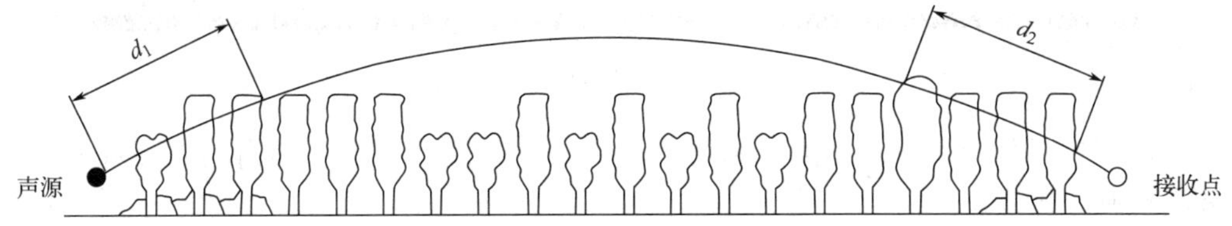

图 7–9　通过树和灌木时噪声衰减示意图

通过树叶传播造成的噪声衰减随通过树叶传播距离 d_f 的增长而增加，其中 $d_f=d_1+d_2$，为了计算 d_1 和 d_2，可假设弯曲路径的半径为 5km。

表 7-7 中的第一行给出了通过总长度为 10m 到 20m 的乔灌结合且郁闭度较高的林带时，由林带引起的衰减；第二行为通过总长度 20m 到 200m 林带时的衰减系数；当通过林带的路径长度大于 200m 时，可使用 200m 的衰减值。

表 7–7　倍频带噪声通过林带传播时产生的衰减

项目	传播距离 d_f/m	倍频带中心频率 /Hz							
		63	125	250	500	1000	2000	4000	8000
衰减 /dB	$10 \leqslant d_f < 20$	0	0	1	1	1	1	2	3
衰减系数/（dB/m）	$20 \leqslant d_f < 200$	0.02	0.03	0.04	0.05	0.06	0.08	0.09	0.12

（2）建筑群噪声衰减（A_{hous}）建筑群衰减 A_{hous} 不超过 10dB 时，近似等效连续 A 声级按式（7-43）估算。当从受声点可直接观察到线路时，不考虑此项衰减。

$$A_{hous}=A_{hous,1}+A_{hous,2} \tag{7-43}$$

式中　$A_{hous,1}$ 按式（7-44）计算，dB。

$$A_{hous,1}=0.1Bd_b \tag{7-44}$$

式中　B——沿声传播路线上的建筑物的密度，等于建筑物总平面面积除以总地面面积（包括建筑物所占面积）；

d_b——通过建筑群的声传播路线长度，按式（7-45）计算，d_1 和 d_2 如图 7-10 所示。

$$d_b=d_1+d_2 \tag{7-45}$$

假如声源沿线附近有成排整齐排列的建筑物时，则可将附加项 $A_{hous,2}$ 包括在内（假定这一项小于在同一位置上与建筑物平均高度等高的一个屏障插入损失）。$A_{hous,2}$ 按式（7-46）计算。

$$A_{hous,2}=10\lg(1-p) \tag{7-46}$$

式中　p——沿声源纵向分布的建筑物正面总长度除以对应的声源长度，其值小于或等于 90%。

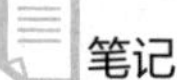
笔记

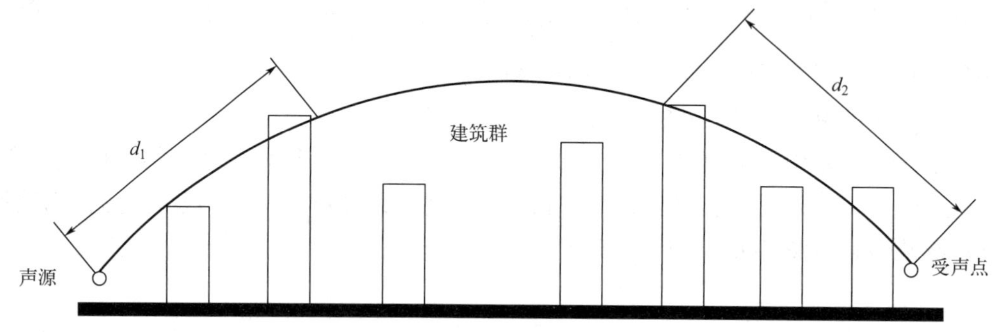

图 7-10　建筑群中声传播路径

在进行预测计算时，通常只需考虑建筑群衰减 A_{hous} 与地面效应引起的衰减 A_{gr} 中最主要的衰减。

对于通过建筑群的声传播，一般不考虑地面效应引起的衰减 A_{gr}；但地面效应引起的衰减 A_{gr}（假定预测点与声源之间不存在建筑群时的计算结果）大于建筑群衰减 A_{hous} 时，则不考虑建筑群插入损失 A_{hous}。

三、环境噪声评价量

1. 声源源强

声源源强的评价量为：A 计权声功率级（L_{Aw}）或倍频带声功率级（L_w），必要时应包含声源指向性描述；距离声源 r 处的 A 计权声压级 $[L_A(r)]$ 或倍频带声压级 $[L_p(r)]$，必要时应包含声源指向性描述；有效感觉噪声级（L_{EPN}）。

2. 声环境质量

根据 GB 3096—2008，声环境质量评价量为昼间等效 A 声级（L_d）、夜间等效 A 声级（L_n），夜间突发噪声的评价量为最大 A 声级（L_{Amax}）。

根据 GB 9660—1988 和 GB 9661—1988，机场周围区域受飞机通过（起飞、降落、低空飞越）噪声影响的评价量为计权等效连续感觉噪声级（L_{WECPN}）。

3. 厂界、场界、边界噪声

根据 GB 12348—2008，工业企业厂界噪声评价量为昼间等效 A 声级（L_d），夜间等效 A 声级（L_n），夜间频发、偶发噪声的评价量为最大 A 声级（L_{Amax}）。

根据 GB 12523—2011，建筑施工场界噪声评价量为昼间等效 A 声级（L_d）、夜间等效 A 声级（L_n）、夜间最大 A 声级（L_{Amax}）。

根据 GB 12525—1990，铁路边界噪声评价量为昼间等效 A 声级（L_d）、夜间等效 A 声级（L_n）。

根据 GB 22337—2008，社会生活噪声排放源边界噪声评价量为昼间等效 A 声级（L_d）、夜间等效 A 声级（L_n），非稳态噪声的评价量为最大 A 声级（L_{Amax}）。

4. 列车通过噪声、飞机航空器通过噪声

铁路、城市轨道交通单列车通过时噪声影响评价量为通过时段内等效连续 A 声级（$L_{Aeq,T}$），单架航空器通过时噪声影响评价量为最大 A 声级（L_{Amax}）。

四、有关环境噪声标准

（一）声环境质量标准

1.《声环境质量标准》（GB 3096—2008）

该标准规定了城市五类声环境功能区的环境噪声限值（表 7-8）及测量方法，适用于

声环境质量评价与管理。机场周围区域受飞机通过(起飞、降落、低空飞越)的噪声的影响，不适用于该标准。

依据区域的使用功能特点和环境质量要求，声环境功能区分为五类，分别对应五级质量标准。

0 类指康复疗养区等特别需要安静的区域，执行 0 类标准。

1 类指以居民住宅、医疗卫生、文化教育、科研设计、行政办公为主要功能，需要保持安静的区域，执行 1 类标准。

2 类指以商业金融、集市贸易为主要功能，或者居住、商业、工业混杂后要维护住宅安静的区域，执行 2 类标准。

3 类指以工业生产、仓储物流为主要功能，需要防止工业噪声对周围环境产生严重影响的区域，执行 3 类标准。

4 类指交通干线两侧一定距离内，需要防止交通噪声对周围环境产生严重影响的区域。其中 4a 类指高速公路、一级和二级公路、城市快速路、城市主干路、城市次干路、城市轨道交通（地面段）、内河航道两侧区域，执行 4a 类标准；4b 类指铁路干线两侧区域，执行 4b 类标准（注意项目建设时间和特定区域不通过列车时环境背景噪声限值等的专门规定）。

表 7-8 《声环境质量标准》的环境噪声限值　　单位：dB（A）

声环境功能区类别	声级限值		声环境功能区类别		声级限值	
	昼间	夜间			昼间	夜间
0	50	40	3		65	55
1	55	45	4	4a	70	55
2	60	50		4b	70	60

各类声环境功能区夜间突发噪声，其最大声级超过环境噪声限值的幅度不得高于 15dB（A）。

2.《机场周围飞机噪声环境标准》（GB 9660—1988）

该标准规定了机场周围飞机噪声的环境标准，适用于机场周围受飞机通过所产生噪声影响的区域，见表 7-9。

表 7-9　机场周围飞机噪声环境标准值和适用区域　　单位：dB

适用区域	标准值
一类区域	≤ 70
二类区域	≤ 75

一类区域：特殊住宅区，居住、文教区。二类区域：除一类区域以外的生活区。

标准采用一昼夜的计权等效连续感觉噪声级作为评价量，用 L_{WECPN} 表示，单位为 dB。该标准是户外允许噪声级。

（二）环境噪声排放标准

1.《工业企业厂界环境噪声排放标准》（GB 12348—2008）

该标准规定了工业企业和固定设备厂界环境噪声排放限值及其测量方法，适用于工

笔记

业企业噪声排放的管理、评价及控制。机关、事业单位、团体等对外环境排放噪声的单位也按该标准执行。排放限值见表 7-10。

表 7–10　工业企业厂界环境噪声排放限值　单位：dB（A）

厂界外声环境功能区类别	昼间	夜间
0	50	40
1	55	45
2	60	50
3	65	55
4	70	55

注：①夜间频发噪声的最大声级超过限值的幅度不得高于 10dB（A）；
②夜间偶发噪声的最大声级超过限值的幅度不得高于 15dB（A）；
③工业企业若位于未划分声环境功能区的区域，当厂界外有噪声敏感建筑物时，由当地县级以上人民政府参照 GB 3096—2008 和 GB/T 15190—2014 的规定确定厂界外区域的声环境质量要求，并执行相应的厂界环境噪声排放限值；
④当厂界与噪声敏感建筑物距离小于 1m 时，厂界环境噪声应在噪声敏感建筑物的室内测量，并将表 7-3 中相应的限值减 10dB（A）作为评价依据。

当固定设备排放的噪声通过建筑物结构传播至噪声敏感建筑物室内时，噪声敏感建筑物室内等效声级不得超过表 7-11 和表 7-12 规定的限值。

表 7–11　结构传播固定设备室内噪声排放限值（等效声级）　单位：dB（A）

噪声敏感建筑物所处声环境功能区类别	A 类房间		B 类房间	
	昼间	夜间	昼间	夜间
0	40	30	40	30
1	40	30	45	35
2、3、4	45	35	50	40

注：A 类房间是指以睡眠为主要目的，需要保持夜间安静的房间，包括住宅卧室、医院病房、宾馆客房等。
B 类房间是指主要在昼间使用，需要保持思考与精神集中、正常讲话不被干扰的房间，包括学校教室、会议室、办公室、住宅中卧室以外的其他房间等。

表 7–12　结构传播固定设备室内噪声排放限值（倍频带声压级）　单位：dB

噪声敏感建筑物所处声环境功能区类别	时段	倍频带中心频率，Hz / 房间类型	室内噪声倍频带声压级限值				
			32.5	63	125	250	500
0	昼间	A、B 类房间	76	59	48	39	34
	夜间	A、B 类房间	69	51	39	30	24
1	昼间	A 类房间	76	59	48	39	34
		B 类房间	79	63	52	44	38
	夜间	A 类房间	69	51	39	30	24
		B 类房间	72	55	43	35	29
2、3、4	昼间	A 类房间	79	63	52	44	39
		B 类房间	82	67	56	49	43
	夜间	A 类房间	72	55	43	35	29
		B 类房间	76	59	48	39	34

笔记

2.《社会生活环境噪声排放标准》(GB 22337—2008)

该标准规定了营业性文化娱乐场所、商业经营活动中使用的向环境排放噪声的设备、设施边界噪声排放限值和测量方法，适用于向环境排放噪声的设备、设施的管理、评价与控制。其边界噪声排放限值见表 7-13，结构传播固定设备室内噪声限值同表 7-11 和表 7-12。

表 7-13 社会生活噪声排放源边界噪声排放限值 单位：dB(A)

边界外声环境功能区类别	昼间	夜间
0	50	40
1	55	45
2	60	50
3	65	55
4	70	55

在社会生活噪声排放源边界处无法进行噪声测量或测量的结果不能如实反映其对噪声敏感建筑物的影响程度的情况下，噪声测量应在可能受影响的敏感建筑物窗外 1m 处进行。

当社会生活噪声排放源边界与噪声敏感建筑物距离小于 1m 时，应在噪声敏感建筑物的室内测量，并将表 7-13 中相应的限值减 10dB(A)作为评价依据。

3.《建筑施工场界环境噪声排放标准》(GB 12523—2011)

本标准规定了建筑施工场界环境噪声排放限值及测量方法。本标准适用于周围有噪声敏感建筑物的建筑施工噪声排放的管理、评价及控制。市政、通信、交通、水利等其他类型的施工噪声排放可参照本标准执行。本标准不适用于抢修、抢险施工过程中产生噪声的排放监管。

建筑施工过程中场界环境噪声不得超过表 7-14 规定的排放限值。

表 7-14 建筑施工场界环境噪声排放限值 单位：dB(A)

昼间	夜间
70	55

夜间噪声最大声级超过限值的幅度不得高于 15dB(A)。

当场界距噪声敏感建筑物较近，其室外不满足测量条件时，可在噪声敏感建筑物室内测量，并将表 7-14 中相应的限值减 10dB(A)作为评价依据。

4.《铁路边界噪声限值及其测量方法》(GB 12525—1990)

该标准规定了城市铁路边界处铁路噪声的限值及其测量方法，适用于对城市铁路边界噪声的评价。铁路边界是指距铁路外侧轨道中心线 30m 处。2008 年对该标准进行了修改，修改方案自 2008 年 10 月 1 日起实施。

① 既有铁路边界铁路噪声按表 7-15 的规定执行。既有铁路是指 2010 年 12 月 31 日前已建成运营的铁路或环境影响评价文件已通过审批的铁路建设项目。

② 改、扩建既有铁路，铁路边界铁路噪声按表 7-15 的规定执行。

③ 新建铁路（含新开廊道的增建铁路）边界铁路噪声按表 7-16 的规定执行。新建铁路是指 2011 年 1 月 1 日起环境影响评价文件通过审批的铁路建设项目（不包括改、扩建既有铁路建设项目）。

④ 昼间和夜间时段的划分按《中华人民共和国环境噪声污染防治法》的规定执行，或按铁路所在地人民政府根据环境噪声污染防治需要所做的规定执行。

表 7-15　既有铁路边界铁路噪声限值（等效声级 L_{eq}）

时段	噪声限值 /dB（A）
昼间	70
夜间	70

表 7-16　新建铁路边界铁路噪声限值（等效声级 L_{eq}）

时段	噪声限值 /dB（A）
昼间	70
夜间	60

（三）声环境评价有关技术规范

1.《环境影响评价技术导则 声环境》（HJ 2.4—2021）

本标准规定了声环境影响评价工作的一般性原则、内容、程序、方法和要求。本标准适用于建设项目的声环境影响评价。规划的声环境影响评价可参照使用。

2.《声环境功能区划分技术规范》（GB/T 15190—2014）

本标准规定了声环境功能区划分的原则和方法，适用于《声环境质量标准》（GB 3096—2008）规定的声环境功能区的划分。

第二节　声环境影响评价工作等级及评价范围

一、声环境影响评价工作等级

声环境影响评价工作等级一般分为三级，一级为详细评价，二级为一般性评价，三级为简要评价。

评价范围内有适用于 GB 3096—2008 规定的 0 类声环境功能区域，或建设项目建设前后评价范围内声环境保护目标噪声级增量达 5dB（A）以上 [不含 5dB（A）]，或受影响人口数量显著增加时，按一级评价。

建设项目所处的声环境功能区为 GB 3096—2008 规定的 1 类、2 类地区，或建设项目建设前后评价范围内声环境保护目标噪声级增量达 3dB（A）~ 5dB（A），或受噪声影响人口数量增加较多时，按二级评价。

建设项目所处的声环境功能区为 GB 3096—2008 规定的 3 类、4 类地区，或建设项目建设前后评价范围内声环境保护目标噪声级增量在 3dB（A）以下［不含 3dB（A）]，且受影响人口数量变化不大时，按三级评价。

在确定评价等级时，如果建设项目符合两个等级的划分原则，按较高等级评价。

机场建设项目航空器噪声影响评价等级为一级。

二、声环境影响评价范围

1. 对于以固定声源为主的建设项目（如工厂、码头、站场等）

满足一级评价的要求，一般以建设项目边界向外 200m 为评价范围；二级、三级评价范围可根据建设项目所在区域和相邻区域的声环境功能区类别及声环境保护目标等实际情况适当缩小；如依据建设项目声源计算得到的贡献值到 200m 处，仍不能满足相应功能区标准值时，应将评价范围扩大到满足标准值的距离。

2. 对于以移动声源为主的建设项目（如公路、城市道路、铁路、城市轨道交通等地面交通）

满足一级评价的要求，一般以线路中心线外两侧 200m 以内为评价范围；二级、三级评价范围可根据建设项目所在区域和相邻区域的声环境功能区类别及声环境保护目标等实际情况适当缩小；如依据建设项目声源计算得到的贡献值到 200m 处，仍不能满足相应功能区标准值时，应将评价范围扩大到满足标准值的距离。

3. 机场项目噪声评价范围

机场项目按照每条跑道承担的飞行量进行评价范围划分：对于单跑道项目，以机场整体的吞吐量及起降架次判定机场噪声评价范围；对于多跑道机场，根据各条跑道分别承担的飞行量情况各自划定机场噪声评价范围并取合集。

对于增加跑道项目或变更跑道位置项目(例如现有跑道变为滑行道或新建一条跑道)，在现状机场噪声影响评价和扩建机场噪声影响评价工作中，可分别划定机场噪声评价范围；机场噪声评价范围应不小于计权等效连续感觉噪声级 70dB 等声级线范围；不同飞行量机场推荐噪声评价范围见表 7-17。

表 7-17 机场项目噪声评价范围

机场类别	起降架次 N（单条跑道承担量）	跑道两端推荐评价范围	跑道两侧推荐评价范围
运输机场	$N \geqslant$ 15 万架次 / 年	两端各 12km 以上	两侧各 3km
	10 万架次 / 年 $\leqslant N <$ 15 万架次 / 年	两端各 10 ~ 12km	两侧各 2km
	5 万架次 / 年 $\leqslant N <$ 10 万架次 / 年	两端各 8 ~ 10km	两侧各 1.5km
	3 万架次 / 年 $\leqslant N <$ 5 万架次 / 年	两端各 6 ~ 8km	两侧各 1km
	1 万架次 / 年 $\leqslant N <$ 3 万架次 / 年	两端各 3 ~ 6km	两侧各 1km
	$N <$ 1 万架次 / 年	两端各 3km	两侧各 0.5km
通用机场	无直升飞机	两端各 3km	两侧各 0.5km
	有直升飞机	两端各 3km	两侧各 1km

第三节　环境噪声现状调查与评价

一、环境噪声现状调查

（一）噪声源调查与分析

1. 调查与分析对象

噪声源调查包括拟建项目的主要固定声源和移动声源。给出主要声源的数量、位置和强度，并在标准规范的图中标识固定声源的具体位置或移动声源的路线、跑道等位置。

噪声源调查内容和工作深度应符合环境影响预测模型对噪声源参数的要求。

一、二、三级评价均应调查分析拟建项目的主要噪声源。

2. 源强获取方法

噪声源源强核算应按照《污染源源强核算技术指南 准则》（HJ 884—2018）的要求进行，有行业污染源源强核算技术指南的应优先按照指南中规定的方法进行；无行业污染源源强核算技术指南，但行业导则中对源强核算方法有规定的，优先按照行业导则中规定的方法进行。

对于拟建项目噪声源源强，当缺少所需数据时，可通过声源类比测量或引用有效资料、研究成果来确定。采用声源类比测量时应给出类比条件。

噪声源需获取的参数、数据格式和精度应符合环境影响预测模型输入要求。

（二）声环境现状调查

1. 调查和评价要求

（1）一、二级评价　调查评价范围内声环境保护目标的名称、地理位置、行政区划、所在声环境功能区、不同声环境功能区内人口分布情况、与建设项目的空间位置关系、建筑情况等。

评价范围内具有代表性的声环境保护目标的声环境质量现状需要现场监测，其余声环境保护目标的声环境质量现状可通过类比或现场监测结合模型计算给出。

调查评价范围内有明显影响的现状声源的名称、类型、数量、位置、源强等。评价范围内现状声源源强调查应采用现场监测法或收集资料法确定。分析现状声源的构成及其影响，对现状调查结果进行评价。

（2）三级评价　调查评价范围内声环境保护目标的名称、地理位置、行政区划、所在声环境功能区、不同声环境功能区内人口分布情况、与建设项目的空间位置关系、建筑情况等。

对评价范围内具有代表性的声环境保护目标的声环境质量现状进行调查，可利用已有的监测资料，无监测资料时可选择有代表性的声环境保护目标进行现场监测，并分析现状声源的构成。

2. 声环境质量现状调查方法

现状调查方法包括：现场监测法、现场监测结合模型计算法、收集资料法。调查时，应根据评价等级的要求和噪声源现状，确定需采用的具体方法。

（1）现场监测法

① 监测布点原则如下。

a. 布点应覆盖整个评价范围，包括厂界（场界、边界）和声环境保护目标。当声环境保护目标高于（含）三层建筑时，还应按照噪声垂直分布规律、建设项目与声环境保护目标高差等因素选取有代表性的声环境保护目标的代表性楼层设置测点；

b. 评价范围内没有明显的声源时（如工业噪声、交通运输噪声、建设施工噪声、社会生活噪声等），可选择有代表性的区域布设测点；

c. 评价范围内有明显声源，并对声环境保护目标的声环境质量有影响时，或建设项目为改、扩建工程时，应根据声源种类采取不同的监测布点原则：

当声源为固定声源时，现状测点应重点布设在可能同时受到既有声源和建设项目声源影响的声环境保护目标处，以及其他有代表性的声环境保护目标处；为满足预测需要，也可在距离既有声源不同距离处布设衰减测点；

当声源为移动声源，且呈现线声源特点时，现状测点位置选取应兼顾声环境保护目标的分布状况、工程特点及线声源噪声影响随距离衰减的特点，布设在具有代表性的声环境保护目标处。为满足预测需要，可在垂直于线声源不同水平距离处布设衰减测点；

对于改、扩建机场工程，测点一般布设在主要声环境保护目标处，重点关注航迹下方的声环境保护目标及跑道侧向较近处的声环境保护目标，测点数量可根据机场飞行量及周围声环境保护目标情况确定，现有单条跑道、两条跑道或三条跑道的机场可分别布设 3 ~ 9、9 ~ 14 或 12 ~ 18 个噪声测点，跑道增加或保护目标较多时可进一步增加测点。对于评价范围内少于 3 个声环境保护目标的情况，原则上布点数量不少于 3 个，结合声保护目标位置布点的，应优先选取跑道两端航迹 3km 以内范围的保护目标位置布点；无法结合保护目标位置布点的，可适当结合航迹下方的导航台站位置进行布点。

② 监测依据。声环境质量现状监测执行 GB 3096—2008；机场周围飞机噪声测量执行 GB 9661—1988；工业企业厂界环境噪声测量执行 GB 12348—2008；社会生活环境噪声测量执行 GB 22337—2008；建筑施工场界环境噪声测量执行 GB 12523—2011；铁路边界噪声测量执行 GB 12525—1990。

（2）现场监测结合模型计算法　当现状噪声声源复杂且声环境保护目标密集，在调查声环境质量现状时，可考虑采用现场监测结合模型计算法。如多种交通并存且周边声环境保护目标分布密集、机场改扩建等情形。

利用监测或调查得到的噪声源强及影响声传播的参数，采用各类噪声预测模型进行噪声影响计算，将计算结果和监测结果进行比较验证，计算结果和监测结果在允许误差范围内（≤ 3dB）时，可利用模型计算其他声环境保护目标的现状噪声值。

二、环境噪声现状评价

1. 现状评价内容与要求

（1）声源　分析评价范围内既有主要声源种类、数量及相应的噪声级、噪声特性等，应当明确主要声源分布。各类型声源调查清单分别见表 7-18 至表 7-23。

表 7-18　工业企业噪声源强调查清单（室外声源）

序号	声源名称	型号	空间相对位置 /m			声源源强（任选一种）		声源控制措施	运行时段
			x	y	z	（声压级 / 距声源距离）/[dB（A）/m]	声功率级 /dB（A）		
1	1# 设备	×××							

表 7-19　工业企业噪声源强调查清单（室内声源）

序号	建筑物名称	声源名称	型号	声源源强（任选一种）		声源控制措施	空间相对位置 /m			距室内边界距离 /m	室内边界声级 /dB（A）	运行时段	建筑物插入损失 /dB（A）	建筑物外噪声	
				（声压级 / 距声源距离）/[dB（A）/m]	声功率级 /dB（A）		x	y	z					声压级 /dB（A）	建筑物外距离
1	1# 车间	1# 设备	×××												

表 7-20　公路 / 城市道路噪声源强调查清单

路段	时期	车流量 /（辆 /h）								车速 /（km/h）						源强 /dB					
		小型车		中型车		大型车		合计		小型车		中型车		大型车		小型车		中型车		大型车	
		昼间	夜间	昼间	夜间	昼间	夜间	昼间	夜间	昼间	夜间	昼间	夜间	昼间	夜间	昼间	夜间	昼间	夜间	昼间	夜间
	近期																				
	中期																				
	远期																				

表 7-21　铁路 / 城市轨道交通噪声源强调查清单

	车速	线路形式（桥梁 / 路堤 / 路堑）	无砟 / 有砟轨道	有缝 / 无缝	防撞墙 / 挡板结构高出轨面高度	噪声源强值
车型 1						
车型 2						
……						

表 7-22　铁路 / 城市轨道交通车流量 / 车型调查清单

设计时期	区段	昼夜车流量比	列车对数 /（对 / 日）		
			车型 1	车型 2	……
近期	区段 1				
	区段 2				
	……				

续表

设计时期	区段	昼夜车流量比	列车对数 /（对 / 日）		
			车型 1	车型 2	……
远期	区段 1				
	区段 2				
	……				
……	区段 1				
	区段 2				
	……				

表 7–23　机场航空器噪声源强调查清单

分类	航空器型号	发动机			机型噪声适航阶段代号①
		类型	型号	数量	
A	机型 1				
	机型 2				
	……				
B	机型 1				
	机型 2				
	……				
C	机型 1				
	机型 2				
	……				
D	机型 1				
	机型 2				
	……				
E	机型 1				
	机型 2				
	……				
F	机型 1				
	机型 2				
	……				

注：①按照中国民用航空局《航空器型号和适航合格审定噪声规定》（CCAR-36-R1）航空器噪声适航要求，给出项目设计机型的噪声适航阶段代号。

（2）厂界（场界、边界）和保护目标　分别评价厂界（场界、边界）和各声环境保护目标的超标和达标情况，分析其受到既有主要声源的影响状况。预测结果及达标分析见表 7-24 至表 7-28。

表 7–24 工业企业声环境保护目标噪声预测结果与达标分析表

序号	声环境保护目标名称	噪声背景值/dB(A)		噪声现状值/dB(A)		噪声标准/dB(A)		噪声贡献值/dB(A)		噪声预测值/dB(A)		较现状增量/dB(A)		超标和达标情况	
		昼间	夜间	昼间	夜间	昼间	夜间	昼间	夜间	昼间	夜间	昼间	夜间	昼间	夜间

表 7–25 公路、城市道路预测点噪声预测结果与达标分析表

序号	声环境保护目标名称	预测点与声源高差/m	功能区类别	时段	标准值/dB(A)	背景值/dB(A)	现状值/dB(A)	运营近期				运营中期				运营远期			
								贡献值/dB(A)	预测值/dB(A)	较现状增量/dB(A)	超标量/dB(A)	贡献值/dB(A)	预测值/dB(A)	较现状增量/dB(A)	超标量/dB(A)	贡献值/dB(A)	预测值/dB(A)	较现状增量/dB(A)	超标量/dB(A)
			X 类	昼间															
				夜间															
			X 类	昼间															
				夜间															

表 7–26 铁路、城市轨道交通声环境保护目标噪声预测结果与达标分析表

序号	声环境保护目标名称	线路形式	相对距离/m		预测点编号	预测点位置	源强	列车速度/(km/h)	线路、轨道条件	运营时期	背景值/dB(A)		现状值/dB(A)		贡献值/dB(A)		标准值/dB(A)		超标量/dB(A)		增量/dB(A)		超标原因
			水平	垂直							昼间	夜间	昼间	夜间	昼间	夜间	昼间	夜间	昼间	夜间	昼间	夜间	
										初期													
										近期													
										远期													

表 7–27 机场项目声环境保护目标噪声预测结果表

声环境保护目标名称	现状年 L_{WECPN} 值	建设目标年 L_{WECPN} 值	噪声增量（L_{WECPN}, dB）	远期目标年 L_{WECPN} 值	噪声增量（L_{WECPN}, dB）
标准限值	≤ 70dB（≤ 75dB）	≤ 70dB（≤ 75dB）	—	≤ 70dB(≤ 75dB）	—

注：① 环境保护目标预测值应为声环境保护目标代表点位置的预测值，建议选取受机场航空器噪声影响最严重处预测值；
② 现状年为距离与评价期最近的一个自然年或近三个自然年中飞机起降量最高的年份（改扩建机场项目需填写）；
③ 建设目标年噪声增量为相对于现状年噪声值的增量（改扩建机场项目需填写）；
④ 远期目标年噪声增量为相对于建设目标年噪声值的增量。

表 7-28 机场航空器噪声影响面积结果表 单位：km^2

时期	声级包络面积 /dB				
	≥ 70	≥ 75	≥ 80	≥ 85	≥ 90
建设目标年					
远期目标年					
增幅					
	声级范围面积 /dB				
	70 ~ 75	75 ~ 80	80 ~ 85	85 ~ 90	> 90
建设目标年					
远期目标年					

2. 现状评价图、表要求

（1）现状评价图　一般应包括评价范围内的声环境功能区划图，声环境保护目标分布图，工矿企业厂区（声源位置）平面布置图，城市道路、公路、铁路、城市轨道交通等的线路走向图，机场总平面图及飞行程序图，现状监测布点图，声环境保护目标与项目关系图等。图中应标明图例、比例尺、方向标等，制图比例尺一般不应小于工程设计文件对其相关图件要求的比例尺；线性工程声环境保护目标与项目关系图比例尺应不小于 1：5000，机场项目声环境保护目标与项目关系图底图应采用近 3 年内空间分辨率不低于 5m 的卫星影像或航拍图，声环境保护目标与项目关系图不应小于 1：10000。

（2）声环境保护目标调查表　列表给出评价范围内声环境保护目标的名称、户数、建筑物层数和建筑物数量，并明确声环境保护目标与建设项目的空间位置关系等。不同声环境保护目标调查表见表 7-29 至表 7-32。

表 7-29 工业企业声环境保护目标调查表

序号	声环境保护目标名称	空间相对位置 /m			距厂界最近距离 /m	方位	执行标准 / 功能区类别	声环境保护目标情况说明（介绍声环境保护目标建筑结构、朝向、楼层、周围环境情况）
		x	*y*	*z*				

表 7-30 公路、城市道路声环境保护目标调查表

序号	声环境保护目标名称	所在路段	里程范围	线路形式	方位	声环境保护目标预测点与路面高差 /m	距道路边界(红线)距离 /m	距道路中心线距离 /m	不同功能区户数		声环境保护目标情况说明（介绍声环境保护目标建筑结构、朝向、楼层、周围环境情况）
									X 类	X 类	

表 7-31 铁路、城市轨道交通声环境保护目标调查表

序号	声环境保护目标名称	行政区划	线路类型	里程范围	与线路位置关系（左 / 右）	距近侧线路中心线水平距离 /m	轨面与声环境保护目标地面高差 /m	功能区划	不同功能区户数		声环境保护目标情况说明（介绍声环境保护目标建筑结构、朝向、楼层、周围环境情况）
									X 类	X 类	

表 7-32 机场声环境保护目标调查表

序号	声环境保护目标名称	所属行政区划		声环境保护目标坐标			声环境保护目标类型	声环境保护目标规模
		所属乡（镇）	所属行政村	代表点距离跑道端头的距离 /m	代表点距离跑道中心线及延长线的垂直距离 /m	与跑道中心点的高差 /m	居住区 / 学校 / 医院等	户数及人口 / 师生人数 / 床位数

注：①应明确跑道一端为声环境保护目标坐标的原点，并确定正负方向；确定跑道两侧的正负方向；
②声环境保护目标代表点位置建议选取受机场航空器噪声影响最严重处，一般为声环境保护目标距离跑道端和跑道及其延长线的最近处；
③对于场址与周边声环境保护目标高差较大，地形条件明显影响噪声传播条件的项目，应考虑声环境保护目标与跑道的高差。

（3）声环境现状评价结果表　列表给出厂界（场界、边界）、各声环境保护目标现状值及超标和达标情况分析，给出不同声环境功能区或声级范围（机场航空器噪声）内的超标户数。

第四节　声环境影响预测及评价

一、声环境影响预测

（一）预测范围

声环境影响预测范围应与评价范围相同。

（二）预测点和评价点确定原则

建设项目评价范围内声环境保护目标和建设项目厂界（场界、边界）应作为预测点和评价点。

（三）预测基础数据规范与要求

1. 声源数据

建设项目的声源资料主要包括声源种类、数量、空间位置、声级、发声持续时间和对声环境保护目标的作用时间等，环境影响评价文件中应标明噪声源数据的来源。工业企业等建设项目声源置于室内时，应给出建筑物门、窗、墙等围护结构的隔声量和室内平均吸声系数等参数。

2. 环境数据

影响声波传播的各类参数应通过资料收集和现场调查取得，各类数据如下：

① 建设项目所处区域的年平均风速和主导风向、年平均气温、年平均相对湿度、大气压强；

② 声源和预测点间的地形、高差；

③ 声源和预测点间障碍物（如建筑物、围墙等）的几何参数；

④ 声源和预测点间树林、灌木等的分布情况以及地面覆盖情况（如草地、水面、水

泥地面、土质地面等)。

(四)预测方法

声环境影响可采用参数模型、经验模型、半经验模型进行预测,也可采用比例预测法、类比预测法进行预测。

《环境影响评价技术导则 声环境》(HJ 2.4—2021)规定了计算户外声传播衰减的工程法,并给出了工业、公路(道路)、铁路、城市轨道、机场航空器等典型行业噪声预测模型。声环境影响预测时,一般应按照技术导则给出的预测方法进行预测,如采用其他预测模型,须注明来源并对所用的预测模型进行验证,并说明验证结果。

1. 基本概念

(1)背景噪声值 背景噪声值(L_{eqb})是指评价范围内不含建设项目自身声源影响的声级。

(2)噪声贡献值 噪声贡献值(L_{eqg})是指由建设项目自身声源在预测点产生的声级。

噪声贡献值计算公式为:

$$L_{eqg}=10\lg\left(\frac{1}{T}\sum it_i 10^{0.1L_{A_i}}\right) \tag{7-47}$$

式中 L_{eqg}——噪声贡献值,dB;

T——预测计算的时间段,s;

t_i——i 声源在 T 时段内的运行时间,s;

L_{A_i}——i 声源在预测点产生的等效连续 A 声级,dB。

(3)噪声预测值 噪声预测值是经过预测点的贡献值和背景值按能量叠加方法计算得到的声级。

噪声预测值(L_{eq})计算公式为:

$$L_{eq}=10\lg\left(10^{0.1L_{eqg}}+10^{0.1L_{eqb}}\right) \tag{7-48}$$

式中 L_{eq}——预测点的噪声预测值,dB;

L_{eqg}——建设项目声源在预测点产生的噪声贡献值,dB;

L_{eqb}——预测点的背景噪声值,dB。

机场航空器噪声评价时,不叠加其他噪声源产生的噪声影响。

2. 户外声传播预测

其中,户外声传播的衰减的计算公式如下。

(1)基本公式

① 预测点声压级 $L_p(r)$ 的计算。根据声源声功率级、户外声传播衰减,计算预测点的声级,按式(7-49)计算。

$$L_p(r) = L_w+D_C-(A_{div}+A_{atm}+A_{gr}+A_{bar}+A_{misc}) \tag{7-49}$$

式中 $L_p(r)$——预测点处声压级,dB;

L_w——由点声源产生的声功率级(A 计权或倍频带),dB;

D_C——指向性校正,用来描述点声源的等效连续声压级与产生声功率级 L_w 的全向点声源在规定方向声级的偏差程度,dB;

A_{div}——几何发散引起的衰减,dB;

A_{atm}——大气吸收引起的衰减，dB；

A_{gr}——地面效应引起的衰减，dB；

A_{bar}——障碍物屏蔽引起的衰减，dB；

A_{misc}——其他多方面效应引起的衰减，dB。

根据声源参考位置处的声压级、户外声传播衰减，计算预测点的声级，按式（7-50）计算。

$$L_p(r) = L_p(r_0)+D_C-(A_{div}+A_{atm}+A_{gr}+A_{bar}+A_{misc}) \quad (7\text{-}50)$$

式中　$L_p(r_0)$——参考位置 r_0 处的声压级，dB；

② 预测点的 A 声级 L_A（r）的计算。预测点的 A 声级 $L_A(r)$ 可按式（7-51）计算，即将 8 个倍频带声压级合成，计算出预测点的 A 声级 [$L_A(r)$]。

$$L_A(r)=10\lg\left\{\sum_{i=1}^{8}10^{0.1\left[L_{pi}(r)-\Delta L_i\right]}\right\} \quad (7\text{-}51)$$

式中　$L_A(r)$——距声源 r 处的 A 声级，dB（A）；

$L_{pi}(r)$——预测点（r）处，第 i 倍频带声压级，dB；

ΔL_i——第 i 倍频带的 A 计权网络修正值，dB。

（2）衰减项的计算　噪声源户外声传播衰减包括几何发散（A_{div}）、大气吸收（A_{atm}）、地面效应（A_{gr}）、障碍物屏蔽（A_{bar}）及其他多方面效应（A_{misc}）引起的衰减。有些情况下，只考虑几何发散衰减，忽略其他效应引起的衰减。

3. 工业噪声预测

（1）声源描述　声环境影响预测，一般采用声源的倍频带声功率级、A 声功率级或靠近声源某一位置的倍频带声压级、A 声级来预测计算距声源不同距离的声级。工业声源有室外和室内两种声源，应分别计算。

（2）室外声源在预测点产生的声级计算模型 室外声源在预测点产生的声级计算模型见“户外声传播预测”。

（3）室内声源等效室外声源声功率级计算方法

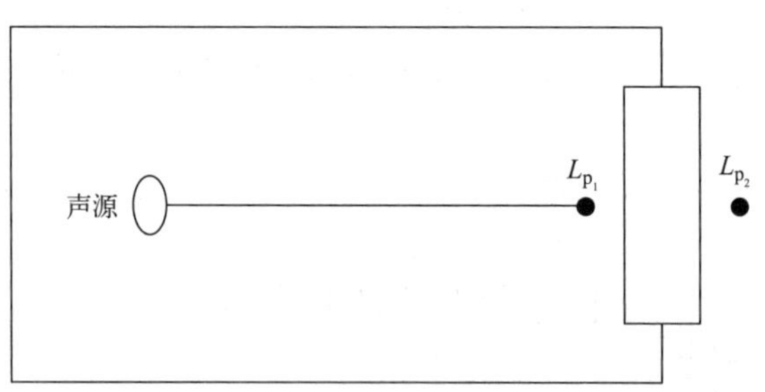

图 7-11　室内声源等效为室外声源图例

如图 7-11 所示，声源位于室内，室内声源可采用等效室外声源声功率级法进行计算。设靠近开口处（或窗户）室内、室外某倍频带的声压级或 A 声级分别为 L_{p_1} 和 L_{p_2}。若声源所在室内声场为近似扩散声场，则室外的倍频带声压级可按式（7-52）近似求出：

$$L_{p_2}=L_{p_1}-(TL+6) \quad (7\text{-}52)$$

式中　L_{p_1}——靠近开口处（或窗户）室内某倍频带的声压级或 A 声级，dB；

L_{p_2}——靠近开口处（或窗户）室外某倍频带的声压级或 A 声级，dB；

TL——隔墙（或窗户）倍频带或 A 声级的隔声量，dB。

也可按式（7-53）计算某一室内声源靠近围护结构处产生的倍频带声压级或 A 声级：

$$L_{p_1}=L_w+10\lg\left(\frac{Q}{4\pi r^2}+\frac{4}{R}\right) \tag{7-53}$$

式中　L_{p_1}——靠近开口处（或窗户）室内某倍频带的声压级或 A 声级，dB；

L_w——点声源声功率级（A 计权或倍频带），dB；

Q——指向性因数；通常对无指向性声源，当声源放在房间中心时，Q=1；当放在一面墙的中心时，Q=2；当放在两面墙夹角处时，Q=4；当放在三面墙夹角处时，Q=8；

R——房间常数；$R=S\alpha/(1-\alpha)$，S 为房间内表面面积，m^2；α 为平均吸声系数；

r——声源到靠近围护结构某点处的距离，m。

然后按式（7-54）计算出所有室内声源在围护结构处产生的 i 倍频带叠加声压级：

$$L_{p_1 i}(T)=10\lg\left(\sum_{j=1}^{N}10^{0.1L_{p_1 ij}}\right) \tag{7-54}$$

式中　$L_{p_1 i}(T)$——靠近围护结构处室内 N 个声源 i 倍频带的叠加声压级，dB；

$L_{p_1 ij}$——室内 j 声源 i 倍频带的声压级，dB；

N——室内声源总数。

在室内近似为扩散声场时，按式（7-55）计算出靠近室外围护结构处的声压级：

$$L_{p_2 i}(T)=L_{p_1 i}(T)-(TL_i+6) \tag{7-55}$$

式中　$L_{p_2 i}(T)$——靠近围护结构处室外 N 个声源 i 倍频带的叠加声压级，dB；

$L_{p_1 i}(T)$——靠近围护结构处室内 N 个声源 i 倍频带的叠加声压级，dB；

TL_i——围护结构 i 倍频带的隔声量，dB。

然后按式（7-56）将室外声源的声压级和透过面积换算成等效的室外声源，计算出中心位置位于透声面积（S）处的等效声源的倍频带声功率级。

$$L_w=L_{p_2}(T)+10\lg S \tag{7-56}$$

式中　L_w——中心位置位于透声面积（S）处的等效声源的倍频带声功率级，dB；

$L_{p_2}(T)$——靠近围护结构处室外声源的声压级，dB；

S——透声面积，m^2。

然后按室外声源预测方法计算预测点处的 A 声级。

（4）靠近声源处的预测点噪声预测模型　如预测点在靠近声源处，但不能满足点声源条件时，需按线声源或面声源模型计算。

（5）工业企业噪声计算　设第 i 个室外声源在预测点产生的 A 声级为 L_{Ai}，在 T 时间内该声源工作时间为 t_i；第 j 个等效室外声源在预测点产生的 A 声级为 L_{Aj}，在 T 时间内该声源工作时间为 t_j，则拟建工程声源对预测点产生的贡献值（L_{eqg}）为：

笔记

$$L_{eqg}=10\lg\left[\frac{1}{T}\left(\sum_{i=1}^{N}t_i10^{0.1L_{Ai}}+\sum_{j=1}^{M}t_j10^{0.1L_{Aj}}\right)\right] \tag{7-57}$$

式中 L_{eqg}——建设项目声源在预测点产生的噪声贡献值，dB；

T——用于计算等效声级的时间，s；

N——室外声源个数；

t_i——在 T 时间内 i 声源的工作时间，s；

M——等效室外声源个数；

t_j——在 T 时间内 j 声源的工作时间，s。

4. 公路（道路）交通运输噪声预测

（1）基本模型

① 车型分类及交通量折算。车型分类方法按照 JTG B01—2014 中有关车型划分的标准进行，交通量换算根据工程设计文件提供的小客车标准车型，按照不同折算系数分别折算成大、中、小型车，见表 7-33。

表 7–33 车型分类表

车型	汽车代表车型	车辆折算系数	车型划分标准
小	小客车	1.0	座位≤ 19 座的客车和载质量≤ 2t 货车
中	中型车	1.5	座位＞ 19 座的客车和 2t ＜载质量≤ 7t 货车
大	大型车	2.5	7t ＜载质量≤ 20t 货车
	汽车列车	4.0	载质量＞ 20t 的货车

② 基本预测模型。

a. 第 i 类车等效声级的预测模型

$$L_{eq}(h)_i=\left(\overline{L_{0E}}\right)_i+10\lg\left(\frac{N_i}{v_iT}\right)+\Delta L_{距离}+10\lg\left(\frac{\varphi_1+\varphi_2}{\pi}\right)+\Delta L-16 \tag{7-58}$$

式中 $L_{eq}(h)_i$——第 i 类车的小时等效声级，dB（A）；

$\left(\overline{L_{0E}}\right)_i$——水平距离为 7.5m 处的能量平均 A 声级，dB；

N_i——昼夜间通过某个预测点的第 i 类车平均小时车流量，辆 /h；

v_i——第 i 类车的平均车速，km/h；

T——计算等效声级的时间，1h；

$\Delta L_{距离}$——距离衰减量，dB（A）。小时车流量大于等于 300 辆 / 小时时，$\Delta L_{距离}=10\lg(7.5/r)$；小时车流量小于 300 辆 / 小时，$\Delta L_{距离}=15\lg(7.5/r)$；

r——从车道中心线到预测点的距离，m，式（7-58）适用于 $r>7.5$m 的预测点的噪声预测；

φ_1、φ_2——预测点到有限长路段两端的张角，弧度，如图 7-12 所示；

由其他因素引起的修正量（ΔL_1）可按下式计算：

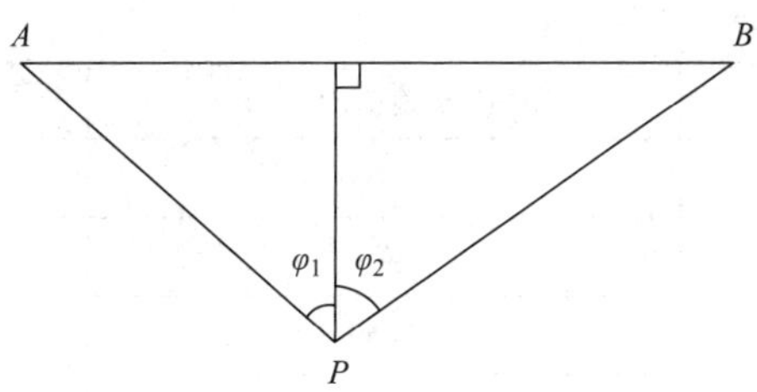

图 7–12 有限路段的修正函数（A ~ B 为路段，P 为预测点）

$$\Delta L=\Delta L_1-\Delta L_2-\Delta L_3 \tag{7-59}$$

$$\Delta L_1=\Delta L_{坡度}+\Delta L_{坡面} \tag{7-60}$$

$$\Delta L_2=\Delta L_{atm}+\Delta L_{gr}+\Delta L_{bar}+\Delta L_{misc} \tag{7-61}$$

式中 ΔL_1——线路因素引起的修正量，dB（A）；

$\Delta L_{坡度}$——公路纵坡修正量，dB（A）；

$\Delta L_{坡面}$——公路坡面引起的修正量，dB（A）；

ΔL_2——声波传播途径中引起的衰减量，dB（A）；

ΔL_3——由反射等引起的修正量，dB（A）。

b. 总车流等效声级按式（7-62）计算：

$$L_{eq}(T)=10\lg\left[10^{0.1L_{eq}(h)大}+10^{0.1L_{eq}(h)中}+10^{0.1L_{eq}(h)小}\right] \tag{7-62}$$

式中 $L_{eq}(T)$——总车流等效声级，dB（A）；

$L_{eq}(h)$ 大、$L_{eq}(h)$ 中、$L_{eq}(h)$ 小——大、中、小型车的小时等效声级，dB（A）。

如某个预测点受多条线路交通噪声影响（如高架桥周边预测点受桥上和桥下多条车道的影响，路边高层建筑预测点受地面多条车道的影响），应分别计算每条道路对该预测点的声级后，经叠加后得到贡献值。

（2）修正量和衰减量的计算

① 线路因素引起的修正量（ΔL_1）

a. 纵坡修正量（$\Delta L_{坡度}$）。公路纵坡修正量（$\Delta L_{坡度}$）可按下式计算：

$$\Delta L_{坡度}=\begin{cases}98\times\beta，大型车\\73\times\beta，中型车\\50\times\beta，小型车\end{cases} \tag{7-63}$$

式中 $\Delta L_{坡度}$——公路纵坡修正量 dB（A）；

β——公路纵坡坡度，%。

b. 路面修正量（$\Delta L_{坡面}$）。不同路面的噪声修正量见表 7-34。

表 7–34　常见路面噪声修正量

路面类型	不同行驶速度 /（km/h）	修正量 /dB（A）
沥青混凝土	30	0
	40	0
	≥ 50	0
水泥混凝土	30	1.0
	40	1.5
	≥ 50	2.0

② 声波传播途径中引起的衰减量（ΔL_2）。ΔL_{bar}、ΔL_{atm}、ΔL_{gr}、ΔL_{misc} 衰减项计算按“户外声传播衰减”的相关模型计算。

③ 两侧建筑物的反射声修正量（ΔL_3）。当线路两侧建筑物间距小于总计算高度 30% 时，公路（道路）两侧建筑物反射影响因素的反射声修正量为：

a. 两侧建筑物是反射面时：　$\Delta L_3=4H_b/w \leqslant 3.2\text{dB}$　（7-64）

b. 两侧建筑物是一般吸收性表面时：　$\Delta L_3=2H_b/w \leqslant 1.6\text{dB}$　（7-65）

c. 两侧建筑物为全吸收性表面时：　$\Delta L_3 \approx 0$　（7-66）

式中　ΔL_3——两侧建筑物的反射声修正量，dB；

w——线路两侧建筑物反射面的间距，m；

H_b——建筑物的平均高度，取线路两侧较低一侧高度平均值代入计算，m。

5. 铁路、城市轨道交通噪声预测

铁路和城市轨道交通噪声预测方法应根据工程和噪声源的特点确定，以采用模型预测法和比例预测法两种方法为主。

（1）铁路、城市轨道交通噪声预测模型

① 铁路（速度低于 200km/h）、城市轨道交通噪声预测模型。预测点列车运行噪声等效声级基本预测计算式：

$$L_{\text{Aeq,p}}=10\lg\left\{\frac{1}{T}\left[\sum_i n_i t_{\text{eq},i}10^{0.1\left(L_{\text{p}_0,\text{t},i}+c_{\text{t},i}\right)}+\sum_i t_{\text{f},i}10^{0.1\left(L_{\text{p}_0,\text{f},i}+c_{\text{f},i}\right)}\right]\right\} \tag{7-67}$$

式中　$L_{\text{Aeq, }p}$——列车运行噪声等效 A 声级，dB；

T——规定的评价时间，s；

n_i——T 时间内通过的第 i 类列车列数；

$t_{\text{eq},i}$——第 i 类列车通过的等效时间，s；

$L_{\text{p0, t, }i}$——规定的第 i 类列车参考点位置噪声辐射源强，可为 A 计权声压级或频带声压级，dB；

$c_{\text{t},i}$——第 i 类列车的噪声修正项，可为 A 计权声压级或频带声压级修正项，dB；

$t_{\text{f},i}$——固定声源的作用时间，s；

$L_{\text{p0, f, }i}$——固定声源的噪声辐射源强，可为 A 计权声压级或频带声压级，dB；

$c_{\text{f},i}$——固定声源的噪声修正项，可为 A 计权声压级或频带声压级修正项，dB。

② 铁路（速度为 200km/h 及以上、350km/h 及以下）噪声预测模型。

列车运行噪声预测时，需采用多声源等效模型，源强应采用声功率级表示，等效模型可将集电系统噪声视为轨面以上 5.3m 高的移动偶极子声源，车辆上部空气动力噪声视为轨面以上 2.5m 高无指向性的有限长不相干线声源，以轮轨噪声为主的车辆下部噪声视为轨面以上 0.5m 高有限长不相干偶极子线声源。见图 7-13。

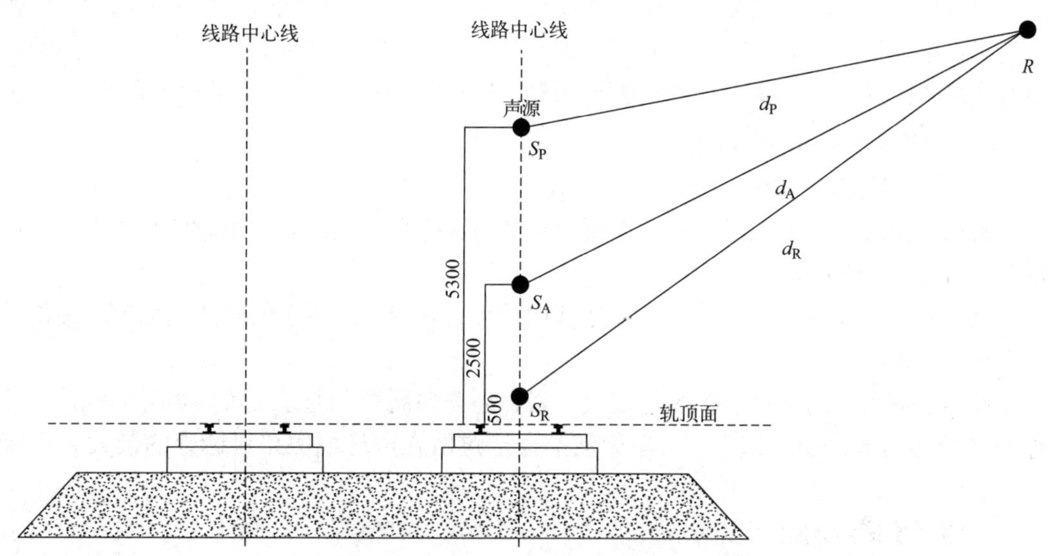

图 7-13　铁路（速度为 200km/h 及以上、350km/h 及以下）噪声预测声源模型示意图

预测点列车运行噪声等效 A 声级基本预测计算式为：

$$L_{\mathrm{Aeq,p}}=10\lg\left\{\frac{1}{T}\left[\sum_{i}n_i t_{\mathrm{eq},i}10^{0.1\left(L_{\mathrm{p},i}\right)}\right]\right\} \quad (7\text{-}68)$$

式中　$L_{\mathrm{Aeq,p}}$——预测点列车运行噪声等效 A 声级，dB；

T——规定的评价时间，s；

n_i——T 时间内通过的第 i 类列车列数；

$t_{\mathrm{eq},i}$——第 i 类列车通过的等效时间，s；

$L_{\mathrm{p},i}$——第 i 类列车通过时段预测点处等效连续 A 声级，dB；

第 i 类列车通过时段预测点处等效连续 A 声级按式（7-69）计算：

$$L_{\mathrm{p},i}=10\lg\left[10^{0.1\left(L_{\mathrm{w_p},i}+C_{\mathrm{p},i}\right)}+10^{0.1\left(L_{\mathrm{w_A},i}+C_{\mathrm{A},i}\right)}+10^{0.1\left(L_{\mathrm{w_R},i}+C_{\mathrm{R},i}\right)}\right] \quad (7\text{-}69)$$

式中　$L_{\mathrm{p},i}$——第 i 类列车通过时段预测点处等效连续 A 声级，dB；

$L_{\mathrm{w_p},i}$——第 i 类列车集电系统声功率级，dB；

$C_{\mathrm{p},i}$——第 i 类列车集电系统噪声修正及传播衰减量，dB；

$L_{\mathrm{w_A},i}$——第 i 类列车单位长度线声源声功率级（车体区域），dB；

$C_{\mathrm{A},i}$——第 i 类列车车体区域噪声修正及传播衰减量，dB；

$L_{\mathrm{w_R},i}$——第 i 类列车单位长度线声源声功率级（轮轨区域），dB；

$C_{\mathrm{R},i}$——第 i 类列车轮轨区域噪声修正及传播衰减量，dB；

（2）比例预测法　比例预测法可应用于既有铁路改、扩建项目中以列车运行噪声为主的线路，其工程实施前后线路位置应基本维持原有状况不变，评价范围内建筑物分布状况应保持不变。对于新建项目和铁路编组场、机务段、折返段、车辆段等既有站、场、段、所的改扩建项目，不适合采用比例预测法。

该方法以评价对象现场实测噪声数据为基础，根据工程前后声源变化和不相干声源声能叠加理论开展噪声预测。采用比例预测法的前提是工程实施前后声环境保护目标噪声测量环境未发生改变，因此，采用比例预测法仅需确定实测对象和预测对象之间噪声辐射能量的比例关系，预测结果相对于一般类比法更加可靠，预测时尽量优先采用。

二、声环境影响评价

（一）声环境影响预测和评价内容

预测建设项目在施工期和运营期所有声环境保护目标处的噪声贡献值和预测值，评价其超标和达标情况。

预测和评价建设项目在施工期和运营期厂界（场界、边界）的噪声贡献值，评价其超标和达标情况。

铁路、城市轨道交通、机场等建设项目，还需预测列车通过时段内声环境保护目标处的等效连续 A 声级（L_{Aeq,T_p}）、单架航空器通过时在声环境保护目标处的最大 A 声级（L_{Amax}）。

一级评价应绘制运行期代表性评价水平年噪声贡献值等声级线图，二级评价根据需要绘制等声级线图。

对工程设计文件给出的代表性评价水平年噪声级可能发生变化的建设项目，应分别预测。

（二）声环境影响预测评价结果图表要求

列表给出建设项目厂界（场界、边界）噪声贡献值和各声环境保护目标处的背景噪声值、噪声贡献值、噪声预测值、超标和达标情况等。分析超标原因，明确引起超标的主要声源。机场项目还应给出评价范围内不同声级范围覆盖下的面积。

判定为一级评价的工业企业建设项目应给出等声级线图；判定为一级评价的地面交通建设项目应结合现有或规划保护目标给出典型路段的噪声贡献值等声级线图；工业企业和地面交通建设项目预测评价结果图制图比例尺一般不应小于工程设计文件对其相关图件要求的比例尺；机场项目应给出飞机噪声等声级线图及超标声环境保护目标与等声级线关系局部放大图，飞机噪声等声级线图比例尺应和环境现状评价图一致，局部放大图底图应采用近 3 年内空间分辨率一般不低于 1.5m 的卫星影像或航拍图，比例尺不应小于 1：5000。

第五节　噪声污染防治对策措施

一、噪声防治措施的一般要求

坚持统筹规划、源头防控、分类管理、社会共治、损害担责的原则。加强源头控制，合理规划噪声源与声环境保护目标布局；从噪声源、传播途径、声环境保护目标等方面采取措施；在技术经济可行条件下，优先考虑对噪声源和传播途径采取工程技术措施，实施噪声主动控制。

评价范围内存在声环境保护目标时，工业企业建设项目噪声防治措施应根据建设项目投产后厂界（边界、场界）噪声影响最大噪声贡献值以及声环境保护目标超标情况制定。

交通运输类建设项目（如公路、城市道路、铁路、城市轨道交通、机场项目等）的噪声防治措施应针对建设项目代表性评价水平年的噪声影响预测值进行制定。铁路建设项目噪声防治措施还应同时满足铁路边界噪声限值要求。结合工程特点和环境特点，在交通流量较大的情况下，铁路、城市轨道交通、机场等项目，还需考虑单列车通过（L_{Aeq,T_p}）、单架航空器通过（L_{Amax}）时噪声对声环境保护目标的影响，进一步强化控制要求和防治措施。

当声环境质量现状超标时，属于与本工程有关的噪声问题应一并解决；属于本工程和工程外其他因素综合引起的，应优先采取措施降低本工程自身噪声贡献值，并推动相关部门采取区域综合整治等措施逐步解决相关噪声问题。

当工程评价范围内涉及主要保护对象为野生动物及其栖息地的生态敏感区时，应从优化工程设计和施工方案、采取降噪措施等方面强化控制要求。

二、防治途径

（一）规划防治对策

主要指从建设项目的选址（选线）、规划布局、总图布置（跑道方位布设）和设备布局等方面进行调整，提出降低噪声影响的建议。如根据“以人为本”“闹静分开”和“合理布局”的原则，提出高噪声设备尽可能远离声环境保护目标、优化建设项目选址（选线）、调整规划用地布局等建议。

（二）噪声源控制措施

主要包括：

① 选用低噪声设备、低噪声工艺；

② 采取声学控制措施，如对声源采用吸声、消声、隔声、减振等措施；

③ 改进工艺、设施结构和操作方法等；

④ 将声源设置于地下、半地下室内；

⑤ 优先选用低噪声车辆、低噪声基础设施、低噪声路面等。

（三）噪声传播途径控制措施

主要包括：

① 设置声屏障等措施，包括直立式、折板式、半封闭、全封闭等类型声屏障。声屏障的具体型式根据声环境保护目标处超标程度、噪声源与声环境保护目标的距离、敏感建筑物高度等因素综合考虑来确定；

② 利用自然地形物（如利用位于声源和声环境保护目标之间的山丘、土坡、地堑、围墙等）降低噪声。

（四）声环境保护目标自身防护措施

主要包括：

① 声环境保护目标自身增设吸声、隔声等措施；

② 优化调整建筑物平面布局、建筑物功能布局；

③ 声环境保护目标功能置换或拆迁。

（五）管理措施

主要包括：提出噪声管理方案（如合理制定施工方案、优化调度方案、优化飞行程序等），制定噪声监测方案，提出工程设施、降噪设施的运行使用及维护保养等方面的管理要求，必要时提出跟踪评价要求等。

三、典型建设项目噪声防治对策措施

给出噪声防治措施位置、类型（型式）和规模、关键声学技术指标（包括实施效果）、责任主体、实施保障，并估算噪声防治投资。

（一）工业噪声预测及防治措施

① 应从选址、总图布置、声源、声传播途径及声环境保护目标自身防护等方面分别给出噪声防治的具体方案。主要包括选址的优化方案及其原因分析、总图布置调整的具体内容及其降噪效果（包括边界和声环境保护目标），并给出各主要声源的降噪措施、效果和投资；

② 设置声屏障和对声环境保护目标进行噪声防护等的措施方案、降噪效果及投资，并进行经济、技术可行性论证；

③ 根据噪声影响特点和环境特点，提出规划布局及功能调整建议；

④ 提出噪声监测计划、管理措施等对策建议。

（二）公路、城市道路交通运输噪声预测及防治措施

① 通过选线方案的声环境影响预测结果比较，分析声环境保护目标受影响的程度，影响规模，提出选线方案推荐建议；

② 根据工程与环境特征，给出局部线路调整、声环境保护目标搬迁、临路建筑物使用功能变更、道路结构和路面材料改善、声屏障设置和对敏感建筑物进行噪声防护等具体的措施方案及其降噪效果，并进行经济、技术可行性论证；

③ 根据噪声影响特点和环境特点，提出城镇规划区路段线路与敏感建筑物之间的规划调整建议；

④ 给出车辆行驶规定（限速、禁鸣等）及噪声监测计划等对策建议。

（三）铁路、城市轨道交通噪声预测及防治措施

① 通过不同选线方案声环境影响预测结果，分析声环境保护目标受影响的程度，提出优化的选线方案建议；

② 根据工程与环境特征，提出局部线路和站场优化调整建议，明确声环境保护目标搬迁或功能置换措施，从列车、线路（路基或桥梁）、轨道的优选，列车运行方式、运行速度、鸣笛方式的调整，设置声屏障和对敏感建筑物进行噪声防护等方面，给出具体的措施方案及其降噪效果，并进行经济、技术可行性论证；

③ 根据噪声影响特点和环境特点，提出城镇规划区段铁路（或城市轨道交通）与敏感建筑物之间的规划调整建议；

④ 给出列车行驶规定及噪声监测计划等对策建议。

四、噪声防治措施图表要求

给出噪声防治措施位置、类型（型式）和规模、关键声学技术指标（包括实施效果）、

责任主体、实施保障，并估算噪声防治投资。

结合声环境保护目标与项目关系，给出噪声防治措施的布置平面图、设计图以及型式、位置、范围等。

复习思考及案例分析题

一、复习思考题

（一）单项选择题

1. 某室内吊扇单独工作时测得的噪声声压 p=0.002Pa，电冰箱单独工作时的声压级为45dB，则两者同时工作时的合成声压级是（　）。

A. 46dB　B. 47dB　C. 48dB　D. 49dB

2. 下列选项中最接近人的听觉的是（　）。

A. A 声级　B. B 声级　C. C 声级　D. D 声级

3. 某建设项目所在区域声环境功能区为 1 类，昼间环境噪声限值为 55dB（A），夜间环境噪声限值为 45dB（A），则该区域夜间突发噪声的评价量为（　）。

A. ≤ 40dB（A）　B. ≤ 45dB（A）　C. ≤ 55dB（A）　D. ≤ 60dB（A）

4. 下列关于高速公路交通噪声监测技术要求的说法，不正确的是（　）。

A. 在公路两侧距路肩小于或等于 200m 范围内选取至少 5 个有代表性的噪声敏感区域，分别设点进行监测

B. 噪声敏感区域的噪声衰减测量，连续测量 2d，每天测量 4 次

C. 噪声敏感区域的噪声衰减测量，昼、夜间各测两次，分别在车流量最小时段和高峰时段进行测量

D. 24h 连续交通噪声测量，每小时测量一次，每次测量不少于 20min，连续测 2d

5. 我国现有环境噪声标准中，主要评价量为（　）。

A. 等效声级和计权有效感觉噪声级

B. 等效声级和计权有效感觉连续噪声级

C. 等效连续 A 声级和计权等效连续感觉噪声级

D. A 计权等效声级和计权等效连续噪声级

（二）不定项选择题（每题的选项中，至少有一个正确答案）

1. 与噪声预测值有关的参数有（　）。

A. 噪声源位置　B. 声源类型和源强

C. 评价区内的人口分布　D. 声波的传播条件

2. 公路铁路声环境影响评价重点分析问题包括（　）。

A. 针对建设项目的建设期和不同的运行阶段，评价沿线的敏感保护目标，并按噪声环境标准达标和超标情况，分析受影响人口分布情况

B. 对沿线两侧的所有规划所受噪声影响的范围绘制等声级曲线

C. 评价工程选线和建设方案布局，评价其合理性和可行性，必要时提出替代方案

D. 对防治措施进行技术经济论证，并提出应采取的措施，说明降噪效果

3. 在进行声环境影响评价时，除根据预测结果和相关环境噪声标准评价建设项目的

笔记

声环境影响程度外，还应该（　）。

A. 分析项目选址、设备布置和选型的合理性

B. 分析项目设计中已有噪声防治措施的适用性和效果

C. 评价噪声防治措施的技术经济可行性

D. 提出针对建设项目的环境监督管理、监测的建议

4. 进行环境噪声现状调查和评价时，环境噪声现状测量时段的要求包括（　）。

A. 在声源正常运行工况条件下选择测量时段

B. 各测点分别进行昼间和夜间时段测量

C. 噪声起伏较大的应增加昼、夜间测量次数

D. 布点、采样和读数方式按规范要求进行

5. 进行环境噪声现状测量时，测量记录的内容应包括（　）。

A. 有关声源运行情况　　B. 测量仪器情况

C. 测量时的环境条件　　D. 采样或计权方式

二、案例分析题

案例情况：某省拟建设四车道全封闭全立交高速公路，全长 190km，设计行车速度 80km/h，路基宽度 24.5m。全线共设计特大桥与大桥 35 座，其中跨河桥多处，并多处伴行河流，隧道 22 座，互通式立交 5 处，服务区 1 处。永久占用林地 130km^2。全线土石方总量 220 万 m^2。拆迁建筑物 1.8 万 m^2，全线设置取土场 8 处，弃土（渣）场 22 处，项目总投资 66 亿元。

该公路经过地区气候温和，多年年平均降雨量 550mm。公路沿线多数路段地处山岭重丘区，相对高差 300 ~ 1000m。拟建公路沿线经过 2 个林场，林地植被覆盖率 50% ~ 60%，且以人工林为主。沿线经过多个农田灌溉设施。

路中心线两侧 300m 范围分布有声环境敏感点 58 个；路中心线两侧 200m 范围内分布有声环境敏感点 39 个；声环境敏感点类型有集镇、村庄、学校、医院。

道路红线距 A 中学围墙 120m，距 B 小学围墙 30m，两学校均有 3 层教学楼面向公路，其声环境现状达 2 类声环境功能区要求。高速公路达到设计车流量时，预测 A 中学教学楼等效声级昼夜分别为 62dB（A）、56dB（A），B 小学教学楼的预测等效声级昼夜分别为 68dB（A）、63dB（A）。

问题：

1. 确定本项目声环境影响评价工作等级并说明理由。

2. 分别说明本项目施工期、运营期的环境噪声评价范围。

3. 在预测运营中期各声环境敏感点的噪声影响时，需要的主要技术资料有哪些？

4. 给出对 B 小学的噪声影响预测与评价的主要内容。

5. 提出对 B 小学可行的噪声防治措施。

第八章

土壤环境影响评价

导读导学

土壤污染、土壤生态破坏和土壤退化有哪些表现？土壤环境污染影响和土壤环境生态影响的特点是什么？土壤环境影响如何识别？土壤环境影响评价工作如何开展？

学习目标

知识目标	能力目标	素质目标
1. 掌握土壤环境影响评价的基础知识、基本任务和工作程序； 2. 掌握土壤环境影响识别的方法和内容，判定评价工作等级和评价范围； 3. 掌握土壤环境现状调查、现状监测及现状评价的要求和内容； 4. 掌握土壤环境影响预测与评价的方法； 5. 熟悉土壤环境保护的对策与措施	1. 能够合理制定土壤环境影响评价工作方案，确定评价等级和评价范围； 2. 能够进行土壤环境现状调查和监测； 3. 能够进行土壤环境影响预测分析与评价，并能够以文本的形式表示内容及结果	1. 树立土壤环境保护的责任意识； 2. 培养依法、依规开展具体工作，科学思辨，分析问题和有效解决问题的实践能力； 3. 培养严谨、踏实、勤勉、敬业的职业素养

思政小课堂

扫描二维码可查看“土壤污染”。

第一节 概述

土壤环境影响评价是对建设项目建设期、运营期和服务期满后(可根据项目情况选择)对土壤环境理化特性可能造成的影响进行分析、预测和评估，提出预防或者减轻不良影响的措施和对策，为建设项目土壤环境保护提供科学依据。

一、基本术语和定义

1. 土壤

是指连续覆被于地球陆地表面具有肥力的疏松物质，它是随着气候、生物、母质、地形和时间因素变化而变化的历史自然体。

2. 土壤环境

是指受自然或人为因素作用的，由矿物质、有机质、水、空气、生物有机体等组成的陆地表面疏松综合体，包括陆地表层能够生长植物的土壤层和污染物能够影响的松散层等。

3. 土壤背景

土壤背景是指区域内很少受人类活动影响和不受或未明显受现代工业污染与破坏的情况下，土壤原来固有的化学组成和元素含量水平。但实际上目前已经很难找到不受人类活动和污染影响的土壤，只能去找影响尽可能少的土壤。不同自然条件下发育的不同土类或同一种土类发育于不同的母质母岩区，其土壤环境背景值也有明显差异；同一地点采集的样品，分析结果也不可能完全相同，因此土壤环境背景值是具有统计性的。

4. 农田土壤

用于种植各种粮食作物、蔬菜、水果、纤维和糖料作物、油料作物及农区森林、花卉、药材、草料等作物的农业用地土壤。

5. 监测单元

按地形—成土母质—土壤类型—环境影响划分的监测区域范围。

6. 土壤剖面

按土壤特征，将表土竖直向下的土壤平面划分成不同层面的取样区域。

7. 土壤混合样

在农田耕作层采集若干点的等量耕作层土壤并经混合均匀后的土壤样品，组成混合样的分点数要在 5 ~ 20 个。

8. 土壤监测类型

根据土壤监测目的，土壤环境监测有 4 种主要类型：区域土壤环境背景监测、农田土壤环境质量监测、建设项目土壤环境评价监测和土壤污染事故监测。

9. 土壤环境敏感目标

是指可能受人为活动影响的、与土壤环境相关的敏感区或对象。其中，建设用地土壤环境敏感目标是指地块周围可能受污染物影响的居民区、学校、医院、饮用水源保护区以及重要公共场所等。

10. 农用地土壤污染风险

指因土壤污染导致食用农产品质量安全、农作物生长或土壤生态环境受到不利影响。

11 土壤退化

土壤退化是指由于人类不合理的生产活动和自然因素的综合作用，导致土壤肥力和生产力或土地利用和环境调控潜力衰减甚至完全丧失，即土壤质量及其可持续性下降（包括暂时性的和永久性的），甚至完全丧失其物理、化学和生物学特征的过程。如土壤加速侵蚀、土壤沙化、次生盐渍化、次生潜育化和土壤污染等引起的土壤退化。

二、土壤环境污染影响与土壤环境生态影响

土壤环境影响分为土壤环境污染影响和土壤环境生态影响。前者是指因人为因素导致某种物质进入土壤环境，引起土壤物理、化学、生物学等方面特性的改变，导致土壤质量恶化的过程或状态；后者是指由于人为因素引起土壤环境特征变化导致其生态功能变化的过程或状态。

（一）土壤污染

2019 年 1 月 1 日起施行的《中华人民共和国土壤污染防治法》，明确了**土壤污染**是指因人为因素导致某种物质进入陆地表层土壤，引起土壤化学、物理、生物等方面特性的改变，影响土壤功能和有效利用，危害公众健康或者破坏生态环境的现象。

1. 土壤污染的特点

土壤污染具有隐蔽性、潜伏性、累积性、不可逆性、长期性，以及后果严重和难治理等特点。与水和大气等介质相比，土壤污染通过食物链的生物放大作用危害地表生物，从污染开始到后果显现的过程缓慢而隐蔽，且对土壤污染的判断比较复杂。

污染物在土壤中不易迁移、扩散和稀释，因而可以不断累积。如：土壤中大量胶体物质对重金属有较强的吸附能力，限制了重金属在土壤中的迁移，造成土壤中重金属的积累富集；土壤中存在大量难降解和持久不可降解的有机污染物，对土壤造成的污染基本不可逆转。此外，土壤污染物分布不均匀，空间变异性大；土壤一旦被污染，净化时间周期长；土壤污染很难治理和恢复，对生态环境和地表生物的潜在危害影响严重。

2. 土壤污染物及其来源

（1）**土壤污染物**　土壤中的污染物来源广、种类多，以化学污染物最为普遍和严重，一般分为无机污染物和有机污染物；也存在物理性的固废堆积污染物（如工业建筑垃圾、废石煤灰等）、生物类污染物（主要是病原体）和放射性污染物（主要是 ^{90}Sr、^{137}Cs 等）。

① 无机污染物包括重金属、硫化物、氟化物、酸、碱、盐等，以镉、汞、铅、铬、铜、锌、镍等重金属为主，此外非金属砷、硒等也是主要的无机污染物。

② 有机污染物主要包括有机磷农药、有机氯农药、酚类有机物、有机洗涤剂、石油、氰化物、苯并芘、挥发性有机物等。

（2）**土壤污染物来源**　土壤环境污染的自然源来自矿物风化后的自然扩散、火山爆发后降落的火山灰等。人为污染源包括不合理地使用农药、化肥，废（污）水灌溉，使用不符合标准的水泥，生活垃圾和工业固体废物等的随意堆放或填埋，以及大气沉降物等。土壤污染物的来源以人为污染为主，主要分为工业污染源、农业污染源和生活污染源。

① 工业污染源：工业生产活动中排放的废气、废水、废渣，是造成其周边土壤污染的主要原因。工业废气中含有大量的酸性组分（SO_2、NO_x 等），通过大气沉降到地面，造成土壤污染和酸化现象。工业废水成分复杂，含有大量重金属和有机物质，且污染物浓度比较高，易造成一定程度的土壤污染。工业废渣通过大气扩散或降水淋溶等方式，也可以造成土壤污染。

② 农业污染源：农业生产活动，如污水回用农业灌溉，化肥、农药等的不合理使用，畜禽养殖等，都会通过地表径流和入渗，导致土壤污染。长期使用废水灌溉农田，会使污染物在土壤和地下水中累积而引起重金属和有机物污染，进而直接或间接地危害人类健康。

③ 生活污染源：主要包括城市生活污水、屠宰加工厂污水、医院污水、公路交通污染等。生活垃圾、污泥等的处理不到位和堆放场所的特殊性，使经雨水浸泡后的大量重金属、无机盐、有机物和病原体等进入土壤，这是造成土壤污染的主要原因。

3. 土壤污染途径

土壤污染途径包括大气沉降、地面漫流、垂直入渗及其他途径。

（1）**大气沉降** 主要是指建设项目在施工和经营过程中，无组织或有组织地向大气排放的污染物经各种途径沉降至土壤，对表层土壤造成影响的过程。大气沉降是土壤重金属与有机物的重要来源之一，能源、运输、冶金和建筑材料生产行业产生的气体和粉尘中含有大量的重金属及有机物。煤和石油中的镉、锌、铜、铅、钼，以及硒、砷等，经燃烧后，以飘尘、灰、颗粒物或气体形式进入大气，再经干湿沉降进入土壤，加剧了土壤重金属污染。

（2）**地面漫流** 是指由于建设项目所在地域的坡度较大，产生的废水随地表径流而流动，导致废水对厂界内外土壤环境造成大面积污染的过程。矿山、库、坝、独立渣场等建设项目污染土壤环境的面积较大，但影响深度浅，除低洼处以外，大多数仅对表层土壤环境造成影响。可将建设项目所在地的下游区域及距离建设项目较近的沟渠、河流、湖、库之间的区域作为重点关注区域。

（3）**垂直入渗** 主要指厂区各类原料及产污装置在发生“跑、冒、滴、漏”或防渗设施老化破损的情况下，经泄漏点对土壤环境产生影响的过程。垂直入渗的影响主要表现为污染物垂直方向上的扩散，其污染深度与污染物性质、包气带渗透性能、地下水位埋深等因素密切相关。

（4）其他途径 主要指除上述三种途径以外的项目建设对土壤环境造成影响的过程，如车辆运输、风险事故导致的原料或污染物的不均匀散落等过程。主要表现为污染源呈点源分布且位置随机，污染物落地后与表层土壤混合，其影响范围不大，垂向扩散深度不深。

（二）土壤环境生态影响

土壤环境生态影响是指由于人为因素引起土壤环境特征变化导致其生态功能变化的过程或状态，土壤环境生态影响的主要后果如下。

1. 土壤流失

是指土壤物质受到水力、风力、重力和冻融作用而被搬运、移走的侵蚀过程，亦称土壤侵蚀、水土流失。

2. 土壤盐渍化（盐化）

是指可溶性盐分在土壤表层积累的现象或过程，一般发生在干旱、半干旱地区。土壤具有积盐的趋势或已在一定深度积盐，以及农业灌溉不当，灌溉水源的盐分含量较高时，会导致土壤盐渍化。水库及尾矿库等项目建设可导致区域地下水位抬升，深层土壤中的盐分随水位变化而到达土壤表层，表层的水分因植物根系吸收、蒸腾、蒸发等作用减少，致使盐分滞留在土壤表层，可导致土壤盐渍化。土壤盐渍化与所在地的干燥度、地下水位埋深、土壤含盐量以及土壤质地有直接关系。

3. 土壤酸化

指土壤胶体接受了一定数量的交换性氢离子或铝离子，使土壤中碱性（盐基）离子淋失的过程。土壤酸化导致土壤 pH 值降低。

4. 土壤碱化

指土壤表层碱性盐逐渐积累、交换性钠离子饱和度逐渐增高的现象。土壤碱化过程往往与脱盐过程相伴发生，但脱盐并不一定引起碱化。

5. 土壤潜育化

指土壤长期处于饱和、过饱和地下水浸润状态，土壤层中铁、锰被还原而形成的灰色斑纹层、腐泥层、青泥层或泥炭层的土壤形成过程。一般发生在地势低洼、排水不畅、地下水位较高、通气性差的地区。

6. 土壤沙化

指由于土壤受到侵蚀、植被遭破坏、草原上过度放牧或流沙入侵，导致土壤水分减少，土壤细粒缺乏凝聚而被风蚀，风力减弱后风沙颗粒堆积在土壤表面的过程。泛指土壤含沙量增高甚至变成沙漠的过程。土壤沙化多发生在干旱、半干旱生态环境脆弱地区，或者邻近大沙漠地区及明沙地区。

三、土壤环境影响评价基本任务和工作程序

（一）基本任务

按照《建设项目环境影响评价技术导则 总纲》（HJ 2.1—2016）建设项目污染影响和生态影响的相关要求，根据建设项目对土壤环境可能产生的影响，将土壤环境影响类型划分为生态影响型与污染影响型，其中土壤环境生态影响重点指土壤环境的盐化、酸化、碱化等。

根据行业特征、工艺特点或规模大小等将建设项目类别分为Ⅰ类、Ⅱ类、Ⅲ类、Ⅳ类，详见《环境影响评价技术导则 土壤环境（试行）》（HJ 964—2018）附录 A，其中Ⅳ类建设项目可不开展土壤环境影响评价；自身为敏感目标的建设项目，可根据需要仅对土壤环境现状进行调查。

土壤环境影响评价应按《环境影响评价技术导则 土壤环境（试行）》（HJ 964—2018）划分的评价工作等级开展工作，识别建设项目土壤环境影响类型、影响途径、影响源及影响因子，确定土壤环境影响评价工作等级，开展土壤环境现状调查，完成土壤环境现状监测与评价，预测与评价建设项目对土壤环境可能造成的影响，提出相应的防控措施与对策。涉及两个或两个以上场地或地区的建设项目应分别开展评价工作。涉及土壤环境生态影响型与污染影响型两种影响类型的应分别开展评价工作。

笔记

（二）工作程序

土壤环境影响评价工作可划分为准备阶段、现状调查与评价阶段、预测分析与评价阶段和结论阶段。土壤环境影响评价工作程序见图 8-1。

1. 准备阶段

收集分析国家和地方土壤环境相关的法律、法规、政策、标准及规划等资料；了解建设项目工程概况，结合工程分析，识别建设项目对土壤环境可能造成的影响类型，分析可能造成土壤环境影响的主要途径；开展现场踏勘工作，识别土壤环境敏感目标；确定评价等级、范围与内容。

2. 现状调查与评价阶段

采用相应标准与方法，开展现场调查、取样、监测和数据分析与处理等工作，进行土壤环境现状评价。

3. 预测分析与评价阶段

依据《环境影响评价技术导则 土壤环境（试行）》（HJ 964—2018）制定的或经论证有效的方法，预测分析与评价建设项目对土壤环境可能造成的影响。

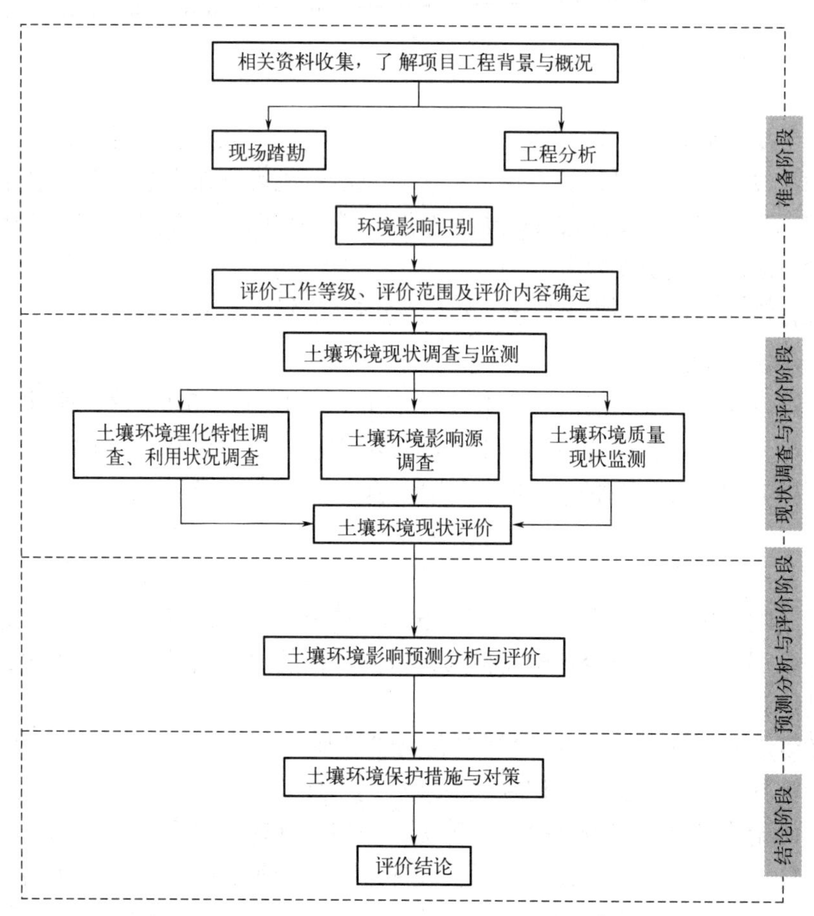

图 8-1 土壤环境影响评价工作程序图

4. 结论阶段

综合分析各阶段成果，提出土壤环境保护措施与对策，对土壤环境影响评价结论进行总结。

第二节 土壤环境影响评价工作等级及评价范围

土壤环境影响评价应依照相关标准划分的评价工作等级开展工作，首先应收集分析国家和地方土壤环境相关的法律、法规、政策、标准及规划等资料；其次了解建设项目工程概况，结合工程分析，识别建设项目对土壤环境可能造成的影响类型，分析造成土壤环境影响的主要途径、影响源及影响因子；同时，开展现场踏勘工作，识别土壤环境敏感目标等；然后，确定土壤环境影响评价工作等级、评价范围与评价内容。

一、影响识别

（一）基本要求

在工程分析结果的基础上，结合土壤环境敏感目标，根据建设项目建设期、运营期和服务期满后（可根据项目情况选择）三个阶段的具体特征，识别土壤环境影响类型与影响途径；对于运营期内土壤环境影响源可能发生变化的建设项目，还应按其变化特征分阶段进行环境影响识别。

（二）识别内容

根据《环境影响评价技术导则 土壤环境（试行）》（HJ 964—2018）附录 A《土壤环境影响评价项目类别》识别建设项目所属行业的土壤环境影响评价项目类别。

识别建设项目土壤环境影响类型与影响途径、影响源与影响因子，初步分析可能影响的范围，具体识别内容参考《环境影响评价技术导则 土壤环境（试行）》（HJ 964—2018）附录 B。

根据《土地利用现状分类》（GB/T 21010—2017）识别建设项目及周边的土地利用类型，分析建设项目可能影响的土壤环境敏感目标。

二、土壤环境影响评价工作等级

（一）评价工作分级

土壤环境影响类型分为生态影响型和污染影响型，根据建设项目所属行业的土壤环境影响评价类别，土壤环境影响评价工作等级划分为一级、二级、三级。建设项目同时涉及土壤环境生态影响型与污染影响型时，应分别判定评价工作等级，并按相应等级分别开展评价工作。

当同一建设项目涉及两个或两个以上场地时，各场地应分别判定评价工作等级，并按相应等级分别开展评价工作。线性工程重点针对主要站场位置（如输油站、泵站、阀室、加油站、维修场所等）参照污染影响型建设项目分段判定评价等级，并按相应等级分别开展评价工作。

（二）评价工作等级划分

1. 生态影响型评价工作等级划分

建设项目所在地土壤环境敏感程度分为敏感、较敏感、不敏感，判别依据见表 8-1；同一建设项目涉及两个或两个以上场地或地区，应分别判定其敏感程度；产生两种或两种以上生态影响后果的，敏感程度按相对最高级别判定。

表 8-1　生态影响型敏感程度分级表

敏感程度	判定依据		
	盐化	酸化	碱化
敏感	建设项目所在地干燥度[1]＞2.5 且常年地下水位平均埋深＜1.5m 的地势平坦区域；或土壤含盐量＞4g/kg 的区域	pH≤4.5	pH≥9.0
较敏感	建设项目所在地干燥度＞2.5 且常年地下水位平均埋深≥1.5m 的，或 1.8＜干燥度≤2.5 且常年地下水位平均埋深＜1.8m 的地势平坦区域；建设项目所在地干燥度＞2.5 或常年地下水位平均埋深＜1.5m 的平原区；或 2g/kg＜土壤含盐量≤4g/kg 的区域	4.5＜pH≤5.5	8.5≤pH＜9.0
不敏感	其他	5.5＜pH＜8.5	

注：①是指多年平均水面蒸发量与降水量的比值，即蒸降比值。

根据已经识别的土壤环境影响评价项目类别与敏感程度分级结果划分评价工作等级，详见表 8-2。

表 8-2　生态影响型评价工作等级划分表

敏感程度	项目分类		
	Ⅰ类	Ⅱ类	Ⅲ类
敏感	一级	二级	三级
较敏感	二级	二级	三级
不敏感	三级	三级	—

注：“—”表示可不开展土壤环境影响评价工作。

2. 污染影响型评价工作等级划分

将建设项目占地规模分为大型（≥ $50hm^2$）、中型（5 ~ $50hm^2$）、小型（≤ $5hm^2$），建设项目占地主要为永久占地。建设项目所在地周边的土壤环境敏感程度分为敏感、较敏感、不敏感，判别依据见表 8-3。根据土壤环境影响评价项目类别、占地规模与敏感程度划分评价工作等级，详见表 8-4。

表 8-3　污染影响型敏感程度分级表

敏感程度	判断依据
敏感	建设项目周边存在耕地、园地、牧草地、饮用水水源地或居民区、学校、医院、疗养院、养老院等土壤环境敏感目标的
较敏感	建设项目周边存在其他土壤环境敏感目标的
不敏感	其他情况

表 8-4　污染影响型评价工作等级划分表

敏感程度	项目分类								
	Ⅰ类			Ⅱ类			Ⅲ类		
	大	中	小	大	中	小	大	中	小
敏感	一级	一级	一级	二级	二级	二级	三级	三级	三级
较敏感	一级	一级	二级	二级	二级	三级	三级	三级	—
不敏感	一级	二级	二级	二级	三级	三级	三级	—	—

注："—"表示可不开展土壤环境影响评价工作。

【例题 8-1】某Ⅰ类土壤环境影响评价项目（污染影响型）永久占地 60hm^2，建设项目用地边界紧邻医院，请判定其土壤环境影响评价工作等级。

【解析】该项目类别为污染影响型建设项目Ⅰ类，占地规模 60hm^2，属于大型（≥ 50hm^2），建设项目占地主要为永久占地。因建设项目用地边界紧邻医院，依据表 8-3，周边的土壤环境敏感程度为敏感。再依据表 8-4 确定该项目土壤环境影响评价工作等级为一级。

三、土壤环境影响调查评价范围

土壤环境影响调查评价范围应包括建设项目可能影响的范围，能满足土壤环境影响预测和评价要求；改、扩建类建设项目的现状调查评价范围还应兼顾现有工程可能影响的范围。建设项目（除线性工程外）土壤环境影响现状调查评价范围可根据建设项目影响类型、污染途径、气象条件、地形地貌、水文地质条件等确定并说明，或参考表 8-5 确定。

建设项目同时涉及土壤环境生态影响与污染影响时，应各自确定调查评价范围。危险品、化学品或石油等输送管线应以工程边界两侧向外延伸 0.2km 作为调查评价范围。

表 8-5　现状调查范围

评价工作等级	影响类型	调查范围	
		占地范围内	占地范围外
一级	生态影响型	全部	5km 范围内
	污染影响型		1km 范围内
二级	生态影响型		2km 范围内
	污染影响型		0.2km 范围内
三级	生态影响型		1km 范围内
	污染影响型		0.05km 范围内

表 8-5 中的调查范围涉及大气沉降途径影响的，可根据主导风向下风向的最大落地浓度点适当调整。对"占地"的解释中，矿山类项目指开采区与各场地的占地；改、扩建类的指现有工程与拟建工程的占地。

第三节 土壤环境现状调查与评价

土壤环境现状调查与评价工作应遵循资料收集与现场调查相结合、资料分析与现状监测相结合的原则。土壤环境现状调查与评价工作的深度应满足相应的工作级别要求，当现有资料不能满足要求时，应通过组织现场调查、监测等方法获取。建设项目同时涉及土壤环境生态影响型与污染影响型时，应分别按相应评价工作等级要求开展土壤环境现状调查，可根据建设项目特征适当调整、优化调查内容。工业园区内的建设项目，应重点在建设项目占地范围内开展现状调查工作，并兼顾其可能影响的园区外围土壤环境敏感目标。

一、土壤环境现状调查

（一）调查内容与要求

1. 资料收集

根据建设项目特点、可能产生的环境影响和当地环境特征，有针对性收集调查评价范围内的相关资料，主要包括以下内容：

① 土地利用现状图、土地利用规划图、土壤类型分布图。

② 气象资料、地形地貌特征资料、水文及水文地质资料等。

③ 土地利用历史情况。

④ 与建设项目土壤环境影响评价相关的其他资料。

2. 理化特性调查

在充分收集资料的基础上，根据土壤环境影响类型、建设项目特征与评价需要，有针对性地选择土壤理化特性调查内容，主要包括土体构型、土壤结构、土壤质地、阳离子交换量、氧化还原电位、饱和导水率、土壤容重、孔隙度等。土壤环境生态影响型建设项目还应调查植被、地下水位埋深、地下水溶解性总固体等。评价工作等级为一级的建设项目应进行土壤剖面调查。

3. 影响源调查

应调查与建设项目产生同种特征因子或造成相同土壤环境影响后果的影响源。改、扩建的污染影响型建设项目，其评价工作等级为一级、二级的，应对现有工程的土壤环境保护措施情况进行调查，并重点调查主要装置或设施附近的土壤污染现状。

（二）现状监测

建设项目土壤环境现状监测应根据建设项目的影响类型、影响途径，有针对性地开展监测工作，了解或掌握调查评价范围内土壤环境现状。

1. 监测布点原则

土壤环境现状监测点布设应根据建设项目土壤环境影响类型、评价工作等级、土地利用类型确定，采用均布性与代表性相结合的原则，充分反映建设项目调查评价范围内的土壤环境现状，可根据实际情况优化调整。具体布点原则参考如下：

① 调查评价范围内的每种土壤类型应至少设置 1 个表层样监测点，应尽量设置在未受人为污染或相对未受污染的区域。

② 生态影响型建设项目应根据建设项目所在地的地形特征、地面径流方向设置表层样监测点。

③ 涉及入渗途径影响的，主要产污装置区应设置柱状样监测点，采样深度须至装置底部与土壤接触面以下，根据可能影响的深度适当调整。

④ 涉及大气沉降影响的，应在占地范围外主导风向的上、下风向各设置 1 个表层样监测点，可在最大落地浓度点增设表层样监测点。

⑤ 涉及地面漫流途径影响的，应结合地形地貌，在占地范围外的上、下游各设置 1 个表层样监测点。

⑥ 线性工程应重点在站场位置（如输油站、泵站、阀室、加油站及维修场所等）设置监测点，涉及危险品、化学品或石油等输送管线的应根据评价范围内土壤环境敏感目标或厂区内的平面布局情况确定监测点布设位置。

⑦ 评价工作等级为一级、二级的改、扩建项目，应在现有工程厂界外可能产生影响的土壤环境敏感目标处设置监测点。

⑧ 涉及大气沉降影响的改、扩建项目，可在主导风向下风向适当增加监测点位，以反映降尘对土壤环境的影响。

⑨ 建设项目占地范围及其可能影响区域的土壤环境已存在污染风险的，应结合用地历史资料和现状调查情况，在可能受影响最重的区域布设监测点；取样深度根据其可能影响的情况确定。

⑩ 建设项目现状监测点设置应兼顾土壤环境影响跟踪监测计划。

2. 监测点数量要求

建设项目各评价工作等级的监测点数不少于表 8-6 的要求。生态影响型建设项目可优化调整占地范围内、外监测点数量，保持总数不变；占地范围超过 5000hm^2 的，每增加 1000hm^2 增加 1 个监测点。污染影响型建设项目占地范围超过 100hm^2 的，每增加 20hm^2 增加 1 个监测点。

表 8-6　现状监测布点类型与数量

评价工作等级		占地范围内	占地范围外
一级	生态影响型	5 个表层样点[①]	6 个表层样点
	污染影响型	5 个柱状样点[②]，2 个表层样点	4 个表层样点
二级	生态影响型	3 个表层样点	4 个表层样点
	污染影响型	3 个柱状样点，1 个表层样点	2 个表层样点
三级	生态影响型	1 个表层样点	2 个表层样点
	污染影响型	3 个表层样点	—

注："—" 表示无现状监测布点类型与数量的要求。

①表层样应在 0 ~ 0.2m 取样；

②柱状样通常在 0 ~ 0.5m、0.5 ~ 1.5m、1.5 ~ 3m 分别取样，3m 以下每 3m 取 1 个样，可根据基础埋深、土体构型适当调整。

3. 取样方法

（1）表层样监测点及土壤剖面的土壤监测取样方法　一般参照《土壤环境监测技术规范》（H/T 166—2004）执行。一般监测采集表层土，采样深度 0 ~ 20cm，特殊要求的

笔记

监测（土壤背景、环评、污染事故等）必要时选择部分采样点采集剖面样品。剖面的规格一般为长 1.5m，宽 0.8m，深 1.2m。挖掘土壤剖面要使观察面向阳，表土和底土分两侧放置。一般每个剖面采集 A、B、C 三层土样。地下水位较高时，剖面挖至地下水出露时为止；山地、丘陵土层较薄时，剖面挖至风化层。对 B 层发育不完整（不发育）的山地土壤，只采 A、C 两层；干旱地区剖面发育不完善的土壤，在表层 5 ～ 20cm、心土层 50cm、底土层 100cm 左右采样。采样次序自下而上，先采剖面的底层样品，再采中层样品，最后采上层样品。测量重金属的样品尽量用竹片或竹刀去除与金属采样器接触的部分土壤，再用其取样。

（2）柱状样监测点和污染影响型改、扩建项目的土壤监测取样方法　可参照《建设用地土壤污染状况调查 技术导则》（HJ 25.1—2019）、《建设用地土壤污染风险管控和修复监测技术导则》（HJ 25.2—2019）执行。土壤采样的基本要求为尽量减少土壤扰动，保证土壤样品在采样过程不被二次污染。

根据系统随机布点法、专业判断布点法、分区布点法、系统布点法确定采样点位。表层土壤样品的采集一般采用锹、铲及竹片等简单工具挖掘的方式进行，也可进行钻孔取样。下层土壤的采样深度应考虑污染物可能释放和迁移的深度（如地下管线和储槽埋深）、污染物性质、土壤的质地和孔隙度、地下水位和回填土等因素。可利用现场探测设备辅助判断采样深度。下层土壤样品的采集以人工或机械钻孔后取样为主，也可采用槽探的方式进行采样。槽探一般靠人工或机械挖掘采样槽，然后用采样铲或采样刀进行采样。

采集含挥发性污染物的样品时，应尽量减少对样品的扰动，严禁对样品进行均质化处理。挥发性有机物污染、易分解有机物污染、恶臭污染土壤的采样，应采用无扰动式的采样方法和工具。采样后立即将样品装入密封的容器，以减少暴露时间。

土壤样品采集后，应根据污染物理化性质等，选用合适的容器保存。汞或有机污染的土壤样品应在 4℃以下的温度条件下保存和运输。

如需采集土壤混合样时，将各点采集的等量土壤样品充分混拌后用四分法取得到土壤混合样。含易挥发、易分解和恶臭污染的样品必须进行单独采样，禁止对样品进行均质化处理，不得采集混合样。

4. 监测因子

土壤环境现状监测因子分为基本因子和建设项目的特征因子。其中，**基本因子**为《土壤环境质量 农用地土壤污染风险管控标准（试行）》（GB 15618—2018）、《土壤环境质量 建设用地土壤污染风险管控标准（试行）》（GB 36600—2018）中规定的基本项目，分别根据调查评价范围内的土地利用类型选取。

特征因子为建设项目产生的特有因子，根据工程分析结果确定；既是特征因子又是基本因子的，按特征因子对待。

调查评价范围内未受（或相对未受）人为污染与建设项目占地范围及其可能影响区域的土壤环境已存在环境风险的点位须监测基本因子与特征因子，其他监测点位可仅监测特征因子。

【例题 8-2】某石化项目配套的原油码头库区拟建 12 座共 10 万 m^3 的原油储存罐区，为满足土壤污染风险管控要求，拟在库区及周围设置 15 个土壤现状监测点，其中8个为柱状点，土壤现状监测应选择的特征因子是（ ）。

A. pH值　B. 石油烃　C. 四氯化碳　D. 苯胺

【解析】正确答案B。污染影响型建设项目应根据环境影响识别出的特征因子选取关键预测因子。本项目涉及石油烃无组织排放或可能的原油泄漏污染土壤，其土壤现状监测应选择石油烃作为特征因子。

5. 监测频次要求

对于基本因子，评价工作等级为一级的建设项目，应至少开展1次现状监测；评价工作等级为二级、三级的建设项目，若掌握近3年至少1次的监测数据，可不再进行现状监测；引用监测数据应满足《环境影响评价技术导则 土壤环境》（HJ 964—2018）中布点原则和现状监测点数量的相关要求，并说明数据有效性。对于特征因子，应至少开展1次现状监测。

二、土壤环境现状评价

1. 评价因子和标准

评价因子与现状监测因子一致。根据调查评价范围内的土地利用类型，分别选取《土壤环境质量 农用地土壤污染风险管控标准（试行）》（GB 15618—2018）、《土壤环境质量 建设用地土壤污染风险管控标准（试行）》（GB 36600—2018）等标准中的筛选值进行评价，土地利用类型无相应标准的可只给出现状监测值。评价因子在上述等标准中未规定的，可参照行业、地方或国外相关标准进行评价，无可参照标准的可只给出现状监测值。

土壤盐化、酸化、碱化等的分级标准参见表8-7和表8-8。

表8–7　土壤盐化分级标准

分级	土壤含盐量（SSC）/（g/kg）	
	滨海、半湿润和半干旱地区	干旱、半荒漠和荒漠地区
未盐化	SSC＜1	SSC＜2
轻度盐化	1≤SSC＜2	2≤SSC＜3
中度盐化	2≤SSC＜4	3≤SSC＜5
重度盐化	4≤SSC＜6	5≤SSC＜10
极重度盐化	SSC≥6	SSC≥10

注：根据区域自然背景状况适当调整。

表8–8　土壤酸化、碱化分级标准

土壤pH值	土壤酸化、碱化程度
pH＜3.5	极重度酸化
3.5≤pH＜4.0	重度酸化
4.0≤pH＜4.5	中度酸化
4.5≤pH＜5.5	轻度酸化

续表

土壤 pH 值	土壤酸化、碱化程度
5.5 ≤ pH < 8.5	无酸化或无碱化
8.5 ≤ pH < 9.0	轻度碱化
9.0 ≤ pH < 9.5	中度碱化
9.5 ≤ pH < 10.0	重度碱化
pH ≥ 10.0	极重度碱化

注：土壤酸化、碱化强度指受人为影响后呈现的土壤 pH 值，可根据区域自然背景状况适当调整。

2. 评价方法

（1）**标准指数法** 土壤环境质量评价一般以单项污染指数为主，指数小污染轻，指数大污染重。同时结合统计分析，根据样本数量、最大值、最小值、均值、标准差、检出率和超标率、最大超标倍数等统计量，也能反映土壤的环境状况。

单项污染因子标准指数计算公式：

$$P_i = C_i/C_s \tag{8-1}$$

式中 P_i——第 i 个现状评价因子的标准指数；

C_i——第 i 个现状评价因子的实测值，mg/kg；

C_s——第 i 个现状评价因子的标准限值，mg/kg。

土壤污染超标倍数 =（土壤某污染物实测值 – 某污染物质量标准）/ 某污染物质量标准

土壤污染样本超标率（%）=（土壤样本超标总数 / 监测样本总数）×100%

（2）**综合污染指数法** 当区域内土壤环境质量作为一个整体与外区域进行比较或与历史资料进行比较时常用综合污染指数。综合指数（CPI），0 < CPI < 1，表示未污染状态，数值大小表示偏离背景值相对程度；CPI ≥ 1 表示污染状态，数值越大表示污染程度相对越严重。

综合指数（CPI）表达式：

$$\mathrm{CPI} = X \cdot (1 + RPE) + Y \cdot DDMB/(Z \cdot DDSB) \tag{8-2}$$

式中 X、Y——分别为测量值超过标准值和背景值的数目；

RPE——相对污染当量；

$DDMB$——元素测定浓度偏离背景值的程度；

$DDSB$——土壤标准偏离背景值的程度；

Z——用作标准元素的数目。

$$RPE = \left[\sum_{i=1}^{N} (C_i / C_{iS})^{1/n}\right] / N \tag{8-3}$$

式中 N——测定元素的数目；

C_i——测定元素 i 的浓度；

C_{is}——测定元素 i 的土壤标准值；

n——测定元素 i 的氧化数。

$$DDMB = \left[\sum_{i=1}^{N} (C_i / C_{iB})^{1/n} \right] / N \quad (8\text{-}4)$$

式中　C_{iB}——元素 i 的背景值。

$$DDSB = \left[\sum_{i=1}^{Z} (C_{iS} / C_{iB})^{1/n} \right] / N \quad (8\text{-}5)$$

（3）**累积指数法**　土壤由于地区背景差异较大，用土壤污染累积指数更能反映土壤的人为污染程度。

土壤污染累积指数 = 土壤污染物实测值 / 污染物背景值

（4）**土壤污染物分担率**　可评价确定土壤的主要污染项目，污染物分担率由大到小排序，污染物主次也同此序。

土壤污染物分担率（%）=（土壤某项污染指数 / 各项污染指数之和）×100%

3. 现状评价结论要求

生态影响型建设项目应给出土壤盐化、酸化、碱化的现状。

污染影响型建设项目应给出评价因子是否满足相关标准要求的结论。当评价因子存在超标时，应分析超标原因。

第四节　土壤环境影响预测与评价

土壤环境影响预测与评价应根据影响识别结果与评价工作等级，结合当地土地利用规划确定影响预测的范围、时段、内容和方法。

土壤环境影响预测应选择适宜的预测方法，预测评价建设项目各实施阶段不同环节与不同环境影响防控措施下的土壤环境影响，给出预测因子的影响范围与程度，明确建设项目对土壤环境的影响结果。应重点预测评价建设项目对占地范围外土壤环境敏感目标的累积影响，并根据建设项目特征兼顾对占地范围内的影响预测。

土壤环境影响分析可定性或半定量地说明建设项目对土壤环境产生的影响及趋势。建设项目导致土壤潜育化、沼泽化、潴育化和土地沙漠化等影响的，可根据土壤环境特征，结合建设项目特点，分析土壤环境可能受到影响的范围和程度。

一、预测评价范围与评价因子

预测评价范围一般与现状调查评价范围一致。根据建设项目土壤环境影响识别结果，确定重点预测时段。在影响识别的基础上，根据建设项目特征设定预测情景。

污染影响型建设项目应根据环境影响识别出的特征因子选取关键预测因子。可能造成土壤盐化、酸化、碱化影响的建设项目，分别选取土壤盐分含量、pH 值等作为预测因子。

二、预测与评价方法

土壤环境影响预测与评价方法应根据建设项目土壤环境影响类型与评价工作等级

确定。

可能引起土壤盐化、酸化、碱化等影响的建设项目，其评价工作等级为一级、二级的，预测方法可参考面源污染影响、点源污染影响和土壤盐化综合评分预测或进行类比分析。

污染影响型建设项目，其评价工作等级为一级、二级的，预测方法可采用面源污染和点源污染进行土壤环境影响预测或进行类比分析；占地范围内还应根据土体构型、土壤质地、饱和导水率等分析其可能影响的深度。

评价工作等级为三级的建设项目，可采用定性描述或类比分析法进行预测。

（一）面源污染影响预测

本方法适用于某种物质可概化为以面源形式进入土壤环境的影响预测，包括大气沉降、地面漫流以及盐、酸、碱类等物质进入土壤环境引起的土壤盐化、酸化、碱化等。

1. 一般方法和步骤

① 可通过工程分析计算土壤中某种物质的输入量；涉及大气沉降影响的，可参照《环境影响评价技术导则 大气环境》（HJ 2.2—2018）相关技术方法给出。

② 土壤中某种物质的输出量主要包括淋溶或径流排出、土壤缓冲消耗等两部分；植物吸收量通常较小，不予考虑；涉及大气沉降影响的，可不考虑输出量。

③ 分析比较输入量和输出量，计算土壤中某种物质的增量。

④ 将土壤中某种物质的增量与土壤现状值进行叠加后，进行土壤环境影响预测。

2. 预测方法

① 单位质量土壤中某种物质的增量计算公式：

$$\Delta S=n(I_s-L_s-R_s)/(\rho_b\times A\times D) \tag{8-6}$$

式中 ΔS——单位质量表层土壤中某种物质的增量，g/kg；表层土壤中游离酸或游离碱浓度增量，mmol/kg；

I_s——预测评价范围内单位年份表层土壤中某种物质的输入量，g；预测评价范围内单位年份表层土壤中游离酸、游离碱输入量，mmol；

L_s——预测评价范围内单位年份表层土壤中某种物质经淋溶排出的量，g；预测评价范围内单位年份表层土壤中经淋溶排出的游离酸、游离碱的量，mmol；

R_s——预测评价范围内单位年份表层土壤中某种物质经径流排出的量，g；预测评价范围内单位年份表层土壤中经径流排出的游离酸、游离碱的量，mmol;

ρ_b——表层土壤容重，kg/m^3；

A——预测评价范围，m^2；

D——表层土壤深度，一般取 0.2m，可根据实际情况适当调整；

n——持续年份，a。

② 单位质量土壤中某种物质的预测值可根据其增量叠加现状值进行计算：

$$S=S_b+\Delta S \tag{8-7}$$

式中 S_b——单位质量土壤中某种物质的现状值，g/kg；

S——单位质量土壤中某种物质的预测值，g/kg。

③ 酸性物质或碱性物质排放后表层土壤 pH 预测值，可根据表层土壤游离酸或游离碱浓度的增量进行计算：

$$pH = pH_b + \Delta S/BC_{pH} \tag{8-8}$$

式中　pH_b——土壤 pH 现状值；

BC_{pH}——缓冲容量，mmol/（kg · pH）；

pH——土壤 pH 预测值。

④ 缓冲容量（BC_{pH}）测定方法。采集项目区土壤样品，样品加入不同量游离酸或游离碱后分别进行 pH 值测定，绘制不同浓度游离酸或游离碱和 pH 值之间的曲线，曲线斜率即为缓冲容量。

（二）点源污染影响预测

一维非饱和溶质运移模型预测方法适用于某种污染物以点源形式垂直进入土壤环境的影响预测，重点预测污染物可能影响到的深度。

（1）一维非饱和溶质垂向运移控制方程

$$\frac{\partial(\theta c)}{\partial t} - \frac{\partial}{\partial z}\left(\theta D\frac{\partial c}{\partial z}\right) - \frac{\partial}{\partial z}(qc) \tag{8-9}$$

式中　c——污染物介质中的浓度，mg/L；

D——弥散系数，m^2/d；

q——渗流速率，m/d；

z——沿 z 轴的距离，m；

t——时间变量，d；

θ——土壤含水率，%。

（2）初始条件

$$c(z, t) = 0 \quad t=0,\ L \leqslant z < 0 \tag{8-10}$$

（3）边界条件　第一类为 Dirichlet 边界条件，其中式（8-11）适用于连续点源情景，式（8-12）适用于非连续点源情景。

$$c(z, t)=c_0 \quad t > 0,\ z=0 \tag{8-11}$$

$$c(z, t)=\begin{cases} c_0 & 0 < t \leqslant t_0 \\ 0 & t > t_0 \end{cases} \tag{8-12}$$

第二类为 Neumann 零梯度边界。

$$-\theta D\frac{\partial c}{\partial z} = 0 \quad t > 0, z=L \tag{8-13}$$

（三）土壤盐化综合评分预测

根据表 8-9 选取各项影响因素的分值与权重，采用公式（8-14）计算土壤盐化综合评分值（Sa），对照表 8-10 得出土壤盐化综合评分预测结果。

$$Sa = \sum_{i=1}^{n} W_{x_i} \times I_{x_i} \tag{8-14}$$

式中　n——影响因素指标数目；

I_{x_i}——影响因素 i 指标评分；

W_{x_i}——影响因素 i 指标权重。

表 8-9　土壤盐化影响因素赋值表

影响因素	分值				权重
	0 分	2 分	4 分	6 分	
地下水位埋深（GWD）/m	GWD ≥ 2.5	1.5 ≤ GWD < 2.5	1.0 ≤ GWD < 1.5	GWD < 1.0	0.35
干燥度（EPR，蒸降比值）	EPR < 1.2	1.2 ≤ EPR < 2.5	2.5 ≤ EPR < 6	EPR ≥ 6	0.25
土壤本底含盐量（SSC）/（g/kg）	SSC < 1	1 ≤ SSC < 2	2 ≤ SSC < 4	SSC ≥ 4	0.15
地下水溶解性总固体（TDS）/（g/L）	TDS < 1	1 ≤ TDS < 2	2 ≤ TDS < 5	TDS ≥ 5	0.15
土壤质地	黏土	砂土	壤土	砂壤、粉土、砂粉土	0.10

表 8–10　土壤盐化预测表

土壤盐化综合评分值（Sa）	Sa < 1	1 ≤ Sa < 2	2 ≤ Sa < 3	3 ≤ Sa < 4.5	Sa ≥ 4.5
土壤盐化综合评分预测结果	未盐化	轻度盐化	中度盐化	重度盐化	极重度盐化

三、预测评价结论

（一）可得出建设项目土壤环境影响可接受结论的情况

① 建设项目各不同阶段，土壤环境敏感目标处且占地范围内各评价因子均满足预测评价相关标准要求的。

② 生态影响型建设项目各不同阶段，出现或加重土壤盐化、酸化、碱化等问题，但采取防控措施后，可满足相关标准要求的。

③ 污染影响型建设项目各不同阶段，土壤环境敏感目标处或占地范围内有个别点位、层位或评价因子出现超标，但采取必要措施后，可满足《土壤环境质量 农用地土壤污染风险管控标准（试行）》（GB 15618—2018）、《土壤环境质量 建设用地土壤污染风险管控标准（试行）》（GB 36600—2018）或其他土壤污染防治相关管理规定的。

（二）不能得出建设项目土壤环境影响可接受结论的情况

① 生态影响型建设项目中土壤盐化、酸化、碱化等对预测评价范围内土壤原有生态功能造成重大不可逆影响的。

② 污染影响型建设项目各不同阶段，土壤环境敏感目标处或占地范围内多个点位、层位或评价因子超标，采取必要措施后，仍无法满足《土壤环境质量 农用地土壤污染风险管控标准（试行）》（GB 15618—2018）、《土壤环境质量 建设用地土壤污染风险管控标准（试行）》（GB 36600—2018）或其他土壤污染防治相关管理规定的。

第五节　土壤环境保护措施与对策

一、土壤环境保护措施与对策

（一）基本要求

土壤环境保护措施与对策应包括保护的对象、目标，措施的内容，设施的规模及工艺、实施部位和时间、实施的保证措施，预期效果的分析等，在此基础上估算（概算）环境保护投资，并编制环境保护措施布置图。

在建设项目可行性研究提出的影响防控对策基础上，结合建设项目特点、调查评价范围内的土壤环境质量现状，根据环境影响预测与评价结果，提出合理、可行、操作性强的土壤环境影响防控措施。

改、扩建项目应针对现有工程引起的土壤环境影响问题，提出“以新带老”措施，有效减轻影响程度或控制影响范围，防止土壤环境影响加剧。

涉及取土的建设项目，所取土壤应满足占地范围对应的土壤环境相关标准要求，并说明其来源；弃土应按照固体废物相关规定进行处理处置，确保不产生二次污染。

（二）建设项目环境保护措施

1. 土壤环境质量现状保障措施

对于建设项目占地范围内的土壤环境质量存在点位超标的，应依据土壤污染防治相关管理办法、规定和标准，采取有关土壤污染防治措施。

2. 源头控制措施

（1）**生态影响型建设项目** 应结合项目的生态影响特征、按照生态系统功能优化的理念、坚持高效适用的原则提出源头防控措施。

（2）**污染影响型建设项目** 应针对关键污染源、污染物的迁移途径提出源头控制措施，并与《环境影响评价技术导则 大气环境》（HJ 2.2—2018）、《环境影响评价技术导则 地表水环境》（HJ 2.3—2018）、《环境影响评价技术导则 生态影响》（HJ 19—2022）、《建设项目环境风险评价技术导则》（HJ 169—2018）、《环境影响评价技术导则 地下水环境》（HJ 610—2016）等标准要求相协调。

3. 过程防控措施

① 建设项目根据行业特点与占地范围内的土壤特性，按照相关技术要求采取过程阻断、污染物削减和分区防控措施。

② 生态影响型建设项目涉及酸化、碱化影响的可采取相应措施调节土壤 pH 值，以减轻土壤酸化、碱化的程度；涉及盐化影响的，可采取排水排盐或降低地下水位等措施，以减轻土壤盐化的程度。

③ 污染影响型建设项目涉及大气沉降影响的，占地范围内应采取绿化措施，以种植具有较强吸附能力的植物为主；涉及地面漫流影响的，应根据建设项目所在地的地形特点优化地面布局，必要时设置地面硬化、围堰或围墙，以防止土壤环境污染；涉及入渗途径影响的，应根据相关标准规范要求，对设备设施采取相应的防渗措施，以防止土壤环境污染。

（三）跟踪监测

土壤环境跟踪监测措施包括制定跟踪监测计划、建立跟踪监测制度，以便及时发现问题，采取措施。

土壤环境跟踪监测计划应明确监测点位、监测指标、监测频次以及执行标准等。

① 监测点位应布设在重点影响区和土壤环境敏感目标附近。

② 监测指标应选择建设项目特征因子。

③ 评价工作等级为一级的建设项目一般每 3 年内开展 1 次监测工作，二级的每 5 年

内开展 1 次，三级的必要时可开展跟踪监测。

④ 生态影响型建设项目跟踪监测应尽量在农作物收割后开展。

⑤ 执行标准应同现状评价标准。

监测计划应包括向社会公开的信息内容。

二、土壤污染和土壤退化的防治措施

（一）土壤污染的防治

1. 加强土壤污染调查、监测和土壤治理监督

针对土壤污染现状，强化对土壤污染进行科学调查和监测，严格监管和有效治理土壤污染，同时要重视对潜在土壤生态威胁的控制。制定环境保护方案和应急预案，加强对污染物的储存、处置和排放的管理，防止污染物对土壤环境的损害。健全工业污染源的监测网络，及时监测污染物的排放情况和土壤环境质量，提前预警和防范污染事件的发生。例如：严格监测灌溉用水，实施污（废）水科学灌溉技术；严格把控灌溉水的水质，利用污（废）水灌溉农田之前，应充分了解灌溉水的成分和各类污染物浓度，并进行净化处理，防止有害物质渗透到土壤中形成污染。

2. 发展绿色农业，合理使用化肥农药

实施环境友好型农业耕作技术，发展绿色农业，通过增加作物轮作、畜牧业和种植业一体化发展，恢复和提高土壤肥力。根据土壤特性、气候状况和农作物生长发育特点，合理施肥，并积极推广生物有机肥的使用；使用高效、低毒、低残留的农药，并确保其稳定性，严格控制化学农药的用量、喷施范围和频次，提高喷洒技术，尽可能减轻农药对土壤的污染。

3. 科学修复受污染土壤，推广生物防治技术

通过物理、化学和生物等技术手段，对土壤污染进行防治。科学合理施用改良剂或化学淋洗，修复放射性及重金属污染的土壤。改善土壤中胶体种类与含量，提升土壤对有害物质的吸附能力，减少土壤污染物和微生物的活性，提升土壤微生物降解功能和土壤自身净化能力。

运用微生物和植物吸附等技术，有效控制土壤污染。例如：采用作物轮作方式，增加土地利用率；采用生物防治和杂草管理相结合的方式，减少化学农药和除草剂的使用；加强对农田残膜的再循环使用，并选用能被有效降解的农业膜；积极推进绿色杀虫剂的使用，既能有效地防治农业病虫害又能减轻化学农药对土壤的污染。

4. 加大生态保护的宣传力度，增强公众土壤保护意识

通过媒体宣传、科普教育等形式，大力宣传合理利用土地资源和加强土壤生态环境保护的相关知识，提高社会公众对保护土壤生态环境的意识和责任。结合生态文明建设指标，健全环境管理制度，及时公布工业企业的环境信息，提高公众对工业污染源治理的认识和参与度，对个人与企业的土壤环境污染行为予以警示和限制。

5. 合理规划和分区治理

对建设项目进行规划时，应科学划分生产区域和生活区域，为后期推动土壤污染防治工作提供便利。例如：对于生活区域，要求使用可降解包装，生活垃圾要严格按照国家的要求进行分类管理；对于生产区域，对各企业或建设单位的固体废物和废水的处理情况进行严格检查，加强企业对环境保护的社会责任。

笔记

6. 完善工业企业的环境管理和环境影响评价体系

鼓励工业企业采用清洁生产技术和设备，减少污染物排放，加强对工业企业的技术改造和升级，提高生产过程中的资源利用率和能源效率。对新建、改建和扩建的工业项目进行环境影响评价，确保项目在建设和运营过程中符合环境保护要求，减少对土壤环境的污染影响。

7. 构建和完善土壤污染防治经济补偿措施

合理规划和统筹资金，用于补贴和支持农业生产方式转型和企业工艺技术革新，减少土壤污染，改善土壤环境质量，通过经济利益促成土壤污染防治的有效实施。

（二）土壤退化的防治

1. 预防土壤侵蚀，保护土地资源

依据土壤侵蚀产生的原因，土壤侵蚀类型、方式以及防治目标，土壤侵蚀防治措施大体可概括为耕作措施、林草措施和工程措施三大类。

（1）**耕作措施** 专指坡耕地通过改变耕作方式实行防治土壤侵蚀的工程。坡耕地是土壤侵蚀的主要发生区，也是泥沙的主要来源区。为了减少水土和养分的流失，采取既利于农业生产又利于防治土壤侵蚀的耕作措施。

土壤保持耕作措施按其作用可分为三类：

① 通过改变微地形蓄水保土，如水平犁沟、等高耕种、等高带状间作和等高沟垄作等；

② 采用增加地面粗糙度的耕作措施，如草带间作、覆盖耕作和免耕等；

③ 采用改良土壤理化性质的耕作措施，如蓄水聚肥耕作等。

（2）**林草措施** 是林业措施和草业措施的合称，指在土壤侵蚀区人工造林或飞播造林、种草封山、育林育草等，为涵养水源、保持水土、防风固沙、改善生态环境而采取的技术方法。林草措施主要用于因失去林草的荒山荒坡和退耕的陡坡地的土壤侵蚀防治，区域林草措施选择应该根据当地自然环境条件和植物的生境条件来决定。

（3）**工程措施** 是通过工程拦蓄或滞留坡面径流，从而减少坡面和沟道的侵蚀，达到保水保土的目的，主要包括治坡工程（如梯田、截流沟和鱼鳞坑等）和治沟工程（如沟头防护工程、谷坊工程、淤地坝、骨干坝和塘堰等）。

2. 防治耕地水土流失

目前，国内外防治水土流失的技术措施大体分为水土保持耕作措施、坡改梯工程措施和林草生物措施。

（1）**水土保持耕作措施** 在坡耕地上特别是缓坡耕地上，推行各种水土保持耕作措施，能拦截地面径流，减少土壤冲刷，增加粮食产量。

（2）**坡改梯工程措施** 梯田是改造坡耕地的一项重要措施，它可以改变地形坡度，拦蓄雨水，防治水土流失，达到保水、保土、保肥和增产的目的。

（3）**林草生物措施** 主要是指在陡坡耕地上实行退耕造林种草，在缓坡耕地上实行间套复种的草田轮作。

3. 加强流域治理

流域治理对防治土壤养分流失与土地退化起着至关重要的作用，流域治理直接影响了土壤养分特性。蓄水拦泥可以提高土地生产力，减少土壤中养分的流失，减轻土地退化程度。主要措施如下：

（1）改善田间灌溉方式，结合肥改的治理措施　例如：农业综合开发，修复田间灌溉排水渠，做到旱时能灌、涝时可排；科学肥改，冬种绿肥，保证有机肥料的供应，调节土壤有机质的消耗。

（2）改善土壤结构、增加土壤肥力　例如：推行水旱轮作，增施有机肥，可有效减缓水田土壤肥沃表土的流失量和水土流失面积。坡耕地改造成保土保肥的梯田，荒山荒坡和疏林地进行水平槽改良种植结构，既能改善土壤结构，蓄水保土，又能阻止土壤养分流失，增加土壤肥力。

（3）改善流域生态环境　通过对生态修复区封禁治理，营造水保林，增加林草植被覆盖度，增加植物多样性，使生态系统格局趋于合理。

复习思考及案例分析题

一、复习思考题

1. 某建设项目对土壤环境产生污染的因子有汞，评价范围内现有企业中，涉及汞污染因子的土壤影响源是（　）。

A. 木材加工厂　B. 汽车加油站　C. 生活垃圾焚烧发电厂　D. 钢制设备机械加工厂

2. 土壤盐化影响因素分析需要考虑的因素有（　）。

A. 地下水位埋深　B. 地下水溶解性总固体

C. 土壤质地　D. 土壤结构

3. 北方某微咸水灌区土壤环境影响可能有（　）。

A. 盐化　B. 石漠化　C. 碱化　D. 沙化

4. 某半干旱地区土壤含盐量为 2.0g/kg，根据土壤盐化分级标准，判定该地区土壤为（　）。

A. 未盐化　B. 轻度盐化　C. 中度盐化　D. 轻度或中度盐化

5. 土壤污染途径包括（　）。

A. 大气沉降　B. 地面漫流　C. 垂直入渗　D. 其他类途径

6. 关于建设项目土壤环境保护措施的说法正确的有（　）。

A. 涉及地面漫流影响的，占地范围内应采取绿化措施

B. 涉及盐化影响的，可采取排水排盐等措施

C. 涉及盐化影响的，可采取提高地下水位等措施

D. 涉及大气沉降影响的，可采取设置地面硬化、围堰或围墙等措施

7. 危险品、化学品或石油等输送管线应以工程边界两侧向外延伸（　）作为土壤环境影响现状调查范围。

A. 0.2km　B. 0.3km　C. 0.5km　D. 0.8km

8. 下列关于土壤环境现状监测频次要求的说法正确的是（　）。

A 评价工作等级为一级的建设项目，基本因子应至少开展 1 次现状监测

B. 评价工作等级为三级的建设项目，若有 1 次监测数据，基本因子可不再进行现状监测

C. 引用基本因子监测数据应说明数据有效性

D. 特征因子应至少开展 1 次现状监测

二、案例分析题

某矿区拟新建 12.0mt/a 的煤矿，井田以风沙地形为主。西高东低，相对高差 20m，地表典型植被为沙生植物群落，植被覆盖率为 25%；区域为半干旱温带高原大陆性气候，蒸发量远大于降水量。

矿井服务年限 35a，开采侏罗纪中统的 9 个煤层，总厚度平均约 30m，开采方式为井工开采，矿井以三个水平分六个采区，逐次开拓全井田。开采煤层平均含硫量为 1.8%，配套建设选煤厂，矸石产生量为 1.2mt/a，属 I 类一般工业固体废物，拟排至矿区现有排矸场。该排矸场位于井田南边界外一条东西走向的荒沟内，该荒沟附近有一个村庄，有居民 25 户。

井田内含水层主要为第四系砂砾层潜水，潜水位仅埋深 2 ~ 5m，煤炭开采不会导通地表第四系沙砾层潜水。预计煤矿井开采地表沉陷稳定后，下沉值平均为 20m。

项目建设期为 26 个月，建设期主要施工废水包括井下施工排出的少量井下涌水、砂石料系统冲洗废水、混凝土拌和系统冲洗废水、机械车辆维护冲洗废水。

问题：

1. 列出沙生植被样方调查的主要内容。

2. 简要分析地表沉陷稳定后地貌的变化趋势，给出因地表沉陷导致的主要生态影响。

3. 进行排矸场现状调查时，应关注的主要环境问题有哪些？

4. 给出建设期主要施工废水处理措施。

第九章

固体废物环境影响评价

导读导学

什么是固体废物？固体废物的来源及危害？固体废物污染控制技术有哪些？在实际工作中，固体废物的环境影响评价工作该如何展开？

学习目标

知识目标	能力目标	素质目标
1. 掌握固体废物环境影响评价工作的内容和特点； 2. 熟悉危险废物的鉴别、贮存、污染控制方法； 3. 掌握垃圾填埋场的环境影响评价	1. 能够针对危险废物进行鉴别，并采用合理的贮存、处置方式； 2. 能够合理选择相应标准规范进行固体废物的环境影响评价工作	1. 树立正确的价值观，加强团队协作，提高对固体废物的污染控制管理能力。 2. 依法依规开展相应工作，严谨、规范、准确地进行固体废物的环境影响评价工作

思政小课堂

扫描二维码可查看“**非法处置、倾倒危险废物案件**”。

第一节　固体废物的来源与特征

一、固体废物的来源及分类

（一）固体废物的定义

固体废物是指在人类生产和生活中产生的、在一定时间和地点无法利用而丢弃的污染环境的固态和半固态物质。所谓废物则仅仅是相对于某一过程或某一方面失去利用价值，具有相对性特点。固体废物的概念具有时间性和空间性，某一过程的废物随时间和空间条件的变化，往往可以是另一过程的原料，因此称“固体废物为在错误时间放在错误地点的原料”是有道理的。

（二）固体废物的来源

固体废物主要来源于人类的生产和消费活动。生产过程中所产生的废物（不包括废水和废气）称为生产废物；产品进入市场后在流动过程中或使用消费后产生的固体废物，称为生活废物。在资源开发和产品制造过程中，必然有废物产生，任何产品经过使用和消费后，都会变成废物。表 9-1 列出的是从各类产生源产生的主要固体废物。

表 9–1　固体废物的主要来源

类型	产生源	产生的主要固体废物
矿业废物	矿业	废石、尾矿、金属、废木、砖瓦和水泥、砂石等
工业废物	建筑材料工业	金属、水泥、黏土、陶瓷、石膏、石棉、砂、石、纸和纤维
	冶金、机械、交通等工业	金属、渣、砂石、模型、芯、陶瓷、涂料、管道、绝热和绝缘材料、粘结剂、污垢、废木、塑料、橡胶、纸、各种建筑材料、烟尘
	食品加工	肉、谷物、蔬菜、硬壳果、水果、烟草等
	橡胶、皮革、塑料等工业	橡胶、塑料、皮革、布、线、纤维、染料、金属等
	石油化工工业	化学药剂、金属、塑料、橡胶、陶瓷、沥青、污泥油毡、石棉、涂料等
	电器、仪器仪表等工业	金属、玻璃、木、橡胶、塑料、化学药剂、研磨料、陶瓷、绝缘材料等
	纺织服装工业	布头、纤维、金属、橡胶、塑料等
	造纸、木材、印刷等工业	刨花、锯末、碎木、化学药剂、金属填料、塑料
城市垃圾	居民生活	食物、垃圾、纸、木、布、庭院植物修剪物、金属、玻璃、塑料、陶瓷、燃料灰渣、脏土、碎砖瓦、废器具、粪便、杂品等
	商业、机关	同上，另有管道、碎砌体、沥青、其他建筑材料，含有易燃、易爆、腐蚀性、放射性的废物以及废汽车、废电器、废器具等
	旅客列车	纸、果屑、残剩食品、塑料、泡沫盒、玻璃瓶、金属罐、粪便等
	市政维修、管理部门	脏土、碎砖瓦、树叶、死禽畜、金属、锅炉灰渣、污泥等
农业废物	农业、林业	秸秆、蔬菜、水果、果树枝条、糠秕、人和禽畜粪便、农药等
	水产、畜产加工	腥臭死禽畜、腐烂鱼虾和贝壳、污泥等
放射性废物	核工业和放射性医疗单位	金属、含放射性废渣、粉尘、污泥、器具和建筑材料等

笔记

二、固体废物的分类

固体废物的分类方法有多种，按其组成可分为有机废物和无机废物；按其形态可分为固态废物、半固态废物和液态（气态）废物；按其污染特性可分为危险废物和一般废物等；按其来源可分为矿业的、工业的、城市生活的、农业的和放射性的废物。此外，固体废物还可分为有毒和无毒的两大类。有毒有害固体废物是指具有毒性、易燃性、腐蚀性、反应性、放射性和传染性的固体、半固体废物。

根据2020年9月1日起施行的《中华人民共和国固体废物污染环境防治法》，将固体废物分为工业固体废物，生活垃圾，建筑垃圾、农业固体废物等，以及危险废物。

（一）工业固体废物

工业固体废物是指在工业生产活动中产生的固体废物，主要包括以下几类。

1. 冶金工业固体废物

主要包括金属冶炼或加工过程中产生的各种废渣，如高炉炼铁产生的高炉渣，平炉、转炉、电炉炼钢产生的制渣，铜、镍、铅、锌等有色金属冶炼过程产生的有色金属渣、铁合金渣及提炼氧化铝时产生的赤泥等。

2. 能源工业固体废物

主要包括燃煤电厂产生的粉煤灰炉渣、烟道灰，采煤及洗煤过程中产生的煤矸石等。

3. 石油化学工业固体废物

主要包括石油及加工工业产生的油泥、焦油、页岩渣、废催化剂、废有机溶剂等，化学工业生产过程中产生的硫铁矿渣、酸渣、碱渣、盐泥、釜底泥、精（蒸）馏残渣以及医药和农药生产过程中产生的医药废物、废药品、废农药等。

4. 矿业固体废物

主要包括采矿废石和尾矿。废石是指各种金属、非金属矿山开采过程中从主矿上剥离下来的各种围岩。尾矿是指在选矿过程中提取精矿以后剩下的尾渣。

5. 轻工业固体废物

主要包括食品工业、造纸印刷工业、纺织印染工业、皮革工业等生产过程中产生的污泥、动物残物、废酸、废碱以及其他废物。

6. 其他工业固体废物

主要包括机械加工过程产生的金属碎屑、电镀污泥以及其他工业加工过程产生的废渣等。

（二）生活垃圾

生活垃圾是指在日常生活中或者为日常生活提供服务的活动中产生的固体废物，以及法律、行政法规规定视为生活垃圾的固体废物，其主要包括厨房残余物、庭院废物、废纸、废塑料、废织物、废金属、废玻璃陶瓷碎片、砖瓦渣土以及废家具、废旧电器等。

（三）建筑垃圾、农业固体废物等

1. 建筑垃圾

指建设单位、施工单位新建、改建、扩建和拆除各类建筑物、构筑物、管网等，以及居民装饰装修房屋过程中产生的弃土、弃料和其他固体废物。

2. 农业固体废物

指在农业生产活动中产生的固体废物，如农作物秸秆、废弃农用薄膜、农药包装废物、畜禽粪污等。

（四）危险废物

2020 年 11 月 25 日，生态环境部联合国家发展和改革委员会、公安部、交通运输部、国家卫生健康委员会发布的《国家危险废物名录（2021 年版）》（以下简称《名录》），于 2021 年 1 月 1 日起施行。危险废物是指列入《名录》或者根据国家规定的危险废物鉴别标准和鉴别方法认定的具有危险特性的固体废物。

1. 危险废物的定义

危险废物具有毒性、易燃性、爆炸性、腐蚀性、化学反应性和（或）传染性，是会对生态环境和人类健康造成严重危害的废物。根据《名录》的规定，具有下列情形之一的固体废物（包括液态废物），列入国家危险废物名录：①具有毒性、腐蚀性、易燃性、反应性或者感染性等一种或者几种危险特性的；②不排除具有危险特性，可能对环境或者人体健康造成有害影响，需要按照危险废物进行管理的。

2. 危险废物的鉴定

按照《危险废物鉴别标准 通则》（GB 5085.7—2019）规定，凡列入《国家危险废物名录》的固体废物，属于危险废物，不需要进行危险特性鉴别。未列入《国家危险废物名录》，但不排除具有腐蚀性、毒性、易燃性、反应性的固体废物，应依法依规进行鉴别。凡具有腐蚀性、毒性、易燃性、反应性中一种或一种以上危险特性的固体废物，均属于危险废物。若未列入《国家危险废物名录》且根据危险废物鉴别标准无法鉴别，但可能对人体健康或生态环境造成有害影响的固体废物，由国务院生态环境主管部门组织专家认定。目前我国已制定的《危险废物鉴别标准》中包括腐蚀性、急性毒性、浸出毒性、易燃性、反应性和毒性物质含量的鉴别。现行的危险废物鉴别执行《危险废物鉴别标准》，其中包括 7 项鉴别标准，分别为《危险废物鉴别标准 腐蚀性鉴别》（GB 5085.1—2007）、《危险废物鉴别标准 急性毒性初筛》（GB 5085.2—2007）和《危险废物鉴别标准 浸出毒性鉴别》（GB 5085.3—2007）等。表 9-2 为浸出毒性、急性毒性初筛和腐蚀性的鉴别标准。

表 9-2 我国危险废物鉴别标准

危险特性	项目		危险废物鉴别值
腐蚀性	浸出液 pH 值		≥ 12.5 或≤ 2.0
急性毒性初筛	经口 LD_{50}		固体 LD_{50} ≤ 500mg/kg，液体 LD_{50} ≤ 500mg/kg
	经皮 LD_{50}		LD_{50} ≤ 1000mg/kg
	吸入 LC_{50}		LC_{50} ≤ 10mg/kg
浸出毒性	无机元素及化合物	汞（以总汞计）	0.1mg/L
		铅（以总铅计）	5mg/L
		镉（以总镉计）	1mg/L
		总铬	15mg/L
		六价铬	5mg/L
		铜（以总铜计）	100mg/L

笔记

续表

危险特性	项目		危险废物鉴别值
浸出毒性	无机元素及化合物	锌（以总锌计）	100mg/L
		铍（以总铍计）	0.02mg/L
		钡（以总钡计）	100mg/L
		镍（以总镍计）	5mg/L
		砷（以总砷计）	5mg/L
		无机氟化物（不包括氟化钙）	100mg/L
		氰化物（以 CN^- 计）	5mg/L
	有机农药类	滴滴涕	0.1mg/L
		六六六	0.5mg/L
		乐果	8mg/L
		对硫磷	0.3mg/L
		甲基对硫磷	0.2mg/L
		马拉硫磷	5mg/L

三、固体废物特征

（一）兼具废物和资源的相对性

固体废物具有时间和空间特征。从时间角度看，它可能在目前的科学技术和经济条件下无法加以利用，但随着时间的推移、科学技术的发展以及人们要求的变化，今天的废物可能成为明天的资源。从空间角度讲，废物仅仅相对于某一过程或某一方面没有使用价值，而并非在一切过程或一切方面都没有使用价值。一种过程的废物，往往可以成为另一种过程的原料。

（二）富集多种污染成分的终态，污染环境的源头

固体废物往往是许多污染成分的终极状态。一些有害溶质和悬浮物通过治理，最终被分离出来成为污泥或残渣；一些含重金属的可燃性固体废物，通过焚烧处理，有害金属浓集于灰烬中。这些“终态”物质中的有害成分，在长期的自然因素作用下，又会转入水体、大气和土壤，成为环境污染的“源头”。因此，对固体废物的管理既要尽量避免和减少其产生，又要力求避免和减少其向水体、大气以及土壤环境的排放。最终处置需要解决的就是废物中有害组分的最终归宿问题，也是控制环境污染的最后步骤。最终处置对于具有永久危险性的物质，即使在人工设置的隔离功能到达预定工作年限以后，处置场地的天然屏障也应该保证有害物质向生态圈中的迁移速率不致引起对环境和人类健康的威胁。

（三）危害具有潜在性、长期性和灾难性

固体废物对环境的污染不同于废水、废气和噪声。固体废物中的有害物质停滞性大、扩散性小，它对环境的影响主要通过水、气和土壤进行。污染环境不易被及时发现，一旦造成环境污染，有时很难补救恢复。其中污染成分的迁移转化，如浸出液在土壤中的迁移，是一个缓慢的过程，其危害可能在数年以至数十年后才能发现。从某种意义上讲，固体废物特别是危险废物对环境造成的危害可能要比水、气造成的危害严重得多。

【案例 9-1】水俣病是慢性汞中毒的一种类型，是因食入被有机汞污染河水中的鱼、贝类所引起的甲基汞为主的有机汞中毒或是孕妇吃了被有机汞污染的海产品后引起婴儿患先天性水俣病，是有机汞侵入脑神经细胞而引起的一种综合性疾病。因 1953 年在日本熊本县水俣湾附近的渔村首次发现而得名。

四、固体废物污染物的释放及其对环境的影响

（一）对大气环境的影响

固体废物在堆存和处理处置过程中会产生有害气体，若不加以妥善处理将对大气环境造成不同程度的影响。例如，露天堆放和填埋的固体废物由于有机组分的分解而产生沼气，一方面沼气中的氨气、硫化氢、甲硫醇等的扩散会产生恶臭；另一方面沼气的主要成分甲烷是一种温室气体，其温室效应是二氧化碳的 21 倍，而甲烷在空气中含量达到 5% ~ 15% 时容易发生爆炸，对生命安全造成很大威胁。固体废物在焚烧过程中会产生粉尘、酸性气体、二噁英等，也会对大气环境造成污染。

另外，堆放的固体废物中的细微颗粒、粉尘等可随风飞扬，从而对大气环境造成污染。研究表明，当发生 4 级以上的风力时，在粉煤灰或尾矿堆表层的粒径为 1 ~ 1.5cm 的粉末将出现剥离的现象，其飘扬的高度可达 20 ~ 50m。在季风期间可使平均视程降低 30% ~ 70%。一些有机固体废物在适宜的湿度和温度下被微生物分解，能释放出有害气体，可以在不同程度上产生毒气或恶臭，造成地区性空气污染。

采用焚烧法处理固体废物已成为有些国家大气污染的主要污染源之一。据报道，有些发达国家的固体废物类焚烧炉约有三分之二由于缺乏空气净化装置而污染大气，有的露天焚烧炉排出的粉尘在接近地面处的质量浓度达到 $0.56g/m^3$。我国的部分企业采用焚烧法处理塑料排出挥发性有机污染物和大量粉尘，也造成了大气污染。而一些工业和民用锅炉，由于收尘效率不高造成的大气污染更是屡见不鲜。例如，采暖季经常会出现重污染天气预警的相关报道。

（二）对水环境的影响

固体废物对水环境的污染途径有直接污染和间接污染两种。前者是把水体作为固体废物的接纳体，向水体直接倾倒废物，从而导致水体的直接污染，并危害水生生物的生存条件，影响水资源的利用。后者是固体废物在堆积过程中，经过自身分解和雨水淋溶产生的渗滤液流入江河、湖泊和渗入地下导致地表水和地下水污染。

此外，向水体倾倒固体废物还将缩减江河湖面有效面积，降低其排洪和灌溉能力。在陆地堆积的或简单填埋的固体废物，经过雨水的浸渍和废物自身的分解，将会产生含有毒有害化学物质的渗滤液，对附近地区的地表及地下水系造成污染。

（三）对土壤环境的影响

固体废物对土壤有两方面的环境影响。

1. 废物堆放、贮存和处置过程中产生的有害组分容易污染土壤

土壤是许多细菌、真菌等微生物聚居的场所。这些微生物与其周围环境构成一个生态系统，在大自然的物质循环中担负着碳循环和氮循环的一部分重要任务。工业固体废物特别是有害固体废物，经过风化、雨雪淋溶、地表径流的侵蚀，产生的高温和有毒有

害液体渗入土壤，能杀害土壤中的微生物，改变土壤的性质和结构，破坏土壤的腐解能力，导致草木不生。

2. 固体废物的堆放需要占用土地

据估计，每堆积 10000t 废渣约需占用土地 $0.067hm^2$。我国许多城市的近郊也常常是城市垃圾的堆放场所，部分形成垃圾围城的状况。固体废物的任意露天堆放，不但占用一定土地，而且其累积的存放量越多，所需的面积也越大，如此一来，势必加剧可耕地面积短缺的矛盾。

（四）对人体健康的危害

固体废物，特别是在露天存放、处理或处置过程中，其中的有害成分在物理、化学和生物的作用下会发生浸出，含有害成分的浸出液可通过地表水、地下水、大气和土壤等环境介质直接或间接被人体吸收，从而对人体健康造成威胁。

根据物质的化学特性，当某些不相容物相混时，可能发生不良反应，包括热反应（燃烧或爆炸）、产生有毒气体（砷化氢、氰化氢、氯气等）和可燃性气体（氢气、乙炔等）。若人体皮肤与废强酸或废强碱接触，将发生烧灼性腐蚀作用。若误食一定量农药，能引起急性中毒，出现呕吐、头晕等症状。贮存化学物品的空容器，若未经适当处理或管理不善，能引起严重中毒事件。化学废物的长期暴露会产生对人类健康有不良影响的恶性物质。对这类物质存在的潜在的负面效应，应予以高度重视。

第二节　固体废物环境影响评价的内容与特点

一、固体废物环境影响评价的类型与内容

固体废物的环境影响评价主要分为两大类型：第一类是对一般工程项目产生的固体废物，由产生、收集、运输、处理到最终处置的环境影响评价；第二类是对固体废物处理、处置设施建设项目的环境影响评价。

（一）对第一类的环境影响评价

一般工程项目产生的固体废物环境影响评价内容可参照下述内容。

1. 污染源调查

根据调查结果，要给出包括固体废物的名称、数量、组分、形态等内容的调查清单，并应按一般工业固体废物和危险废物分别列出。

2. 污染防治措施的论证

根据工艺流程，对各个产出环节提出防治措施，并对防治措施的可行性加以论证。

3. 提出危险废物最终处置措施方案

（1）综合利用　给出综合利用的废物名称、数量、性质、用途、利用价值、防止污染转移及二次污染措施、综合利用单位情况、综合利用途径、供需双方的书面协议等。

（2）焚烧处置　给出危险废物的名称、组分、热值、形态及在《国家危险废物名录（2021 年版）》中的分类编号，并说明处置设施的名称、隶属关系、地址、运距、路线、

运输方式及管理。如处置设施属于工程范围内项目，则需要对处置设施建设项目单独进行环境影响评价。

（3）填埋处置 说明需要填埋的固体废物是否属于危险废物，若属于危险废物，应给出危险废物的分类编号、名称、组分、产生量、形态、容量、浸出液组分及浓度以及是否需要固化处理等。

对填埋场应说明名称、隶属关系、厂址、运距、路线、运输方式及管理。如填埋场属于工程范围内项目，则需要对填埋场单独进行环境影响评价。

（4）委托处置 一般工程项目产出的危险废物也可采取委托处置的方式进行处理处置，受委托方须具有生态环境行政主管部门颁发的相应类别的危险废物处理处置资质。在采取此种处置方式时，应提供接收方的危险废物委托处置协议和接收方的危险废物处理处置资质证书，并将其作为环境影响评价文件的附件。

4. 全过程的环境影响分析

固体废物本身是一个综合性的污染源，因此预测其对环境的影响，重点是依据固体废物的种类、产生量及其管理的全过程可能造成的环境影响进行针对性的分析和预测，包括固体废物的分类收集，有害与一般固体废物、生活垃圾的混放对环境的影响；包装、运输过程中散落、泄漏的环境影响；堆放、贮存场所的环境影响；综合利用、处理、处置的环境影响。

（二）对处理处置固体废物设施的环境影响评价

根据处理处置的工艺特点，依据环境影响评价技术导则执行相应的污染控制标准进行环境影响评价，如一般工业废物贮存、处置场，危险废物贮存场所，生活垃圾填埋场，生活垃圾焚烧厂，危险废物填埋场，危险废物焚烧厂等。在这些工程项目污染物控制标准中，对厂（场）址选择、污染控制项目、污染物排放限制等都有相应的规定，是环境影响评价必须严格予以执行的。在预测分析中，需对固体废物堆放、贮存、转移及最终处置（如建设项目自建焚烧炉、自设填埋场）可能造成的对大气、水体、土壤的污染影响及对人体、生物的危害进行充分的分析与预测，避免产生二次污染。

二、固体废物环境影响评价的特点

（一）固体废物环境影响评价必须要重视储存和运输过程

由于对固体废物污染实行由产生、收集、储存、运输、预处理直至处置的“全过程”控制管理，因此在环评中必须包括所建设项目涉及的各个过程。特别是为了保证固体废物处理、处置设施的安全稳定运行，必须建立一个完整的收、贮、运体系，因此在环境影响评价中这个体系是与处理、处置设施构成一个整体的。例如，这一体系中必然涉及运输方式、运输设备、运输路径、运输距离等，运输可能对路线周围环境敏感目标造成影响，如何规避运输风险也是环境影响评价的主要任务。

（二）固体废物环境影响评价没有固定的评价模式

对于废水、废气、噪声等的环境影响评价都有固定的数学模式或物理模型，而固体废物的环境影响评价则不同，它没有固定的评价模式。固体废物对环境的危害是通过水体、大气、土壤等介质体现出来的，这就决定了固体废物环境影响评价对水体、大气、土壤等环境影响评价的依赖性。

笔记

三、固体废物调查与产生量预测

（一）工程分析

建设项目环境影响评价工作的目的是贯彻“预防为主”的方针，在项目开发建设之前，通过对其“活动、产品或服务”的识别，预测和评价可能带来的环境污染与破坏，制定消除或减轻其负面影响的措施，从而为环境决策提供科学依据。根据以上原则，结合固体废物全过程管理的污染控制特点，在建设项目的工程分析中，必须抓住以下几个基本环节。

① 根据清洁生产、环境管理体系的要求，对建设项目的工艺、设备、原辅材料以及产品进行分析，从生产活动的源头控制抓起，以消除或减少固体废物的产出。因此，必须执行《淘汰落后生产能力、工艺和产品的目录》《中国严格限制的有毒化学品目录》等有关规定，并且对生产工艺、设备、生产水平以及目前具有的部分工业行业固体废物排放系数等进行（同行业）比较。

② 对照《国家危险废物名录（2021 年版）》、《危险废物鉴别标准 通则》（GB 5085.7—2019）以及相对应的污染控制标准，对固体废物进行判别分类，并确定其环境影响危害程度。

③ 依据《资源综合利用目录》，判别可以重复回用或综合利用的废物。

④ 对有毒有害的原辅材料，采用替代或更换环境影响小的物料加以分析。

⑤ 对建设项目固体废物从产生、收集、运输、贮存、处理到最终处置的全过程管理控制进行分析。

（二）固体废物产生量预测

固体废物产生量预测应结合具体的工程分析，采用物料衡算法、资料复用法、现场调查或类比分析等手段进行预测。一般说来，建设项目建设期主要固体废物为建筑垃圾和施工人员生活垃圾；营运期主要固体废物为工业固体废物和职工生活垃圾等。

1. 建筑垃圾的产生量

建筑垃圾是指建设单位、施工单位和个人在建设和修缮各类建筑物、构筑物、管网等过程中所产生的弃料、弃土、渣土、淤泥及其他废物，大多为固体。不同结构类型的建筑所产生垃圾的各种成分的含量虽有所不同，但其基本组成一致，主要由土、渣土、散落的砂浆和混凝土、剔凿产生的砖石和混凝土碎块、打桩截下的钢筋混凝土桩头、金属、竹木材、装饰装修产生的废料、各种包装材料和其他废物等组成。根据对砖混结构、全现浇结构和框架结构等建筑的施工材料损耗的粗略统计，在每万平方米建筑的施工过程中，产生建筑废渣 500 ~ 600t。

建筑垃圾的产生量可由式（9-1）计算：

$$J_s = \frac{Q_s D_s}{1000} \tag{9-1}$$

式中　J_s——年建筑垃圾产生量，t/a；

Q_s——年建筑面积，m^2；

D_s——单位建筑面积年垃圾产生量，$kg/(m^2 \cdot a)$。

2. 生活垃圾产生量

生活垃圾产生量预测主要采用人口预测法和回归分析法等，可参见《生活垃圾产生量计算及预测方法》(CJ/T 106—2016)。

在没有详细统计资料的情况下，生活垃圾的产生量可由式(9-2)计算：

$$W_s = \frac{P_s C_s}{1000} \tag{9-2}$$

式中　W_s——生活垃圾产生量，t/d；

P_s——人口数量，人；

C_s——人均生活垃圾产生量，kg/(人·d)。

根据我国的经济发展及居民生活水平，目前城市人均生活垃圾产生量一般可按1.0～1.3kg/d计算。随着社会经济发展及居民生活水平的提高,生活垃圾产生量也会增长。根据估计，到2030年，我国城市地区废物产生量约为1.50kg/(人·d)，虽然在GDP增长和人均废物产生增长之间有着不可分割的关系，但也可能存在明显的变动。日本和美国的情况证明了这一点，两个国家有着相似的人均GDP，但日本的人均废物产生量仅为1.1kg/(人·d)，而美国城市居民的废物产生量差不多是日本的两倍，为2.1kg/(人·d)。

3. 工业固体废物产生量

工业固体废物产生量指企业在生产过程中产生的固体状、半固体状和高浓度液体状废物的总量，包括危险废物、冶炼废渣、粉煤灰、炉渣、煤矸石、尾矿、放射性废物和其他废物等；不包括矿山开采的剥离废石和掘进废石（煤矸石和呈酸性或碱性的废石除外）。酸性或碱性废石是指采掘的废石其流经水、雨淋水的pH小于4或大于10.5的废石。

工业固体废物产生量应结合具体的工程分析，进行物料衡算，或采用现场调查、类比分析等手段进行预测。通过现场调查实测后，可采用产品排污系数、工业产值排污系数等方法预测。

产品排污系数预测法可采用如下公式计算：

$$M_t = S_t W_t \tag{9-3}$$

$$S_t = S_0 (1-k)^{t-t_0} \tag{9-4}$$

式中　M_t——废物产生量，kg(污染物)/a；

S_t——目标年的单位产品废物产生量，kg(污染物)/t(产品)；

S_0——基准年的单位产品废物产生量，kg(污染物)/t(产品)；

W_t——预计的产品产量，t(产品)/年；

k——单位产品排污量的年削减率；

t——预测目标年；

t_0——预测基准率。

单位产排污系数S_t是个变化的量，随着技术进步和管理水平的提高，单位产品排污量逐步下降。因此，预测时排污系数需考虑到科学技术水平对废物产生量的影响，因此引入衰减系数。

第三节　垃圾填埋场的环境影响评价

一、垃圾填埋场对环境的主要影响

（一）垃圾填埋场的主要污染源

垃圾填埋场的主要污染源是垃圾渗滤液和填埋气体。

1. 渗滤液

城市生活垃圾填埋场渗滤液是一种高污染负荷且表现出很强的综合污染特征、成分复杂的高浓度有机废水，其性质在一个相当大的范围内变动。一般说来，城市生活垃圾填埋场渗滤液的 pH 为 4 ~ 9，COD 浓度为 2000 ~ 62000mg/L，BOD_5 浓度为 60 ~ 45000m/L，BOD_5/COD 值较低，可生化性差，重金属浓度和市政污水中重金属浓度基本一致。

鉴于填埋场渗滤液产生量及其性质的高度动态变化特性，评价时应选择有代表性的数值。一般来说，渗滤液的水质随填埋场使用年限的延长而发生变化。垃圾填埋场渗滤液通常可根据填埋场“年龄”分为两大类。

（1）“年轻”填埋场（填埋时间在 5 年以下）渗滤液的水质特点为：pH 较低，BOD_5 及 COD 浓度较高，色度大，且 BOD_5/COD 的比值较高，同时各类重金属离子浓度也较高（较低的 pH）；

（2）“年老”填埋场（填埋时间一般在 5 年以上）渗滤液的主要水质特点是：pH 接近中性或弱碱性（一般在 6 ~ 8），BOD_5 和 COD 浓度较低，且 BOD_5/COD 的比值较低，而 NH_4^+-N 的浓度高，重金属离子浓度开始下降（此阶段 pH 较高，不利于重金属离子的溶出），渗滤液的可生化性差。

2. 填埋场释放气体

填埋场释放气体由主要气体和微量气体两部分组成。城市生活垃圾填埋场产生的气体主要为甲烷和二氧化碳。此外还含有少量的一氧化碳、氢、硫化氢、氨、氮和氧等，接收工业废物的城市生活垃圾填埋场释放气体中还可能含有微量挥发性有毒气体。城市生活垃圾填埋场气体的典型组成（体积分数）为：甲烷 45% ~ 50%，二氧化碳 40% ~ 60%，氮气 2% ~ 5%，氧气 0.1% ~ 1.0%，硫化物 0% ~ 1.0%，氨气 0.1% ~ 1.0%，氢气 0% ~ 0.2%，一氧化碳 0% ~ 0.2%，微量组分 0.01% ~ 0.6%；气体的典型温度达 43 ~ 49℃，相对密度为 1.02 ~ 1.06，为水蒸气所饱和，高位热值为 15630 ~ 19537kJ/m^3。

填埋场释放气体中的微量气体量很小，但成分却很多。国外通过对大量填埋场释放气体取样分析，发现了多达 116 种有机成分，其中大多可以归为挥发性有机组分（VOCs）。

（二）垃圾填埋场的主要环境影响

垃圾填埋场的环境影响包括多个方面。

运行中的填埋场，对环境的影响主要包括：①填埋场渗滤液泄漏或处理不当对地下水及地表水的污染；②填埋场产生的气体排放后对大气的污染、对公众健康的危害以及可能发生的爆炸对公众安全的威胁；③填埋场的存在对周围景观的不利影响；④填埋作业及垃圾堆体对周围地质环境的影响，如造成滑坡、崩塌、泥石流等；⑤填埋机械噪声对公众的影响；⑥填埋场滋生的害虫、昆虫、啮齿动物以及在填埋场觅食的鸟类和其他动物可能传播疾病；⑦填埋垃圾中的塑料袋、纸张以及尘土等在未得到覆土压实情况下可能飘出场外，造成环境污染和景观破坏；⑧流经填埋场区的地表径流可能受到污染。

封场后的填埋场对环境的影响减小，但填埋场植被恢复过程中种植于填埋场顶部覆盖层上的植物可能受到污染。

二、垃圾填埋场选址要求

《生活垃圾填埋场污染控制标准》（GB 16889—2008）对生活垃圾填埋场的选址要求做了以下明确规定。

① 生活垃圾填埋场的选址应符合区域性环境规划、环境卫生设施建设规划和当地的城市规划。

② 生活垃圾填埋场场址不应选在城市工农业发展规划区、农业保护区、自然保护区、风景名胜区、文物（考古）保护区、生活饮用水水源保护区、供水远景规划区、矿产资源储备区、军事要地、国家保密地区和其他需要特别保护的区域内。

③ 生活垃圾填埋场选址的标高应位于重现期不小于 50 年一遇的洪水位之上，并建设在长远规划中的水库等人工蓄水设施的淹没区和保护区之外。

拟建有可靠防洪设施的山谷型填埋场，并经过环境影响评价证明洪水对生活垃圾填埋场的环境风险在可接受范围内的，前款规定的选址标准可以适当降低。

④ 生活垃圾填埋场场址的选择应避开下列区域：破坏性地震及活动构造区，活动中的坍塌、滑坡和隆起地带，活动中的断裂带，石灰岩溶洞发育带，废弃矿区的活动塌陷区，活动沙丘区，海啸及涌浪影响区，湿地，尚未稳定的冲积扇及冲沟地区，泥炭以及其他可能危及填埋场安全的区域。

⑤ 生活垃圾填埋场场址的位置及与周围人群的距离应依据环境影响评价结论确定，并经地方环境保护行政主管部门批准。

在对生活垃圾填埋场场址进行环境影响评价时，应考虑生活垃圾填埋场产生的渗滤液、大气污染物（含恶臭物质）、滋养动物（蚊、蝇、鸟类等）等因素，根据其所在地区的环境功能区类别，综合评价其对周围环境、居住人群的身体健康、日常生活和生产活动的影响，确定生活垃圾填埋场与常住居民居住场所、地表水域、高速公路、交通主干道（国道或省道）、铁路、飞机场、军事基地等敏感对象之间合理的位置关系以及合理的防护距离。环境影响评价的结论可作为规划控制的依据。

三、垃圾填埋场环境影响评价的主要工作内容

根据垃圾填埋场的建设及其排污特点，环境影响评价工作具有多而全的特征，主要工作内容见表 9-3。

表 9-3　垃圾填埋场环境影响评价工作内容

评价项目	评价内容
场址选择评价	场址评价是填埋场环境影响评价的基本内容，主要是评价拟选场地是否符合选址标准。其方法是根据场地自然条件，采用选址标准逐项进行评判。评价的重点是场地的水文地质条件、工程地质条件、土壤自净能力等
环境质量现状评价	主要评价拟选场地及其周围的空气、地表水、地下水、噪声、土壤等环境质量状况。其方法一般是根据监测值与各种标准，采用单因子和多因子综合评判法
工程污染因素分析	主要是分析填埋场建设过程中和建成投产后主要污染源及其产生的主要污染物的数量、种类、排放方式等。其方法一般采用计算、类比、经验分析统计等。污染源一般有渗滤液、释放气、恶臭、噪声等

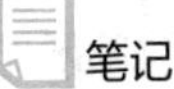笔记

续表

评价项目	评价内容
施工期影响评价	主要评价施工期场地内排放生活污水，各类施工机械产生的机械噪声、振动以及二次扬尘对周围地区产生的环境影响。还要对施工期水土流失生态环境影响进行相应评价
水环境影响预测与评价	主要评价填埋场衬里结构的安全性以及渗滤液排出对周围水环境影响两方面内容：①正常排放对地表水的影响，主要评价渗滤液经处理达到排放标准后排出，经预测并利用相应标准评价是否会对受纳水体产生影响或影响程度如何；②非正常渗漏对地下水的影响，主要评价衬里破裂后渗滤液下渗对地下水的影响，包括渗透方向、渗透速度、迁移距离、土壤的自净能力及效果等
大气环境影响预测与评价	主要评价垃圾填埋场释放气体及恶臭对环境的影响：①释放气体，主要是根据排气系统的结构，预测和评价排气系统的可靠性、排气利用的可能性及排气对环境的影响，预测模式可采用地面源模式;②恶臭，主要评价运输、填埋过程中及封场后可能对环境的影响，评价时要根据垃圾的种类，预测各阶段臭气产生的位置、种类、浓度及其影响范围
噪声环境影响预测与评价	主要是评价垃圾运输、场地施工、垃圾填埋操作、封场各阶段由各种机械产生的振动和噪声对环境的影响。噪声评价可根据各种机械的特点采用机械噪声声压级预测，结合卫生标准和功能区标准，评价其是否满足噪声控制标准，是否会对最近的居民区点产生影响
污染防治措施	主要包括：①渗滤液的治理和控制措施及垃圾填埋场衬里破裂补救措施；②释放气的导排或综合利用措施及防臭措施；③减振防噪措施
环境经济损益评价	要计算评价污染防治设施投资，以及所产生的经济、社会、环境效益
其他评价项目	①结合垃圾填埋场周围的土地、生态情况，对土壤、生态、景观等进行评价；②对洪涝特征年产生的过量渗滤液及垃圾释放气因物理、化学条件异变导致项目产生垃圾爆炸等进行风险事故评价

四、垃圾填埋场大气污染物排放强度计算

对生活垃圾填埋场的大气环境影响评价的难点是确定大气污染物排放强度。城市生活垃圾填埋场在污染物排放强度的计算中采取下述方法：首先，根据垃圾中的主要元素含量确定概念化分子式，求出垃圾的理论产气量；然后，综合考虑生物降解度和对细胞物质的修正，求出垃圾的理论产气量；之后，综合考虑生物降解度和对细胞物质的修正，求出垃圾的潜在产气量，在此基础上分别取修正系数为 60% 和 50% 计算实际产气量；最后，根据实际产气量计算垃圾的产气速率，利用实际回收系数修正得出污染物源强。

（一）理论产气量的计算

填埋场的理论产气量是填埋场中填埋的可降解有机物在下列假设条件下的产气量。

① 有机物完全降解矿化。

② 基质和营养物质均衡，满足微生物的代谢需要。

③ 降解产物除 CH_4 和 CO_2 之外，无其他含碳化合物，碳元素没有用于微生物的细胞合成。

根据上述假设，填埋场有机物的生物厌氧降解过程可以用式（9-5）表示。

$$C_aH_bO_cN_dS_e+\frac{4a-b-2c-3d+e}{4}H_2O$$

$$=\frac{4a+b-2c-3d-e}{8}CH_4+\frac{4a-b+2c+3d+e}{8}CO_2+dNH_3+eH_2S \qquad (9\text{-}5)$$

式中　$C_aH_bO_cN_dS_e$——降解有机物的概念化分子式；

a，b，c，d，e——有机物中 C，H，O，N，S 的含量比例。

（二）实际产气量的计算

填埋场的实际产气量由于受到多重因素的影响，要比理论产气量小得多。例如，食

品和纸类等有机物通常被视为可降解有机物，但其中少数物质在填埋场环境中存在惰性，很难降解，如木质素等；而且，木质素的存在还将降低有机物中纤维素和半纤维素的降解。再如，理论产量假设了除 CH_4 和 CO_2 之外，无其他含碳化合物产生，而实际上，部分有机物被微生物生长繁殖所消耗，形成细胞物质。除此之外，填埋场的实际环境条件也对产气量存在重要影响。例如，温度、含水率、营养物质、有机物未完成降解、产生渗滤液造成有机物损失、填埋场的作业方式等。因此，填埋场的实际产气量是在理论产气量中去掉微生物消耗部分、去掉难降解部分和因各种因素造成产气量损失或者产气量降低部分之后的产气量。

生物降解度是在填埋场环境条件下，有机物中可生物降解部分的含量。据有关资料报道，植物厨渣、动物厨渣、纸的生物降解度分别为 66.7%、77.1%、52.0%。取细胞物质的修正系数为 5%，因各种因素造成实际产气量降低了 40%，即实际产气量的修正系数为 60%。

（三）产气速率的计算

填埋场气体的产气速率是在单位时间内产生的填埋场气体总量，单位通常为 m^3/a。一般采用一阶产气速率动力学模型（即 Scholl—Canyon 模型）进行填埋场产气速率的计算，即

$$q(t)=kY_0e^{-kt} \tag{9-6}$$

式中　$q(t)$——单位气体产生速率，$m^3/(t\cdot a)$；

k——产气速率常数，1/a；

Y_0——垃圾的实际产气量，m^3/t。

式（9-6）是 1 年内的单位产气速率。对于运行期为 N 年的城市生活垃圾填埋场，产气速率可通过叠加得到，即

$$R(t)=\sum_{i=1}^{M}Wq_i(t)=kwQ_0\sum_{i=1}^{M}\exp\left\{-k\left[t-(i-1)\right]\right\} \tag{9-7}$$

式中　t——时间（从填埋场开始填埋垃圾时刻算起），a；

$R(t)$——t 时刻填埋场的产气速率，m^3/a；

W——每年填埋的垃圾质量，t；

k——降解速率常数，1/a；

Q_0——为 t=0 时的实际产气量，$Q_0=Q_{实际}$，m^3/t；

M——年数。若填埋场运行年数为 N 年，则当 $t<N$ 时，$M=t$；当 $t\geq N$ 时，$M=N$。

当垃圾中存在多种可降解有机物时，还要把不同可降解有机物的产气速率叠加起来，得到填埋场垃圾总的产气速率。

有机物的降解速率常数可以通过其降解反应的半衰期 $t_{1/2}$ 加以确定，即

$$k=\ln 2/t_{1/2} \tag{9-8}$$

实验结果表明，动植物厨渣 $t_{1/2}$ 的区间为 1 ～ 4 年，这里取 2 年。纸类 $t_{1/2}$ 的区间为 10 ～ 25 年，这里取 20 年。由此确定动植物厨渣和纸类的降解速率常数分别为 0.346/a 和 0.0346/a。

（四）污染物排放强度

在扣除回收利用的填埋气体或收集后焚烧处理的填埋气体后，剩余的就是直接释放

进入大气的填埋气体，根据气体排放速率及气体中污染物的浓度，就可以确定该填埋气体中污染物的排放强度。

填埋场恶臭气体的预测和评价通常选择的 H_2S、NH_3 和 CO 的含量分别为 0.1% ～ 1.0%、0.1% ～ 1.0% 和 0.0% ～ 0.2%。因此，在预测评价中，考虑到中国城市生活垃圾中的有机成分较少，NH_3 含量取 0.4%，H_2S 含量与 NH_3 相当，也取 0.4%，CO 取高限 0.2%。

五、渗滤液对地下水污染的预测

填埋场渗滤液对地下水的影响评价较为复杂，一般情况下，除了需要大量的资料外还需要通过复杂的数学模型进行计算分析。根据降雨和填埋场垃圾的含水量估算渗滤液的产生量；从土壤的自净、吸附、弥散能力，以及有机物自身降解能力等方面，定性和定量地预测填埋场渗滤液可能对地下水产生的影响。

（一）渗滤液的产生量

渗滤液的产生量受垃圾含水量、填埋场区降雨情况及填埋作业区大小的影响很大，同时也受到场区蒸发量、风力的影响和场地地面情况、种植情况等因素的影响。最简单的估算方法是假设整个填埋场的剖面含水率在所考虑的周期内等于或超过其相应田间持水率，用水量平衡法进行计算，即

$$Q=\left(W_{\mathrm{P}}-R-E\right)A+Q_{\mathrm{L}} \tag{9-9}$$

式中　Q——渗滤液的年产生量，m^3/a；

W_P——年降水量，m^3/a；

R——年地表径流量，$R=C\times W_P$，C 为降雨的地表径流系数；

E——年蒸发量，m^3/a；

A——填埋场地表面积，hm^2；

Q_L——垃圾产水量，m^3/a。

降雨的地表径流系数 C 与土壤条件、地表植被条件和地形条件等因素有关。Sahato（1971 年）等人给出了计算填埋场渗滤液产生量的地表径流系数，见表 9-4。

表 9–4　降雨的地表径流系数

地表条件	坡度 /%	地表径流系数 C		
		亚沙土	亚黏土	黏土
草地（表面有植被覆盖）	0 ～ 5（平坦）	0.10	0.30	0.40
	5 ～ 10（起伏）	0.16	0.36	0.55
	10 ～ 30（陡坡）	0.22	0.42	0.60
裸露土层（表面无植被覆盖）	0 ～ 5（平坦）	0.30	0.50	0.60
	5 ～ 10（起伏）	0.40	0.60	0.70
	10 ～ 30（陡坡）	0.52	0.72	0.82

（二）渗滤液的渗漏量

对于一般的废物堆放场、未设置衬层的填埋场，或者虽然底部为黏土层，且渗透系数和厚度满足标准，但无渗滤液收排系统的简单填埋场，渗滤液的产生量就是渗滤液通

过包气带土层进入地下水的渗漏量。

对于设有衬层、排水系统的填埋场，该填埋场底部下渗的渗滤液渗漏量 Q 为：

$$Q_{渗滤液} = AK_s \frac{d + h_{max}}{d} \tag{9-10}$$

式中 Q——通过填埋场底部下渗的渗滤液渗漏量，cm^3/s；

A——填埋场底部衬层面积，cm^2；

K——衬层的渗透系数，cm/s；

d——衬层的厚度，cm；

h_{max}——填埋场底部最大积水深度，cm。

最大积水深度 h_{max} 可用式（9-11）计算

$$h_{max} = L\sqrt{C} \times \left(\frac{\tan^2 a}{c} + 1 - \frac{\tan a}{c}\sqrt{\tan^2 a + C} \right) \tag{9-11}$$

$$C = q_{渗透液} / K_s \tag{9-12}$$

式中 L——两个集水管间的距离，cm；

a——衬层与水面夹角，°；

$q_{渗透液}$——进入填埋场废物层的水通量（见图 9-1），cm/s；

K_s——横向渗透系数，cm/s。

显然，虽然填埋场衬层的渗透系数大小是影响渗滤液向下渗漏速率的重要因素，但并不是唯一因素，还必须评价渗滤液收排系统的设计是否有足够高的收排效率，是否能有效排出填埋场底部的渗滤液，尽可能减少渗滤液积水深度。

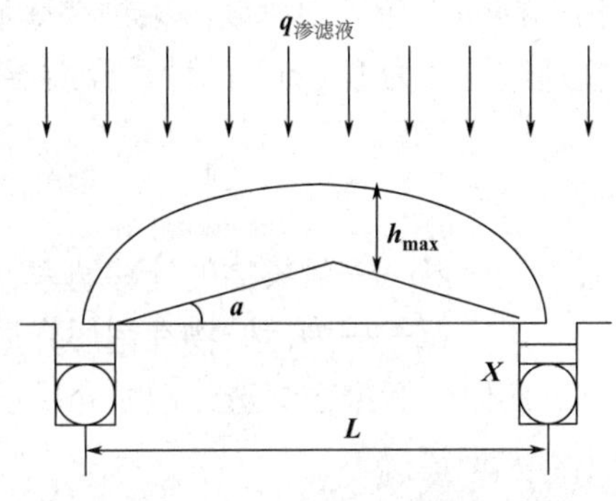

图 9-1 渗滤液收集模型

就填埋场衬层的渗透系数的取值来说，即使对于采用渗透系数分别为 10^{-12}cm/s 和 10^{-7}cm/s 的高密度聚乙烯（HDPE）和黏土组成的复合衬层，也不能仅采用 10^{-12}cm/s 作为衬层渗透系数取值进行评价。原因是高密度聚乙烯在运输、施工和填埋过程中不可避免会出现针孔和小孔，甚至发生破裂等。确定这种复合衬层渗透系数的最简单方法，是用高密度聚乙烯膜上破损面积所占比例乘以下面黏土衬层的渗透系数。

（三）防治地下水污染的工程屏障和地质屏障评价

固体废物，特别是危险废物和放射性废物最终处置的基本原则是合理地、最大限度地实现其与自然和人类环境的隔离，降低有毒有害物质释放进入地下水的速率和总量，将其在长期处置过程中对环境的影响程度减至最低。为达目的所依赖的天然环境地质条件，称为天然防护屏障，所采取的工程措施则称为工程防护屏障。

不同废物有不同的安全处置期要求。通常，城市生活垃圾填埋场的安全处置期在 30 ~ 40 年，而危险废物填埋场的安全处置期则大于 100 年。

1. 填埋场工程屏障评价

填埋场衬层系统是防止废物填埋处置污染环境的关键工程屏障。根据渗滤液收集系统、防渗系统和保护层、过滤层的不同组合，填埋场的衬层系统存在不同结构。例如，单层衬层系统、复合衬层系统、双层衬层系统和多层衬层系统等。要求的安全填埋处置时间越长，所选用的衬层就应该越好。应重点评价填埋场所选用的衬层（类型、材料、结构）的防渗性能及其在废物填埋需要的安全处置期内的可靠性是否满足：封闭渗滤液于填埋场之中，使其进入渗滤液收集系统；控制填埋场气体的迁移，使填埋场气体得到有控制、释放和收集；防止地下水进入填埋场中，增加渗滤液的产生量。

渗滤液穿透衬层的所需时间，通常是用于评价填埋场衬层工程屏障性能的重要指标，一般要求应大于 30 年，可采用式（9-13）计算

$$t=\frac{d}{v} \tag{9-13}$$

式中　d——衬层厚度，m；

V——地下水的运移速率，m/a。

2. 填埋场址地质屏障评价

一般来说，含水层中的强渗透性砂、砾、裂隙岩层等地质介质对有害物质具有一定的阻滞作用，但由于这些矿物质的表面吸附能力会因吸附量的增大而不断减弱。此外，由于地下水径流量的变化，对有害物质的阻滞作用不可能长时间存在，因而含水层介质不能被看作是良好的地质屏障。只有渗透性非常低的黏土、黏结性松散岩石和裂隙不发育的坚硬岩石具备足够的屏障作用。包气带地质屏障作用的大小取决于介质对渗滤液中污染物的阻滞能力和该污染物在地质介质中的物理衰变、化学或生物降解作用。当污染物通过厚度为 L（m）的地质介质层时，其所需要的迁移时间 t^* 为

$$t^*=\frac{L}{v'}=\frac{L}{v/R_{\mathrm{d}}} \tag{9-14}$$

式中　v'——污染物的迁移速率，m/a；

R_{d}——为污染物在地质介质中的滞留因子，无量纲。

所以，污染物穿透此地质介质层时在地下水中的浓度为

$$c=c_0\exp\left(-kt^*\right) \tag{9-15}$$

式中　c、c_0——污染物进入和穿透此地质介质层前后的浓度；

k——污染物的降解或衰变速率常数。

显然，地质介质的屏障作用可分为以下三种不同类型。

（1）**隔断作用**　在不透水的深地层岩石层内处置的废物，地质介质的屏障作用可以将所处置废物与环境隔断。

（2）**阻滞作用**　对于在地质介质中只被吸附的污染物质，虽然其在此地质介质中的迁移速率小于地下水的运移速率，所需的迁移时间比地下水的运移时间长，但此地质介质层的作用仅是延长该污染物进入环境的时间，所处置废物中的污染物质，最终会大量进入到环境中。

（3）**去除作用**　对于在地质介质中既被吸附，又会发生衰变或降解的污染物质，只要该污染物质在此地质介质层内有足够的停留时间，就可以使其穿透此介质后的浓度达到所要求的低浓度。

六、生活垃圾填埋场评价采用的标准

生活垃圾填埋场评价采用的主要标准是《生活垃圾填埋场污染控制标准》（GB 16889—2008），该标准规定了生活垃圾填埋场选址、设计、施工、填埋废物的入场条件、运行、封场、后期维护与管理的污染控制和监测等方面的要求。适用于生活垃圾填埋场建设、运行和封场后的维护和管理过程中的污染控制和监督管理。

其他相关的主要标准包括：《海水水质标准》（GB 3097—1997），《地表水环境质量标准》（GB 3838—2002），《地下水质量标准》（GB/T 14848—2017），《工业企业厂界环境噪声排放标准》（GB 12348—2008），《恶臭污染物排放标准》（GB 14554—1993），等等。

以上标准均按修订后的现行版本执行。

第四节　危险废物处理处置的环境影响评价

根据《中华人民共和国固体废物污染环境防治法》中的规定，危险废物是指列入国家危险废物名录或者根据国家规定的危险废物鉴别标准和鉴别方法认定的具有危险特性的固体废物。危险废物名录由国家制定颁布，并根据实际情况实行动态调整。《国家危险废物名录（2021 年版）》中共列出了 50 类危险废物的废物类别、废物来源、废物代码、废物危险特性、常见危险废物组分和废物名称。

一、危险废物鉴别

目前的鉴别标准有 7 项。

（一）《危险废物鉴别标准 通则》（GB 5085.7—2019）

《危险废物鉴别标准 通则》规定了危险废物的鉴别程序和鉴别规则，适用于生产、生活和其他活动中产生的固体废物的危险特性鉴别，不适用于放射性废物鉴别。该标准适用于液态废物的鉴别。

（二）《危险废物鉴别标准 腐蚀性鉴别》（GB 5085.1—2007）

《危险废物鉴别标准 腐蚀性鉴别》规定了鉴别危险废物腐蚀性的标准值，该标准适用于任何生产、生活和其他活动中所产生的固态的危险废物的腐蚀性鉴别。pH ≥ 12.5 或 pH ≤ 2.0 时，该废物是具有腐蚀性的危险废物。

（三）《危险废物鉴别标准 急性毒性初筛》（GB 5085.2—2007）

《危险废物鉴别标准 急性毒性初筛》适用于任何生产、生活和其他活动中所产生的固态的危险废物的急性毒性初筛鉴别，规定了鉴别危险废物的急性毒性初筛的标准值。

（四）《危险废物鉴别标准 浸出毒性鉴别》（GB 5085.3—2007）

《危险废物鉴别标准 浸出毒性鉴别》适用于任何生产、生活和其他活动中所产生的固态的危险废物的浸出毒性鉴别，规定了鉴别危险废物的浸出毒性的标准值。浸出毒性是指固态的危险废物遇水浸沥，其中的有害物质迁移转化，浸出的有毒物质的毒性。按照《固体废物 浸出毒性浸出方法 硫酸硝酸法》（HJ/T 299—2007）浸出液中任何一种危害成分的含量超过标准表格中所列的浓度值，该废物就是具有浸出毒性的危险废物。

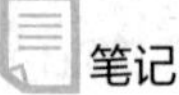

笔记

（五）《危险废物鉴别标准 易燃性鉴别》（GB 5085.4—2007）

《危险废物鉴别标准 易燃性鉴别》适用于任何生产、生活和其他活动中所产生的固态的危险废物的易燃性鉴别。规定符合下列任何条件之一的固体废物，属于易燃性危险废物。

1. 液态易燃性危险废物

闪点温度低于 60℃（闭杯实验）的液体、液体混合物或含有固体物质的液体。

2. 固态易燃性危险废物

在标准温度和压力（25℃，101.3kPa）下因摩擦或自发性燃烧而起火，经点燃后能剧烈而持续地燃烧并产生危害的固态废物。

3. 气态易燃性危险废物

在 20℃、101.3kPa 状态下，在与空气的混合物中体积分数≤ 13% 时可点燃的气体，或者在该状态下，不论易燃下限如何，与空气混合，易燃范围的易燃上限与易燃下限之差大于或等于 12 个百分点的气体。

（六）《危险废物鉴别标准 反应性鉴别》（GB 5085.5—2007）

《危险废物鉴别标准 反应性鉴别》适用于任何生产、生活和其他活动中所产生的固态的危险废物的反应性鉴别。

（七）《危险废物鉴别标准 毒性物质含量鉴别》（GB 5085.6—2007）

《危险废物鉴别标准 毒性物质含量鉴别》适用于任何生产、生活和其他活动中所产生的固态的危险废物的毒性物质含量鉴别。

二、危险废物贮存

《危险废物贮存污染控制标准》（GB 18597—2023）规定了危险废物贮存污染控制的总体要求，对危险废物的包装，贮存设施的选址、设计、安全防护、监测和关闭等提出要求。

（一）贮存设施选址要求

① 贮存设施选址应满足生态环境保护法律法规、规划和“三线一单”生态环境分区管控的要求，建设项目应依法进行环境影响评价。

② 集中贮存设施不应选在生态保护红线区域、永久基本农田和其他需要特别保护的区域内，不应建在溶洞区或易遭受洪水、滑坡、泥石流、潮汐等严重自然灾害影响的地区。

③ 贮存设施不应选在江河、湖泊、运河、渠道、水库及其最高水位线以下的滩地和岸坡，以及法律法规规定禁止贮存危险废物的其他地点。

④ 贮存设施场址的位置以及其与周围环境敏感目标的距离应依据环境影响评价文件确定。

（二）贮存设施污染控制要求

① 贮存设施应根据危险废物的形态、物理化学性质、包装形式和污染物迁移途径，采取必要的防风、防晒、防雨、防漏、防渗、防腐以及其他环境污染防治措施，不应露天堆放危险废物。

② 贮存设施应根据危险废物的类别、数量、形态、物理化学性质和污染防治等要求设置必要的贮存分区，避免不相容的危险废物接触、混合。

③ 贮存设施或贮存分区内地面、墙面裙脚、堵截泄漏的围堰、接触危险废物的隔板和墙体等应采用坚固的材料建造，表面无裂缝。

④ 贮存设施地面与裙脚应采取表面防渗措施，表面防渗材料应与所接触的物料或污

染物相容，可采用抗渗混凝土、高密度聚乙烯膜、钠基膨润土防水毯或其他防渗性能等效的材料。贮存的危险废物直接接触地面的，还应进行基础防渗，防渗层为至少 1m 厚黏土层（渗透系数不大于 10^{-7}cm/s），或至少 2mm 厚高密度聚乙烯膜等人工防渗材料（渗透系数不大于 10^{-10}cm/s），或其他防渗性能等效的材料。

⑤ 同一贮存设施宜采用相同的防渗、防腐工艺（包括防渗、防腐结构或材料），防渗、防腐材料应覆盖所有可能与废物及其渗滤液、渗漏液等接触的构筑物表面；采用不同防渗、防腐工艺应分别建设贮存分区。

⑥ 贮存设施应采取技术和管理措施防止无关人员进入。

（三）贮存过程污染控制要求

① 在常温常压下不易水解、不易挥发的固态危险废物可分类堆放贮存，其他固态危险废物应装入容器或包装物内贮存。

② 液态危险废物应装入容器内贮存，或直接采用贮存池、贮存罐区贮存。

③ 半固态危险废物应装入容器或包装袋内贮存，或直接采用贮存池贮存。

④ 具有热塑性的危险废物应装入容器或包装袋内进行贮存。

⑤ 易产生粉尘、VOCs、酸雾、有毒有害大气污染物和刺激性气味气体的危险废物应装入闭口容器或包装物内贮存。

⑥ 危险废物贮存过程中易产生粉尘等无组织排放的，应采取抑尘等有效措施。

（四）危险废物识别标志设置技术规范

《危险废物识别标志设置技术规范》（HJ 1276—2022）规定了产生、收集、贮存、利用、处置危险废物单位需设置的危险废物识别标志的分类、内容要求、设置要求和制作方法。

1. 危险废物贮存、利用、处置设施标志的设置要求

① 危险废物相关单位的每一个贮存、利用、处置设施均应在设施附近或场所的入口处设置相应的危险废物贮存设施标志、危险废物利用设施标志、危险废物处置设施标志。

② 对于有独立场所的危险废物贮存、利用、处置设施，应在场所外入口处的墙壁或栏杆显著位置设置相应的设施标志。

③ 位于建筑物内局部区域的危险废物贮存、利用、处置设施，应在其区域边界或入口处显著位置设置相应的标志。

④ 对于危险废物填埋场等开放式的危险废物相关设施，除了固定的入口处之外，还可根据环境管理需要在相关位置设置更多的标志。

⑤ 危险废物设施标志可采用附着式和柱式两种固定方式，应优先选择附着式，当无法选择附着式时，可选择柱式，设施标志设置示意图见图 9-2 和图 9-3。

⑥ 附着式标志的设置高度，应尽量与视线高度一致；柱式的标志和支架应牢固地连接在一起，标志牌最上端距地面约 2m；位于室外的标志牌中，支架固定在地下的，其支架埋深约 0.3m。

⑦ 危险废物设施标志应稳固固定，不能产生倾斜、卷翘、摆动等现象。在室外露天设置时，应充分考虑风力的影响。

⑧ 危险废物贮存、利用、处置设施标志的尺寸宜根据其设置位置和对应的观察距离按照表 9-5 中的要求设置。

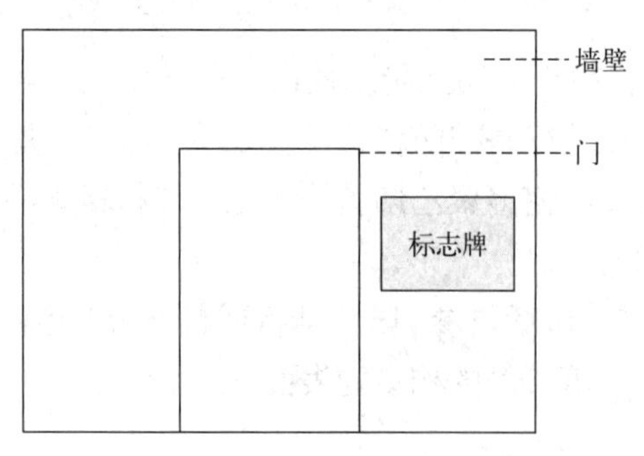

图 9–2　附着式危险废物设施标志设置示意图

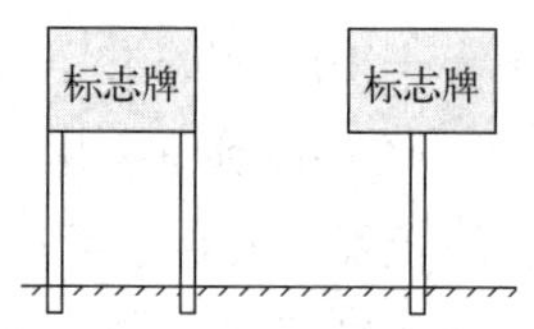

图 9–3　柱式危险废物设施标志设置示意图

表 9–5　不同观察距离的危险废物贮存、利用、处置设施标志的尺寸要求

设置位置	观察距离 L/m	标志牌整体外形最小尺寸 /mm	三角形警告性标志			最低文字高度 /mm	
			三角形外边长 a_1/mm	三角形内边长 a_2/mm	边框外角圆弧半径 /mm	设施类型名称	其他文字
露天 / 室外入口	＞ 10	900 × 558	500	375	30	48	24
室内	4 ＜ L ≤ 10	600 × 372	300	225	18	32	16
室外	≤ 4	300 × 186	140	105	8.4	16	8

2. 危险废物标签的内容要求

① 危险废物标签应以醒目的字样标注“危险废物”。

② 危险废物标签应包含废物名称、废物类别、废物代码、废物形态、危险特性、主要成分、有害成分、注意事项、产生 / 收集单位名称、联系人、联系方式、产生日期、废物重量和备注。

③ 危险废物标签宜设置危险废物数字识别码和二维码，见图 9-4。

④ 危险废物标签尺寸宜根据容器或包装物的容积按照表 9-6 中的要求设置。

表 9–6　危险废物标签的尺寸要求

序号	容器或包装物容积（L）	标签最小尺寸 /（mm × mm）	最低文字高度 /mm
1	≤ 50	100 × 100	3
2	＞ 50 ～ ≤ 450	150 × 150	5
3	＞ 450	200 × 200	6

三、危险废物填埋污染控制要求

《危险废物填埋污染控制标准》（GB 18598—2019）规定了危险废物填埋的入场条件，填埋场的选址、设计、施工、运行、封场及监测的环境保护要求，适用于新建危险废物填埋场的建设、运行、封场及封场后环境管理过程的污染控制。现有危险废物填埋场的入场要求、运行要求、污染物排放要求、封场及封场后环境管理要求、监测要求按照本标准执行。《危险废物填埋污染控制标准》适用于生态环境主管部门对危险废物填埋场环境污染防治的监督管理。不适用于放射性废物的处置及突发事故产生危险废物的临时处置。

（一）危险废物填埋处置技术特点

安全填埋是危险废物无害化处置技术之一，也是对危险废物使用其他方式处理后所

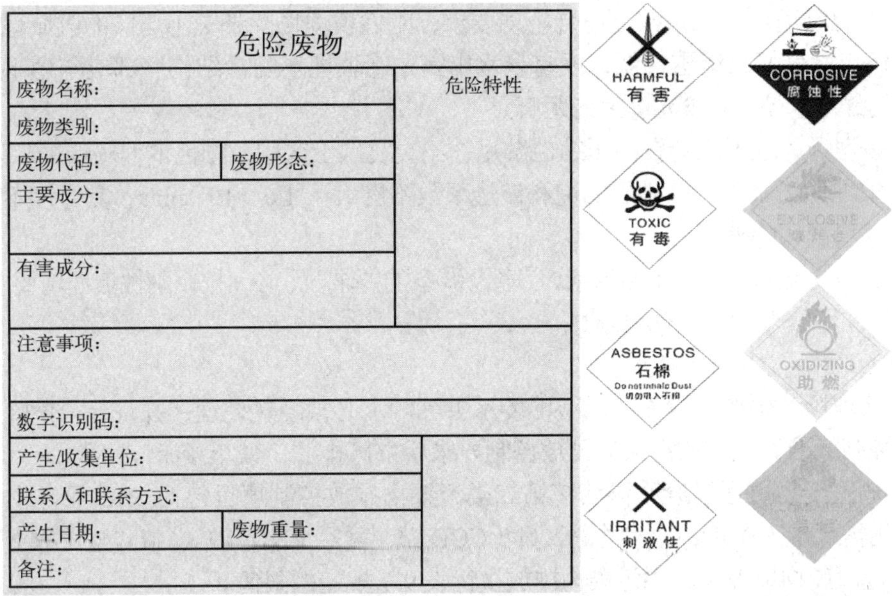

危险废物

废物名称：

废物类别：

废物代码：　废物形态：

主要成分：

有害成分：

危险特性

注意事项：

数字识别码：

产生/收集单位：

联系人和联系方式：

产生日期：　废物重量：

备注：

HARMFUL 有害

CORROSIVE 腐蚀性

TOXIC 有毒

EXPLOSIVE

ASBESTOS 石棉 Do not inhale Dust 切勿吸入石棉

OXIDIZING 助燃

IRRITANT 刺激性

图 9–4　危险废物标签（左）和危险特性标志（右）

采取的最终处置措施。利用对危险废物固化 / 稳定化处理、建筑防渗层构造等手段，将危险废物既放置在环境中，又令其与环境隔断联系。因此，是否能够成功地阻断这种联系，是填埋场能否长远安全的关键，也是安全填埋风险之所在。

一个完整的危险废物填埋场应由若干个处置单元和构筑物组成，主要包括接收与贮存设施、分析与鉴别系统、预处理设施、填埋处置设施（包括防渗系统、渗滤液收集和导排系统）、封场覆盖系统、渗滤液和废水处理系统、环境监测系统、应急设施及其他公用工程和配套设施。

（二）选址要求

① 填埋场选址应符合环境保护法律法规及相关法定规划要求。

② 填埋场场址的位置及与周围人群的距离应依据环境影响评价结论确定。在对危险废物填埋场场址进行环境影响评价时，应重点考虑危险废物填埋场渗滤液可能产生的风险、填埋场结构及防渗层长期安全性及由此造成的渗漏风险等因素，根据其所在地区的环境功能区类别，结合该地区的长期发展规划和填埋场设计寿命期，重点评价其对周围地下水环境、居住人群的身体健康、日常生活和生产活动的长期影响，确定其与常住居民居住场所、农用地、地表水体以及其他敏感对象之间合理的位置关系。

③ 填埋场场址不应选在国务院和国务院有关主管部门及省、自治区、直辖市人民政府划定的生态保护红线区域、永久基本农田和其他需要特别保护的区域内。

④ 填埋场场址不得选在以下区域：破坏性地震及活动构造区，海啸及涌浪影响区，湿地，地应力高度集中、地面抬升或沉降速率快的地区，石灰溶洞发育带，废弃矿区塌陷区，崩塌、岩堆、滑坡区，山洪、泥石流影响地区，活动沙丘区，尚未稳定的冲积扇、冲沟地区及其他可能危及填埋场安全的区域。

⑤ 填埋场选址的标高应位于重现期不小于 100 年一遇的洪水位之上，并在长远规划中的水库等人工蓄水设施淹没和保护区之外。

⑥ 填埋场场址地质条件应符合下列要求，刚性填埋场除外：①场区的区域稳定性和岩土体稳定性良好，渗透性低，没有泉水出露；②填埋场防渗结构底部应与地下水有记录以来的最高水位保持 3m 以上的距离。

⑦ 填埋场场址不应选在高压缩性淤泥、泥炭及软土区域，刚性填埋场选址除外。

⑧ 填埋场场址天然基础层的饱和渗透系数不应大于 1.0×10^{-5}cm/s，其厚度不应小于 2m，刚性填埋场除外。

⑨ 填埋场场址不能满足第⑥条、⑦条及⑧条的要求时，必须按照刚性填埋场要求建设。

（三）污染物排放控制要求

1. 废水污染物排放控制要求

① 填埋场产生的渗滤液（调节池废水）等污水必须经过处理，并符合《危险废物填埋污染控制标准》规定的污染物排放控制要求后方可排放，禁止渗滤液回灌；

② 危险废物填埋场废物渗滤液第二类污染物排放控制项目包括 pH、悬浮物（SS）、五日生化需氧量（BOD_5）、化学需氧量（COD_{Cr}）、氨氮（NH_4^--N）、磷酸盐（以 P 计）；

③ 危险废物填埋场废水污染物排放执行表 9-7 规定的限值。

2. 填埋场释放的气体应执行相应排放标准

填埋场释放的有组织气体和无组织气体排放应满足《大气污染物综合排放标准》（GB 16297—1996）和《挥发性有机物无组织排放控制标准》（GB 37822—2019）的规定。监测因子由企业根据填埋废物特性从上述两个标准的污染物控制项目中提出，并征得当地生态环境主管部门同意。

3. 危险废物填埋场不应对地下水造成污染

地下水监测因子和地下水监测层位由企业根据填埋废物特性和填埋场所处的区域水文地质条件提出必须具有代表性的能表示废物特性的参数，并征得当地生态环境主管部门同意。常规测定项包括浑浊度、pH、溶解性总固体、氯化物、硝酸盐（以 N 计）、亚硝酸盐（以 N 计）。填埋场地下水质量评价按照《地下水质量标准》（GB/T 14848—2017）执行。

表 9-7　危险废物填埋场废水污染物排放限值　　单位：mg/L，pH 除外

序号	污染物项目	直接排放	间接排放	污染物排放监控位置
1	pH	6 ~ 9	6 ~ 9	危险废物填埋场废水总排放口
2	五日生化需氧量（BOD_5）	4	50	
3	化学需氧量（COD）	20	200	
4	总有机碳（TOC）	8	30	
5	悬浮物（SS）	10	100	
6	氨氮	1	30	
7	总氮	1	50	
8	总铜	0.5	0.5	
9	总锌	1	1	
10	总钡	1	1	
11	氰化物（以 CN^- 计）	0.2	0.2	
12	总磷（TP，以 P 计）	0.3	3	

续表

序号	污染物项目	直接排放	间接排放	污染物排放监控位置
13	氟化物（以 F^- 计）	1	1	危险废物填埋场废水总排放口
14	总汞	0.001		
15	烷基汞	不得检出		
16	总砷	0.05		
17	总镉	0.01		
18	总铬	0.1		
19	六价铬	0.05		渗滤液调节池废水排放口
20	总铅	0.05		
21	总铍	0.002		
22	总镍	0.05		
23	总银	0.5		
24	苯并 [a] 芘	0.00003		

注：工业园区和危险废物集中处置设施内的危险废物填埋场向污水处理系统排放废水时执行间接排放限值。

四、危险废物焚烧污染控制

生态环境部于 2020 年 11 月 26 日发布了修订的《危险废物焚烧污染控制标准》（GB 18484—2020），规定了危险废物焚烧设施的选址、运行、监测和废物贮存、配伍及焚烧处置过程的生态环境保护要求，以及实施与监督等内容。

（一）危险废物焚烧处置的特点

焚烧处置方法是一种高温热处理技术，即以一定的过剩空气量与被处置的危险废物在焚烧炉内进行氧化燃烧反应，废物中的有毒、有害物质在高温下氧化、分解而被破坏。焚烧处置的特点是可同时实现废物的无害化、减量化、资源化。焚烧的目的是借助焚烧工况的控制，使被焚烧的物质无害化，最大限度地减容，并尽可能减少新的污染物产生，避免造成二次污染。大、中型的危险废物焚烧厂确有条件能同时实现使废物减量、彻底焚毁废物中的毒性物质，以及回收利用焚烧产生的废热这三个目的。焚烧法不但可以处置固态废物，还可以处置液态或气态废物，并且通过残渣熔融使重金属元素稳定化。

焚烧处置技术的最大弊端是产生废气污染。焚烧烟气中主要的空气污染物是粒状污染物、酸性气体、氮的氧化物、一氧化碳、重金属与二噁英等有机氯化物。

（二）焚烧设施烟气污染物排放限值

焚烧设施的烟气污染物排放，执行表 9-8 规定的限值要求。

表 9-8　危险废物焚烧设施烟气污染物排放浓度限值

序号	污染物项目	限值 / （mg/m^3）	取值时间
1	颗粒物	20	1h 均值
		30	24h 均值或日均值
2	一氧化碳（CO）	100	1h 均值
		80	24h 均值或日均值
3	当氧化物（NO_x）	300	1h 均值
		250	24h 均值或日均值

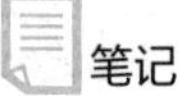笔记

续表

序号	污染物项目	限值/（mg/m³）	取值时间
4	二氧化硫（SO_2）	100	1h 均值
		80	24h 均值或日均值
5	氟化氢（HF）	4.0	1h 均值
		2.0	24h 均值或日均值
6	氯化氢（HCl）	60	1h 均值
		50	24h 均值或日均值
7	汞及其化合物（以 Hg 计）	0.05	测定均值
8	铊及其化合物（以 Tl 计）	0.05	测定均值
9	镉及其化合物（以 Cd 计）	0.05	测定均值
10	铅及其化合物（以 Pb 计）	0.5	测定均值
11	砷及其化合物（以 As 计）	0.5	测定均值
12	铬及其化合物（以 Cr 计）	0.5	测定均值
13	锡、锑、铜、锰、镍、钴及其化合物（以 Sn+Sb+Cu+Mn+Ni+Go 计）	2.0	测定均值
14	二噁英类（ngTEQ/Nm³）	0.5	测定均值

注：表中污染物限值为基准氧含量排放浓度。

（三）选址要求

根据《危险废物焚烧污染控制标准》（GB 18484—2020），危险废物焚烧设施选址应满足以下要求。

① 危险废物焚烧设施选址应符合生态环境保护法律法规及相关法定规划要求，并综合考虑设施服务区域、交通运输、地质环境等基本要素，确保设施处于长期相对稳定的环境。鼓励危险废物焚烧设施入驻循环经济园区等市政设施的集中区域，在此区域内各设施功能布局可依据环境影响评价文件进行调整。

② 焚烧设施选址不应位于国务院和国务院有关主管部门及省、自治区、直辖市人民政府划定的生态保护红线区域、永久基本农田集中区域和其他需要特别保护的区域内。

③ 焚烧设施厂址应与敏感目标之间设置一定的防护距离，防护距离应根据厂址条件、焚烧处置技术工艺、污染物排放特征及其扩散因素等综合确定，并应满足环境影响评价文件及审批意见要求。

④ 危险废物集中焚烧处置工程的选址还应符合《危险废物集中焚烧处置工程建设技术规范》（HJ/T 176—2005）的要求。

第五节　固体废物污染控制及处理处置的常用技术方法

一、固体废物污染控制的主要原则

《中华人民共和国固体废物污染环境防治法》确定了固体废物污染防治的原则为：

减量化——清洁生产。通过适当的技术，减少固体废物的排出量和容量。可通过选

用合适的生产原料、采用清洁能源、利用二次资源、采用无废或低废工艺、提高产品质量和使用寿命，以及废物综合利用等途径实现。

资源化——综合利用。从固体废物中回收有用的物质和能源。固体废物资源化具有环境效益高、生产成本低、生产率高、能耗低等优势，应积极寻求废物开发利用的途径，既消除对环境的污染，又能实现物尽其用。

无害化——安全处置。通过采用适当的工程技术对废物进行处理，达到不损害人体健康，不污染周围自然环境的目的。例如，使用卫生土地填埋、安全土地填埋及土地深埋技术等无害化处置技术。

二、固体废物的处理方法

1. 压实技术

压实是一种通过对废物实行减容化，降低运输成本、延长填埋场寿命的预处理技术。压实是一种普遍采用的固体废物预处理方法。例如，汽车、易拉罐、塑料瓶等通常首先采用压实处理。适于采用压实减小体积处理方法的固体废物还包括垃圾、松散废物、纸带、纸箱及某些纤维制品等。对于那些可能使压实设备损坏的废物不宜采用压实处理，某些可能引起操作问题的废物，如焦油、污泥或液体物料，一般也不宜做压实处理。

2. 破碎技术

为了使进入焚烧炉、填埋场、堆肥系统等的废物的外形尺寸减小，预先必须对固体废物进行破碎处理。经过破碎处理的废物，由于消除了大的空隙，不仅使尺寸大小均匀，而且质地也均匀，在填埋过程中更容易压实。固体废物的破碎方法很多，主要包括冲击破碎、剪切破碎、挤压破碎、摩擦破碎等，此外还包括专用的低温破碎和湿式破碎等。

3. 分选技术

固体废物分选是实现固体废物资源化、减量化的重要手段。分选分两种：一种是通过分选将有用的固体废物充分选出来加以利用，将有害的固体废物充分分离出来；另一种是将不同粒度级别的废物加以分离。分选的基本原理是利用物料的某些性质方面的差异，将其分选开。例如，利用废物中的磁性和非磁性差别进行分离；利用粒径尺寸差别进行分离；利用比重差别进行分离等。根据不同性质，可以设计制造各种机械装置对固体废物进行分选。分选包括手工拣选、筛选、重力分选、磁力分选、涡电流分选、光学分选等。

4. 固化处理技术

固化技术是通过向废物中添加固化基材，使有害固体废物固定或包容在惰性固化基材中的一种无害化处理过程。理想的固化产物应具有良好的抗渗透性，良好的机械特性，以及抗浸出性、抗干（湿）、抗冻（融）特性。这样的固化产物可直接在安全土地填埋场处置，也可用作建筑的基础材料或道路的路基材料。固化处理根据固化基材的不同可以分为混凝土固化、沥青固化、玻璃固化、自胶质固化等。

5. 焚烧和热解技术

焚烧法是将固体废物高温分解和深度氧化的综合处理过程。其优点是把大量有害的废料分解变成无害的物质。由于固体废物中可燃物的比例逐渐增加，采用焚烧方法处理固体废物，利用其热能已成为必然的发展趋势。以此种方法处理固体废物，占地少，处理量大，在保护环境、提供能源等方面均可取得良好的效果。欧洲国家较早采用焚烧方法处理固体废物，焚烧厂多设在人口 10 万以上的大城市，并设有能量回收系统。日本由于土地紧张，焚烧法的使用逐渐增多。焚烧过程获得的热能可以用于发电。利用焚烧炉发出的热量，可以供居民取暖，用于维持温室室温等。但是焚烧法也存在缺点，例如，投资较大，焚烧过程排烟造成二次污染，设备锈蚀现象严重等。

热解是将有机物在高温（500 ~ 1000℃）无氧或缺氧条件下加热，使之分解为气、液、固三类产物。与焚烧法相比，热解法是更有前景的处理方法。它的显著优点是基建投资少。

6. 生物处理技术

生物处理技术是利用微生物对有机固体废物的分解作用使其无害化。该种技术可以使有机固体废物转化为能源、食品、饲料和肥料，还可以用来从废品和废渣中提取金属，是固体废物资源化的有效技术方法。目前应用比较广泛的包括堆肥化、沼气化、废纤维素糖化、废纤维饲料化、生物浸出等。

三、终态固体废物处置方法

因技术原因或其他原因还无法利用或处理的固态废物，是终态固体废物。终态固体废物的处置，是控制固体废物污染的末端环节，是解决固体废物的归宿问题。处置的目的和技术要求是使固体废物在环境中最大限度地与生物圈隔离，避免或减少其中的污染组分对环境的污染与危害。

终态固体废物的处置可分为海洋处置和陆地处置两大类。

1. 海洋处置

海洋处置主要分为海洋倾倒与远洋焚烧两种方法。海洋倾倒是将固体废物直接投入海洋的一种处置方法。它的依据是海洋是一个庞大的废物接受体，对污染物质有极大的稀释能力。进行海洋倾倒时，首先要根据有关法律规定，选择处置场地，然后再根据处置区的海洋学特性、海洋保护水质标准、处置废物的种类及倾倒方式进行技术可行性研究和经济分析，最后按照设计的倾倒方案进行投弃。远洋焚烧是利用焚烧船将固体废物进行船上焚烧的处置方法。废物焚烧后产生的废气通过净化装置与冷凝器，将冷凝液排入海中，气体排入大气，残渣倾入海洋。这种技术适于处置易燃性废物。如含氯的有机废物。

2. 陆地处置

陆地处置的方法有多种，包括土地填埋、土地耕作、深井灌注等。土地填埋是从传统的堆放和填地处置发展起来的一项处置技术，它是目前处置固体废物的主要方法。按法律可分为卫生填埋和安全填埋。卫生土地填埋是处置一般固体废物使之不会对公众健康及安全造成危害的一种处置方法，主要用来处置城市垃圾。通常把运到土地填埋场的废物在限定的区域内铺撒成一定厚度的薄层，然后压实以减少废物的体积，每层操作之后用土壤覆盖，并压实。压实的废物和土壤覆盖层共同构成一个单元。具有同样高度的一系列相互衔接的单元构成一个升层。完整的卫生土地填埋场是由一个或多个升层组成的。在卫生填埋场地的选择、设计、建造、操作和封场过程中，应该考虑防止浸出液的渗漏、降解气体的释出控制、臭味和病原菌的消除、场地的开发利用等问题。安全土地填埋法是卫生土地填埋方法的进一步改进，对场地的建造技术要求更为严格。对土地填埋场必须设置人造或天然衬里；最下层的土地填埋物要位于地下水位之上；要采取适当的措施控制和引出地表水；要配备浸出液收集、处理及监测系统，采用覆盖材料或衬里控制可能产生的气体，以防止气体释出；要记录所处置的废物的来源、性质和数量，把不相容的废物分开处置。

固体废物的种类繁多、成分复杂、数量巨大，是环境的主要污染源之一，其危害程度已不亚于水污染和大气污染的程度。由于中国对固体废物污染控制的起步较晚，虽然在固体废物的处理利用方面已取得一定进展，并出现了一些适合中国目前经济技术发展水平的固体废物处置技术和装置，但处理处置技术和装备还不能完全满足国内经济和社会发展的需要。治理措施的合理性及可操作性是固体废物环境影响评价的重中之重，建设项目环境影响评价必须科学、合理地为建设项目制定切实可行的固体废物治理方案，实现固体废物排放的最佳控制。

复习思考及案例分析题

一、复习思考题

1. 简述固体废物的来源与特征。
2. 试述固体废物环境影响评价的内容和特点。
3. 垃圾填埋场的选址要求有哪些?
4. 危险废物填埋场的选址要求有哪些?
5. 试述固体废物污染控制的主要原则。

二、案例分析题

某沿海平原城市拟新建一座生活垃圾填埋场，占地面积为 360 亩（15 亩 =1 公顷），设计库容为 162 万 m^3，日处理能力为 220t，预计服务年限约 20 年。工程建设周期为 18 个月。主体建设内容包括填埋场作业区、填埋区截流和雨污分流系统、防渗系统、地下水导排系统、渗滤液收集及处理系统、填埋气体导排系统等。渗滤液（含生产废水）设计处理方案为：预处理 +MBR+ 纳滤 + 反渗透的组合工艺，设计处理能力为 150m^3/d，处理达到《生活垃圾填埋场污染控制标准》（GB 16889—2008）中的要求后，排入Ⅳ类水体。工程设计的填埋气体导排方案为：水平与垂直相结合，垂直安放的 PVC 导气管周围设有石笼透气层，导气管与石笼透气层构成导气井，导气井水平间距为 30 ~ 50m，在导气井的上部设水平集气管，每条水平集气管连接若干条垂直导气管，若干条水平集气管连接，构成集气区域，最终气体导向燃烧火炬进行焚烧。填埋气体主要成分为 CH_4、CO_2、NH_3、H_2S、N_2、H_2 等。拟选厂址位于城市西北 15km，厂址及周边土地类型主要为一般农田；所在区域主导风向为东南风，平均风速为 3.3m/s，场址地下水系滨海平原水文地质区，近地表的第四地层属松散沉积层，孔隙多，导水性良好，有利于地下水贮存。填埋区天然基础层厚度 5.3m，平均渗透系数为 4.4×10^{-6}cm/s。

根据以上资料，请回答以下问题。

1. 影响渗滤液产生量的主要因素有哪些?
2. 填埋场运行期存在哪些主要环境影响?
3. 什么情况下填埋区渗滤液可能污染地下水?
4. 渗滤液处理厂应考虑哪些应急处理措施?

第十章

生态环境影响评价

导读导学

生态环境影响评价的基础知识有哪些？生态环境影响评价的工作任务有哪些？如何运用生态环境影响评价的方法？不同行业建设项目生态影响评价的内容和要求有何不同？如何提出生态保护措施建议？

学习目标

知识目标	能力目标	素质目标
1. 掌握生态环境影响评价相关术语与基础知识； 2. 熟悉生态环境影响评价的基本任务； 3. 熟悉生态环境影响评价的工作程序	1. 能够进行生态影响评价因子筛选； 2. 能够正确确定生态环境影响评价的工作等级与评价范围； 3. 能够开展不同评价等级的生态环境现状调查和评价； 4. 能够进行生态影响预测与评价； 5. 能够按要求提出生态保护措施建议	1. 掌握基础生态环境知识，培养生态环境调查与评价的技能，建立山水林田湖草整体系统观、生态兴则文明兴的历史观； 2. 依法、依规开展生态环境影响评价，建立人与自然是生命共同体的科学自然观、绿水青山就是金山银山的绿色发展观，培养生态环境保护制度的严密法治观

思政小课堂

扫描二维码可查看“浙皖签署协议共建跨省生态保护补偿样板区——从共同保护走向共同富裕”。

浙皖签署协议共建跨省生态保护补偿样板区——从共同保护走向共同富裕

笔记

第一节 概述

一、术语和定义

1. 生态影响

工程占用、施工活动干扰、环境条件改变、时间或空间累积作用等，直接或间接导致物种、种群、生物群落、生境、生态系统以及自然景观、自然遗迹等发生的变化。生态影响包括直接、间接和累积的影响。

2. 重要物种

在生态影响评价中需要重点关注、具有较高保护价值或保护要求的物种，包括国家及地方重点保护野生动植物名录所列的物种，《中国生物多样性红色名录》中列为极危、濒危和易危的物种，国家和地方政府列入拯救保护的极小种群物种，特有种以及古树名木等。

3. 生态敏感区

包括法定生态保护区域、重要生境以及其他具有重要生态功能、对保护生物多样性具有重要意义的区域。其中，法定生态保护区域包括依据法律法规、政策等规范性文件划定或确认的国家公园、自然保护区、自然公园等自然保护地，世界自然遗产，生态保护红线等区域；重要生境包括重要物种的天然集中分布区、栖息地，重要水生生物的产卵场、索饵场、越冬场和洄游通道，迁徙鸟类的重要繁殖地、停歇地、越冬地以及野生动物迁徙通道等。

4. 生态保护目标

受影响的重要物种、生态敏感区以及其他需要保护的物种、种群、生物群落及生态空间等。

二、基本任务和要求

（一）基本任务

在工程分析和生态现状调查的基础上，识别、预测和评价建设项目在施工期、运行期以及服务期满后（可根据项目情况选择）等不同阶段的生态影响，提出预防或者减缓不利影响的对策和措施，制定相应的环境管理和生态监测计划，从生态影响角度明确建设项目是否可行。

（二）基本要求

建设项目选址选线应尽量避让各类生态敏感区，符合自然保护地、世界自然遗产、生态保护红线等区域管理要求以及国土空间规划、生态环境分区管控要求。

建设项目生态影响评价应结合行业特点、工程规模以及对生态保护目标的影响方式，合理确定评价范围，按相应评价等级的技术要求开展现状调查、影响分析及预测工作。

应按照避让、减缓、修复和补偿的次序提出生态保护对策措施，所采取的对策措施应有利于保护生物多样性，维持或修复生态系统功能。

三、工作程序

生态影响评价工作一般分为三个阶段，具体工作程序见图 10-1。

第一阶段，收集、分析建设项目工程技术文件以及所在区域国土空间规划、生态环境分区管控方案、生态敏感区以及生态环境状况等相关数据资料，开展现场踏勘，通过工程分析、筛选评价因子进行生态影响识别，确定生态保护目标，有必要的补充提出比选方案。确定评价等级、评价范围。

第二阶段，在充分的资料收集、现状调查、专家咨询基础上，根据不同评价等级的技术要求开展生态现状评价和影响预测分析。涉及有比选方案的，应对不同方案开展同等深度的生态环境比选论证。

第三阶段，根据生态影响预测和评价结果，确定科学合理、可行的工程方案，提出预防或减缓不利影响的对策和措施，制定相应的环境管理和生态监测计划，明确生态影响评价结论。

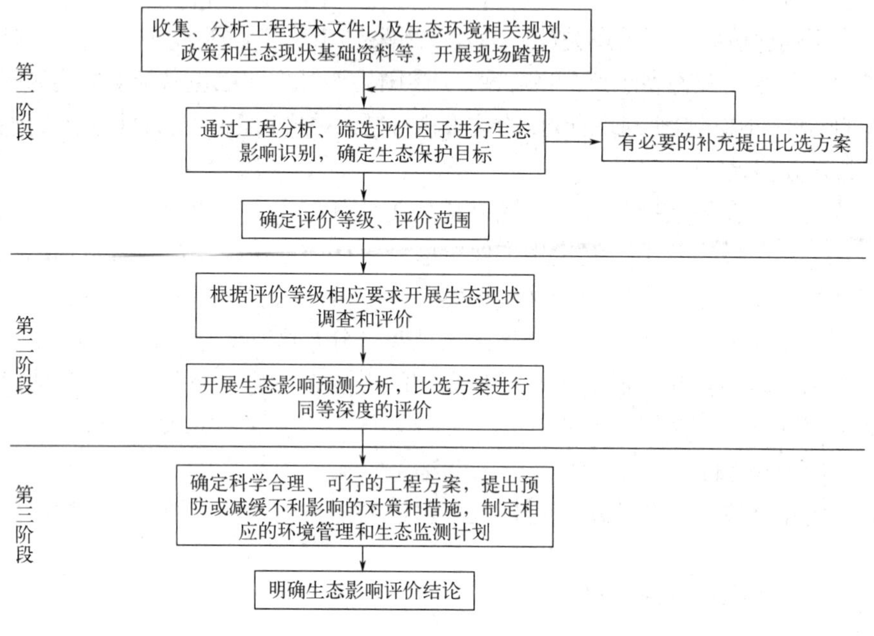

图 10-1　生态影响评价工作程序

第二节　生态环境影响评价基础工作

一、生态影响评价因子筛选

在工程分析基础上筛选评价因子，生态影响评价因子筛选参见表 10-1。

表 10-1　生态影响评价因子筛选表

受影响对象	评价因子	工程内容及影响方式	影响性质	影响程度
物种	分布范围、种群数量、种群结构、行为等			
生境	生境面积、质量、连通性等			
生物群落	物种组成、群落结构等			

续表

受影响对象	评价因子	工程内容及影响方式	影响性质	影响程度
生态系统	植被覆盖度、生产力、生物量、生态系统功能等			
生物多样性	物种丰富度、均匀度、优势度等			
生态敏感区	主要保护对象、生态功能等			
自然景观	景观多样性、完整性等			
自然遗迹	遗迹多样性、完整性等			
……	……	……	……	……

1. 影响方式

影响方式可分为直接、间接、累积生态影响，可依据以下内容进行判断。

（1）直接生态影响　临时、永久占地导致生境直接遭破坏或丧失；工程施工、运行导致个体直接死亡；物种迁徙（或洄游）、扩散、种群交流受到阻隔；施工活动以及运行期噪声、振动、灯光等对野生动物行为产生干扰；工程建设改变河流、湖泊等水体天然状态等。

（2）间接生态影响　水文情势变化导致生境条件、水生生态系统发生变化；地下水水位、土壤理化特性变化导致动植物群落发生变化；生境面积和质量下降导致个体死亡、种群数量下降或种群生存能力降低；资源减少及分布变化导致种群结构或种群动态发生变化；因阻隔影响造成种群间基因交流减少，导致小种群灭绝风险增加；滞后效应（例如，由于关键种的消失使捕食者和被捕食者的关系发生变化）等。

（3）累积生态影响　包括整个区域生境的逐渐丧失和破碎化，在景观尺度上生境的多样性减少，不可逆转的生物多样性下降，生态系统持续退化等。

2. 影响性质

影响性质主要包括长期与短期、可逆与不可逆生态影响。

3. 影响程度

影响程度可分为强、中、弱、无四个等级，可依据以下原则进行初步判断。

（1）强　生境受到严重破坏，水系开放连通性受到显著影响；野生动植物难以栖息繁衍（或生长繁殖），物种种类明显减少，种群数量显著下降，种群结构明显改变；生物多样性显著下降，生态系统结构和功能受到严重损害，生态系统稳定性难以维持；自然景观、自然遗迹受到永久性破坏；生态修复难度较大。

（2）中　生境受到一定程度破坏，水系开放连通性受到一定程度影响；野生动植物栖息繁衍（或生长繁殖）受到一定程度干扰，物种种类减少，种群数量下降，种群结构改变；生物多样性有所下降，生态系统结构和功能受到一定程度破坏，生态系统稳定性受到一定程度干扰；自然景观、自然遗迹受到暂时性影响；通过采取一定措施上述不利影响可以得到减缓和控制，生态修复难度一般。

（3）弱　生境受到暂时性破坏，水系开放连通性变化不大；野生动植物栖息繁衍（或生长繁殖）受到暂时性干扰，物种种类、种群数量、种群结构变化不大；生物多样性、生态系统结构、功能以及生态系统稳定性基本维持现状；自然景观、自然遗迹基本未受到破坏；在干扰消失后可以修复或自然恢复。

笔记

（4）无　生境未受到破坏，水系开放连通性未受到影响；野生动植物栖息繁衍（或生长繁殖）未受到影响；生物多样性、生态系统结构、功能以及生态系统稳定性维持现状；自然景观、自然遗迹未受到破坏。

二、生态环境影响评价等级

依据建设项目影响区域的生态敏感性和影响程度，评价等级划分为一级、二级和三级。

（一）评价等级确定原则

① 涉及国家公园、自然保护区、世界自然遗产、重要生境时，评价等级为一级；

② 涉及自然公园时，评价等级为二级；

③ 涉及生态保护红线时，评价等级不低于二级；

④ 属于水文要素影响型且地表水评价等级不低于二级的建设项目，生态影响评价等级不低于二级；

⑤ 地下水水位或土壤影响范围内分布有天然林、公益林、湿地等生态保护目标的建设项目，生态影响评价等级不低于二级；

⑥ 当工程占地规模大于 $20km^2$ 时（包括永久和临时占用陆域和水域），评价等级不低于二级；改扩建项目的占地范围以新增占地（包括陆域和水域）确定；

⑦ 上述以外的情况，评价等级为三级；

⑧ 当评价等级判定同时符合上述多种情况时，应采用其中最高的评价等级。

（二）其他情况

① 建设项目涉及经论证对保护生物多样性具有重要意义的区域时，可适当上调评价等级。

② 建设项目同时涉及陆生、水生生态影响时，可针对陆生生态、水生生态分别判定评价等级。

③ 在矿山开采可能导致矿区土地利用类型明显改变，或拦河闸坝建设可能明显改变水文情势等情况下，评价等级应上调一级。

④ 线性工程可分段确定评价等级。线性工程地下穿越或地表跨越生态敏感区，在生态敏感区范围内无永久、临时占地时，评价等级可下调一级。

⑤ 涉海工程评价等级判定参照《海洋工程环境影响评价技术导则》（GB/T 19485—2014）。

⑥ 符合生态环境分区管控要求且位于原厂界（或永久用地）范围内的污染影响类改扩建项目，位于已批准规划环评的产业园区内且符合规划环评要求、不涉及生态敏感区的污染影响类建设项目，可不确定评价等级，直接进行生态影响简单分析。

三、生态环境影响评价范围

① 生态影响评价应能够充分体现生态完整性和生物多样性保护要求，涵盖评价项目全部活动的直接影响区域和间接影响区域。评价范围应依据评价项目对生态因子的影响方式、影响程度和生态因子之间的相互影响和相互依存关系确定。可综合考虑评价项目与项目区的气候过程、水文过程、生物过程等生物地球化学循环过程的相互作用关系，以评价项目影响区域所涉及的完整气候单元、水文单元、生态单元、地理单元界限为参照边界。

② 涉及占用或穿（跨）越生态敏感区时，应考虑生态敏感区的结构、功能及主要保护对象，合理确定评价范围。

③ 矿山开采项目评价范围应涵盖开采区及其影响范围、各类场地及运输系统占地以及施工临时占地范围等。

④ 水利水电项目评价范围应涵盖枢纽工程建筑物，水库淹没，移民安置等永久占地、施工临时占地以及库区坝上、坝下地表地下，水文水质影响河段及区域，受水区，退水影响区，输水沿线影响区等。

⑤ 线性工程穿越生态敏感区时，以线路穿越段向两端外延 1km、线路中心线向两侧外延 1km 为参考评价范围，实际确定时应结合生态敏感区主要保护对象的分布、生态学特征、项目的穿越方式、周边地形地貌等适当调整，主要保护对象为野生动物及其栖息地时，应进一步扩大评价范围，涉及迁徙、洄游物种的，其评价范围应涵盖工程影响的迁徙洄游通道范围；穿越非生态敏感区时，以线路中心线向两侧外延 300m 为参考评价范围。

⑥ 陆上机场项目以占地边界外延 3 ~ 5km 为参考评价范围，实际确定时应结合机场类型、规模、占地类型、周边地形地貌等适当调整。涉及有净空处理的，应涵盖净空处理区域。航空器爬升或近航线下方区域内有以鸟类为重点保护对象的自然保护地和鸟类重要生境的，评价范围应涵盖受影响的自然保护地和重要生境范围。

⑦ 涉海工程的生态影响评价范围参照《海洋工程环境影响评价技术导则》(GB/T 19485—2014)。

⑧ 污染影响类建设项目评价范围应涵盖直接占用区域以及污染物排放产生的间接生态影响区域。

第三节　生态现状调查与评价

一、生态现状调查

（一）生态现状调查要求

1. 基本要求

生态现状调查应在充分收集资料的基础上开展现场工作，生态现状调查范围应不小于评价范围。

引用的生态现状资料调查时间宜在 5 年以内，用于回顾性评价或变化趋势分析的资料可不受调查时间限制。

当已有调查资料不能满足评价要求时，应通过现场调查获取现状资料，现场调查遵循全面性、代表性和典型性原则。项目涉及生态敏感区时，应开展专题调查。

工程永久占用或施工临时占用区域应在收集资料基础上开展详细调查，查明占用区域是否分布有重要物种及重要生境。

生态现状调查中还应充分考虑生物多样性保护的要求。

涉海工程生态现状调查要求参照 GB/T 19485—2014。

2. 陆生生态一级、二级评价

应结合调查范围、调查对象、地形地貌和实际情况选择合适的调查方法。开展样线、样方调查的，应合理确定样线、样方的数量、长度或面积，涵盖评价范围内不同的植被类型及生境类型，山地区域还应结合海拔段、坡位、坡向进行布设。

根据植物群落类型（宜以群系及以下分类单位为调查单元）设置调查样地，一级评价每种群落类型设置的样方数量不少于 5 个，二级评价不少于 3 个，调查时间宜选择植物生长旺盛的季节；一级评价每种生境类型设置的野生动物调查样线数量不少于 5 条，二级评价不少于 3 条，除了收集历史资料外，一级评价还应获得近 1 ~ 2 个完整年度不同季节的现状资料，二级评价尽量获得野生动物繁殖期、越冬期、迁徙期等关键活动期的现状资料。

3. 水生生态一级、二级评价

调查点位、断面等应涵盖评价范围内的干流、支流、河口、湖库等不同水域类型。一级评价应至少开展丰水期、枯水期（河流、湖库）或春季、秋季（入海河口、海域）两期（季）调查，二级评价至少获得一期（季）调查资料，涉及显著改变水文情势的项目应增加调查强度。鱼类调查时间应包括主要繁殖期，水生生境调查内容应包括水域形态结构、水文情势、水体理化性状和底质等。

4. 三级评价

现状调查以收集有效资料为主，可开展必要的遥感调查或现场校核。

（二）生态现状调查方法

常用的生态现状调查方法如下。

1. 资料收集法

收集现有的可以反映生态现状或生态背景的资料，分为现状资料和历史资料，包括相关文字、图件和影像等。引用资料应进行必要的现场校核。

2. 现场调查法

现场调查应遵循整体与重点相结合的原则，整体上兼顾项目所涉及的各个生态保护目标，突出重点区域和关键时段的调查，并通过实地踏勘，核实收集资料的准确性，以获取实际资料和数据。

在开展陆生与水生动植物、海洋生态、淡水渔业资源、淡水浮游生物调查时，应分别采用《生物多样性观测技术导则》（HJ 710.1 ~ 11—2014）、《海洋工程环境影响评价技术导则》（GB/T 19485—2014）、《淡水渔业资源调查规范　河流》（SC/T 9429—2019）、《淡水浮游生物调查技术规范》（SC/T 9402—2010）等相关标准中的调查方法。

3. 专家和公众咨询法

通过咨询有关专家，收集公众、社会团体和相关管理部门对项目的意见，发现现场踏勘中遗漏的相关信息。专家和公众咨询应与资料收集和现场调查同步开展。

4. 生态监测法

当资料收集、现场调查、专家和公众咨询获取的数据无法满足评价工作需要，或项目可能产生潜在的或长期累积影响时，可选用生态监测法。

生态监测应根据监测因子的生态学特点和干扰活动的特点确定监测位置和频次，有代表性地布点。生态监测方法与技术要求须符合国家现行的有关生态监测规范和监测标准分析方法；对于生态系统生产力的调查，必要时需现场采样、实验室测定。

5. 遥感调查法

包括卫星遥感、航空遥感等方法。遥感调查应辅以必要的实地调查工作。

（三）生态现状调查内容

1. 陆生生态现状调查

评价范围内的植物区系，植被类型，植物群落结构及演替规律，群落中的关键种、建群种、优势种；动物区系、物种组成及分布特征；生态系统的类型、面积及空间分布；重要物种的分布、生态学特征、种群现状，迁徙物种的主要迁徙路线、迁徙时间，重要生境的分布及现状。

2. 水生生态现状调查

评价范围内的水生生物、水生生境和渔业现状；重要物种的分布、生态学特征、种群现状以及生境状况；鱼类等重要水生动物调查包括种类组成、种群结构、资源时空分布，产卵场、索饵场、越冬场等重要生境的分布，环境条件以及洄游路线、洄游时间等行为习性。

3. 生态敏感区调查

收集生态敏感区的相关规划资料、图件、数据，调查评价范围内生态敏感区主要保护对象、功能区划、保护要求等。

4. 主要生态问题调查

调查区域存在的主要生态问题，如水土流失、沙漠化、石漠化、盐渍化、生物入侵和污染危害等。调查已经存在的对生态保护目标产生不利影响的干扰因素。

5. 已有生态影响及保护措施

对于改扩建、分期实施的建设项目，调查既有工程、前期已实施工程的实际生态影响以及采取的生态保护措施。

二、生态现状评价

（一）生态现状评价方法

生态现状评价应坚持定性和定量相结合、尽量采用定量方法的原则。常见的评价方法如下。

1. 列表清单法

将拟实施的开发建设活动的影响因素与可能受影响的环境因子分别列在同一张表格的行与列内，逐点进行分析，并逐条阐明影响的性质、强度等，由此分析开发建设活动的生态影响。该法是一种定性分析方法，其特点是简单明了、针对性强。

该方法主要应用在开发建设活动对生态因子的影响分析、生态保护措施的筛选、物种或栖息地重要性或优先度比选等领域。

2. 图形叠置法

图形叠置法是把两个以上的生态信息叠合到一张图上，构成复合图，用以表示生态变化的方向和程度。该方法的特点是直观、形象，简单明了，有两种基本制作手段：指标法和 3S 叠图法。

（1）指标法　具体步骤包括：

① 确定评价范围；

② 开展生态调查，收集评价范围及周边地区自然环境、动植物等信息；

③ 识别影响并筛选评价因子，包括识别和分析主要生态问题；

④ 建立表征评价因子特性的指标体系，通过定性分析或定量方法对指标赋值或分级，依据指标值进行区域划分；

⑤ 将上述区划信息绘制在生态图上。

（2）3S 叠图法 具体步骤包括：

① 选用符合要求的工作底图，底图范围应大于评价范围；

② 在底图上描绘主要生态因子信息，如植被覆盖、动植物分布、河流水系、土地利用、生态敏感区等；

③ 进行影响识别与筛选评价因子；

④ 运用 3S 技术，分析影响性质、方式和程度；

⑤ 将影响因子图和底图叠加，得到生态影响评价图。

3. 生态机理分析法

生态机理分析法是根据建设项目的特点和受影响物种的生物学特征，依照生态学原理分析、预测建设项目生态影响的方法。评价过程中可根据实际情况进行相应的生物模拟试验，或进行数学模拟。该方法需要与其他多学科合作评价，才能得出较为客观的结果。

生态机理分析法的工作步骤如下：

① 调查环境背景现状，收集工程组成、建设、运行等有关资料；

② 调查植物和动物分布，动物栖息地和迁徙、洄游路线；

③ 根据调查结果分别对植物或动物种群、群落和生态系统进行分析，描述其分布特点、结构特征和演化特征；

④ 识别有无珍稀濒危物种、特有种等需要特别保护的物种；

⑤ 预测项目建成后该地区动物、植物生长环境的变化；

⑥ 根据项目建成后的环境变化，对照无开发项目条件下动物、植物或生态系统演替或变化趋势，预测建设项目对个体、种群和群落的影响，并预测生态系统演替方向。

评价过程中可根据实际情况进行相应的生物模拟试验，如环境条件、生物习性模拟试验、生物毒理学试验、实地种植或放养试验等；或进行数学模拟，如种群增长模型的应用。

该方法需要与生物学、地理学、水文学、数学及其他多学科合作评价，才能得出较为客观的结果。

4. 指数法与综合指数法

指数法是利用同度量因素的相对值来表明因素变化状况的方法。指数法的难点在于需要建立表征生态环境质量的标准体系并进行赋权和准确定量。综合指数法是从确定同度量因素出发，把不能直接对比的事物变成能够同度量的方法。

（1）单因子指数法 选定合适的评价标准，可进行生态因子现状或预测评价。例如，以同类型立地条件的森林植被覆盖率为标准，可评价项目建设区的植被覆盖现状情况；以评价区现状植被盖度为标准，可评价项目建成后植被盖度的变化率。

（2）综合指数法 具体步骤包括：

① 分析各生态因子的性质及变化规律；

② 建立表征各生态因子特性的指标体系；

③ 确定评价标准；

④ 建立评价函数曲线，将生态因子的现状值（开发建设活动前）与预测值（开发建

设活动后）转换为统一的无量纲的生态环境质量指标，用 1 ～ 0 表示优劣（“1”表示最佳的、顶级的、原始或人类干预甚少的生态状况，“0”表示最差的、受到极度破坏的、几乎无生物性的生态状况），计算开发建设活动前后各因子质量的变化值；

⑤ 根据各因子的相对重要性赋予权重；

⑥ 综合各因子的变化值，提出综合影响评价值。

$$\Delta E=\sum\left(E_{hi}-E_{qi}\right)\times W_i \tag{10-1}$$

式中　ΔE——开发建设活动前后生态质量变化值；

E_{hi}——开发建设活动后 i 因子的质量指标；

E_{qi}——开发建设活动前 i 因子的质量指标；

W_i——i 因子的权值。

（3）指数法应用领域　指数法可以应用在生态因子单因子质量评价、生态多因子综合质量评价、生态系统功能评价等领域。

（4）说明　建立评价函数曲线需要根据标准规定的指标值确定曲线的上、下限。对于大气、水环境等已有明确质量标准的因子，可直接采用不同级别的标准值作为上、下限；对于无明确标准的生态因子，可根据评价目的、评价要求和环境特点等选择相应的指标值，再确定上、下限。

5. 类比分析法

根据已有的建设项目的生态影响，分析或预测拟建项目可能产生的影响。一般有生态整体类比、生态因子类比和生态问题类比等。该法是一种比较常用的定性和半定量评价方法。

（1）方法　选择好类比对象（类比项目）是进行类比分析或预测评价的基础，也是该方法成败的关键。

类比对象的选择条件是：工程性质、工艺和规模与拟建项目基本相当，生态因子（地理、地质、气候、生物因素等）相似，项目建成已有一定时间，所产生的影响已基本全部显现。

类比对象确定后，须选择和确定类比因子及指标，并对类比对象开展调查与评价，再分析拟建项目与类比对象的差异。根据类比对象与拟建项目的比较，作出类比分析结论。

（2）应用

① 进行生态影响识别（包括评价因子筛选）；

② 以原始生态系统作为参照，可评价目标生态系统的质量；

③ 进行生态影响的定性分析与评价；

④ 进行某一个或几个生态因子的影响评价；

⑤ 预测生态问题的发生与发展趋势及其危害；

⑥ 确定环保目标和寻求最有效、可行的生态保护措施。

6. 系统分析法

系统分析法是指把要解决的问题作为一个系统，对系统要素进行综合分析，找出解决问题的可行方案的咨询方法。具体步骤包括：限定问题、确定目标、调查研究、收集数据、提出备选方案和评价标准、评估备选方案和提出最可行方案。

在生态系统质量评价中使用系统分析的具体方法有专家咨询法、层次分析法、模糊综合评判法、综合排序法、系统动力学、灰色关联等方法。

7. 生物多样性评价方法

生物多样性是生物（动物、植物、微生物）与环境形成的生态复合体以及与此相关的各种生态过程的总和，包括生态系统、物种和基因三个层次。

生态系统多样性指生态系统的多样化程度，包括生态系统的类型、结构、组成、功能和生态过程的多样性等。物种多样性指物种水平的多样化程度，包括物种丰富度和物种多度。基因多样性（或遗传多样性）指一个物种的基因组成中遗传特征的多样性，包括种内不同种群之间或同一种群内不同个体的遗传变异性。

物种多样性常用的评价指标包括物种丰富度、香农 - 威纳多样性指数、Pielou 均匀度指数、Simpson 优势度指数等。

① 物种丰富度（species richness）：调查区域内物种种数之和。

② 香农 - 威纳多样性指数（Shannon-Wiener diversity index）计算公式为：

$$H = -\sum_{i=1}^{s} P_i \ln P_i \qquad (10\text{-}2)$$

式中　H——香农 - 威纳多样性指数；

S——调查区域内物种种类总数；

P_i——调查区域内属于第 i 种的个体比例，如总个体数为 N，第 i 种个体数为 n_i，则 $P_i=n_i/N$。

③ Pielou 均匀度指数是反映调查区域各物种个体数目分配均匀程度的指数，计算公式为：

$$J = \left(-\sum_{i=1}^{S} P_i \ln P_i\right) / \ln \mathrm{S} \qquad (10\text{-}3)$$

式中　J——Pielou 均匀度指数；

S——调查区域内物种种类总数；

P_i——调查区域内属于第 i 种的个体比例。

④ Simpson 优势度指数与均匀度指数相对应，计算公式为：

$$D = 1 - \sum_{i=1}^{S} P_i^2 \qquad (10\text{-}4)$$

式中　D——Simpson 优势度指数；

S——调查区域内物种种类总数；

P_i——调查区域内属于第 i 种的个体比例。

8. 生态系统评价方法

对于生态系统常从植被覆盖度、生物量、生产力、生物完整性指数、生态系统功能等几个方面开展评价，主要评价方法如下。

（1）植被覆盖度　植被覆盖度可用于定量分析评价范围内的植被现状。基于遥感估算植被覆盖度可根据区域特点和数据基础采用不同的方法，如植被指数法（如 NDVI）、回归模型、机器学习法等。

笔记

植被指数法主要是通过对各像元中植被类型及分布特征的分析，建立植被指数与植被覆盖度的转换关系。采用归一化植被指数（NDVI）估算植被覆盖度的方法如下：

$$\mathrm{FVC}=\left(\mathrm{NVDI}-\mathrm{NVDI_S}\right)/\left(\mathrm{NVDI_V}-\mathrm{NVDI_S}\right) \tag{10-5}$$

式中　FVC——所计算像元的植被覆盖度；

NVDI——所计算像元的 NDVI 值；

$\mathrm{NVDI_V}$——纯植物像元的 NDVI 值；

$\mathrm{NVDI_S}$——完全无植被覆盖像元的 NDVI 值。

（2）生物量　生物量是指一定地段面积内某个时期生存着的活有机体的重量。不同生态系统的生物量测定方法不同，可采用实测与估算相结合的方法。地上生物量估算可采用植被指数法、异速生长方程法等方法进行计算。基于植被指数的生物量统计法是通过实地测量的生物量数据和遥感植被指数建立统计模型，在遥感数据的基础上反演得到评价区域的生物量。

（3）生产力　生产力是生态系统的生物生产能力，反映生产有机质或积累能量的速率。群落（或生态系统）初级生产力是单位面积、单位时间群落（或生态系统）中植物利用太阳能固定的能量或生产的有机质的量。净初级生产力（NPP）是从固定的总能量或产生的有机质总量中减去植物呼吸所消耗的量，直接反映了植被群落在自然环境条件下的生产能力，表征陆地生态系统的质量状况。

NPP 可利用统计模型（如 Miami 模型）、过程模型（如 BIOME-BGC 模型、BEPS 模型）和光能利用率模型（如 CASA 模型）进行计算。根据区域植被特点和数据基础确定具体方法。

通过 CASA 模型计算净初级生产力的公式如下：

$$\mathrm{NPP}(x,t)=\mathrm{APAR}(x,t)\times\varepsilon(x,t) \tag{10-6}$$

式中　NPP——净初级生产力；

APAR——植被所吸收的光合有效辐射；

ε——光能转化率；

t——时间；

x——空间位置。

（4）生物完整性指数　生物完整性指数已被广泛应用于河流、湖泊、沼泽、海岸滩涂、水库等生态系统健康状况评价，指示生物类群也由最初的鱼类扩展到底栖动物、着生藻类、维管植物、两栖动物和鸟类等。生物完整性指数评价的工作步骤如下：

① 结合工程影响特点和所在区域水生态系统特征，选择指示物种；

② 根据指示物种种群特征，在指标库中确定指示物种状况参数指标；

③ 选择参考点（未开发建设、未受干扰的点或受干扰极小的点）和干扰点（已开发建设、受干扰的点），采集参数指标数据，通过对参数指标值的分布范围分析、判别能力分析（敏感性分析）和相关关系分析，建立评价指标体系；

④ 确定每种参数指标值以及生物完整性指数的计算方法，分别计算参考点和干扰点的指数值；

笔记

⑤ 建立生物完整性指数的评分标准；

⑥ 评价项目建设前所在区域水生态系统状况，预测分析项目建设后水生态系统变化情况。

9. 景观生态学评价方法

景观生态学主要研究宏观尺度上景观类型的空间格局和生态过程的相互作用及其动态变化特征。景观格局是指大小和形状不一的景观斑块在空间上的排列，是各种生态过程在不同尺度上综合作用的结果。景观格局变化对生物多样性产生直接而强烈的影响，其主要原因是生境丧失和破碎化。

景观变化的分析方法主要有三种：定性描述法、景观生态图叠置法和景观动态的定量化分析法。目前较常用的方法是景观动态的定量化分析法，主要是对收集的景观数据进行解译或数字化处理，建立景观类型图，通过计算景观格局指数或建立动态模型对景观面积变化和景观类型转化等进行分析，揭示景观的空间配置以及格局动态变化趋势。

景观指数是能够反映景观格局特征的定量化指标，分为三个级别，代表三种不同的应用尺度，即斑块级别指数、斑块类型级别指数和景观级别指数，可根据需要选取相应的指标，采用 FRAGSTATS 等景观格局分析软件进行计算分析。涉及显著改变土地利用类型的矿山开采、大规模的农林业开发以及大中型水利水电建设项目等可采用该方法对景观格局的现状及变化进行评价，公路、铁路等线性工程造成的生境破碎化等累积生态影响也可采用该方法进行评价。常用的景观指数及其含义见表 10-2。

表 10-2　常用的景观指数及其含义

名称	含义
斑块类型面积 （class area，CA）	斑块类型面积是度量其他指标的基础，其值的大小影响以此斑块类型作为生境的物种数量及丰度
斑块所占景观面积比例 （percent of landscape，PLAND）	某一斑块类型占整个景观面积的百分比，是确定优势景观元素的重要依据，也是决定景观中优势种和数量等生态系统指标的重要因素
最大斑块指数 （largest patch index，LPI）	某一斑块类型中最大斑块占整个景观的百分比，用于确定景观中的优势斑块，可间接反映景观变化受人类活动的干扰程度
香农多样性指数 （shannon' s diversity index，SHDI）	反映景观类型的多样性和异质性，对景观中各斑块类型非均衡分布状况较敏感，值增大表明斑块类型增加或各斑块类型呈均衡趋势分布
蔓延度指数 （contagion index，CONTAG）	高蔓延度值表明景观中的某种优势斑块类型形成了良好的连接性，反之则表明景观具有多种要素的密集格局，破碎化程度较高
散布与并列指数 （interspersion juxtaposition index，IJI）	反映斑块类型的隔离分布情况，值越小表明斑块与相同类型斑块相邻越多，而与其他类型斑块相邻的越少
聚集度指数 （aggregation index，AI）	基于栅格数量测度景观或者某种斑块类型的聚集程度

10. 生境评价方法

物种分布模型是基于物种分布信息和对应的环境变量数据对物种潜在分布区进行预测的模型，广泛应用于濒危物种保护、保护区规划、入侵物种控制及气候变化对生物分布区影响预测等领域。目前已发展了多种多样的预测模型，每种模型因其原理、算法不同而各有优势和局限，预测表现也存在差异。其中，基于最大熵理论建立的最大熵模型（maximum entropy model，MaxEnt），可以在分布点相对较少的情况下获得较好的预测结果，是目前使用频率最多的物种分布模型之一。基于 MaxEnt 模型开展生境评价的工作步骤如下：

① 通过近年文献记录、现场调查收集物种分布点数据，并进行数据筛选；将分布点的经纬度数据在 Excel 表格中汇总，统一为十进制的格式，保存用于 MaxEnt 模型计算；

② 选取环境变量数据以表现栖息生境的生物气候特征、地形特征、植被特征和人为影响程度，在 ArcGIS 软件中将环境变量统一边界和坐标系，并重采样为同一分辨率；

③ 使用 MaxEnt 软件建立物种分布模型，以受试者工作特征曲线下的面积评价模型优劣；采用刀切法检验各个环境变量的相对贡献。根据模型标准及图层栅格出现概率重分类，确定生境适宜性分级指数范围；

④ 将结果文件导入 ArcGIS，获得物种适宜生境分布图，叠加建设项目，分析对物种分布的影响。

（二）生态现状评价内容及要求

1. 一级、二级评价

应根据现状调查结果选择以下全部或部分内容开展评价：

① 根据植被和植物群落调查结果，编制植被类型图，统计评价范围内的植被类型及面积，可采用植被覆盖度等指标分析植被现状，图示植被覆盖度空间分布特点；

② 根据土地利用调查结果，编制土地利用现状图，统计评价范围内的土地利用类型及面积；

③ 根据物种及生境调查结果，分析评价范围内的物种分布特点、重要物种的种群现状以及生境的质量、连通性、破碎化程度等，编制重要物种、重要生境分布图，迁徙、洄游物种的迁徙、洄游路线图；涉及国家重点保护野生动植物、极危、濒危物种的，可通过模型模拟物种适宜生境分布，图示工程与物种生境分布的空间关系；

④ 根据生态系统调查结果，编制生态系统类型分布图，统计评价范围内的生态系统类型及面积；结合区域生态问题调查结果，分析评价范围内的生态系统结构与功能状况以及总体变化趋势；涉及陆地生态系统的，可采用生物量、生产力、生态系统服务功能等指标开展评价；涉及河流、湖泊、湿地生态系统的，可采用生物完整性指数等指标开展评价；

⑤ 涉及生态敏感区的，分析其生态现状、保护现状和存在的问题；明确并图示生态敏感区及其主要保护对象、功能分区与工程的位置关系；

⑥ 可采用物种丰富度、香农 - 威纳多样性指数、Pielou 均匀度指数、Simpson 优势度指数等对评价范围内的物种多样性进行评价。

2. 三级评价

可采用定性描述或面积、比例等定量指标，重点对评价范围内的土地利用现状、植被现状、野生动植物现状等进行分析，编制土地利用现状图、植被类型图、生态保护目标分布图等图件。

3. 既有与已实施工程

对于改扩建、分期实施的建设项目，应对既有工程、前期已实施工程的实际生态影响、已采取的生态保护措施的有效性和存在问题进行评价。

（三）生态现状调查与评价工作成果

生态现状调查及评价工作成果应采用文字、表格和图件相结合的表现形式。生态调查统计表格主要包括植物群落调查、重要物种调查结果统计表，分别为表 10-3、表 10-4、

笔记

表 10-5、表 10-6。

表 10-3 植物群落调查结果统计表

植被型组	植被型	植被亚型	群系	分布区域	工程占用情况	
					占用面积 /hm^2	占用比例 /%
Ⅰ.XX	一、XX	（一）XX	1.XX 群系			
			2.XX 群系			
			……			
		（二）XX	1.XX 群系			
			2.XX 群系			
			……			
		……	……			
	二、XX	（一）XX	1.XX 群系			
		……	……			
	……	……	……			
Ⅱ.XX	一、XX	（一）XX	1.XX 群系			
		……	……			
	二、XX	（一）XX	1.XX 群系			
		……	……			
	……	……	……			
……	……	……	……			

表 10-4 重要野生植物调查结果统计表

序号	物种名称（中文名 / 拉丁名）	保护级别	濒危等级	特有种（是 / 否）	极小种群野生植物（是 / 否）	分布区域	资料来源	工程占用情况（是 / 否）
1								
2								
……								

表 10-5 重要野生动物调查结果统计表

序号	物种名称（中文名 / 拉丁名）	保护级别	濒危等级	特有种（是 / 否）	分布区域	资料来源	工程占用情况（是 / 否）
1							
2							
……							

表 10-6 古树名木调查结果统计表

序号	树种名称（中文名 / 拉丁名）	生长状况	树龄	经纬度和海拔	工程占用情况（是 / 否）
1					
2					
……					

第四节　生态影响预测与评价

一、生态影响预测与评价方法

生态影响预测与评价尽量采用定量方法进行描述和分析，生态影响预测与评价方法参见本章“生态现状评价方法”。

二、生态影响预测与评价内容及要求

生态影响预测与评价内容应与现状评价内容相对应，根据建设项目特点、区域生物多样性保护要求以及生态系统功能等选择评价预测指标。

（一）一级、二级评价

应根据现状评价内容选择以下全部或部分内容开展预测评价：

① 采用图形叠置法分析工程占用的植被类型、面积及比例；通过引起地表沉陷或改变地表径流、地下水水位、土壤理化性质等方式对植被产生影响的，采用生态机理分析法、类比分析法等方法分析植物群落的物种组成、群落结构等变化情况；

② 结合工程的影响方式预测分析重要物种的分布、种群数量、生境状况等变化情况；分析施工活动和运行产生的噪声、灯光等对重要物种的影响；涉及迁徙、洄游物种的，分析工程施工和运行对迁徙、洄游行为的阻隔影响；涉及国家重点保护野生动植物、极危、濒危物种的，可采用生境评价方法预测分析物种适宜生境的分布及面积变化、生境破碎化程度等，图示建设项目实施后的物种适宜生境分布情况；

③ 结合水文情势、水动力和冲淤、水质（包括水温）等影响预测结果，预测分析水生生境质量、连通性以及产卵场、索饵场、越冬场等重要生境的变化情况，图示建设项目实施后的重要水生生境分布情况；结合生境变化预测分析鱼类等重要水生生物的种类组成、种群结构、资源时空分布等变化情况；

④ 采用图形叠置法分析工程占用的生态系统类型、面积及比例；结合生物量、生产力、生态系统功能等变化情况预测分析建设项目对生态系统的影响；

⑤ 结合工程施工和运行引入外来物种的主要途径、物种生物学特性以及区域生态环境特点，参考 HJ 624—2011 分析建设项目实施可能导致外来物种造成的生态危害的风险；

⑥ 结合物种、生境以及生态系统变化情况，分析建设项目对所在区域生物多样性的影响；分析建设项目通过时间或空间的累积作用方式产生的生态影响，如生境丧失、退化及破碎化，生态系统退化，生物多样性下降等；

⑦ 涉及生态敏感区的，结合主要保护对象开展预测评价；涉及以自然景观、自然遗迹为主要保护对象的生态敏感区时，分析工程施工对景观、遗迹完整性的影响，结合工程建筑物、构筑物或其他设施的布局及设计，分析与景观、遗迹的协调性。

（二）三级评价

可采用图形叠置法、生态机理分析法、类比分析法等预测分析工程对土地利用、植被、野生动植物等的影响。

笔记

（三）不同行业评价重点

不同行业应结合项目规模、影响方式、影响对象等确定评价重点。

（1）矿产资源开发项目　应对开采造成的植物群落及植被覆盖度变化、重要物种的活动、分布及重要生境变化以及生态系统结构和功能变化、生物多样性变化等开展重点预测与评价。

（2）水利水电项目　应对河流、湖泊等水体天然状态改变引起的水生生境变化，鱼类等重要水生生物的分布及种类组成、种群结构变化，水库淹没、工程占地引起的植物群落、重要物种的活动、分布及重要生境变化，调水引起的生物入侵风险，以及生态系统结构和功能变化、生物多样性变化等开展重点预测与评价。

（3）公路、铁路、管线等线性工程　应对植物群落及植被覆盖度变化，重要物种的活动、分布及重要生境变化，生境连通性及破碎化程度变化，生物多样性变化等开展重点预测与评价。

（4）农业、林业、渔业等建设项目　应对土地利用类型或功能改变引起的重要物种的活动、分布及重要生境变化，生态系统结构和功能变化，生物多样性变化以及生物入侵风险等开展重点预测与评价。

（5）涉海工程　海洋生态影响评价应符合 GB/T 19485—2014 的要求，对重要物种的活动、分布及重要生境变化，海洋生物资源变化，生物入侵风险以及典型海洋生态系统的结构和功能变化，生物多样性变化等开展重点预测与评价。

三、生态影响评价图件的规范与要求

生态影响评价图件是指以图形、图像的形式，对生态影响评价有关空间内容的描述、表达或定量分析。生态影响评价图件是生态影响评价报告的必要组成内容，是评价的主要依据和成果的重要表现形式，是指导生态保护措施设计的重要依据。

（一）数据来源与要求

生态影响评价图件的基础数据来源包括已有图件资料、采样、实验、地面勘测和遥感信息等。图件基础数据应满足生态影响评价的时效性要求，选择与评价基准时段相匹配的数据源。当图件主题内容无显著变化时，制图数据源的时效性要求可在无显著变化期内适当放宽，但必须经过现场勘验校核。

（二）制图与成图精度要求

生态影响评价制图应采用标准地形图作为工作底图，精度不低于工程设计的制图精度，比例尺一般在 1∶50000 以上。调查样方、样线、点位、断面等布设图，生态监测布点图，生态保护措施平面布置图，生态保护措施设计图等应结合实际情况选择适宜的比例尺，一般为 1∶10000 ～ 1∶2000。当工作底图的精度不满足评价要求时，应开展针对性的测绘工作。

生态影响评价成图应能准确、清晰地反映评价主题内容，满足生态影响判别和生态保护措施的实施。当成图范围过大时，可采用点线面相结合的方式，分幅成图；涉及生态敏感区时，应分幅单独成图。

（三）图件内容要求

图件内容要求见表 10-7。

表 10-7 图件内容要求

序号	图件名称	图件内容要求
1	项目地理位置图	项目位于区域或流域的相对位置
2	地表水系图	项目涉及的地表水系分布情况，标明干流及主要支流
3	项目总平面布置图及施工总布置图	各工程内容的平面布置及施工布置情况
4	线性工程平纵断面图	线路走向、工程形式等
5	土地利用现状图	采用 GB/T 21010—2017 中的土地利用分类体系，以二级类型作为基础制图单位
6	植被类型图	以植物群落调查成果作为基础制图单位。植被遥感制图应选择有适宜分辨率的遥感数据。山地植被还应完成典型剖面植被示意图
7	植被覆盖度空间分布图	基于遥感数据并采用归一化植被指数（NDVI）估算得到
8	生态系统类型图	采用 HJ 1166—2021 中的生态系统分类体系，以Ⅱ级类型作为基础制图单位
9	生态保护目标空间分布图	针对重要物种、生态敏感区等不同的生态保护目标应分别成图
10	物种迁徙、洄游路线图	物种迁徙、洄游的路线、方向以及时间
11	物种适宜生境分布图	通过模型预测得到的物种分布图，获得不同适宜性等级的生境空间分布范围
12	调查样方、样线、点位、断面等布设图	布设位置及其海拔高度
13	生态监测布点图	生态监测点位布置情况
14	生态保护措施平面布置图	主要生态保护措施的空间位置
15	生态保护措施设计图	典型生态保护措施的设计方案及主要设计参数等信息

（四）图件编制规范要求

生态影响评价图件应符合专题地图制图的规范要求，图面内容包括主图以及图名、图例、比例尺、方向标、注记、制图数据源（调查数据、实验数据、遥感信息数据、预测数据或其他）、成图时间等辅助要素。图式应符合 GB/T 20257.1 ~ 4—2017。图面配置应在科学性、美观性、清晰性等方面相互协调。良好的图面配置总体效果包括符号及图形的清晰与易读、整体图面的视觉对比度强、图形突出于背景、图形的视觉平衡效果好、图面设计的层次结构合理。

第五节　生态保护对策措施

一、总体要求

应针对生态影响的对象、范围、时段、程度，提出避让、减缓、修复、补偿、管理、监测、科研等对策措施，分析措施的技术可行性、经济合理性、运行稳定性、生态保护和修复效果的可达性，选择技术先进、经济合理、便于实施、运行稳定、长期有效的措施，明确措施的内容、设施的规模及工艺、实施位置和时间、责任主体、实施保障、实施效果等，编制生态保护措施平面布置图、生态保护措施设计图，并估算（概算）生态保护投资。

1. 优先采取避让方案，源头防止生态破坏

包括通过选址选线调整或局部方案优化避让生态敏感区，施工作业避让重要物种的繁殖期、越冬期、迁徙洄游期等关键活动期和特别保护期，取消或调整产生显著不利影响的工程内容和施工方式等。优先采用生态友好的工程建设技术、工艺及材料等。

2. 坚持山水林田湖草沙一体化保护和系统治理的思路，提出生态保护对策措施

必要时开展专题研究和设计，确保生态保护措施有效。坚持尊重自然、顺应自然、保护自然的理念，采取自然的恢复措施或绿色修复工艺，避免生态保护措施自身的不利影响。不应采取违背自然规律的措施，切实保护生物多样性。

二、生态保护措施

1. 减少地表扰动

项目施工前应对工程占用区域可利用的表土进行剥离，单独堆存，加强表土堆存防护及管理，确保有效回用。施工过程中，采取绿色施工工艺，减少地表开挖，合理设计高陡边坡支挡、加固措施，减少对脆弱生态的扰动。

2. 对地表植被破坏进行生态修复

项目建设造成地表植被破坏的，应提出生态修复措施，充分考虑自然生态条件，因地制宜，制定生态修复方案，优先使用原生表土和选用乡土物种，防止外来生物入侵，构建与周边生态环境相协调的植物群落，最终形成可自我维持的生态系统。

生态修复的目标主要包括：恢复植被和土壤，保证一定的植被覆盖度和土壤肥力；维持物种种类和组成，保护生物多样性；实现生物群落的恢复，提高生态系统的生产力和自我维持力；维持生境的连通性等。生态修复应综合考虑物理（非生物）方法、生物方法和管理措施，结合项目施工工期、扰动范围，有条件的可提出“边施工、边修复”的措施要求。

3. 尽量减少对动植物的伤害和生境占用

项目建设对重点保护野生植物、特有植物、古树名木等造成不利影响的，应提出优化工程布置或设计、就地或迁地保护、加强观测等措施，具备移栽条件、长势较好的尽量全部移栽。

项目建设对重点保护野生动物、特有动物及其生境造成不利影响的，应提出优化工程施工方案、运行方式，实施物种救护，划定生境保护区域，开展生境保护和修复，构建活动廊道或建设食源地等措施。采取增殖放流、人工繁育等措施恢复受损的重要生物资源。项目建设产生阻隔影响的，应提出减缓阻隔、恢复生境连通的措施，如野生动物通道、过鱼设施等。

项目建设和运行噪声、灯光等对动物造成不利影响的，应提出优化工程施工方案、设计方案或降噪遮光等防护措施。

4. 典型项目的生态保护措施

矿山开采项目还应采取保护性开采技术或其他措施控制沉陷深度和保护地下水的生态功能。水利水电项目还应结合工程实施前后的水文情势变化情况、已批复的所在河流生态流量（水量）管理与调度方案等相关要求，确定合适的生态流量，具备调蓄能力且有生态需求的，应提出生态调度方案。涉及河流、湖泊或海域治理的，应尽量塑造近自然水域形态、底质、亲水岸线，尽量避免采取完全硬化措施。

笔记

复习思考及案例分析题

一、复习思考题

（一）单项选择题

1. 生态影响预测评价方法中，（　）是指根据建设项目的特点和受其影响的动植物的生物学特征，依照生态学原理分析、预测工程生态影响的方法。

A. 指数法　B. 生产力评价法　C. 生态机理分析法　D. 综合指数法

2. 生态环境影响二级评价的建设项目，要求对（　）进行单项预测。

A. 关键评价因子　B. 某些重要评价因子

C. 所有评价因子　D. 当地公众关注的环境因子

3. 生态系统完整性评价指标包括植被连续性、生物量和生产力水平以及（　）。

A. 遗传多样性　B. 生物多样性

C. 自然保护区的类别　D. 基本农田保护区与区域人口的比例关系

（二）不定项选择题

1. 根据生态学原理和生态保护基本原则，生态影响预测与评价中应注意的问题有（　）。

A. 区域性　B. 生物多样性保护优先

C. 层次性　D. 结构 - 过程 - 功能整体性

2. 生态环境现状评价一般需阐明评价区内（　）。

A. 生态系统的类型、基本结构和特点　B. 具有优势的生态系统及其环境功能

C. 生态系统演变历程与机理　D. 不同生态系统间的相关关系及连通情况

3. 景观生态学方法对景观的功能和稳定性分析包括（　）。

A. 生物恢复力分析　B. 异质性分析

C. 景观组织的开放性分析　D. 种群源的持久性和可达性分析

4. 据《环境影响评价技术导则 生态影响》，生态影响评价中，关于指数法评价的说法正确的有（　）。

A. 单因子指数法可评价项目建设区的植被覆盖现状情况

B. 单因子指数法不可进行生态因子的预测评价

C. 综合指数法需根据各评价因子的相对重要性赋予权重

D. 综合指数法中对各评价因子赋予权重有一定难度，带有一定的人为因素

二、案例分析题

案例情况：南方某省为发展经济打通通往邻省的交通通道，拟投资 35 亿元建设跨省高速公路，本项目线路总长 124km，设计行车速度 80km/h，路基宽度 25.5m，全程有互通式立交 7 处，分离式立交 4 处，跨河大桥 2 座，中桥 10 座，小桥 32 座，单洞长隧道 10 道，涵洞 102 道，服务区 4 处，收费站 2 处。该公路征用土地 9.5 万亩（15 亩 =1 公顷），土石方数量 1.25×10^{7} 万 m^{2}，项目总投资 38 亿元。

已知该公路有一段线路必须经过 A 省级自然保护区，在自然保护区内的里程为 10.2km，其中有 2.5km 的路段所在区域经调整后由核心区划为实验区。公路沿线分布有

笔记

热带雨林等珍贵植被类型，生长着山白兰等重点保护的野生植物，栖息有亚洲象等重点保护野生动物。该项目穿越居民集中区 B 乡镇，噪声预测表明公路建成后 B 乡镇有 15 处村庄声环境超标。

【问题】

1. 本项目施工期的环境影响有哪些?
2. 简述本项目生态环境现状调查的主要内容。
3. 列举本项目生态环境现状调查的主要方法。
4. 简要说明生态环境保护应采取的措施。

第十一章

环境风险评价

导读导学

什么是环境风险评价？什么是环境风险源和风险物质？什么是环境风险的评价内容和评价程序？环境风险潜势划分为几个等级？如何进行风险管理？

学习目标

知识目标	能力目标	素质目标
1. 掌握环境风险评价的工作程序和工作内容； 2. 掌握环境风险潜势的判定依据和源项分析； 3. 掌握环境风险预测与评价，以及风险管理	1. 能够针对工程案例进行环境风险识别； 2. 能够正确判定环境风险潜势等级； 3. 能够对环境风险源项分析； 4. 能够进行环境风险预测与评价和风险管理	1. 明确环境风险评价的重要性，增强责任感和使命感； 2. 加强风险意识、生态意识、共同体意识； 3. 培养科学严谨的态度和现场应变能力

思政小课堂　扫描二维码可查看“**江苏响水‘3·21’化工企业爆炸事故**”。

第一节 概述

随着我国经济持续高速地增长，在今后相当长的一段时期内，布局性的环境隐患和结构性的环境风险，将取代个体的污染，成为我国环境安全的头号威胁。预防应对环境风险，保护公众环境安全，成为生态环境部门在新时期的首要任务。

为贯彻《中华人民共和国环境保护法》和《中华人民共和国环境影响评价法》，规范环境风险评价工作，加强环境风险防控，中华人民共和国生态环境部制定《建设项目环境风险评价技术导则》（HJ 169—2018），规定了建设项目环境风险评价的一般性原则、内容、程序和方法。

一、基本概念

（一）风险

风险为用事故可能性与损失或损伤的幅度来表达的经济损失与人员伤害的度量。表达不幸事件发生概率的风险，符合一定的统计规律，即在一定的时间条件下和一定的空间范围内，某个事件具有一定的发生概率，即具有一定的可能性。

（二）环境风险及其分类

环境风险是指突发性事故对环境造成的危害程度及可能性。

环境风险广泛存在于人们的生产和其他活动之中，而且表现方式纷繁复杂。

1. 根据产生原因划分

根据产生原因将环境风险分为化学风险、物理风险以及自然灾害引发的风险。

（1）化学风险　是指对人类、动物和植物能产生毒害或其他不利作用的化学物品的排放、泄漏，或者是易燃易爆材料的泄漏而引发的风险。

【案例 11-1】2005 年 11 月 13 日，中国石油吉林石化分公司双苯厂由于苯胺装置发生堵塞，循环不畅，处理不当发生爆炸。事故造成 8 人丧生，60 人受伤，同时导致 100t 苯类污染物倾泻入松花江中，造成长达 135km 的污染带，给下游哈尔滨等城市带来严重的“水危机”。

（2）物理风险　是指机械设备或机械结构的故障所引发的风险。

（3）自然灾害引发的风险　是指地震、火山、洪水、台风等自然灾害带来的化学性和物理性的风险，显然，自然灾害引发的风险具有综合性的特点。

2. 根据危害事件的承受对象的差异划分

根据危害事件的承受对象的差异，将风险分为三类，即人群风险、设施风险以及生态风险。

（1）人群风险　是指因危害性事件而致人病、伤、死、残等损失的概率。

（2）设施风险　是指危害性事件对人类社会经济活动的依托设施，如水库大坝、房屋等造成破坏的概率。

（3）生态风险　是指危害性事件对生态系统中的某些要素或生态系统本身造成破坏

笔记

的可能性，对生态系统的破坏作用可以是使某种群落数量减少，乃至灭绝，导致生态系统的结构、功能发生变异。

（三）环境风险评价

建设项目环境风险评价是对建设项目建设和运行期间发生的可预测突发性事件或事故（一般不包括人为破坏及自然灾害）引起有毒有害、易燃易爆等物质泄漏，或突发事件产生的新的有毒有害物质，对人身安全与环境所造成的影响和损害进行评估，提出防范、应急与减缓措施。发生这种灾难性事故的概率虽然很小，但影响的程度往往是巨大的。在现代工业高速发展的同时，污染事故时有发生。

> **【案例 11-2】**20 世纪 80 年代发生的印度博帕尔氰化物泄漏（导致 3500 ~ 7500 人死亡，至 2002 年已导致约 2 万人死亡）与 80 年代的苏联切尔诺贝利核电站事故，都是震惊世界的重大污染事故。环境风险评价的分类可以是多种多样的，按评价对象分为三类，即自然灾害的风险评价、危险化学品的风险评价和建设项目及其相关系统的风险评价。

（四）环境风险潜势

环境风险潜势是对建设项目潜在环境危害程度的概化分析表达，是基于建设项目涉及的物质和工艺系统危险性及其所在地环境敏感程度的综合表征。

（五）风险源

存在物质或能量意外释放，并可能产生环境危害的源。

（六）危险物质

具有易燃易爆、有毒有害等特性，会对环境造成危害的物质。

（七）危险单元

由一个或多个风险源构成的具有相对独立功能的单元，事故状态下应可实现与其他功能单元的分割。

（八）最大可信事故

是基于经验统计分析，在一定可能性区间内发生的事故中，造成环境危害最严重的事故。

（九）大气毒性终点浓度

人员短期暴露可能会导致出现健康影响或死亡的大气污染浓度，用于判断周边环境风险影响程度。

二、环境影响评价一般性原则

环境风险评价应以突发性事故导致的危险物质环境急性损害防控为目标，对建设项目的环境风险进行分析、预测和评估，提出环境风险预防、控制、减缓措施，明确环境风险监控及应急建议要求，为建设项目环境风险防控提供科学依据。

三、工作程序

环境风险评价工作程序见图 11-1。

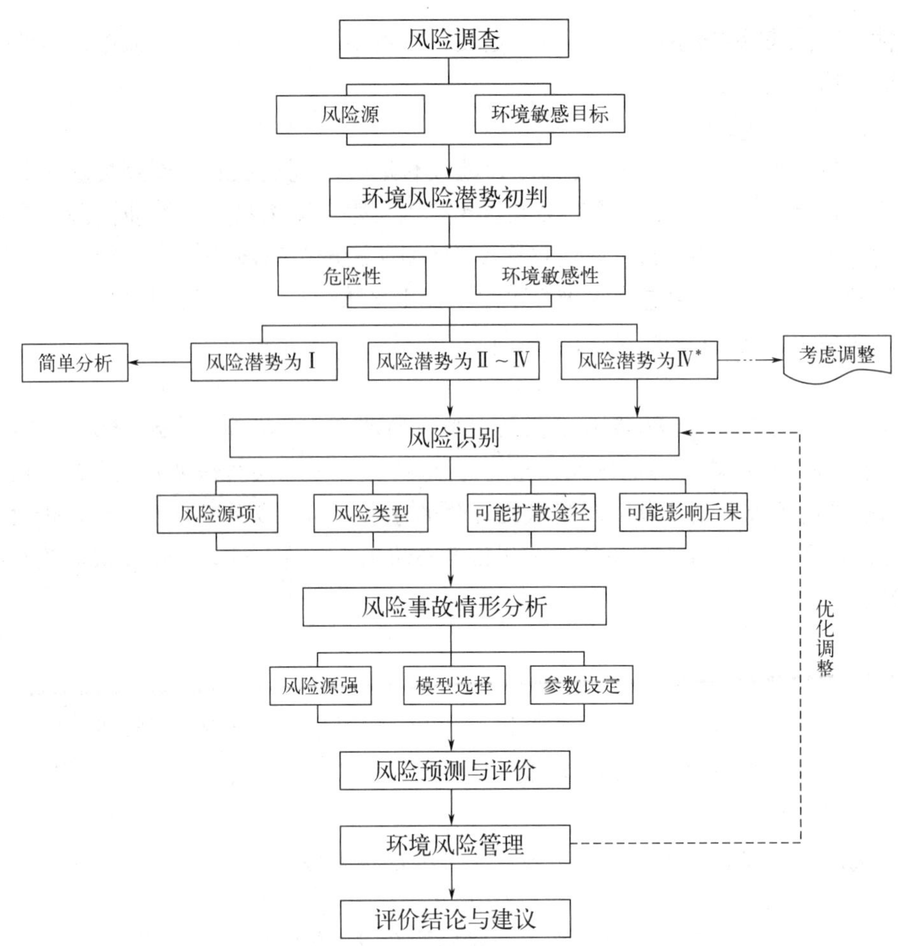

图 11-1　环境风险评价工作程序图

四、工作等级划分及评价范围

（一）评价工作等级

环境风险评价工作等级划分为一、二、三级。

根据建设项目涉及的原辅材料及工艺系统危险性和所在地的环境敏感性确定环境风险潜势，按照表 11-1 确定评价工作等级。风险潜势为Ⅳ及以上，进行一级评价；风险潜势为Ⅲ，进行二级评价；风险潜势为Ⅱ，进行三级评价；风险潜势为Ⅰ，可开展简单分析。

表 11-1　评价工作等级划分

环境风险潜势	Ⅳ、Ⅳ$^{+}$	Ⅲ	Ⅱ	Ⅰ
评价工作等级	一	二	三	简单分析①

注：①相对于详细评价工作内容而言，在描述危险物质、环境影响途径、环境危害后果、风险防范措施等方面给出定性的说明。

（二）评价范围

1. 大气环境风险评价范围

一级、二级评价，距离建设项目边界一般不低于 5km；三级评价，距离项目边界一般不低于 3km。油气、化学品输送管线项目一级、二级评价距管道中心线两侧一般均不低于 200m；三级评价距管道中心线两侧一般均不低于 100m。当大气毒性终点浓度预测到达距离超出评价范围时，应根据预测到达距离进一步调整评价范围。

2. 地表水环境风险评价范围

参照《环境影响评价技术导则　地表水环境》（HJ 2.3—2018）规定执行。

3. 地下水环境风险评价范围

参照《环境影响评价技术导则　地下水环境》（HJ 610—2016）规定执行。

环境风险评价范围应根据环境敏感目标分布情况、事故后果可能对环境产生危害的范围等综合确定。项目周边所在区域，评价范围外存在需要特别关注的环境敏感目标，评价范围需延伸至所关心的目标。

五、风险评价工作内容

① 环境风险评价基本内容包括风险调查、环境风险潜势初判、风险识别、风险事故情形分析、风险预测与评价、环境风险管理等。

② 基于风险调查，分析建设项目物质及工艺系统危险性和环境敏感性，进行风险潜势的判断，确定风险评价等级。

风险源调查：调查建设项目危险物质数量和分布情况、生产工艺特点，收集危险物质安全技术说明书等基础资料。

环境敏感目标调查：根据危险物质可能的影响途径，明确环境敏感目标，给出环境敏感目标区位分布图，列表明确调查对象、属性、相对方位及距离等信息。

③ 风险识别及风险事故情形分析应明确危险物质在生产系统中的主要分布，筛选具有代表性的风险事故情形，合理设置事故源项。

事故源项分析应基于风险事故情形的设定，合理估算源强。泄漏频率可参考《建设项目环境风险评价技术导则》附录 E 的推荐方法确定，也可采用事故树、事件树分析法或类比法等确定。

事故源强是为事故后果预测提供分析模拟情形。源强设定可采用计算法和经验估算法。计算法适用于以腐蚀或应力作用等引起的泄漏型为主的事故；经验估算法适用于以火灾、爆炸等突发性事故伴生 / 次生的污染物释放的事故。

④ 各环境要素按确定的评价工作等级开展预测评价，分析说明环境风险危害范围与程度，提出环境风险防范的基本要求。

a. 大气环境风险预测。一级评价需选取最不利气象条件和事故发生地的最常见气象条件，选择适用的数值方法进行分析预测，给出风险事故情形下危险物质释放可能造成的大气环境影响范围与程度；二级评价需选取最不利气象条件，选择适用的数值方法进行分析预测，给出风险事故情形下危险物质释放可能造成的大气环境影响范围与程度；三级评价应定性分析说明大气环境影响后果。

b. 地表水环境风险预测。一级、二级评价应选择适用的数值方法预测地表水环境风险，给出风险事故情形下可能造成的影响范围与程度；三级评价应定性分析说明地表水环境影响后果。

c. 地下水环境风险预测。一级评价应优先选择适用的数值方法预测地下水环境风险，给出风险事故情形下可能造成的影响范围与程度；低于一级评价的，风险预测分析与评价参照《环境影响评价技术导则　地下水环境》执行。

⑤ 提出环境风险管理对策，明确环境风险防范措施及突发环境事件应急预案编制

要求。

⑥ 综合环境风险评价过程，给出评价结论与建议。

第二节 环境风险潜势初判

一、环境风险潜势划分

建设项目环境风险潜势划分为Ⅰ、Ⅱ、Ⅲ、Ⅳ/Ⅳ$^+$级。根据建设项目涉及的物质和工艺系统的危险性及其所在地的环境敏感程度，结合事故情形下环境影响途径，对建设项目潜在环境危害程度进行概化分析，按照表 11-2 确定环境风险潜势。

表 11-2 建设项目环境风险潜势划分

环境敏感程度（E）	危险物质及工艺系统危险性（P）			
	极高危害（P1）	高度危害（P2）	中度危害（P3）	轻度危害（P4）
环境高度敏感区（E1）	Ⅳ$^+$	Ⅳ	Ⅲ	Ⅲ
环境中度敏感区（E2）	Ⅳ	Ⅲ	Ⅲ	Ⅱ
环境轻度敏感区（E3）	Ⅲ	Ⅲ	Ⅱ	Ⅰ

注：Ⅳ$^+$为极高度风险。

二、危险物质及工艺系统危险性（P）的分级确定

分析建设项目生产、使用、储存过程中涉及的有毒有害、易燃易爆物质，参见《建设项目环境风险评价技术导则》附录 B 确定危险物质的临界量，定量分析危险物质数量与临界量的比值（Q）和所属行业及生产工艺（M），按《建设项目环境风险评价技术导则》附录 C 对危险物质及工艺系统危险性（P）等级进行判断。

1. 危险物质数量与临界量比值（Q）

计算所涉及的每种危险物质在厂界内的最大存在总量与其临界量的比值 Q。在不同厂区的同一种物质，按其在厂界内的最大存在总量计算。对于长输管线项目，按照两个截断阀室之间管段危险物质最大存在总量计算。

当只涉及一种危险物质时，该物质的总数量与其临界量比值即为 Q。

当存在多种危险物质时，则按式（11-1）计算物质总量与其临界量比值（Q）

$$Q=\frac{q_1}{Q_1}+\frac{q_2}{Q_2}+\cdots\cdots+\frac{q_n}{Q_n} \tag{11-1}$$

式中 $q_1, q_2, \cdots, q_n$——每种危险物质最大存在总量，t；

$Q_1, Q_2, \cdots, Q_n$——每种危险物质的临界量，t。

当 $Q<1$ 时，该项目环境风险潜势为Ⅰ。

当 $Q \geqslant 1$ 时，将 Q 值划分为：① $1 \leqslant Q < 10$；② $10 \leqslant Q < 100$；③ $Q \geqslant 100$。

2. 行业及生产工艺（M）

分析项目所属行业及生产工艺特点，按照表 11-3 评估生产工艺情况。具有多套工艺

单元的项目，对每套生产工艺分别评分并求和。将M划分为：① M ＞ 20；② 10 ＜ M ≤ 20；③ 5 ＜ M ≤ 10；④ M=5，分别以M1、M2、M3和M4表示。

表 11-3　行业及生产工艺（M）

行业	评估依据	分值
石化、化工、医药、轻工、化纤、有色冶炼等	涉及光气及光气化工艺、电解工艺（氯碱）、氯化工艺、硝化工艺、合成氨工艺、裂解（裂化）工艺、氟化工艺、加氢工艺、重氮化工艺、氧化工艺、过氧化工艺、胺基化工艺、磺化工艺、聚合工艺、烷基化工艺、新型煤化工工艺、电石生产工艺、偶氮化工艺	10/ 套
	无机酸制酸工艺、焦化工艺	5/ 套
	其他高温或高压，且涉及危险物质的工艺过程①、危险物质贮存罐区	5/ 套（罐区）
管道、港口 / 码头等	涉及危险物质管道运输项目、港口 / 码头等	10
石油天然气	石油、天然气、页岩气开采（含净化），气库（不含加气站的油库）、油气管线②（不含城镇燃气管线）	10
其他	涉及危险物质使用、贮存的项目	5

注：①高温指工艺温度≥ 300℃，高压指压力容器的设计压力（P）≥ 10.0MPa。

② 长输管道运输项目应按站场、管线分段进行评价。

3. 危险物质及工艺系统危险性（P）分级

根据危险物质数量与临界量比值（Q）和行业及生产工艺（M），按照表 11-4 确定危险物质及工艺系统危险性等级（P），分别以 P1，P2，P3，P4 表示。

表 11-4　危险物质及工艺系统危险性等级（P）判断

危险物质数量与临界量比值（Q）	行业及生产工艺（M）			
	M1	M2	M3	M4
$Q \geq 100$	P1	P1	P2	P3
$10 \leq Q < 100$	P1	P2	P3	P4
$1 \leq Q < 10$	P2	P3	P4	P4

三、环境敏感程度（E）的分级确定

分析危险物质在事故情形下的环境影响途径，如大气、地表水、地下水等，按《建设项目环境风险评价技术导则》附录 D 对建设项目各要素环境敏感程度（E）等级进行判断。

1. 大气环境

依据环境敏感目标环境敏感性及人口密度划分环境风险受体的敏感性，共分为三种类型，E1 为环境高度敏感区，E2 为环境中度敏感区，E3 为环境低度敏感区，分级原则见表 11-5。

表 11-5　大气环境敏感程度分级

分级	大气环境敏感性
E1	周边 5km 范围内居住区、医疗卫生、文化教育、科研、行政办公等机构人口总数大于 5 万人，或其他需要特殊保护区域；或周边 500m 范围内人口总数大于 1000 人；油气、化学品输送管线管段周边 200m 范围内，每千米管段人口数大于 200 人
E2	周边 5km 范围内居住区、医疗卫生、文化教育、科研、行政办公等机构人口总数大于 1 万人，小于 5 万人；或周边 500m 范围内人口总数大于 500 人，小于 1000 人；油气、化学品输送管线管段周边 200m 范围内，每千米管段人口数大于 100 人，小于 200 人

续表

分级	大气环境敏感性
E3	周边 5km 范围内居住区、医疗卫生、文化教育、科研、行政办公等机构人口总数小于 1 万人，或周边 500m 范围内人口总数小于 500 人；油气、化学品输送管线管段周边 200m 范围内，每千米管段人口数小于 100 人

2. 地表水环境

依据事故情况下危险物质泄漏到水体的排放点受纳地表水体功能敏感性，与下游环境敏感目标情况，共分为三种类型，E1 为环境高度敏感区，E2 为环境中度敏感区，E3 为环境低度敏感区，分级原则见表 11-6。其中地表水功能敏感性分区和环境敏感目标分级分别见表 11-7 和表 11-8。

表 11-6 地表水环境敏感程度分级

环境敏感目标	地表水功能敏感性		
	F1	F2	F3
S1	E1	E1	E2
S2	E1	E2	E3
S3	E1	E2	E3

表 11-7 地表水功能敏感性分区

敏感性	地表水环境敏感特征
敏感 F1	排放点进入地表水水域环境功能为Ⅱ类及以上，或海水水质分类第一类；或以发生事故时危险物质泄漏到水体的排放点算起，排放进入受纳河流最大流速时，24h 流经范围内涉跨国界的
较敏感 F2	排放点进入地表水水域环境功能为Ⅰ类，或海水水质分类第二类；或以发生事故时危险物质泄漏到水体的排放点算起，排放进入受纳河流最大流速时，24h 流经范围内涉跨省界的
低敏感 F3	上述地区之外的其他地区

表 11-8 环境敏感目标分级

分级	环境敏感目标
S1	发生事故时，危险物质泄漏到内陆水体的排放点下游（顺水流向）10km 范围内、近岸海域一个潮周期水质点可能达到的最大水平距离的两倍范围内，有如下一类或多类环境风险受体的：集中式地表水饮用水水源保护区（包括一级保护区、二级保护区及准保护区）；农村及分散式饮用水源保护区；自然保护区；重要湿地；珍稀濒危野生动植物天然集中分布区；重要水生生物的自然产卵场及索饵场、越冬场和洄游通道；世界文化和自然遗产地；红树林、珊瑚礁等滨海湿地生态系统；珍稀濒危海洋生物的天然集中分布区；海洋特别保护区；海上自然保护区；盐场保护区；海水浴场；海洋自然历史遗迹；风景名胜区；或其他特殊重要保护区域
S2	发生事故时，危险物质泄漏到内陆水体的排放点下游（顺水流向）10km 范围内、近岸海域一个潮周期水质点可能达到的最大水平距离的两倍范围内，有如下一类或多类环境风险受体的：水产养殖区；天然渔场；森林公园；地质公园；海滨风景游览区；具有重要经济价值的海洋生物生存区域
S3	排放点下游（顺水流向）10km 范围、近岸海域一个潮周期水质点可能达到的最大水平距离的两倍范围内无上述类型 1 和类型 2 包括的敏感保护目标

3. 地下水环境

依据地下水功能敏感性与包气带防污性能，共分为三种类型，E1 为环境高度敏感区，E2 为环境中度敏感区，E3 为环境低度敏感区，分级原则见表 11-9。其中地下水功能敏感性分区和包气带防污性能分级分别见表 11-10 和表 11-11。当同一建设项目涉及两个 G 分区或 D 分级及以上时，取相对较高值。

表 11-9　地下水环境敏感程度分级

包气带防污性能	地下水功能敏感性		
	G1	G2	G3
D1	E1	E1	E2
D2	E1	E2	E3
D3	E2	E3	E3

表 11-10　地下水功能敏感性分区

敏感性	地下水环境敏感特征
敏感 G1	集中式饮用水水源（包括已建成的在用、备用、应急水源，在建和规划的饮用水水源）准保护区；除集中式饮用水水源以外的国家或地方政府设定的与地下水环境相关的其他保护区，如热水、矿泉水、温泉等特殊地下水资源保护区
较敏感 G2	集中式饮用水水源（包括已建成的在用、备用、应急水源，在建和规划的饮用水水源）准保护区以外的补给径流区；未划定准保护区的集中式饮用水水源，其保护区以外的补给径流区；分散式饮用水水源地；特殊地下水资源（如热水、矿泉水、温泉等）保护区以外的分布区等其他未列入上述敏感分级的环境敏感区
不敏感 G3	上述地区之外的其他地区

表 11-11　包气带防污性能分级

分级	包气带岩土的渗透性能
D3	$M_b \geqslant 1.0\text{m}$，$K \leqslant 1.0\times10^{-6}\text{cm/s}$，且分布连续、稳定
D2	$0.5 \leqslant M_b < 1.0\text{m}$，$K \leqslant 1.0\times10^{-6}\text{cm/s}$，且分布连续、稳定 $M_b \geqslant 1.0\text{m}$，$1.0\times10^{-6}\text{cm/s} < K \leqslant 1.0\times10^{-4}\text{cm/s}$，且分布连续、稳定
D1	岩（土）层不满足上述“D2”和“D3”条件

注：M_b 为岩土层单层厚度；K 为渗透系数。

四、建设项目环境风险潜势判断

建设项目环境风险潜势综合等级取各要素等级的相对高值。

第三节　风险识别与风险事故情形分析

一、风险识别

风险识别主要分为物质危险性识别、生产系统危险性识别、危险物质向环境转移的途径识别。

1. 物质危险性识别

包括主要原辅材料、燃料、中间产品、副产品、最终产品、污染物、火灾和爆炸伴生/次生物等。以图表的方式给出物质易燃易爆、有毒有害危险特性，明确危险物质的分布。

2. 生产系统危险性识别

包括主要生产装置、储运设施、公用工程和辅助生产设施，以及环境保护设施等。

① 按工艺流程和平面布置功能区划，结合物质危险性识别，以图表的方式给出危险单元划分结果及单元内危险物质的最大存在量。按生产工艺流程分析危险单元内潜在的风险源。

② 按危险单元分析风险源的危险性、存在条件和转化为事故的触发因素。

③ 采用定性或定量分析方法确定重点风险源。

3. 危险物质向环境转移的途径识别

包括分析危险物质特性及可能的环境风险类型，识别危险物质影响环境的途径，分析可能影响的环境敏感目标。

4. 环境风险类型及危害分析

① 环境风险类型包括危险物质泄漏，以及火灾、爆炸等引发的伴生 / 次生污染物排放。

② 根据物质及生产系统危险性识别结果，分析环境风险类型、危险物质向环境转移的可能途径和影响方式。

在风险识别的基础上，图示危险单元分布。给出建设项目环境风险识别汇总，包括危险单元、风险源、主要危险物质、环境风险类型、环境影响途径、可能受影响的环境敏感目标等，说明风险源的主要参数。

二、风险事故情形分析

同一种危险物质可能有多种环境风险类型。风险事故情形应包括危险物质泄漏，以及火灾、爆炸等引发的伴生 / 次生污染物排放情形。对不同环境要素产生影响的风险事故情形，应分别进行设定。

对于火灾、爆炸事故，须将事故中未完全燃烧的危险物质在高温下迅速挥发释放至大气，以及燃烧过程中产生的伴生 / 次生污染物对环境的影响作为风险事故情形设定的内容。

设定的风险事故情形发生可能性应处于合理的区间，并与经济技术发展水平相适应。一般而言，发生频率小于 10^{-6}/ 年的事件是极小概率事件，可作为代表性事故情形中最大可信事故设定的参考。

由于事故触发因素具有不确定性，因此事故情形的设定并不能包含全部可能的环境风险，但通过具有代表性的事故情形分析可为风险管理提供科学依据。事故情形的设定应在环境风险识别的基础上筛选，设定的事故情形应具有危险物质、环境危害、影响途径等方面的代表性。

第四节　源项分析

一、源项分析方法

源项分析应基于风险事故情形的设定，合理估算源强。泄漏频率可按照《建设项目环境风险评价技术导则》附录 E 的推荐方法确定，也可以采用事故树、事件树分析法或类比法等确定。

二、事故源强的确定

事故源强是为事故后果预测提供分析模拟情形。事故源强设定可采用计算法和经验估算法。计算法适用于以腐蚀或应力作用等引起的泄漏型为主的事故；经验估算法适用于以火灾、爆炸等突发性事故伴生 / 次生的污染物释放的事故。

（一）事故泄漏量的计算

泄漏时间应结合建设项目探测和隔离系统的设计原则确定。一般情况下，设置紧急隔离系统的单元，泄漏时间可设定为 10min；未设置紧急隔离系统的单元，泄漏时间可设定为 30min。

1. 液体泄漏

液体泄漏速率 Q_L 用伯努利方程计算（限制条件为液体在喷口内不应有急骤蒸发）。

$$Q_L = C_d A_\rho \sqrt{\frac{2(p-p_0)}{\rho}+2gh} \tag{11-2}$$

式中 Q_L——液体泄漏速率，kg/s；

p——容器内介质压力，Pa；

p_0——环境压力，Pa；

ρ——泄漏液体密度，kg/m^3；

g——重力加速度，$9.81m/s^2$；

h——裂口之上液位高度，m；

C_d——液体泄漏系数，按表 11-12 选取；

A——裂口面积，m^2。

表 11-12 液体泄漏系数（C_d）

雷诺数 R_e	裂口形状		
	圆形（多边形）	三角形	长方形
＞100	0.65	0.60	0.55
≤100	0.50	0.45	0.40

2. 气体泄漏

当式（11-3）成立时，气体流动属音速流动（临界流）：

$$\frac{p_0}{p} \leqslant \left(\frac{2}{\gamma+1}\right)^{\frac{\gamma}{\gamma-1}} \tag{11-3}$$

当式（11-4）成立时，气体流动属亚音速流动（次临界流）：

$$\frac{p_0}{p} > \left(\frac{2}{\gamma+1}\right)^{\frac{\gamma}{\gamma-1}} \tag{11-4}$$

式中 p——容器压力，Pa；

p_0——环境压力，Pa；

γ——气体的绝热指数（比热容的比），即定压比热容 C_p 与定容比热容 C_v 之比。

假定气体特性为理想气体，其泄漏速率 Q_G 按式（11-5）计算：

$$Q_G = YC_d Ap\sqrt{\frac{M\gamma}{RT_G}\left(\frac{2}{\gamma+1}\right)^{\frac{\gamma+1}{\gamma-1}}} \tag{11-5}$$

式中 Q_G——气体泄漏速率，kg/s；

p——容器内介质压力，Pa；

C_d——气体泄漏系数，当裂口为圆形时取1.00，三角形时取0.95，长方形时取0.90；

M——物质的摩尔质量，kg/mol；

γ——气体绝热指数；

R——摩尔气体常量，J/（mol · K）；

T_G——气体温度，K；

A——裂口面积，m^2；

Y——流出系数，对于临界流 Y=1.0，对于次临界流按式（11-6）计算。

$$Y = \left(\frac{p_0}{p}\right)^{\frac{1}{\gamma}} \times \left[1-\left(\frac{p_0}{p}\right)^{\frac{\gamma-1}{\gamma}}\right]^{\frac{1}{2}} \times \left[\left(\frac{2}{\gamma-1}\right)\times\left(\frac{\gamma+1}{2}\right)^{\frac{\gamma+1}{\gamma-1}}\right]^{\frac{1}{2}} \tag{11-6}$$

3. 两相流泄漏

假定液相和气相是均匀的，且互相平衡，两相流泄漏速率 Q_{LG} 按式（11-7）计算：

$$Q_{LG} = C_d A\sqrt{2\rho_m\left(p-p_c\right)} \tag{11-7}$$

$$\rho_m = \left(\frac{F_v}{\rho_1}+\frac{1-F_v}{\rho_2}\right)^{-1} \tag{11-8}$$

$$F_v = \frac{C_p\left(T_{LG}-T_C\right)}{H} \tag{11-9}$$

式中 Q_{LG}——两相流泄漏速率，kg/s；

C_d——两相流泄漏系数，取 0.8；

p_c——临界压力，Pa，取 0.55Pa；

p——操作压力或容器压力，Pa；

A——裂口面积，m^2；

ρ_m——两相混合物的平均密度，kg/m^3；

ρ_1——液体蒸发的蒸气的密度，kg/m^3；

ρ_2——液体密度，kg/m^3；

F_v——蒸发的液体占液体总量的比例，当 F_v > 1 时，表明液体将全部蒸发成气体，此时应按气体泄漏计算；如果 F_v 很小，则可近似地按液体泄漏公式计算；

C_p——两相混合物的定压比热容，J/（kg·K）；

T_{LG}——两相混合物的温度，K；

T_C——液体在临界压力下的沸点，K；

H——液体的汽化热，J/kg。

4. 泄漏液体蒸发速率

泄漏液体的蒸发分为闪蒸蒸发、热量蒸发和质量蒸发三种，其蒸发量为这三种蒸发之和。

（1）闪蒸蒸发估算　液体中闪蒸部分：

$$F_v = \frac{C_p\left(T_T - T_b\right)}{H_v} \tag{11-10}$$

过热液体闪蒸蒸发速率可按式（11-11）估算：

$$Q_1 = Q_L \times F_v \tag{11-11}$$

式中　F_v——泄漏液体的闪蒸比例；

T_T——储存温度，K；

T_b——泄漏液体的沸点，K；

H_v——泄漏液体的蒸发热，J/kg；

C_p——泄漏液体的定压比热容，J/（kg·K）；

Q_1——过热液体闪蒸蒸发速率，kg/s；

Q_L——物质泄漏速率，kg/s。

（2）热量蒸发估算　当液体闪蒸不完全时，有一部分液体在地面形成液池，并吸收地面热量而气化，其蒸发速率按式（11-12）计算，并应考虑对流传热系数。

$$Q_2 = \frac{\lambda S\left(T_0 - T_b\right)}{H\sqrt{\pi \alpha t}} \tag{11-12}$$

式中　Q_2——热量蒸发速率，kg/s；

T_0——环境温度，K；

T_b——泄漏液体沸点，K；

H——液体气化热，J/kg；

t——蒸发时间，s；

λ——表明热导系数（取值见表 11-13），W/（m·K）；

S——液池面积，m^2；

α——表面热扩散系数（取值见表 11-13），m^2/s。

表 11-13　某些地面的热传递性质

地面情况	λ/[W/（m·K）]	α/（m^2/s）
水泥	1.1	1.29×10^{-7}
土地（含水 8%）	0.9	4.3×10^{-7}

续表

地面情况	λ/［W/（m·K）］	α/（m^2/s）
干涸土地	0.3	2.3×10^{-7}
湿地	0.6	3.3×10^{-7}
砂砾土	2.5	11.0×10^{-7}

（3）质量蒸发估算　当热量蒸发结束后，转由液池表明气流运动使液体蒸发，称为质量蒸发。其蒸发速率按式（11-13）计算：

$$Q_3=\alpha p\frac{M}{RT_0}u^{\left(\frac{2-n}{2+n}\right)}r^{\left(\frac{4+n}{2+n}\right)} \tag{11-13}$$

式中　Q_3——质量蒸发速率，kg/s；

p——液体表面蒸气压，Pa；

R——摩尔气体常量，J/（mol·K）；

T_0——环境温度，K；

M——物质的摩尔质量，kg/mol；

u——风速，m/s；

r——液池半径，m；

a, n——大气稳定度系数，取值见表 11-14。

表 11-14　液池蒸发模式参数

大气稳定度	n	a
不稳定（A、B）	0.20	3.846×10^{-3}
中性（D）	0.25	4.685×10^{-3}
稳定（E、F）	0.30	5.285×10^{-3}

液池最大直径取决于泄漏点附近的地域构型、泄漏的连续性或瞬时性。有围堰时，以围堰最大等效半径为液池半径；无围堰时，设定液体瞬间扩散到最小厚度时，推算液池等效半径。

（4）液体蒸发总量的计算　液体蒸发总量按式（11-14）计算：

$$W_P=Q_1t_1+Q_2t_2+Q_3t_3 \tag{11-14}$$

式中　W_P——液体蒸发总量，kg；

Q_1——闪蒸蒸发速率，kg/s；

Q_2——热量蒸发速率，kg/s；

Q_3——质量蒸发速率，kg/s；

t_1——闪蒸蒸发时间，s；

t_2——热量蒸发时间，s；

t_3——从液体泄漏到全部清理完毕的时间，s。

（二）经验法估算物质释放量

火灾、爆炸事故在高温下迅速挥发释放至大气的未完全燃烧危险物质，以及在燃烧

过程中产生的伴生 / 次生污染物，可采用经验法估算释放量。

1. 火灾爆炸事故中有毒有害物质

火灾爆炸事故中有毒有害物质的释放比例取值见表 11-15。

表 11-15 火灾爆炸事故中有毒有害物质的释放比例取值

Q	LC_{50}					
	< 200	≥ 200，< 1000	≥ 1000，< 2000	≥ 2000，< 10000	≥ 10000，< 20000	≥ 20000
≤ 100	5	10				
> 100，≤ 500	1.5	3	6			
> 500，≤ 1000	1	2	4	5	8	
> 1000，≤ 5000		0.5	1	1.5	2	3
> 5000，≤ 10000			0.5	1	1	2
> 10000，≤ 20000				0.5	1	1
> 20000，≤ 50000					0.5	0.5
> 50000，≤ 100000						0.5

注：LC_{50} 为物质半致死浓度，mg/m^3；Q 为有毒有害物质在线量，t。

2. 火灾伴生 / 次生污染物产生量估算

（1）二氧化硫产生量　油品火灾伴生 / 次生二氧化硫产生量按式（11-15）计算：

$$G_{二氧化硫}=2BS \tag{11-15}$$

式中　$G_{二氧化硫}$——二氧化硫排放速率，kg/h；

B——物质燃烧量，kg/h；

S——物质中硫的含量，%。

（2）一氧化碳产生量　油品火灾伴生 / 次生一氧化碳产生量按式（11-16）计算：

$$G_{一氧化碳}=2330qCQ \tag{11-16}$$

式中　$G_{一氧化碳}$——一氧化碳排放速率，kg/s；

C——物质中碳的含量，取 85%；

q——化学不完全燃烧值，取 1.5% ~ 6.0%；

Q——参与燃烧的物质量，t/s。

3. 其他估算方法

（1）装卸事故　泄漏量按装卸物质流速和管径及失控时间计算，失控时间一般可按 5 ~ 30min 计。

（2）油气长输管线泄漏事故　按管道截面 100% 断裂估算泄漏量，应考虑截断阀启动前、后的泄漏量。截断阀启动前，泄漏量按实际工况确定；截断阀启动后，泄漏量以管道泄压至与环境压力平衡所需要时间计。

（3）水体污染事故源强　应结合污染物释放量、消防用水量及雨水量等因素综合确定。

4. 源强参数确定

根据风险事故情形确定事故源参数（如泄漏点高度、温度、压力、泄漏液体蒸发面积等）、释放 / 泄漏速率、释放 / 泄漏时间、释放 / 泄漏量、泄漏液体蒸发量等，给出源强汇总。

第五节　风险预测与评价

一、风险预测

（一）有毒有害物质在大气中的扩散

1. 预测模型筛选

① 预测计算时，应区分重质气体与轻质气体排放，选择合适的大气风险预测模型。SLAB 模型适用于平坦地形下重质气体排放的扩散模拟，AFTOX 模型适用于平坦地形下中性气体和轻质气体排放以及液池蒸发气体的扩散模拟。其中重质气体和轻质气体可采用理查德森数进行判定。

② 采用 SLAB 模型或 AFTOX 模型进行气体扩散后果预测，应结合模型的适用范围、参数要求等说明模型选择的依据。

③ 选用推荐模型以外的其他技术成熟的大气风险预测模型时，需说明模型选择理由及适用性。

2. 预测范围与计算点

（1）预测范围　即预测物质浓度达到评价标准时的最大影响范围，通常由预测模型计算获取。预测范围一般不超过 10km。

（2）计算点　分特殊计算点和一般计算点。特殊计算点指大气环境敏感目标等关联点，一般计算点指下风向不同距离点。一般计算点的设置应具有一定分辨率，距离风险源 500m 范围内可设置 10 ~ 50m 间距，大于 500m 范围内可设置 50 ~ 100m 间距。

3. 事故源参数

根据大气风险预测模型的需要，调查泄漏设备类型、尺寸、操作参数（压力、温度等），泄漏物质理化特性（摩尔质量、沸点、临界温度、临界压力、比热容比、气体定压比热容、液体定压比热容、液体密度、汽化热等）。

4. 气象参数

（1）一级评价　需选取最不利气象条件及事故发生地的最常见气象条件分别进行后果预测。其中最不利气象条件取 F 类稳定度，风速 1.5m/s，温度 25℃，相对湿度 50%；最常见气象条件由当地近 3 年内至少连续 1 年的气象观测资料统计分析得出，包括出现频率最高的稳定度、该稳定度下的平均风速（非静风）、日最高平均气温、年平均湿度。

（2）二级评价　需选取最不利气象条件进行后果预测。最不利气象条件取 F 类稳定度，风速 1.5m/s，温度 25℃，相对湿度 50%。

5. 大气毒性终点浓度值选取

大气毒性终点浓度即预测评价标准。大气毒性终点浓度值选取参见《建设项目环境风险评价技术导则》附录 H，分为 1、2 级。其中 1 级为当大气中危险物质浓度低于该限值时，绝大多数人员暴露 1h 不会对生命造成威胁，当超过该限值时，有可能对人群造成生命威胁；2 级为当大气中危险物质浓度低于该限值时，暴露 1h 一般不会对人体造成不可逆的伤害，或出现的症状一般不会使该个体丧失采取有效防护措施的能力。

6. 预测结果表述

① 给出下风向不同距离处有毒有害物质的最大浓度，以及预测浓度达到不同毒性终点浓度的最大影响范围。

② 给出各关心点的有毒有害物质浓度随时间的变化情况，以及关心点的预测浓度超过评价标准时对应的时刻和持续时间。

③ 对于存在极高大气环境风险的建设项目，应开展关心点概率分析，即有毒有害气体（物质）剂量负荷对个体的大气伤害概率、关心点处气象条件变化的频率、事故发生概率的乘积，以反映关心点处人员在无防护措施条件下受到伤害的可能性。有毒有害气体大气伤害概率估算参见《建设项目环境风险评价技术导则》附录 I。

（二）有毒有害物质在地表水、地下水环境中的运移扩散

1. 有毒有害物质进入水环境的方式

有毒有害物质进入水环境的方式包括事故直接导致和事故处理处置过程间接导致的情况，一般为瞬时排放源和有限时段内的排放源。

2. 预测模型

（1）地表水　根据风险识别结果，有毒有害物质进入水体的方式、水体类别及特征，以及有毒有害物质的溶解性，选择适用的预测模型。

① 对于油品类泄漏事故，流场计算按《环境影响评价技术导则　地表水环境》（HJ 2.3—2018）中的相关要求，选取适用的预测模型，溢油漂移扩散过程按《海洋工程环境影响评价技术导则》（GB/T 19485—2014）中的溢油粒子模型进行溢油轨迹预测。

② 其他事故，地表水风险预测模型及参数参照《环境影响评价技术导则　地表水环境》（HJ 2.3—2018）。

（2）地下水　地下水风险预测模型及参数参照《环境影响评价技术导则　地下水环境》（HJ 610—2016）。

3. 终点浓度值选取

终点浓度即预测评价标准。终点浓度值根据水体分类及预测点水体功能要求，按照《地表水环境质量标准》（GB 3838—2002）、《生活饮用水卫生标准》（GB 5749—2022）、《海水水质标准》（GB 3097—1997）、《地下水质量标准》（GB/T 14848—2017）选取。对于未列入上述标准，但确需进行分析预测的物质，其终点浓度值选取可参照《环境影响评价技术导则　地表水环境》《环境影响评价技术导则　地下水环境》。对于难以获取终点浓度值的物质，可按质点运移到达判定。

4. 预测结果表述

（1）地表水　根据风险事故情形对水环境的影响特点，预测结果可采用以下表述方式：

① 给出有毒有害物质进入地表水体最远超标距离及时间。

② 给出有毒有害物质经排放通道到达下游（按水流方向）环境敏感目标处的到达时间、超标时间、超标持续时间及最大浓度，水体中的漂移类物质，应给出漂移轨迹。

（2）地下水　给出有毒有害物质进入地下水体到达下游厂区边界和环境敏感目标处的到达时间、超标时间、超标持续时间及最大浓度。

二、环境风险评价

结合各要素风险预测，分析说明建设项目环境风险的危害范围与程度。大气环境风险的影响范围和程度由大气毒性终点浓度确定，明确影响范围内的人口分布情况；地表水、地下水对照功能区质量标准浓度（或参考浓度）进行分析，明确对下游环境敏感目标的影响情况。环境风险可采用后果分析、概率分析等方法开展定性或定量评价，以避免急性损害为重点，确定环境风险防范的基本要求。

第六节　风险管理

环境风险管理目标是采用最低合理可行原则管控环境风险。采取的环境风险防范措施应与社会经济技术发展水平相适应，运用科学技术手段和管理方法，对环境风险进行有效的预防、监控、响应。

一、环境风险防范措施

① 大气环境风险防范应结合风险源状况明确环境风险的防范、减缓措施，提出环境风险监控要求，并结合环境风险预测分析结果、区域交通道路和安置场所位置等，提出事故状态下人员的疏散通道及安置等应急建议。

② 事故废水环境风险防范应明确“单元 - 厂区 - 园区区域”的环境风险防控体系要求，设置事故废水收集（尽可能以非动力自流方式）和应急储存设施，以满足事故状态下收集泄漏物料、污染消防水和污染雨水的需要，明确并图示防止事故废水进入外环境的控制、封堵系统。应急储存设施应根据发生事故的设备容量、事故时消防用水量及可能进入应急储存设施的雨水量等因素综合确定。应急储存设施内的事故废水，应及时进行有效处置，做到回用或达标排放。结合环境风险预测分析结果，提出实施监控和启动相应的园区区域突发环境事件应急预案的建议要求。

③ 地下水环境风险防范应重点采取源头控制和分区防渗措施，加强地下水环境的监控、预警，提出事故应急减缓措施。

④ 针对主要风险源，提出设立风险监控及应急监测系统，实现事故预警和快速应急监测、跟踪，提出应急物资、人员等的管理要求。

⑤ 对于改建、扩建和技术改造项目，应分析依托企业现有环境风险防范措施的有效性，提出完善意见和建议。

⑥ 环境风险防范措施应纳入环保投资和建设项目竣工环境保护验收内容。

⑦ 考虑到事故触发具有不确定性，厂内环境风险防控系统应纳入园区 / 区域环境风险防控体系，明确风险防控设施、管理的衔接要求。极端事故风险防控及应急处置应结合所在园区 / 区域环境风险防控体系统筹考虑，按分级响应要求及时启动园区 / 区域环境风险防范措施，实现厂内与园区 / 区域环境风险防控设施及管理的有效联动，有效防控

环境风险。

二、突发环境事件应急预案编制要求

① 按照国家、地方和相关部门要求，提出企业突发环境事件应急预案编制或完善的原则要求，包括预案适用范围、环境事件分类与分级、组织机构与职责、监控和预警、应急响应、应急保障、善后处置、预案管理与演练等内容。

② 明确企业、园区 / 区域、地方政府环境风险应急体系。企业突发环境事件应急预案应体现分级响应、区域联动的原则，与地方政府突发环境事件应急预案相衔接，明确分级响应程序。

三、评价结论与建议

1. 项目危险因素

简要说明主要危险物质、危险单元及其分布，明确项目危险因素，提出优化平面布局、调整危险物质存在量及危险性控制的建议。

2. 环境敏感性及事故环境影响

简要说明项目所在区域环境敏感目标及其特点，根据预测分析结果，明确突发性事故可能造成环境影响的区域和涉及的环境敏感目标，提出保护措施及要求。

3. 环境风险防范措施和应急预案

结合区域环境条件和园区 / 区域环境风险防控要求，明确建设项目环境风险防控体系，重点说明防止危险物质进入环境及进入环境后的控制、消减、监测等措施，提出优化调整风险防范措施建议及突发环境事件应急预案原则要求。

4. 环境风险评价结论与建议

综合环境风险评价专题的工作过程，明确给出建设项目环境风险是否可防控的结论。根据建设项目环境风险可能影响的范围与程度，提出缓解环境风险的建议措施。

对存在较大环境风险的建设项目，须提出环境影响后评价的要求。

复习思考及案例分析题

一、复习思考题

1. 环境风险评价的工作内容包括哪些?

2. 风险识别的内容包括哪些方面?

3. 企业突发环境事件应急预案编制有哪些要求?

二、案例分析题

某化工项目建有 2 套合成氨工艺和 1 套液氨储存罐区，项目厂区风险评价基本信息见表 11-16、表 11-17，试分析该项目的环境风险评价等级。

表 11-16　项目主要危险物质一览表

序号	物质名称	危险性分类	闪点 /℃	爆炸极限（V/V）/%	急性毒性	临界量 /t	本项目 /t
1	液氯	第 2 类，第 3 项，有毒气体	—	12.5 ~ 80	LC_{50}：850mg/m^3（大鼠吸入）	5	188

笔记

表 11-17　评价范围内敏感保护目标情况表

序号	相对厂址方位	与厂界距离 /m	人口 / 人
1	E	1789	1755
2	SE	1549	2177
3	SE	3324	1304
4	SE	4084	1114
5	SE	4687	188
6	SW	4328	311
7	SW	4897	425
8	W	4480	2134
9	W	4933	176
10	NW	3681	828
11	NW	4562	179
12	NW	4602	369
13	NW	3751	1876
14	NW	3409	1083
15	NW	4305	1388
16	NW	4437	352
17	N	4862	1921

第十二章

环境影响评价公众参与

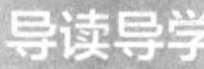

导读导学

在实际环境影响评价工作中，环境影响评价公众参与应如何开展？公众参与的对象是谁？公众意见如何处理？

学习目标

知识目标	能力目标	素质目标
1. 熟悉公众参与的有关规定、程序、方式及公众意见处理； 2. 掌握建设项目环境影响评价公众参与说明格式要求	1. 能够判定公众参与程序是否合规； 2. 能够编写建设项目环境影响评价公众参与说明	在环境影响评价工作中以认真、公正、严谨的态度对待公众参与工作

思政小课堂

扫描二维码可查看"广东番禺垃圾焚烧发电案例"。

第一节　概述

一、公众参与概况

公众参与是一项环境保护原则，公众参与建设项目环境影响评价是公众参与原则的具体化和重要体现，也是国际上一种普遍做法。建设项目，特别是一些可能造成重大环境影响的建设项目，直接关系到周围公众的环境权益，应当引入公众参与，以便环境影响评价结果更为客观和可接受。环境影响评价本身是一种预测性的行为，需要听取方方面面的意见，收集各种数据，进行论证、评估，因此让公众参与是十分必要的。

（一）公众参与建设项目环境影响评价的情况

我国在 20 世纪 90 年代初就开始在环境影响评价过程中推行公众参与。在这一阶段，公众参与制度刚刚起步，法律规定为原则性的，公众参与的具体要求不明确，实施中很多项目在建设前一般不向公众公布相关情况，公众参与度不高。2002 年，《中华人民共和国环境影响评价法》将公众参与建设项目环境影响评价向前推进了一大步，明确规定：除国家规定需要保密的情形外，对环境可能造成重大影响、应当编制环境影响报告书的建设项目，建设单位应当在报批建设项目环境影响报告书前，举行论证会、听证会，或者采取其他形式，征求有关单位、专家和公众的意见。建设单位报批的环境影响报告书应当附具对有关单位、专家和公众的意见采纳或者不采纳的说明。

（二）公众参与建设项目环境影响评价的发展

《中华人民共和国环境影响评价法》实施以来，公众参与有了长足进步，但也存在公众参与走过场、不透明、被操纵的情况，特别是在发生的一些环境群体性事件中，公众因为不了解情况导致的不信任或对立引起了社会的关注。公众参与需要更为明确和有效的法律规定。2014 年新修订的《中华人民共和国环境保护法》回应了社会呼声，在《中华人民共和国环影响评价法》规定的基础上，对公众参与建设项目环境影响评价作了进一步规定。公众参与原则需要注意一个坚持和三个新发展，一个坚持是《中华人民共和国环境影响评价法》中公众参与的建设项目范围，不是所有建设项目的环境影响评价都要执行公众参与程序，只有对环境可能造成重大影响，也就是需要依法编制环境影响评价报告书的建设项目才必须有公众参与环节。对于只需编制环境影响报告表和登记表的建设项目，没有对公众参与作出强制性要求。三个新发展：一是公众参与的时间提前。《中华人民共和国环境影响评价法》规定在报批建设项目环境影响报告书前要征求公众意见。实践中，建设单位往往在起草完环境影响报告书后再征求公众意见，公众参与作为报批前的最后一个环节，公众意见不易被吸收，公众参与形同走过场。因此，2014 年修订的《中华人民共和国环境保护法》明确在编制环境影响报告书时就要征求公众意见，将公众参与环节提前，以利于发挥公众参与的实效。二是明确了公众参与的范围。《中华人民共和国环境影响评价法》规定征求有关公众的意见，实践中一些建设单位对“有关公众”进行选择，征求一些关系不大或者明显支持建设项目的公众的意见，达不到公众参与的本来目的。因此，修订后的《环境保护法》明确规定，只要是可能受到建设项目影响的公众，都要征求其意见，对公众参与的程度作了要求；三是强调了应当充分征求公众意见。

（三）公众参与的保障机制

《中华人民共和国环境影响评价法》为了保证公众参与，规定环影响报告书应当附具对有关公众意见采纳或者不采纳的说明。在此基础上，《中华人民共和国环境保护法》修改增加了两项公众参与的保障机制。一是环境影响报告书全文公开。负责审批建设项目环境影响评价文件的部门在收到建设项目环境影响报告书后，除涉及国家秘密和商业秘密的事项外，应当全文公开。全文公开是全部公开，不能只公开报告书的提纲或者简略本。在《中华人民共和国环境保护法》修改过程中，许多社会公众和环保组织对如何公开环境影响报告书提出了意见。实践中这方面实际执行问题较多，例如有些建设单位只公开报告书的提纲或者简略本，详细信息无从知道，影响了社会公众的了解和判断。全文公开可以采用书面或者电子数据等形式。全文公开方便受建设项目影响的公众知晓建设项目的存在和基本情况，建设项目的环境影响报告书编制未征求公众意见或者征求意见不充分的，可以向审批机关反映情况提出要求参与的诉求。二是审批机关发现建设项目未充分征求公众意见的，应当责成建设单位征求公众意见。也就是说，审批机关应当将送审的建设项目环境影响报告书退回建设单位，要求重新编制，并开展公众参与相关工作，向可能受影响的公众说明情况，充分征求其意见。

国家环境保护总局于 2006 年 2 月发布了《环境影响评价公众参与暂行办法》（环发〔2006〕28 号），首次对环境影响评价公众参与进行了全面系统的规定。生态环境部于 2018 年 7 月 16 日发布了《环境影响评价公众参与办法》（生态环境部部令第 4 号），对原暂行办法进行了全面修订，并于 2018 年 10 月 12 日发布了《关于发布〈环境影响评价公众参与办法〉配套文件的公告》（公告　2018 年　第 48 号），于 2019 年 1 月 1 日起施行。

二、公众参与依据

1.《中华人民共和国环境保护法》的规定

第五十六条　“对依法应当编制环境影响报告书的建设项目，建设单位应当在编制时向可能受影响的公众说明情况，充分征求意见。

负责审批建设项目环境影响评价文件的部门在收到建设项目环境影响报告书后，除涉及国家秘密和商业秘密的事项外，应当全文公开；发现建设项目未充分征求公众意见的，应当责成建设单位征求公众意见。”

2.《中华人民共和国环境影响评价法》的规定

第五条“国家鼓励有关单位、专家和公众以适当方式参与环境影响评价。”

第十一条“专项规划的编制机关对可能造成不良环境影响并直接涉及公众环境权益的规划，应当在该规划草案报送审批前，举行论证会、听证会，或者采取其他形式，征求有关单位、专家和公众对环境影响报告书草案的意见。但是，国家规定需要保密的情形除外。

编制机关应当认真考虑有关单位、专家和公众对环境影响报告书草案的意见，并应当在报送审查的环境影响报告书中附具对意见采纳或者不采纳的说明。”

第二十一条：“除国家规定需要保密的情形外，对环境可能造成重大影响、应当编制环境影响报告书的建设项目，建设单位应当在报批建设项目环境影响报告书前，举行论证会、听证会，或者采取其他形式，征求有关单位、专家和公众的意见。

建设单位报批的环境影响报告书应当附具对有关单位、专家和公众的意见采纳或者不采纳的说明。”

3.《建设项目环境保护管理条例》的规定

第十四条 “建设单位编制环境影响报告书，应当依照有关法律规定，征求建设项目所在地有关单位和居民的意见。”

4.《环境影响评价公众参与办法》的规定

第三条 “国家鼓励公众参与环境影响评价。环境影响评价公众参与遵循依法、有序、公开、便利的原则。”

第二节 环境影响评价公众参与

一、公众参与目的及程序

（一）公众参与目的

公众参与的目的是为规范环境影响评价公众参与，保障公众环境保护知情权、参与权、表达权和监督权。

（二）公众参与实施主体

专项规划编制机关和建设单位负责组织环境影响报告书编制过程的公众参与，对公众参与的真实性和结果负责。专项规划编制机关和建设单位可以委托环境影响报告书编制单位或者其他单位承担环境影响评价公众参与的具体工作。

（三）公众参与对象

建设单位应当依法听取环境影响评价范围内的公民、法人和其他组织的意见，鼓励建设单位听取环境影响评价范围之外的公民、法人和其他组织的意见。

核设施建设项目建造前的环境影响评价公众参与依照《环境影响评价公众参与办法》有关规定执行。堆芯热功率300兆瓦以上的反应堆设施和商用乏燃料后处理厂的建设单位应当听取该设施或者后处理厂半径15千米范围内公民、法人和其他组织的意见；其他核设施和铀矿冶设施的建设单位应当根据环境影响评价的具体情况，在一定范围内听取公民、法人和其他组织的意见。

大型核动力厂建设项目的建设单位应当协调相关省级人民政府制定项目建设公众沟通方案，以指导与公众的沟通工作。

（四）公众参与程序

根据《环境影响评价公众参与办法》（以下简称“本办法”），环境影响评价公众参与程序大体分为三个阶段。

1. 第一阶段

专项规划编制机关应当在规划草案报送审批前，举行论证会、听证会，或者采取其他形式，征求有关单位、专家和公众对环境影响报告书草案的意见。

建设单位应当在确定环境影响报告书编制单位后7个工作日内，通过其网站、建设项目所在地公共媒体网站或者建设项目所在地相关政府网站（以下统称网络平台），公开下列信息：

① 建设项目名称、选址选线、建设内容等基本情况，改建、扩建、迁建项目应当说明现有工程及其环境保护情况；

② 建设单位名称和联系方式；

③ 环境影响报告书编制单位的名称；

④ 公众意见表的网络链接；

⑤ 提交公众意见表的方式和途径。

在环境影响报告书征求意见稿编制过程中，公众均可向建设单位提出与环境影响评价相关的意见。

公众意见表的内容和格式，由生态环境部制定。如表12-1所示。

表12-1 建设项目环境影响评价公众意见表

填表日期________年____月____日

项目名称	×××项目
一、本页为公众意见	
与本项目环境影响和环境保护措施有关的建议和意见（注：根据《环境影响评价公众参与办法》规定，涉及征地拆迁、财产、就业等与项目环评无关的意见或者诉求不属于项目环评公参内容）	（填写该项内容时请勿涉及国家秘密、商业秘密、个人隐私等内容，若本页不够可另附页）
二、本页为公众信息	
（一）公众为公民的请填写以下信息	
姓名	
身份证号	
有效联系方式（电话号码或邮箱）	
经常居住地址	××省××市××县（区、市）××乡（镇、街道）××村（居委会）××村民组（小区）
是否同意公开个人信息（填同意或不同意）	（若不填则默认为不同意公开）
（二）公众为法人或其他组织的请填写以下信息	
单位名称	
工商注册号或统一社会信用代码	
有效联系方式（电话号码或邮箱）	
地址	××省××市××县（区、市）××乡（镇、街道）××路××号
注：法人或其他组织信息原则上可以公开，若涉及不能公开的信息请在此栏中注明法律依据和不能公开的具体信息。	

笔记

2. 第二阶段

建设项目环境影响报告书征求意见稿形成后，建设单位应当公开下列信息，征求与该建设项目环境影响有关的意见：

① 环境影响报告书征求意见稿全文的网络链接及查阅纸质报告书的方式和途径；

② 征求意见的公众范围；

③ 公众意见表的网络链接；

④ 公众提出意见的方式和途径；

⑤ 公众提出意见的起止时间。

建设单位征求公众意见的期限不得少于 10 个工作日。

应当公开的信息，建设单位应当通过下列三种方式同步公开：

① 通过网络平台公开，且持续公开期限不得少于 10 个工作日；

② 通过建设项目所在地公众易于接触的报纸公开，且在征求意见的 10 个工作日内公开信息不得少于 2 次；

③ 通过在建设项目所在地公众易于知悉的场所张贴公告的方式公开，且持续公开期限不得少于 10 个工作日。

鼓励建设单位通过广播、电视、微信、微博及其他新媒体等多种形式发布规定的信息。

建设单位可以通过发放科普资料、张贴科普海报、举办科普讲座或者通过学校、社区、大众传播媒介等途径，向公众宣传与建设项目环境影响有关的科学知识，加强与公众的互动。

对依法批准设立的产业园区内的建设项目，若该产业园区已依法开展了规划环境影响评价公众参与且该建设项目性质、规模等符合经生态环境主管部门组织审查通过的规划环境影响报告书和审查意见，建设单位开展建设项目环境影响评价公众参与时，可以按照以下方式予以简化：

① 免予开展本办法第九条规定的公开程序，相关应当公开的内容纳入本办法第十条规定的公开内容一并公开；

② 本办法第十条第二款和第十一条第一款规定的 10 个工作日的期限减为 5 个工作日；

③ 免予采用本办法第十一条第一款第三项规定的张贴公告的方式。

3. 第三阶段

生态环境主管部门对环境影响报告书作出审批决定前，应当通过其网站或者其他方式向社会公开下列信息：

① 建设项目名称、建设地点；

② 建设单位名称；

③ 环境影响报告书编制单位名称；

④ 建设项目概况、主要环境影响和环境保护对策与措施；

⑤ 建设单位开展的公众参与情况；

⑥ 公众提出意见的方式和途径。

公开期限不得少于 5 个工作日。

生态环境主管部门依规公开信息时，应当通过其网站或者其他方式同步告知建设单

位和利害关系人享有要求听证的权利。

生态环境主管部门召开听证会的，依照环境保护行政许可听证的有关规定执行。

二、公众参与方式

公众可以通过信函、传真、电子邮件或者建设单位提供的其他方式，在规定时间内将填写的公众意见表等提交建设单位，反映与建设项目环境影响有关的意见和建议。

公众提交意见时，应当提供有效的联系方式。鼓励公众采用实名方式提交意见并提供常住地址。

对公众提交的相关个人信息，建设单位不得用于环境影响评价公众参与之外的用途，未经个人信息相关权利人允许不得公开。法律法规另有规定的除外。

对环境影响方面公众质疑性意见多的建设项目，建设单位应当按照下列方式组织开展深度公众参与：

① 公众质疑性意见主要集中在环境影响预测结论、环境保护措施或者环境风险防范措施等方面的，建设单位应当组织召开公众座谈会或者听证会。座谈会或者听证会应当邀请在环境方面可能受建设项目影响的公众代表参加。

② 公众质疑性意见主要集中在环境影响评价相关专业技术方法、导则、理论等方面的，建设单位应当组织召开专家论证会。专家论证会应当邀请相关领域专家参加，并邀请在环境方面可能受建设项目影响的公众代表列席。

建设单位可以根据实际需要，向建设项目所在地县级以上地方人民政府报告，并请求县级以上地方人民政府加强对公众参与的协调指导。县级以上生态环境主管部门应当在同级人民政府指导下配合做好相关工作。

建设单位决定组织召开公众座谈会、专家论证会的，应当在会议召开的 10 个工作日前，将会议的时间、地点、主题和可以报名的公众范围、报名办法，通过网络平台和在建设项目所在地公众易于知悉的场所张贴公告等方式向社会公告。

建设单位应当综合考虑地域、职业、受教育水平、受建设项目环境影响程度等因素，从报名的公众中选择参加会议或者列席会议的公众代表，并在会议召开的 5 个工作日前通知拟邀请的相关专家，并书面通知被选定的代表。

建设单位应当在公众座谈会、专家论证会结束后 5 个工作日内，根据现场记录，整理座谈会纪要或者专家论证结论，并通过网络平台向社会公开座谈会纪要或者专家论证结论。座谈会纪要和专家论证结论应当如实记载各种意见。

在生态环境主管部门受理环境影响报告书后和作出审批决定前的信息公开期间，公民、法人和其他组织可以依照规定的方式、途径和期限，提出对建设项目环境影响报告书审批的意见和建议，举报相关违法行为。

生态环境主管部门对收到的举报，应当依照国家有关规定处理。必要时，生态环境主管部门可以通过适当方式向公众反馈意见采纳情况。

三、公众意见处理要求

建设单位应当对收到的公众意见进行整理，组织环境影响报告书编制单位或者其他有能力的单位进行专业分析后提出采纳或者不采纳的建议。

建设单位应当综合考虑建设项目情况、环境影响报告书编制单位或者其他有能力的单位的建议、技术经济可行性等因素，采纳与建设项目环境影响有关的合理意见，并组织环境影响报告书编制单位根据采纳的意见修改完善环境影响报告书。

对未采纳的意见，建设单位应当说明理由。未采纳的意见由提供有效联系方式的公众提出的，建设单位应当通过该联系方式，向其说明未采纳的理由。

建设单位向生态环境主管部门报批环境影响报告书前，应当组织编写建设项目环境影响评价公众参与说明。公众参与说明应当包括下列主要内容：

① 公众参与的过程、范围和内容；

② 公众意见收集整理和归纳分析情况；

③ 公众意见采纳情况，或者未采纳情况、理由及向公众反馈的情况等。

公众参与说明的内容和格式，由生态环境部制定。

建设单位向生态环境主管部门报批环境影响报告书前，应当通过网络平台，公开拟报批的环境影响报告书全文和公众参与说明。

建设单位向生态环境主管部门报批环境影响报告书时，应当附具公众参与说明。

生态环境主管部门应当对公众参与说明内容和格式是否符合要求、公众参与程序是否符合本办法的规定进行审查。

经综合考虑收到的公众意见、相关举报及处理情况、公众参与审查结论等，若生态环境主管部门发现建设项目未充分征求公众意见的，应当责成建设单位重新征求公众意见，退回环境影响报告书。

建设单位应当将环境影响报告书编制过程中公众参与的相关原始资料，存档备查。

第三节 建设项目环境影响评价公众参与说明格式要求

一、概述

建设单位组织的建设项目环境影响评价公众参与整体情况概述。

二、首次环境影响评价信息公开情况

（一）公开内容及日期

说明公开主要内容及日期，分析是否符合《环境影响评价公众参与办法》（以下简称《办法》）要求。确定环境影响报告书编制单位日期一般以委托函或合同载明日期为准。

（二）公开方式

1. 网络

载体选取的符合性分析，网络公示时间、网址及截图。

2. 其他

如同时还采用了其他方式，予以说明。

（三）公众意见情况

公众提出意见情况，包括数量、形式等。

笔记

三、征求意见稿公示情况

（一）公示内容及时限

说明公示主要内容及时限，分析是否符合《办法》要求。征求意见稿应是主要内容基本完成的环境影响报告书。

（二）公示方式

1. 网络

载体选取的符合性分析，网络公示时间、网址及截图等。

2. 报纸

载体选取的符合性分析，报纸名称、日期及照片。

3. 张贴

张贴区域选取的符合性分析，张贴的时间、地点及照片。

4. 其他

如同时还采用了其他方式，予以说明。

（三）查阅情况

说明查阅场所设置情况、查阅情况。

（四）公众提出意见情况

公众在征求意见期间提出意见情况，包括数量、形式等。

四、其他公众参与情况

说明是否采取了深度公众参与，论证合理性。

（一）公众座谈会、听证会、专家论证会等情况

若采用公众座谈会方式开展深度公众参与的，应说明公众代表选取原则和过程，会上相关情况等，附座谈会纪要。

若采用听证会方式开展深度公众参与的,应说明听证会筹备及召开情况,附听证笔录。

若采用专家论证会方式开展深度公众参与的，应说明专家选取原则和过程，列席论证会的公众选取原则和过程，会上相关情况等，附专家论证意见。

（二）其他公众参与情况

如采取了请求地方人民政府加强协调指导等其他方式的公众参与，说明相关情况。

（三）宣传科普情况

若采取了科普宣传措施的，说明相关情况。

五、公众意见处理情况

（一）公众意见概述和分析

说明收到意见的数量、形式，分类列出公众意见等（与项目环评无关的意见或者诉求不纳入）。

（二）公众意见采纳情况

说明对公众环境影响相关意见的采纳情况，并说明在环境影响报告书中的对应内容。

（三）公众意见未采纳情况

详细阐述公众意见未采纳的情况，说明理由，并说明反馈情况。

笔记

六、报批前公开情况

（一）公开内容及日期

说明公开主要内容及日期，分析是否符合《办法》要求。此次公开的应是未包含国家秘密、商业秘密、个人隐私等依法不应公开内容的拟报批环境影响报告书全本。

（二）公开方式

1. 网络

载体选取的符合性分析，网络公开时间、网址及截图。

2. 其他

如同时还采用了其他方式，予以说明。

七、其他

存档备查情况及其他需要说明的内容。

八、诚信承诺

诚信承诺模板参考如下。

> 我单位已按照《环境影响评价公众参与办法》要求，在×××项目环境影响报告书编制阶段开展了公众参与工作，在环境影响报告书中充分采纳了公众提出的与环境影响相关的合理意见，对未采纳的意见按要求进行了说明，并按照要求编制了公众参与说明。
>
> 我单位承诺，本次提交的《×××项目环境影响评价公众参与说明》内容客观、真实，未包含依法不得公开的国家秘密、商业秘密、个人隐私。如存在弄虚作假、隐瞒欺骗等情况及由此导致的一切后果由××（建设单位名称或单位负责人姓名）承担全部责任。
>
> 承诺单位：（单位名称及公章，无公章的由单位负责人签字）
>
> 承诺时间：××××年××月××日

九、附件

其他需要提交的附件（公众提交的公众意见表不纳入附件，但应存档备查）。

注：①根据《环境影响评价公众参与办法》规定，公众参与说明需要公开，因此，建设单位在编制公众参与说明时，应不包含依法不得公开的国家秘密、商业秘密、个人隐私等内容。

② 关于上述“六、报批前公开情况”一节，建设单位按照《环境影响评价公众参与办法》要求在报批前公开公众参与说明时，由于报批前公开环节尚未开始，故不包括本节内容。向生态环境主管部门报送公众参与说明时，应包含本节内容。

复习思考题

一、选择题（请根据题干选择出正确选项）

1. 根据《中华人民共和国环境保护法》中环境影响评价信息公开和公众参与的有关规定，下列说法中，正确的是（　）。

A. 负责审批建设项目环境影响评价文件的部门发现建设项目未充分征求公众意见的，应当责成环评单位征求公众意见

B. 对依法应当编制环境影响报告书的建设项目，环评单位应当在编制完成后向可能受影响的公众说明情况，充分征求意见

C. 负责审批建设项目环境影响评价文件的部门在收到建设项目环境影响报告书后，除涉及国家秘密和商业秘密的事项外，应当全文公开

D. 负责审批建设项目环境影响评价文件的部门在收到建设项目环境影响报告书后可依公众申请，公开除涉及国家秘密和商业秘密事项外的全文

2. 根据《环境影响评价公众参与办法》，建设单位应当在确定环境影响报告书编制单位后 7 个工作日内，通过网络平台公开相关信息开展公众参与工作，以下不可以作为信息公开的网络平台是（　）。

A. 建设单位自有网站　　B. 建设项目所在地相关政府网站

C. 外地著名环境影响评价专题网站　　D. 建设项目所在地公共媒体网站

3. 根据《关于印发建设项目环境影响评价信息公开机制方案的通知》，要求建设单位公开的环评信息包括（　）。

A. 建设项目开工前的信息　　B. 环境影响报告书编制信息

C. 建设项目施工过程中的信息　　D. 建设项目环境影响评价审批信息

4. 根据《建设项目环境影响评价信息公开机制方案》，到 2016 年底，建立全过程、全覆盖的建设项目环评信息公开机制，保障公众对项目建设环境影响的（　）。

A. 知情权　　B. 参与权　　C. 审核权　　D. 监督权

5. 根据《环境影响评价公众参与办法》，建设单位向生态环境主管部门报批环境影响报告书前，应当组织编写建设项目环境影响评价公众参与说明，公众参与说明主要内容包括（　）。

A. 环境影响报告书编制情况　　B. 公众参与的过程、范围和内容

C. 公众意见收集整理和归纳分析情况

D. 公众意见采纳情况，或者未采纳情况、理由及向公众反馈的情况等

二、判断题

1. 对环境影响方面公众质疑性意见多的建设项目，建设单位应当开展深度公众参与。（　）

2. 公众可以通过信函、传真、电子邮件或者建设单位提供的其他方式，在规定时间内将填写的公众意见表等提交建设单位，反映与建设项目环境影响有关的意见和建议。（　）

3. 公众参与的目的是使项目能被专业人士充分了解，并提高项目的环境和经济效益。（　）

4.《建设项目环境影响评价公众参与说明》是附属于环境影响报告书之内的材料文本，由环境影响评价报告书编写单位编制，需要与环境影响报告书同时报送生态环境行政审批部门。（　）

第十三章

环境影响评价文件编写

导读导学

环境影响评价文件有哪些类型？编制质量要求是什么？各类型环境影响评价文件编制的内容和要点是什么？

学习目标

知识目标	能力目标	素质目标
1. 掌握环境影响评价文件的类型； 2. 熟悉环境影响评价文件编制质量要求； 3. 熟悉建设项目环境影响评价登记表填写内容与格式要求； 4. 掌握环境影响评价报告书（表）编制的内容与要点	1. 能够确定建设项目环境影响评价文件的类型； 2. 能够填写环境影响登记表； 3. 基本能够填写环境影响评价报告表； 4. 能够协助完成环境影响评价报告书的编制； 5. 基本能够评判环境影响评价报告书（表）是否存在质量问题	1. 建立法律和规范意识，养成按照法律、法规、环境政策和技术规范开展工作的职业素养； 2. 真实、准确、细致地编制环境影响评价文件，培养认真、严谨的工程思维

思政小课堂

扫描二维码可查看“半小时就能编一份？不能让虚假环评报告畅通”。

笔记

第一节　环境影响评价文件编制的整体要求

一、环境影响评价文件的类型

（一）环境影响评价文件的分类

《中华人民共和国环境影响评价法》（2018 年 12 月 29 日第二次修正）第十六条规定：

国家根据建设项目对环境的影响程度，对建设项目的环境影响评价实行分类管理。

建设单位应当按照下列规定组织编制环境影响报告书、环境影响报告表或者填报环境影响登记表（以下统称环境影响评价文件）：

① 可能造成重大环境影响的，应当编制环境影响报告书，对产生的环境影响进行全面评价；

② 可能造成轻度环境影响的，应当编制环境影响报告表，对产生的环境影响进行分析或者专项评价；

③ 对环境影响很小、不需要进行环境影响评价的，应当填报环境影响登记表。

建设项目的环境影响评价分类管理名录，由国务院生态环境主管部门制定并公布。

（二）环境影响评价文件类型的确定

《建设项目环境影响评价分类管理名录（2021 年版）》规定：根据建设项目特征和所在区域的环境敏感程度，综合考虑建设项目可能对环境产生的影响，对建设项目的环境影响评价实行分类管理。建设单位应当按照本名录的规定，分别组织编制建设项目环境影响报告书、环境影响报告表或者填报环境影响登记表。（见表 13-1）。

名录所称环境敏感区是指依法设立的各级各类保护区域和对建设项目产生的环境影响特别敏感的区域，主要包括下列区域：

① 国家公园、自然保护区、风景名胜区、世界文化和自然遗产地、海洋特别保护区、饮用水水源保护区；

② 除①外的生态保护红线管控范围，永久基本农田、基本草原、自然公园（森林公园、地质公园、海洋公园等）、重要湿地、天然林，重点保护野生动物栖息地，重点保护野生植物生长繁殖地，重要水生生物的自然产卵场、索饵场、越冬场和洄游通道，天然渔场，水土流失重点预防区和重点治理区、沙化土地封禁保护区、封闭及半封闭海域；

③ 以居住、医疗卫生、文化教育、科研、行政办公为主要功能的区域，以及文物保护单位。

环境影响报告书、环境影响报告表应当就建设项目对环境敏感区的影响做重点分析。

表 13-1 建设项目环境影响评价分类管理名录（部分）

项目类别＼环评类别		报告书	报告表	登记表	本栏目环境敏感区含义
一、农业 01、林业 02					
1	农产品基地项目（含药材基地）	/	涉及环境敏感区的	其他	第三条①中的全部区域；第三条②中的除①外的生态保护红线管控范围，基本草原、重要湿地，水土流失重点预防区和重点治理区
2	经济林基地项目	/	原料林基地	其他	
二、畜牧业 03					
3	……				

二、环境影响评价文件编制要求

（一）环境影响评价文件编制质量要求

环境影响评价文件是生态环境主管部门审批建设项目的重要技术依据，环境影响评价文件质量可以从政策层面和技术层面来分析。

1. 对环境影响评价文件质量在政策层面的要求

① 环境影响评价文件应交代清楚建设项目是否符合相关法律法规规定，包括环境保护法律、法规，与环境保护相关的法律、法规和规范性文件；

② 环境影响评价文件应说明建设项目是否符合国家和地方环境保护政策；

③ 环境影响评价文件应分析建设项目是否符合产业结构政策、产业区域布局政策和产业准入条件等要求；

④ 环境影响评价文件应分析建设项目是否符合节约和保护资源、能源的相关政策、规定和指标；

⑤ 环境影响评价文件应分析建设项目是否符合环境保护规划、项目所在地环境功能区划、城镇体系规划、城镇总体规划、区域流域发展规划、开发区类发展规划、土地利用规划、相关行业发展规划、规划环评、各类保护区规划等规划的要求。

2. 对环境影响评价文件内容的要求

（1）环境现状调查的客观、准确　环境影响评价文件环境现状调查要客观、准确，符合环境质量标准、环境影响评价技术导则等相关要求。

（2）环境影响预测的科学、可信　根据建设项目特点和所在地区环境的特点，根据环境质量标准、环境影响评价技术导则等相关要求，环境影响评价文件采用预测方法（模式）及所选用的参数、边界条件应当科学、有效。

（3）环境保护措施的可行、可靠　按照污染物总量控制、环境质量达标、污染物排放达标、清洁生产、循环经济、节能减排、资源综合利用、生态保护的要求和先进、稳定可靠、可达、经济合理的原则，环境影响评价文件提出的环境保护措施要可行。

3. 对环境影响评价文件基础数据的要求

环境影响评价文件所使用的工程数据与环境数据的来源、时效性和可靠性符合环境质量标准、环境影响评价技术导则等相关要求。

4. 对环境影响评价文件规范性的要求

环境影响评价文件符合环境影响评价技术导则所规定的原则、方法、内容及要求；环境影响评价文件中的术语、格式（包括计量单位）、图件、表格等要规范，图件比例尺应与工程图件匹配，信息应满足环境质量现状评价和环境影响预测的要求。

（二）环境影响评价文件编制质量问题

为规范建设项目环境影响报告书和环境影响报告表编制行为，2023 年 7 月 24 日，生态环境部公布了《建设项目环境影响报告书（表）编制监督管理办法》（修订征求意见稿）。

该办法规定，环境影响报告书（表）编制质量检查的内容包括环境影响报告书（表）是否符合有关环境影响评价法律法规、标准和技术规范等规定，以及环境影响报告书（表）的基础资料是否明显不实，内容是否存在重大缺陷、遗漏或者虚假，环境影响评价结论是否正确、合理。

该办法还规定了环境影响报告书（表）的一般和严重质量问题。

1. 环境影响报告书（表）的一般质量问题

① 降低环境影响评价工作等级，错误使用环境影响评价标准，或者缩小环境影响评价范围的；

② 建设项目概况描述不全或者错误的，或者与改扩建和技术改造项目相关的现有工程基本情况、污染物排放及达标情况、存在的生态环境问题及拟采取的整改方案等的遗漏；

③ 环境影响因素及评价因子分析不全或者错误的；

④ 污染源源强核算方法或者结果错误的；

⑤ 环境保护目标与建设项目位置关系描述不明确或者错误的；

⑥ 环境质量现状数据来源、监测因子、监测频次或者布点等不符合相关规定，或者所引用数据无效的；

⑦ 环境影响评价范围内的相关环境要素现状调查与评价、环境风险调查、区域污染源调查内容不全或者结果错误的；

⑧ 相关环境要素环境影响或者环境风险预测与评价内容不全，方法或者结果错误的；

⑨ 所提环境保护措施的可行性论证不符合相关规定的；

⑩ 上述的情形，致使环境影响评价结论不正确、不合理的。

2. 环境影响报告书（表）的严重质量问题

① 擅自降低环境影响评价类别的；

② 环境保护目标遗漏依法设立的各级各类保护区域和对建设项目产生的环境影响特别敏感的区域的；

③ 未开展环境影响评价范围内的相关环境要素现状调查与评价、环境风险调查，或者编造相关内容、结果的；

④ 未开展相关环境要素或者环境风险预测与评价，或者编造相关内容、结果的；

⑤ 未按相关规定提出环境保护措施的；

⑥ 建设项目类型及其选址、选线、布局、规模等不符合环境保护法律法规和相关法定规划，或者不符合规划环境影响评价结论及审查意见，或者不符合建设项目所在地生

态环境分区管控要求，但给出环境影响可行结论的；

⑦ 环境影响报告表未按规定设置专项评价的；

⑧ 其他基础资料明显不实，内容有重大缺陷、遗漏、虚假，或者环境影响评价结论不正确、不合理的。

第二节　建设项目环境影响登记表填报

一、填报与格式要求

《建设项目环境影响登记表备案管理办法》（2016 年环境保护部令　第 41 号）于 2017 年 1 月 1 日起施行。该办法适用于按照《建设项目环境影响评价分类管理名录（2021 年版）》规定应当填报环境影响登记表的建设项目。

（一）填报要求

1. 建设单位

填报环境影响登记表的建设项目应当符合法律法规、政策、标准等要求。建设单位在办理建设项目环境影响登记表备案手续时，应当认真查阅、核对《建设项目环境影响评价分类管理名录（2021 年版）》，确认其备案的建设项目属于按照《建设项目环境影响评价分类管理名录（2021 年版）》规定应当填报环境影响登记表的建设项目。对按照《建设项目环境影响评价分类管理名录（2021 年版）》规定应当编制环境影响报告书或者报告表的建设项目，建设单位不得擅自降低环境影响评价等级，填报环境影响登记表并办理备案手续。

建设单位应当在建设项目建成并投入生产运营前，登录网上备案系统，在网上备案系统注册真实信息，在线填报并提交建设项目环境影响登记表。建设单位填报建设项目环境影响登记表时，应当同时就其填报的环境影响登记表内容的真实、准确、完整作出承诺，并在登记表中的相应栏目由该建设单位的法定代表人或者主要负责人签署姓名。

建设单位在线提交环境影响登记表后，网上备案系统自动生成备案编号和回执，该建设项目环境影响登记表备案即为完成。建设单位可以自行打印留存其填报的建设项目环境影响登记表及建设项目环境影响登记表备案回执。建设项目环境影响登记表备案回执是环境保护主管部门确认收到建设单位环境影响登记表的证明。

建设项目环境影响登记表备案完成后，建设单位或者其法定代表人或者主要负责人在建设项目建成并投入生产运营前发生变更的，建设单位应当依照本办法规定再次办理备案手续。

建设项目环境影响登记表备案完成后，建设单位应当严格执行相应污染物排放标准及相关环境管理规定，落实建设项目环境影响登记表中填报的环境保护措施，有效防治环境污染和生态破坏。

2. 环境保护主管部门

县级环境保护主管部门（或市级环境保护主管部门所属派出分局）负责本行政区域内的建设项目环境影响登记表备案管理。

笔记

建设项目环境影响登记表备案采用网上备案方式。对国家规定需要保密的建设项目，建设项目环境影响登记表备案采用纸质备案方式。

生态环境部统一布设建设项目环境影响登记表网上备案系统（以下简称网上备案系统）。

省级环境保护主管部门在本行政区域内组织应用网上备案系统，通过提供地址链接方式，向县级环境保护主管部门分配网上备案系统使用权限。

县级环境保护主管部门应当向社会公告网上备案系统地址链接信息。

各级环境保护主管部门应当将环境保护法律、法规、规章以及规范性文件中与建设项目环境影响登记表备案相关的管理要求，及时在其网站的网上备案系统中公开，为建设单位办理备案手续提供便利。

建设项目环境影响登记表备案完成后，县级环境保护主管部门通过其网站的网上备案系统同步向社会公开备案信息，接受公众监督。对国家规定需要保密的建设项目，县级环境保护主管部门严格执行国家有关保密规定，备案信息不公开。

县级环境保护主管部门应当根据国务院关于加强环境监管执法的有关规定，将其完成备案的建设项目纳入有关环境监管网格管理范围。

（二）格式与内容要求

建设项目环境影响登记表见表 13-2。

表 13-2 建设项目环境影响登记表

填报日期：

项目名称			
建设地点		占地（建筑、营业）面积 /m²	
建设单位		法定代表人或者主要负责人	
联系人		联系电话	
项目投资 / 万元		环保投资 / 万元	
拟投入生产运营日期			
项目性质	□新建 □改建 □扩建		
备案依据	该项目属于《建设项目环境影响评价分类管理名录》中应当填报环境影响登记表的建设项目，属于第 ×× 类 ×× 项中 ××。		
建设内容及规模	□工业生产类项目□生态影响类项目□餐饮类项目□畜禽养殖类项目□核工业类项目（核设施的非放射性和非安全重要建设项目）□核技术利用类项目□电磁辐射类项目		
主要环境影响	□废气 □废水 □生活污水 □生产废水 □固废 □噪声 □生态影响 □辐射环境影响	采取的环保措施及排放去向	□无环保措施： ____直接通过____排放至____。 □有环保措施： ____采取____措施后通过____排放至____。 □其他措施：______。
承诺：××（建设单位名称及法定代表人或者主要负责人姓名）承诺所填写各项内容真实、准确、完整，建设项目符合《建设项目环境影响登记表备案管理办法》的规定。如存在弄虚作假、隐瞒欺骗等情况及由此导致的一切后果由 ××（建设单位名称及法定代表人或者主要负责人姓名）承担全部责任。 法定代表人或者主要负责人签字：			
备案回执 该项目环境影响登记表已经完成备案，备案号：××××××。			

二、填写要点

建设项目环境影响登记表的填写较为简单，填写时注意以下事项。

（1）建设地点　建设项目的建设地点涉及多个县级行政区域的，建设单位应当分别向各建设地点所在的县级生态环境主管部门备案。

（2）备案依据　备案依据必须按照《建设项目环境影响评价分类管理名录（2021年版）》正确填写。建设单位不得擅自降低环境影响评价等级，将应当编制环境影响评价报告书或报告表的建设项目填报环境影响登记表并办理备案手续，经查证不属实的，备案无效并进行相应处罚。

（3）建设内容及规模　选择项目类别后，可填写建设内容和生产规模。

（4）主要环境影响　在系统上勾选环境要素后，再填写相应环保措施情况。

（5）打印、签字　登记表提交生成备案号后，需打印，由法定代表人或主要负责人签字备查。

第三节　建设项目环境影响报告表编写

环境影响报告表应采用规定格式。可根据工程特点、环境特征，有针对性突出环境要素或设置专题开展评价。

为深化建设项目环境影响评价“放管服”改革，优化和规范环境影响报告表编制，提高环境影响评价制度有效性，生态环境部修订了《建设项目环境影响报告表》内容及格式。根据建设项目环境影响特点将报告表分为污染影响类和生态影响类，配套制定了《建设项目环境影响报告表编制技术指南（污染影响类）（试行）》和《建设项目环境影响报告表编制技术指南（生态影响类）（试行）》。《建设项目环境影响报告表》内容、格式及编制技术指南，自2021年4月1日起实施。

以污染影响为主要特征的建设项目编制环境影响评价报告表，应填写《建设项目环境影响报告表（污染影响类）》。此类建设项目包括制造业，电力、热力生产和供应业的火力发电、热电联产、生物质能发电、热力生产项目，燃气生产和供应业，水的生产和供应业，研究和试验发展，生态保护和环境治理业（不包括泥石流等地质灾害治理工程），公共设施管理业，卫生，社会事业与服务业（有化学或生物实验室的学校、胶片洗印厂、加油加气站、汽车或摩托车维修场所、殡仪馆和动物医院），交通运输业中的导航台站、供油工程、维修保障等配套工程，装卸搬运和仓储业，海洋工程中的排海工程，核与辐射（不包括已单独制定建设项目环境影响报告表格式的核与辐射类建设项目），以及其他以污染影响为主的建设项目。其他同时涉及污染和生态影响的建设项目，填写《建设项目环境影响报告表（生态影响类）》。

以生态影响为主要特征的建设项目编制环境影响报告表，应填写《建设项目环境影响报告表（生态影响类）》。此类建设项目包括农业，林业，渔业，采矿业，电力、热力生产和供应业的水电、风电、光伏发电、地热等其他能源发电，房地产业，专业技术服务业，生态保护和环境治理业的泥石流等地质灾害治理工程，社会事业与服务业（不包括有化学或生物实验室的学校、胶片洗印厂、加油加气站、洗车场、汽车或摩托车维修场所、殡仪馆、动物医院），水利，交通运输业（不包括导航台站、供油工程、维修保障等配套工程）、管道运输业，海洋工程（不包括排海工程），以及其他以生态影响为主要特征的建设项目（不包括已单独制定建设项目环境影响报告表格式的核与辐射类建设项目）。

一、格式及内容要求

（一）建设项目环境影响报告表（污染影响类）

《建设项目环境影响报告表（污染影响类）》主要包括建设项目基本情况，建设项目工程分析，区域环境质量现状、环境保护目标及评价标准，主要环境影响和保护措施，环境保护措施监督检查清单，以及结论六部分内容。

建设项目产生的环境影响需要深入论证的，应按照环境影响评价相关技术导则开展专项评价工作。根据建设项目排污情况及所涉环境敏感程度，确定专项评价的类别。大气、地表水、环境风险、生态和海洋专项评价具体设置原则见表 13-3。土壤、声环境不开展专项评价。地下水原则上不开展专项评价，涉及集中式饮用水水源和热水、矿泉水、温泉等特殊地下水资源保护区的开展地下水专项评价工作。专项评价一般不超过两项，印刷电路板制造类建设项目专项评价不超过三项。

表 13-3　专项评价设置原则表

专项评价的类别	设置原则
大气	排放废气含有毒有害污染物①、二噁英、苯并［a］芘、氰化物、氯气且厂界外 500 米范围内有环境空气保护目标②的建设项目
地表水	新增工业废水直排建设项目（槽罐车外送污水处理厂的除外）；新增废水直排的污水集中处理厂
环境风险	有毒有害和易燃易爆危险物质存储量超过临界量③的建设项目
生态	取水口下游 500 米范围内有重要水生生物的自然产卵场、索饵场、越冬场和洄游通道的新增河道取水的污染类建设项目
海洋	直接向海排放污染物的海洋工程建设项目

注：① 废气中有毒有害污染物指纳入《有毒有害大气污染物名录》的污染物（不包括无排放标准的污染物）。
② 环境空气保护目标指自然保护区、风景名胜区、居住区、文化区和农村地区中人群较集中的区域。
③ 临界量及其计算方法可参考《建设项目环境风险评价技术导则》（HJ　169—2018）附录 B、附录 C。

（二）建设项目环境影响报告表（生态影响类）

《建设项目环境影响报告表（生态影响类）》主要包括建设项目基本情况，建设内容，生态环境现状、保护目标及评价标准，生态环境影响分析，主要生态环境保护措施，生态环境保护措施监督检查清单，以及结论七部分内容。

建设项目产生的生态环境影响需要深入论证的，应按照环境影响评价相关技术导则开展专项评价工作。根据建设项目特点和涉及的环境敏感区类别，确定专项评价的类别，设置原则参照表 13-4，确有必要的可根据建设项目环境影响程度等实际情况适当调整。专项评价一般不超过两项，水利水电、交通运输（公路、铁路）、陆地石油和天然气开采类建设项目不超过三项。

笔记

表 13-4　专项评价设置原则表

专项评价的类别	涉及项目类别
地表水	水力发电：引水式发电、涉及调峰发电的项目； 人工湖、人工湿地：全部； 水库：全部； 引水工程：全部（配套的管线工程等除外）； 防洪除涝工程：包含水库的项目； 河湖整治：涉及清淤且底泥存在重金属污染的项目
地下水	陆地石油和天然气开采：全部； 地下水（含矿泉水）开采：全部； 水利、水电、交通等：含穿越可溶岩地层隧道的项目
生态	涉及环境敏感区（不包括饮用水水源保护区，以居住、医疗卫生、文化教育、科研、行政办公为主要功能的区域，以及文物保护单位）的项目
大气	油气、液体化工码头：全部； 干散货（含煤炭、矿石）、件杂的多用途或通用码头：涉及粉尘、挥发性有机物排放的项目
噪声	公路、铁路、机场等交通运输业涉及环境敏感区（以居住、医疗卫生、文化教育、科研、行政办公为主要功能的区域）的项目； 城市道路（不含维护，不含支路、人行天桥、人行地道）：全部
环境风险	石油和天然气开采：全部； 油气、液体化工码头：全部； 原油、成品油、天然气管线（不含城镇天然气管线、企业厂区内管线），危险化学品输送管线（不含企业厂区内管线）：全部

注："涉及环境敏感区"是指建设项目位于、穿（跨）越（无害化通过的除外）环境敏感区，或环境影响范围涵盖环境敏感区。环境敏感区是指《建设项目环境影响评价分类管理名录（2021 年版）》中针对该类项目所列的敏感区。

二、编写要点

（一）建设项目环境影响报告表（污染影响类）

1. 建设项目基本情况

建设项目名称：指立项批复时的项目名称。无立项批复则为可行性研究报告或相关设计文件的项目名称。

项目代码：指发展改革部门核发的唯一项目代码。发展改革部门未核发项目代码，填写"无"。

建设地点：指项目具体建设地址。海洋工程建设地点应明确项目所在海域位置。

地理坐标：指建设地点中心坐标。坐标经纬度采用度分秒（秒保留 3 位小数）。

国民经济行业类别：填写"国民经济行业分类"小类。

建设项目行业类别：指《建设项目环境影响评价分类管理名录（2021 年版）》中项目行业具体类别。

是否开工建设：填写是否开工建设。存在"未批先建"违法行为的，填写已建设内容、处罚及执行情况。

用地（用海）面积（m^2）：指建设项目所占有或使用的土地水平投影面积。租用建筑物的建设项目填写实际租用面积。海洋工程填写占用的海域面积。改建、扩建工程填写新增用地面积。

专项评价设置情况：需要设置专项评价的，填写专项评价名称，并参照表 13-3 说明设置理由。未设置专项评价的，填写"无"。

规划情况：填写建设项目所依据的行业、产业园区等相关规划名称、审批机关、审批文件名称及文号。无相关规划的，填写“无”。

规划环境影响评价情况：填写规划环境影响评价文件名称、召集审查机关、审查文件名称及文号。未开展规划环境影响评价的，填写“无”。

规划及规划环境影响评价符合性分析：分析建设项目与相关规划、规划环境影响评价结论及审查意见的符合性。

其他符合性分析：分析建设项目与所在地“三线一单”（生态保护红线、环境质量底线、资源利用上线和生态环境准入清单）及相关生态环境保护法律、法规、政策，生态环境保护规划的符合性。

2. 建设项目工程分析

建设内容：填写主体工程、辅助工程、公用工程、环保工程、储运工程、依托工程，明确主要产品及产能、主要生产单元、主要工艺、主要生产设施及设施参数、主要原辅材料及燃料的种类和用量（改建、扩建及技改项目应说明原辅料及产品变化情况）。简要分析主要原辅料中与污染排放有关的物质或元素，必要时开展相关元素平衡计算。产生工业废水的建设项目应开展水平衡分析。明确劳动定员及工作制度。简述厂区平面布置并附图。

工艺流程和产排污环节：简述工艺流程和产排污环节，绘制包括产排污环节的生产工艺流程图。

与项目有关的原有环境污染问题：改建、扩建及技改项目说明现有工程履行环境影响评价、竣工环境保护验收、排污许可手续等情况，核算现有工程污染物实际排放总量，梳理与该项目有关的主要环境问题并提出整改措施。

3. 区域环境质量现状、环境保护目标及评价标准

（1）区域环境质量现状

① 大气环境。常规污染物引用与建设项目距离近的有效数据，包括近 3 年的规划环境影响评价的监测数据，国家、地方环境空气质量监测网数据或生态环境主管部门公开发布的质量数据等。排放国家、地方环境空气质量标准中有标准限值要求的特征污染物时，引用建设项目周边 5km 范围内近 3 年的现有监测数据，无相关数据的选择当季主导风向下风向 1 个点位补充不少于 3 天的监测数据。根据建设项目所在环境功能区及适用的国家、地方环境质量标准，以及地方环境质量管理要求评价大气环境质量现状达标情况。

② 地表水环境。引用与建设项目距离近的有效数据，包括近 3 年的规划环境影响评价的监测数据，所在流域控制单元内国家、地方控制断面监测数据，生态环境主管部门发布的水环境质量数据或地表水达标情况的结论。

③ 声环境。厂界外周边 50m 范围内存在声环境保护目标的建设项目，应监测保护目标声环境质量现状并评价达标情况。各点位应监测昼夜间噪声，监测时间不少于 1 天，项目夜间不生产则仅监测昼间噪声。

④ 生态环境。产业园区外建设项目新增用地且用地范围内含有生态环境保护目标时，应进行生态现状调查。

⑤ 电磁辐射。新建或改建、扩建广播电台、差转台、电视塔台、卫星地球上行

笔记

站、雷达等电磁辐射类项目，应根据相关技术导则对项目电磁辐射现状开展监测与评价。

⑥ 地下水、土壤环境。原则上不开展环境质量现状调查。建设项目存在土壤、地下水环境污染途径的，应结合污染源、保护目标分布情况开展现状调查以留作背景值。

（2）环境保护目标

① 大气环境。明确厂界外500m范围内的自然保护区、风景名胜区、居住区、文化区和农村地区中人群较集中的区域等保护目标的名称及与建设项目厂界位置关系。

② 声环境。明确厂界外50m范围内声环境保护目标。

③ 地下水环境。明确厂界外500m范围内的地下水集中式饮用水水源和热水、矿泉水、温泉等特殊地下水资源。

④ 生态环境。产业园区外建设项目新增用地的，应明确新增用地范围内生态环境保护目标。

（3）污染物排放控制标准　填写建设项目相关的国家、地方污染物排放控制标准，以及污染物的排放浓度、排放速率限值。

（4）总量控制指标　填写地方生态环境主管部门核定的总量控制指标。没有总量控制指标的，填写“无”。

开展专项评价的环境要素，应在表格中填写调查和评价结果。

4．主要环境影响和保护措施

（1）施工期环境保护措施　填写施工扬尘、废水、噪声、固体废物、振动等防治措施。产业园区外建设项目新增用地的，应明确新增用地范围内生态环境保护目标的保护措施。

（2）运营期环境影响和保护措施　以下内容参考源强核算技术指南和排污许可证申请与核发技术规范要求填写。

① 废气。产排污环节、污染物种类、污染物产生量和浓度、排放形式（有组织、无组织）、治理设施（处理能力、收集效率、治理工艺去除率、是否为可行技术）、污染物排放浓度（速率）、污染物排放量、排放口基本情况（高度、排气筒内径、温度、编号及名称、类型、地理坐标）、排放标准、监测要求（监测点位、监测因子、监测频次）。废气污染物排放源可列表说明，并在表格后以文字形式简单阐述其源强核算过程。结合源强、排放标准、污染治理措施等分析达标排放情况。生产设施开停炉（机）等非正常情况应分析频次、排放浓度、持续时间、排放量及措施。

废气污染治理设施未采用污染防治可行技术指南、排污许可技术规范中可行技术或未明确规定为可行技术的，应简要分析其可行性。结合建设项目所在区域环境质量现状、环境保护目标、项目采取的污染治理措施及污染物排放强度、排放方式，定性分析废气排放的环境影响。

② 废水。产排污环节、类别、污染物种类、污染物产生浓度和产生量，治理设施（处理能力、治理工艺、治理效率、是否为可行技术），废水排放量、污染物排放量和浓度、排放方式（直接排放、间接排放）、排放去向、排放规律、排放口基本情况（编号及名称、类型、地理坐标）、排放标准，监测要求（监测点位、监测因子、监测频次）。结合源强、排放标准、污染治理措施等分析达标情况。

废水污染治理设施未采用污染防治可行技术指南、排污许可技术规范中可行技术或

笔记

未明确规定为可行技术的，应简要分析其可行性。

废水间接排放的建设项目应从处理能力、处理工艺、设计进出水水质等方面，分析依托集中污水处理厂的可行性。

③ 噪声。明确噪声源、产生强度、降噪措施、排放强度、持续时间，分析厂界和环境保护目标达标情况，提出监测要求（监测点位、监测频次）。

④ 固体废物。明确产生环节、名称、属性（一般工业固体废物、危险废物及编码）、主要有毒有害物质名称、物理性状、环境危险特性、年度产生量、贮存方式、利用处置方式和去向、利用或处置量、环境管理要求。

⑤ 地下水、土壤。分析地下水、土壤的污染源、污染物类型和污染途径，按照分区防控要求提出相应的防控措施，并根据分析结果提出跟踪监测要求（监测点位、监测因子、监测频次）。

⑥ 生态。产业园区外建设项目新增用地且用地范围内含有生态环境保护目标的，应明确保护措施。

⑦ 环境风险。明确有毒有害和易燃易爆等危险物质和风险源分布情况及可能影响途径，并提出相应环境风险防范措施。

⑧ 磁辐射。明确电磁辐射源布局、发射功率、频率范围、天线特性参数、运行工况，电磁辐射场强分布情况，环境保护目标达标情况，监测要求（监测点位、监测频次）。当建设项目存在多个电磁辐射源时，应考虑其对环境保护目标的综合影响，并说明相应的环境保护措施。

开展专项评价的环境要素，应在表格中填写主要环境影响评价结论。

5. 环境保护措施监督检查清单

按要素填写相关内容。

6. 结论

从环境保护角度，明确建设项目环境影响可行或不可行的结论。

（无需重复前文所述的项目概况、具体的影响分析及保护措施等内容）

附表：填写建设项目污染物排放量汇总表，其中现有工程污染物排放情况根据排污许可证执行报告填写，无排污许可证执行报告或执行报告中无相关内容的，通过监测数据核算现有工程污染物排放情况。

7. 其他要求

① 涉密建设项目应按照国家有关规定执行，非涉密建设项目不应包含涉密数据及图件。

② 报告表中含有知识产权、商业秘密等不可公开内容的应注明并说明理由，未注明的视为可公开内容。

③ 附图主要包括建设项目地理位置图、厂区平面布置图、环境保护目标分布图，根据项目实际情况可附具体现状监测布点图、地下水和土壤跟踪监测布点图等。附图中应标明指北针、图例及比例等相关图件信息。

（二）建设项目环境影响报告表（生态影响类）

《建设项目环境影响报告表（生态影响类）》填表要点与《建设项目环境影响报告表（污染影响类）》有诸多相同之处，不再赘述，不同之处如下：

笔记

1. 建设项目基本情况

建设地点：指项目具体建设地址。线性工程等涉及地点较多的，可根据实际情况填写至区县级或乡镇级行政区，海洋工程建设地点应明确项目所在海域位置。

地理坐标：指建设地点中心坐标，线性工程填写起点、终点及沿线重要节点坐标。坐标经纬度采用度分秒（秒保留 3 位小数）。

用地（用海）面积（m^2）/ 长度（km）：用地面积包括永久用地和临时用地。租用建筑物的建设项目填写实际租用面积。海洋工程填写占用的海域面积。线性工程填写用地面积及线路长度。改建、扩建工程填写新增用地面积。

2. 建设内容

地理位置:填写项目所在行政区、流域（海域）位置。线性工程填写线路总体走向（起点、终点及途经的省、地级或县级行政区）。建设内容涉及河流（湖库、海洋）的项目填写所在行政区及所在流域（海域）、河流（湖库）。

项目组成及规模：填写主体工程、辅助工程、环保工程、依托工程、临时工程等工程内容，建设规模及主要工程参数，资源开发类建设项目还应说明开发方式。水利水电项目应明确工程任务及相应的建设内容、工程运行方式。

总平面及现场布置：简述工程布局情况和施工布置情况。

施工方案：填写施工工艺、施工时序、建设周期等内容。

其他：填写比选方案等其他内容。比选方案主要包括建设项目选址选线、工程布局、施工布置和工程运行方案等。无相关内容的，填写“无”。

3. 生态环境现状、保护目标及评价标准

生态环境现状：说明主体功能区规划和生态功能区划情况，以及项目用地及周边与项目生态环境影响相关的生态环境现状。其中，陆生生态现状应说明项目影响区域的土地利用类型、植被类型，水利水电等涉及河流的项目应说明所在流域现状及影响区域的水生生物现状，海洋工程项目应说明影响区域的海域开发利用类型、海洋生物现状，明确影响区域内重点保护野生动植物（含陆生和水生）及其生境分布情况，说明与建设项目的具体位置关系；项目涉及的水、大气、声、土壤等其他环境要素，应明确项目所在区域的环境质量现状。

开展专项评价的环境要素，应按照环境影响评价相关技术导则要求进行现状调查和评价，并在表格中填写其现状调查和评价结果概要（不宜直接全文摘抄）。不开展专项评价的环境要素，引用与项目距离近的有效数据和调查资料，包括符合时限要求的规划环境影响评价监测数据和调查资料，国家、地方环境质量监测网数据或生态环境主管部门公开发布的生态环境质量数据等；无相关数据的，大气、固定声源环境质量现状监测参照《建设项目环境影响报告表编制技术指南（污染影响类）（试行）》相关规定开展补充监测，水、生态、土壤等其他环境要素参照环境影响评价相关技术导则开展补充监测和调查。

与项目有关的原有环境污染和生态破坏问题：改建、扩建和技术改造项目，说明现有工程履行环境影响评价、竣工环境保护验收、排污许可手续等情况，阐述与该项目有关的原有环境污染和生态破坏问题，并提出整改措施。

生态环境保护目标：按照环境影响评价相关技术导则要求确定评价范围并识别环境

保护目标。填写环境保护目标的名称，与建设项目的位置关系、规模、主要保护对象和涉及的功能分区等。

评价标准：填写建设项目相关的国家和地方环境质量、污染物排放控制等标准。

其他：按照国家及地方相关政策规定，填写总量控制指标等其他相关内容。

4. 生态环境影响分析

结合建设项目特点，识别施工期、运营期可能产生生态破坏和环境污染的主要环节、因素，明确影响的对象、途径和性质，分析影响范围和影响程度。开展专项评价的环境要素，应按照环境影响评价相关技术导则要求进行影响分析，并在表格中填写影响分析结果概要（不宜直接全文摘抄）；不开展专项评价的环境要素，环境影响以定性分析为主。涉及环境敏感区的，应单独列出相关影响内容。涉及污染影响的，参照《建设项目环境影响报告表编制技术指南（污染影响类）（试行）》分析。

选址选线环境合理性分析：从环境制约因素、环境影响程度等方面分析选址选线的环境合理性，有不同方案的应进行环境影响对比分析，从环境角度提出推荐方案。

5. 主要生态环境保护措施

应针对建设项目生态环境影响的对象、范围、时段、程度，参照环境影响评价相关技术导则要求，提出避让、减缓、修复、补偿、管理、监测等对策措施，分析措施的技术可行性、经济合理性、运行稳定性、生态保护和修复效果的可达性，选择技术先进、经济合理、便于实施、运行稳定、长期有效的措施，明确措施的内容、设施的规模及工艺、实施部位和时间、责任主体、实施保障、实施效果等，并估算（概算）环境保护投资，环境监测计划应明确监测因子、监测点位、监测频次、监测方法等。各要素应明确影响评价结论。

对重点保护野生植物造成影响的，应提出就地保护、迁地保护等措施，生态修复宜选用本地物种以防外来生物入侵。对重点保护野生动物及其栖息地造成影响的，应提出优化工程施工方案、运行方式，实施物种救护，划定栖息地保护区域，开展栖息地保护与修复，构建活动廊道或建设食源地等措施。项目建设产生阻隔影响的，应提出野生动物通道、过鱼设施等措施。涉及河流、湖泊或海域治理的，应尽量塑造近自然水域形态和亲水岸线，尽量避免采取完全硬化措施。水利水电项目应结合工程实施前后的水文情势变化情况、已批复的所在河流生态流量（水量）管理与调度方案等相关要求，确定合适的生态流量；具备调蓄能力且有生态需求的，应提出生态调度方案。

涉及生态修复的，应充分考虑项目所在地周边资源禀赋、自然生态条件，因地制宜，制定生态修复方案，重建与当地生态系统相协调的植被群落，恢复生物多样性。

涉及噪声影响的，从噪声源、传播途径、声环境保护目标等方面采取噪声防治措施；在技术经济可行条件下，优先考虑对噪声源和传播途径采取工程技术措施，实施噪声主动控制。

涉及其他污染影响的，参照《建设项目环境影响报告表编制技术指南（污染影响类）（试行）》提出污染治理措施。

涉及环境风险的，应根据风险源分布情况及可能影响途径，提出环境风险防范措施。

涉及环境敏感区的，应单独列出相关生态环境保护措施内容。

其他：填写未包含在前述要求的其他内容。

环保投资：填写各项生态环境保护措施的估算（概算）投资，主要包括预防和减缓建设项目不利环境影响采取的各项生态保护、污染治理和环境风险防范等生态环境保护措施和设施的建设费用、运行维护费用、直接为建设项目服务的环境管理与监测费用以及相关科研费用等。

6. 生态环境保护措施监督检查清单

按要素填写相关内容。验收要求填写各项措施验收时达到的标准或效果等要求。

7. 结论

从环境保护角度，明确建设项目环境影响可行或不可行的结论（无须重复前文所述的建设内容、具体的影响分析及保护措施等内容）。

8. 其他要求

① 涉密建设项目应按照国家有关规定执行，非涉密建设项目不应包含涉密数据及图件。

② 报告表中含有知识产权、商业秘密等不可公开内容的应注明并说明理由，未注明的视为可公开内容。

③ 附图主要包括建设项目地理位置图、线路走向图（线性工程）、所在流域水系图（涉水工程）、工程总平面布置图、施工总布置图、生态环境保护目标分布及位置关系图、生态环境监测布点图（包括现状监测布点图和监测计划布点图）、主要生态环境保护措施设计图（包括生态环境保护措施平面布置示意图、典型措施设计图）等。附图中应标明指北针、图例及比例尺等相关图件信息。

第四节　环境影响报告书编写

一、环境影响报告书编制内容

《中华人民共和国环境影响评价法》（2018 年版）和《建设项目环境保护管理条例》（2017 年版）规定了建设项目环境影响报告书，应当包括下列内容：

① 建设项目概况；

② 建设项目周围环境现状；

③ 建设项目对环境可能造成影响的分析和预测；

④ 环境保护措施及其经济、技术论证；

⑤ 环境影响经济损益分析；

⑥ 对建设项目实施环境监测的建议；

⑦ 环境影响评价结论。

二、环境影响报告书编制总体要求

《建设项目环境影响评价技术导则　总纲》（HJ 2.1—2016）中对环境影响评价报告书内容及其各部分的编制要求如下：

笔记

① 概述：简要说明建设项目的特点、环境影响评价的工作过程、分析判定的相关情况、关注的主要环境问题及环境影响、环境影响评价的主要结论等。

② 总则：应包括编制依据、评价因子与评价标准、评价工作等级和评价范围、相关规划及环境功能区划、主要环境保护目标等。

③ 建设项目工程分析：应体现工程特点。

④ 环境现状调查与评价：环境现状调查应反映环境特征，主要环境问题应阐述清楚。

⑤ 环境影响预测与评价：影响预测方法应科学，预测结果应可信。

⑥ 环境保护措施及其可行性论证：环境保护措施应可行、有效。

⑦ 环境影响经济损益分析。

⑧ 环境管理与监测计划。

⑨ 环境影响评价结论：评价结论应明确。

⑩ 附录附件：应包括项目依据文件、相关技术资料、引用文献等。

报告应概括地反映环境影响评价的全部工作成果，突出重点。

报告文字应简洁、准确，文本应规范；计量单位应标准化；数据应真实、可信，资料应翔实；应强化先进信息技术的应用，图表信息应满足环境质量现状评价和环境影响预测评价的要求。

复习思考及案例分析题

一、复习思考题

1. 如何确定建设项目的环境影响评价文件类型？
2. 环境影响评价文件编制质量有何要求？
3. 环境影响评价文件编制严重质量问题都有哪些？
4. 如何确定建设项目环境影响评价报告表（污染类）是否需要设置专项评价？
5. 环境影响评价报告表（污染类）编制的主要内容是什么？
6. 环境影响评价报告书的内容及其编制总体要求是什么？

二、案例分析题

案例情况：某钢铁公司拟建设“一期冷轧项目”，项目位于 ×× 水源地准保护区以外的补给径流区。项目物料走向见图 13-1，项目建成后年产冷硬商品卷 10 万吨，镀锌商品卷 35 万吨。

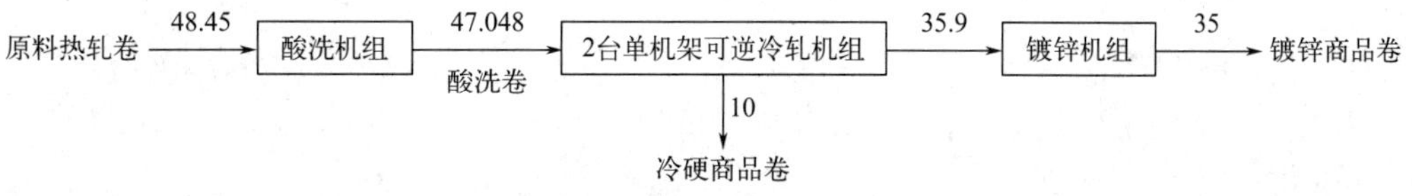

图 13-1 项目物料走向图（单位：万 t/a）

项目风险物质调查情况见表 13-5。

表 13-5　建设项目风险物质调查概况一览表

<table>
<tr><th>序号</th><th>危险物质名称</th><th>分布的生产单元</th><th colspan="2">最大存在量 /t</th><th>数量 / 个</th><th>生产工艺特点</th><th>备注</th></tr>
<tr><td>1</td><td>天然气</td><td>天然气输送管道</td><td colspan="2">0.1</td><td>—</td><td>管道输送</td><td>—</td></tr>
<tr><td rowspan="2">2</td><td rowspan="2">盐酸</td><td>盐酸储罐</td><td>73.9</td><td rowspan="2">246.7</td><td>1</td><td>密闭存储</td><td>1 座 $80m^3$ 盐酸储罐，盐酸浓度为 31%，最大充装量按 80% 计</td></tr>
<tr><td>再生盐酸储罐</td><td>172.8</td><td>1</td><td>密闭存储</td><td>2 座 $200m^3$ 再生酸储罐，一用一备，再生盐酸浓度为 16%，最大充装量按 80% 计</td></tr>
<tr><td>3</td><td>甲醇</td><td>甲醇储罐</td><td colspan="2">30.4</td><td>1</td><td>密闭存储</td><td>1 座 $48m^3$ 甲醇储罐，最大充装量按 80% 计</td></tr>
<tr><td>4</td><td>废矿物油</td><td>危废暂存间</td><td colspan="2">—</td><td>1</td><td>桶装存储</td><td>周转频次为 1 月 / 次</td></tr>
</table>

【问题】

请分析该建设项目环境影响评价文件的类型。

附录

复习思考及案例分析题解析

扫描二维码可查看详细内容。

参考文献

[1] 章丽萍. 环境形响评价[M]. 2 版. 北京：化学工业山版社，2023.
[2] 李勇，李一平，陈德强. 环境影响评价[M]. 南京：河海大学出版社，2012.
[3] 田子贵，顾玲. 环境影响评价[M]. 2 版. 北京：化学工业出版社，2019.
[4] 沈洪艳. 环境影响评价教程[M]. 北京：化学工业出版社，2019.
[5] 李淑芹，孟宪林. 环境影响评价[M]. 3 版. 北京：化学工业出版社，2021.
[6] 吴春山，成岳. 环境影响评价[M]. 3 版. 武汉：华中科技大学出版社，2020.